전쟁사

전 쟁 의 이 론 과 실 제

전쟁사
전쟁의 이론과 실제

2015년 8월 25일 초판 인쇄
2015년 8월 30일 초판 발행

지은이 | 조영갑
펴낸이 | 이찬규
펴낸곳 | 북코리아
등록번호 | 제03-01240호
주소 | 462-807 경기도 성남시 중원구 사기막골로 45번길 14
우림 2차 A동 1007호
전화 | 02-704-7840
팩스 | 02-704-7848
이메일 | sunhaksa@korea.com
홈페이지 | www.북코리아.kr
ISBN | 978-89-6324-441-9 93390

값 20,000원

戰爭史
전 쟁 사

전쟁사는 인간이 만들어 낸 인류사이고 세계사이다!!!

인간은 전쟁사에서 성공과 실패의 교훈을 찾아

개인의 성공을 위해…

조직의 발전을 위해…

국가의 방위를 위해…

적용할 수 있는 지식과 능력을 가져야 한다

전쟁사 戰爭史

전쟁의 이론과 실제

조영갑 지음

북코리아

머리말 전쟁사: 전쟁의 이론과 실제

전쟁이란 무엇인가?

인간은 본래 무엇이든 상대하며 싸우려는 전쟁 본성을 갖고 있다고 영국 철학자 버트랜드 러셀은 말했다. 왜냐하면 이 지구상에 존재한 인간을 비롯한 모든 생명체는 싸움·투쟁·전쟁이란 생존경쟁에서 승리자가 되었을 때만이 존재할 수 있기 때문이다.

현대인들은 치열한 생존경쟁에서 살아남기 위해 끝없는 전쟁을 치르면서도 자기 자신은 아무런 관계가 없는 것처럼 착각하거나 혹은 전쟁이라면 군인만이 수행하는 특정한 임무이고 알아야 할 지식으로 이해해 왔다.

그러나 오늘날 전쟁은 각 개인은 삶의 전쟁터에서 살아남기 위해, 기업이나 조직들은 시장 전쟁터와 특정영역 전쟁터에서 이익이나 가치를 창출하기 위해, 국가는 국제사회 전쟁터에서 국토와 국민을 보호하고 번영을 추구하기 위해 갈등(경쟁)−분쟁(대립)−위기(대결)−전쟁(충돌)이라는 보이는 전쟁 혹은 보이지 않은 전쟁을 치열하게 전개하고 있다.

그뿐만 아니라 개인, 기업 혹은 조직, 국가에게 다양한 군사적 위협이나 비군사적 위협이 영향을 미쳐 흥망을 결정짓는 상황이 되기 때문에 어느 개인도, 어떤 기업이나 조직도, 어떤 국가도 전통적인 전쟁이나 테러와의 전쟁으로부터 자유로울 수가 없다. 따라서 전쟁사는 인류사이며, 세계사로서 종합학문이 적용된 결정체라고 말할 수 있다.

이 같은 다양한 전쟁에서 패자가 아닌 승자가 되기 위해서 개인·기업 혹은 조직·국가를 책임지고 있는 지도자, 책임자, 실무자, 학생, 교양인들이 공유할 수 있는 지식으로써 위기관리를 비롯한 전통적인 전쟁, 테러와의 전쟁 이론 및 대응할 정책, 전략, 전술, 리더십 등을 각 분야에 접목하여 승자가 될 수 있는 능력을 키우는 데 도움이 되도록 했다.

이 책에서는 역사적으로나 현대적으로 한국과 관련된 전통적인 전쟁, 테러와의 전쟁을 재해석하여 지식과 교훈을 얻을 수 있도록 재미있게 구성하였다.

제1부 '인간과 전쟁 이해'에서는 전쟁이론, 전쟁지도의 학문적 이론과 사례를 제시하였다.

제2부 '전통적인 전쟁과 국가 흥망'에서는 한국과 관련된 고대전쟁부터 현대전쟁까지 국가의 흥망관계를 연구하여 현대적 관점에서 대응책을 제시하였다.

제3부 '9 · 11테러와의 전쟁'에서는 테러 및 위기관리 이론에 따라 9 · 11테러 위기관리 사례에 대한 성공과 실패 내용을 분석하여 얻어진 교훈을 미래에 적용할 수 있도록 하였다.

제4부 '아프가니스탄전쟁과 초국가적 위협'에서는 9 · 11테러의 연장선에서 아프가니스탄전쟁 원인과 진행과정을 통해서 초국가적 위협에 대한 대응책을 제시하였다.

제5부 '이라크전쟁과 국가이익'에서는 국가이익에 대한 기본이론과 이라크전쟁 과정을 연계해 이라크전쟁이 국가정책과 국가전략에 미친 영향과 변화에 대해 분석하였다.

제6부 '국제테러와의 전쟁과 인간안보'에서는 인간안보 이론을 알아보고 팔레스타인 가자지구전쟁, 인도 뭄바이테러, 아프가니스탄 한국인 납치테러 사례 등을 통해 인간안보의 중요성과 대응책을 제시하였다.

이 책은 필자가 오랫동안 대학에서 강의한 지식과 연구로 작성된 내용으로서, 대학 강의 교재로, 전쟁연구서로, 각 개인의 교양서로 충실하도록 기본 이론과 사례를 제시하여 재미있게 구성하였다.

현대 국제사회에서 개인적으로나 기업적 · 국가적으로도 전통적인 전쟁, 테러와의 전쟁을 이해하지 못하고는 결코 각 분야에서 승자가 될 수 없다. 이 책이 독자들의 지식과 교양의 폭을 넓히는 데 크게 기여할 수 있기를 기대하면서, 또한 책이 발간되도록 격려와 도움을 준 여러 학자님과 전문가님들, 그리고 북코리아 출판사 이찬규 사장님께 감사드린다.

국방대학교연구실에서

저자 조 영 갑

차례 전쟁사: 전쟁의 이론과 실제

제2부 | 전통적인 전쟁과 국가 흥망

제3부 | 9·11테러와의 전쟁

제5부 | 이라크전쟁과 국가이익

제6부 | 국제테러와의 전쟁과 인간안보

제1부 인간과 전쟁 이해

1 개 요

인간은 고대사회에서나 현대사회에서도 전통적인 전쟁 및 테러와의 전쟁을 비롯하여 대량살상무기, 마약 및 범죄, 재해 및 재난, 심각한 인권침해 등에 투쟁하고, 영토, 인종, 종교, 이념, 자원 문제 등으로 갈등(경쟁)-분쟁(대립)-위기(대결)-전쟁(충돌)을 치루며 고통과 죽음에 절규하고 있다.

영국 철학자 버트랜드 러셀(Bertrand Russell)은 정치학이란 저서에서 인간이란 존재는 본래 무엇이든 상대하여 싸우려는 투쟁, 즉 전쟁을 하려는 본성을 가지고 있다고 했다.[1)]

> …… 인간이라는 존재는 본래 무엇이든 상대하여 싸우며 투쟁하려는 성질을 갖고 있다. 즉 전쟁에서 어떤 사람은 승리하고, 어떤 사람은 패배하게 된다.
>
> …… 인간들이 행하는 전쟁에는 다음과 같이 인간과 자연의 전쟁, 인간과 인간의 전쟁, 인간과 그 자신의 전쟁이라는 세 가지가 있으며, 이들 세 가지 전쟁과 인간관계는 그 성질에 있어서 매우 상이하지만, 인간은 그 전쟁의 역사와 전쟁의 이론을 함께 발전시켜 왔다.

---

1) Bertrand Russell, *New Hopes for a Changing World* (London: George Allen & Unwin, Ltd, 2001), p.18; 이극찬, 『정치학』, 법문사, 2010, pp.28-30.

2 전쟁이론

제1절 | 인간과 전쟁

1. 인간과 전쟁관계

(1) 인간과 자연의 전쟁

인간은 만물의 영장으로서 자연에서 왔다가 다시 자연으로 돌아간다는 명언이 있다. 자연은 인간을 포용하고 살찌게 하는 삶의 터전으로서 희망의 대상이 되지만, 다른 한편으로는 자유롭고 평안한 인간의 생존을 위협한 극심한 추위와 더위, 대지진과 바다해일, 폭풍우, 대홍수, 대가뭄, 각종 전염병 등 자연 악과의 전쟁에서 싸워 승리해야만 인간은 생존할 수 있기 때문에 인간은 자연과 끊임없는 전쟁을 수행하게 되는 것이다.

(2) 인간과 자신의 전쟁

인간은 자신의 크고 작은 삶을 영위해 가는 과정에서 끊임없이 자기 자신과 싸워 이겨야 하는 전쟁을 치르게 된다.

인간의 마음속에는 선과 악, 이성과 감성, 행복과 불행, 정의와 불의, 정신적 만족과 물질적 불만족 등의 서로 상반되는 가치적 · 이념적 · 윤리도덕적 · 다양한 심리적 갈등 및 대립과 충돌 때문에 마음의 안정은 무너지고, 때로는 사랑 · 시기 · 질투 · 미음 · 증오 · 불안 · 탐욕 등과 같은 것에 의해서 마음이 어지러워지기도 하고, 자살하기도 한다. 이런 것들에 의해서 마음이 사로잡히게 되면 진실을 진실대로 보지 못할 뿐만 아니라 어떤 사태를 제대로 분간하지도 못하게 됨으로써, 마음은 어두움에 빠지게 되어 각 개인의 목표 · 가치성 · 이념성 · 윤리도덕성 등은 훼손되고 파괴하게 된 것이다.

인간은 각 개인이 추구하는 가치와 이념과 윤리도덕성 등을 훼손하거나 파괴하지 않으면서, 자신의 인생 목표를 달성하고 행복을 추구하기 위해 끊임없이 자신과의 전쟁을 치르게 되는 것이다.

(3) 인간과 인간의 전쟁

인간은 사회적 동물로서 어떤 유형의 사회조직이든지 간에 사회를 떠나서는 살아 갈 수가 없다. 인간은 사회의 한 구성요원으로서 다른 사람 및 조직과 국가들과 싸우지 않고 화해하고 협력하며 공동 이익을 획득하려는 성향도 있지만, 어쩔 수 없는 상황에서는 개인 및 조직과 국가의 이익을 창출하기 위해 경쟁하고 대립 및 대결하여 쟁취하기 위해 싸우려는 성향도 갖고 있다.

어떠한 개인과 개인, 집단과 집단, 종교와 종교, 민족과 민족, 국가와 국가사이에 나타난 차이 또는 이익 등을 합리적으로 해결하지 못하면 갈등단계-분쟁단계-위기 단계를 넘어 무력행사라는 전쟁을 통해 해결하게 된 것이다.

이와 같이 현대전쟁은 인간과 자연의 전쟁, 인간과 자신의 전쟁, 인간과 인간의 전쟁이 통합된 전쟁으로 발전되어 왔다. 따라서 현대국가에서 개인 · 조직 · 국민들은 전쟁사를 인류사로 세계사로 이해하고 연구하여 얻어진 정책적 · 전략적 · 전술적 지식과 지혜를 개인의 삶에, 조직들의 경영관리에, 국가운영관리에 접목시켜 성공 · 번영 · 평화를 향유할 수 있는 능력을 가져야 한다.

2. 인간의 문명발전과 전쟁관계

인간의 문명발전 과정을 미래학자들은 일반적으로 3가지로 구분하고 있다.

앨빈 토플러(A. Toffler)는 제1물결시대(농업사회), 제2물결시대(산업사회), 제3물결시대(정보화사회)로 구분했으며, 다니엘 벨(D. Bell)은 전기산업사회, 산업사회, 후기산업사회로, 또한 피터 트러커(P. Drucker)는 농업사회, 산업사회, 지식사회로 설명하고 있으며 폴 케네디(P. Kennedy)는 농업사회, 산업사회, 정보화사회로 구분하고 있다.

특히 앨빈 토플러는 인간의 생활방식과 전쟁방식은 상호 분리할 수 없는 밀접한 상관성을 갖고 발전하여 왔다고 말했다.

이와 같이 인간은 생존 및 경쟁의 공간과 장소로 농업사회 · 산업사회 · 지식정보화사회로 문명을 발전시켜 오면서 전쟁양상도 함께 변화(도표 1-1)시켜 왔다.

〈도표 1-1〉 인간의 문명발전과 전쟁양상 변화

구 분	농업사회 (B.C. 8천년~A.D. 17C)	산업사회 (A.D. 18C~A.D. 20C)	지식정보화시대 (A.D. 21C~현재)
전쟁공간	2차원전쟁 (지상 · 해상)	3차원전쟁 (지상 · 해상 · 공중)	5차원전쟁 (지상 · 해상 · 공중 · 우주 · 사이버)
전쟁양상	집단백병전	기동화력전	첨단과학 기술전
전력구조	• 병력집약형 −병력의 힘 −동물의 힘	• 자원집약형 −무기의 힘 −조직의 힘	• 기술집약형 −지식의 힘 −정보의 힘 −네트워크의 힘
지휘구조	장수 중심구조	수직적/계층적 구조	수평적/네트워크적 구조
전투형태	선형 (밀집횡대/종대대형)	선형/비선형 (대부대단위/집중운용)	비선형 (소부대단위/분산운용)
전투장비	• 자연도구화시대(수동화) −인력/동물의 근육 에너지 ※ 활 · 창 · 칼 등을 비롯한 청동 및 철제 무기 등으로 백병전 • 군사전략 발전 −대집단 전법전략 ※ 밀집대형작전술 횡적전술과 종적전술	• 기계화시대(반자동화) −경제: 산업혁명 → 대군 군수지원 −정치: 프랑스 대혁명 → 국민국가 탄생 −군사: 국민군(시민군)에 의한 대군조직화 ※ 기관총/전차/항공기/핵무기 등장 −적/지형/기상 중심 −전쟁의 반자동화 • 군사전략 발전 −섬멸전략/전격전략 −억제전략 −방위전략 ※ 제병협동작전술 → 공지합동작전술(ALO)	• 컴퓨터화시대(자동화) −지식정보화 혁명: 컴퓨터 발전 −정밀유도무기 −무인병기 ※ 군사혁신으로 새로운 전쟁양상 변화 −지식 · 정보 중심 −전쟁의 자동화 −네트워크 구조로 효과기반작전 • 군사전략 발전 −충격과 공포전략 −억제전략 −방위전략 ※ 신속결정적작전술 (RDO)
파괴 · 피해	• 물자노획 • 포로획득	• 대량파괴 • 무차별 살상	• 정밀파괴 • 최소피해
전쟁사례	• 고대전쟁	• 제1차/제2차 세계대전 • 6 · 25전쟁/베트남전쟁 • 걸프전쟁	• 9 · 11테러와의 전쟁 • 아프가니스탄전쟁 • 이라크전쟁/그 외 전쟁

(1) 농업사회와 전쟁

농업사회(B.C. 8000년~A.D. 17세기)에서 전쟁은 2차원 전쟁으로서 인간의 힘과 동물의 힘 및 불을 이용하는 자연도구, 손과 발, 몽둥이, 돌, 칼, 활, 창, 방패 등의 수동화 무기를 사용한 시대의 전쟁이었다.

지휘구조는 무기가 미칠 수 있는 영역이 극히 제한될 수밖에 없었기 때문에 장수가 지휘할 수 있는 시야범위도 근거리에서 직접지휘로 제한될 수밖에 없었다.

이와 같은 전쟁상황에서 군사전략은 중·경보병대와 중·경기병대가 근접 백병전을 수행하여 중심을 돌파하고 승리하는 대집단전법전략이었으며, 작전술은 밀집대형작전술로서 횡대전술과 종대전술 등으로 전쟁을 치르게 되었다.

(2) 산업사회와 전쟁

산업사회(A.D. 18세기~A.D. 20세기)에서 전쟁은 3차원전쟁으로서 유럽의 프랑스 대혁명으로 국민군대의 탄생과 영국 산업혁명, 그리고 화약이 발명되어 다양한 무기가 발전된 18세기부터 20세기까지 기계화된 반자동화 무기가 사용된 시대였다.

지휘구조는 수직적·계층적 구조가 되었으며, 무기 및 장비는 소총·기관총·전차·포병·핵무기 등 수동식·반자동식 기계화가 결정적 역할을 했다.

군사전략은 대량파괴 및 무차별 살상을 위한 섬멸전략과 전격전전략을 비롯하여 전쟁을 사전에 자제시키기 위한 억제전략과 전쟁이 일어났을 때는 승리하기 위한 방위전략 등이 있고, 작전술은 후티어 공격전술 및 구로우의 종심방어전술–제병협동작전술–공지합동작전술(ALO)로 발전하였다.

(3) 지식정보화사회와 전쟁

지식정보화사회(A.D. 21세기~현재)에서 전쟁은 5차원전쟁으로서 지식·정보의 상대적 지배성 혹은 독점성, 그리고 컴퓨터와 첨단과학 기술력으로 자동화 및 무인무기가 전쟁의 승패를 결정하는 시대가 되었다.

지휘구조는 군사혁신(RMA: Revolution in Military Affairs)으로 수평적·네트워크적이며, 컴퓨터화된 자동화 및 무인무기와 장비로 정보–탐지–타격–평가의 복합체적·동시적·전전장화적 기능을 수행하게 되었다.

군사전략은 전쟁에서 정확한 지식·정보(C4ISR)와 정밀유도무기(PGM)에 의해 장거리

표적을 급소만을 공격하여 충추신경을 순식간에 마비시키는 정밀공격으로 파괴할 수 있게 됨에 따라 파괴의 탈대량화와 희생의 최소화로 단기간 내에 전쟁의 승패를 결정하는 새로운 전격전 개념인 충격과 공포군사전략이 있다. 그리고 산업시대부터 발전시켜 왔던 억제전략과 방위전략을 비롯한 다양한 군사전략이 계속 유용하고, 작전술은 공지합동작전술(ALO)에서 신속결정적작전술(RDO)로 발전하게 되었다.

이와 같이 인간은 끊임없는 생활방식의 근본적 변화와 전쟁 위협 속에서 개인 · 조직 · 국가의 안전과 번영을 추구하기 위해 군사조직을 정비하고 무기를 개발하는 등 과학화된 기술로 군사력을 강화하고, 군사력을 효과적으로 운용하여 전쟁을 예방하기 위해서, 혹은 전쟁에서 승리하기 위해 안보정책이나 국방정책, 군사전략 및 작전술을 발전시키고 있다.

3. 국제관계와 전쟁

국제관계란 국가와 국가사이의 관계로서, 정치 · 외교적, 경제적, 사회 · 심리적, 문화적, 과학기술적, 군사적인 상호작용이 대단히 복합적이고 넓게 교류 · 화해 · 협력 · 평화 또는 갈등 · 분쟁 · 위기 · 전쟁으로 영향을 미치고 있다.

특히 국제관계에서 갈등 · 분쟁 · 위기 · 전쟁의 영향은 개인 · 기업 · 국가의 번영과 발전을 지배하게 된다.

> …… 국제관계는 정치 · 외교, 경제, 사회 · 심리, 문화, 영토, 이념, 군사 등에 영향을 미치고, 취업, 해외여행, 기술이전, 천연자원(석유, 가스, 식량 , 철광석 등)의 생산과 가격 등에도 영향을 미쳐서 각 개인의 일상생활을 지배하고, 각 기업 및 국가 발전에도 영향을 미치고 있기 때문에 중요하다. 또한 국제적인 전쟁, 테러, 대량살상무기, 마약 및 범죄, 재해 및 재난, 인권침해는 더욱 개인적 · 국가적 · 국제적으로 영향을 미치고 있다.

오늘날 국제사회에서 어떠한 개인도 어떤 기업이나 국가도 자유로울 수 없게 국제화가 빠른 속도로 진행되고 있다.

이와 같은 국제관계에서 각 국가들은 자국의 이익과 목표를 위해서 갈등, 분쟁, 위기, 전쟁을 하게 되는데, 미국 아메리칸 대학 골드스테인(Joshua S. Goldstein) 교수는 국제분쟁 혹은 전쟁을 여섯 가지 형태로 구분하고 있다.[2)]

먼저 국제관계에서 실질적인 국가이익과 국가품격(국가위신)을 위한 충돌 형태로, ① 영토분쟁 형태는 국경선 설정에 관한 것과 국경선 내의 전지역에 대한 통제권을 둘러싼 갈등 · 분쟁 · 위기 · 전쟁, ② 정부장악 형태는 한 국가가 다른 국가의 기존 정부를 교체하기 위해 미묘한 영향을 선거에 미치거나 쿠데타 또는 반정부군을 지원하고, 전쟁을 통하여 정권을 교체하는 것이며, ③ 경제이익은 국제관계에서 가장 보편적인 형태로서 수입 및 수출 · 기업활동 · 무역 · 통화 · 천연자원 · 마약 및 범죄 · 기타 경제적 거래와 관련된 갈등 · 분쟁 · 위기 · 전쟁이 있다.

다음은 사상 · 이념 충돌형태로서, ④ 종족 · 민족분쟁은 같은 조상 · 언어 · 문화 · 종교적 유대 · 정체감을 가진 사람들이 다른 종족 · 민족에 대하여 가지는 혐오감이나 증오심에서 일어난 갈등 · 분쟁 · 위기 · 전쟁이며, ⑤ 종교분쟁은 종교가 한 공동체의 가장 중요한 가치체계이기 때문에 종교의식을 달리하는 사람들을 손쉽게 경멸하고 무시하며 적대하게 되는데, 종교분쟁은 가치문화와 민족 및 영토분쟁을 바닥에 깔고 있기 때문에 가장 핵심적이고 가장 두드러진 갈등 · 분쟁 · 위기 · 전쟁 형태로 나타나며, ⑥ 이념충돌은 집단이나 국가간의 분쟁을 야기하기 보다는 이념을 강화하고 상징화한다는 점에서 종교와 비슷한 것이지만 종교만큼 핵심적 가치와 절대적 진리를 강조하지는 않는다.

예컨대 냉전시대의 자본주의와 공산주의 사이에 범세계적 이념투쟁을 비롯해서 중국의 모택동 사상, 북한의 김일성 주체사상, 이란의 근본주의 이념 등이 있으나 이러한 이념은 국제적 환경과 국가이익 및 정치지도자의 신념에 따라 변화될 수도 있다.

앞에서 알아본 다양한 충돌에서 나타난 문제들을 해결하기 위해서는 협상(흥정)을 하게 되는데, 협상에는 평화적 수단으로 비군사적 방법과 폭력적 수단으로 군사적 방법을 이용한다. 즉 어떤 개인이나 집단의 이해관계나 국가이익에 관련된 구체적 이익을 얻기 위한 협상과정에서는 평화적 수단으로 해결될 수도 있지만, 이때도 유리한 결과를 이끌어내기 위한 능력을 제공해 주는 힘이 필요하다. 그 반면에 충돌문제가 명시적이거나 묵시적인 협상과정을 통하여 해결될 가능성이 없을 때는 폭력수단을 통하여 자기편에 유리한 방향으로 해결하려고 노력하게 되는데, 이와 같은 과정에서 갈등관리 · 분쟁관리 · 위기관리가 실패하면 전쟁으로 확대하게 된다.

---

2) Joshua S. Goldstein, *International Relations*, 4th edition (New York: Longman, 2001); 김연각 · 김진국 · 백창재 역, 『국제관계의 이해』, 서울: 인간사랑, 2005, pp.231-264.

제2절 | 전쟁의 본질

1. 전쟁의 정의

전쟁이란 무엇인가?

전쟁은 힘에 의한 폭력적 투쟁으로서, 넓은 의미의 전쟁은 인간과 자연의 전쟁, 인간과 자신의 전쟁, 인간과 인간의 전쟁으로써 동물들 간의 투쟁, 원시부족간의 전투, 현대국가간의 정치 · 외교적, 경제적, 사회 · 심리적, 문화적, 종교적, 이념적, 군사적인 충돌로 이루어진 모든 폭력적 접촉을 포함하여 정의하고 있다.

여기에서 힘에 의한 폭력이란 다른 행위자로 하여금 그것이 없었다면 하지 않았을 행동을 하도록 만드는(혹은 그것이 없었다면 했을 행동을 하지 못하도록 만드는 힘)능력인 것이다. 따라서 행위자가 다른 행위자에게 미치는 영향력이 더욱 클 때에 힘을 가지고 있다고 말할 수 있다.

즉 힘에는 정치적인 힘, 경제적인 힘, 사회적인 힘, 문화적인 힘, 과학기술적인 힘, 군사적인 힘 등 매우 다양한 힘이 존재하고, 그 영향력 행사도 기능에 따라 다르기 때문에 좁은 의미로 전쟁의 정의를 정립할 필요가 있다.

> …… 몽고메리(Bernard Law Montgomery) 장군은
>
> 전쟁은 왜 일어나는가? 더러는 전쟁이 문명의 소산이라고 말할 것이며, 더러는 전쟁이 인간의 본성에서 비롯된 것이라고 말할 것이다. 그러나 한 가지만은 분명하다. 합의를 도출할 다른 방법이 없을 때, 항상 중재자 역할을 한 수단은 다름 아닌 전쟁이었다. 전쟁이 내리는 판결은 정의보다 힘에 기초한다. 물론 어쩌다가 정의가 우세를 떨친 적이 있기는 하다. 전쟁이란 경쟁관계에 있는 정치집단 간에 장기적 무력충돌을 의미한다. 전쟁에는 반란과 내란이 포함되며, 개인적 폭동이나 폭력은 제외된다.

법학자 그리티우스(Hugo Grotius)는 전쟁과 평화의 법이란 저서에서 개인 간의 싸움, 폭동, 격렬한 논쟁 등은 전쟁개념에서 제외시키면서, 전쟁이란 국가 간에 힘에 의한 투쟁상태라고 했으며, 군사이론가 클라우제비츠(Carl Von Clausewitz)는 자기 의지를 관철하기 위해서 적을 복종시키려는 폭력행위라고 정의했다.

군사이론가 오스굿(R. E. Osgood)은 자기 의사의 관철을 위한 주권국가간의 조직적 무력투쟁이라고 했으며, 중국 모택동은 집단 간의 모든 해결을 위해 취하는 최고의 투쟁 형태로써 전쟁은 유혈의 정치이고, 정치는 무혈의 정치라고 하여 전쟁이 정치목적 달성의 수단으

로 정의하고 있다.

이 같은 내용을 종합하여 보면 전쟁이란 상호 대립하는 2개 이상의 국가 또는 이에 준하는 집단 간에 군사적 및 비군사적 수단을 조직적이고 집단적으로 통합행사하여 자기 의지를 상대방에게 강요함으로써, 설정된 목표를 달성하는 폭력행위(군사적 정치행위)라고 정의할 수 있다.

2. 전쟁의 특성

전쟁의 특성이란 전쟁의 현상이 다른 일반사회의 현상과 구별되는 독특한 특성(속성)을 갖고 있다.[3)]

(1) 폭력성

폭력성이란 사회계약이나 약속, 법, 질서 등이 모두 무시되고 강제력을 지닌 폭력성만이 모든 것을 판가름하는 척도가 되며, 우세한 폭력성을 가진 편이 자신의 의사를 상대편에게 강요할 수 있는 전권을 갖게 되는 특성이 있다.

클라우제비츠는 전쟁은 적에게 우리의 의지를 이행토록 강요하는 폭력 행위이고, 이 폭력성은 극한적 한계에 도달할 때까지 중지되지 않아야 한다고 말함으로써, 그 폭력성은 인류에게 전쟁참화를 예상케 하여 전쟁억제를 위한 의지를 불러일으키기도 한다.

(2) 통합성

전쟁의 효과적 수행과 승리라는 목표를 달성하기 위해 국가의 정치 · 외교력, 경제력, 사회 · 심리전력, 문화력, 과학기술력, 군사력의 모든 자원과 역량을 정렬하고 통합하는 속성을 갖고 있다.

(3) 확산성

전쟁은 통상 2개 국가 간에 정책적 · 전략적 이익을 위한 충돌로 시작되지만 국제관계와 국가이익에 따라서 곧 인접국가나 지역, 동맹국가나 지역으로 확산되는 경향을 가지고 있다.

이 같은 전쟁의 확산성은 국제사회에서 각 국가들이 상호의존성 확대로 인해 특정국가

---

3) 육군사관학교, 『전쟁연구』, 2000, pp.24-32.

간에 전쟁이 발생하면 그 영향력은 직접적이나 간접적으로 자국에도 미칠 수 있기 때문이다. 따라서 확산성은 각 국가들로 하여금 전쟁억제를 위한 국제적인 노력을 유발시키는 요인으로 작용하기도 한다.

⑷ 자제성

전쟁이 폭력성, 통합성, 확산성이라는 속성만을 가지고 있다면 인류는 멸망했을지도 모르는 일이다. 그러나 인류는 전쟁의 폭력성, 통합성, 확산성을 제한하고 국제기구 및 주변국가들의 여론과 간섭을 통해서 전쟁을 종결하거나 중지시키려는 자제성을 갖고 있다.

이와 같은 전쟁의 속성은 인간에게 전쟁참화를 연상케 하여 전쟁을 예방하기 위해 전쟁원인을 알아내고, 전쟁승리를 위해 국제정치와 자국의 안보정책 · 국방정책 · 군사전략 · 작전술을 연구하게 하고, 또는 성공적인 협상을 통하여 전쟁을 방지하기 위해 노력하게 된다.

3. 전쟁원인 이론

⑴ 사회진화 이론

스펜서(Herbert Spencer)는 찰스 다윈의 종의 기원 이론에 따른 사회생태계의 생존경쟁을 전쟁의 하나의 형태로 보고, 생존경쟁법칙은 자연생태계의 법칙일 뿐만 아니라 인간사회에서도 적용된다는 것이다.

즉, 인간사회가 진화하여 발전하는 데는 적자생존은 필연적인 법칙이기 때문에 자신이 속해 있는 사회와 국가 발전을 위해서는 서로 다른 사회나 국가와의 갈등, 분쟁, 위기, 전쟁을 일으킬 수 있는 충분한 원인이 되며 만약에 여기에서 패배하면 약자는 도태될 수밖에 없다는 이론이다. 따라서 사회진화 이론은 전쟁은 어떤 국가나 민족이 약자로서 도태되고 제거되지 않기 위해서는 끊임없이 투쟁하면서 발전할 수밖에 없기 때문에 전쟁은 인간문명을 발전시키는데 필요악으로 생각하는 것이다.

⑵ 공격본능 이론

모겐소(Hans Morgenthau)는 인간은 처음부터 태생적 본능으로 공격성을 가지고 태어난다는 것이다. 인간은 생존번식의 본능과 다른 인간들(개인, 집단, 국가)을 지배하고자 하는 지배의 본능을 갖고 있기 때문에 이를 성취하기 위해 권력투쟁을 유발하게 되고, 이러한 힘의 공격적 투쟁관계는 결국 집단이나 국가 간에 경쟁, 대립, 대결상태로 확대되어 전쟁이 발생하게 된다는 이론이다.

(3) 사회학습 이론

스퇴싱거(John G. Stoessinger)는 앞에서 알아본 공격본능 이론의 태생적 변수보다는 환경적 변수인 사회학습을 통해서 습득된 개인적 공격성이 폭력현상으로 전이되어 전쟁을 일으킨다는 것이다.

그 예로써 전쟁의 원인 중에서 가장 중요한 변수가 국가지도자의 성격이라고 주장하면서 지도자들이 자기 자신의 이미지, 적대국가 지도자에 대한 평가, 적대국가 지도자가 자기 자신에 대하여 내린 가상적 평가, 그리고 적대국가의 능력에 대하여 내린 잘못된 인식으로 인하여 전쟁을 일으키게 된다고 하였다.

즉 자신은 선량하고 평화를 추구하며 옳은 주장을 내 세운다고 생각하면서, 상대는 반대로 불량하고 공세적이며 음흉하다고 생각하는 경향을 지니게 되는데, 이 같은 상대방에 대한 경직되고 잘못된 인식이 전쟁을 일으킬 원인이 되고, 또 그 가능성을 증가시킨다는 이론이다.

(4) 국가체제 이론

지금까지 사회진화이론, 공격본능 이론, 사회학습 이론 등은 전쟁의 근본적인 원인을 인간의 본성이나 학습에서 찾았으나 월츠(Kenneth Waltz)는 국가적 · 국제적 체제구조에서 전쟁 원인을 제시했다.

월츠(Kenneth Waltz)는 국가이익을 추구하고 특정국가의 힘을 막기 위해서 국가지도자의 호전성, 정치적 · 사회적 제도의 특성, 생산과 분배의 경제형태, 국민의 가치적 · 종교적 · 문화적 성향인 국민성 등이 전쟁을 일으키는 중요한 원인이 된다는 이론이다.

이와 같이 국가체제이론은 자국의 국가체제와 다른 국가와의 차이에서 나타난 갈등과 분쟁이 위기로 진전되어 다시 전쟁으로 확대하는 것은 국가체제 특성이 결정적인 원인으로 작용한다는 것이다.

(5) 국제체제 이론

월츠(Kenneth Waltz)는 국제관계에서 국가이익의 충돌과 국가목표 차이로 인한 무정부 상태가 발생하지만, 그것을 통제하고 중재하여 협상시킬 수 있는 국제적 체제 및 구조가 없을 때 전쟁의 원인이 된다는 이론이다.

오늘날 국제사회는 많은 국가들이 자국의 국가이익과 국가목표를 달성하기 위해 정책을 결정하고 행동하게 되는데, 이때 다른 국가들과 갈등하고 분쟁하여 위기상황으로 진전되었을 때 상호 상충된 정책과 행동을 협상하고 중재하며 통제할 수 있는 초국가적 국제체제로서 국제기구가 존재하지 않거나 그 역할과 기능이 미약했을 때는 국가들 간의 전쟁은 불가피하게 발생하는 것이다.

즉 타국가의 위협에 대응하기 위하여 어느 국가가 자위적 조치로서 군사력을 강구하게 되면, 다른 국가는 이러한 위협으로부터 보호하기 위해 더 이상의 군사적 조치를 함으로써 안보경쟁의 악순환이 되풀이 되지만, 이를 통제할 국제체제가 없거나 그 영향력이 미흡하여 전쟁이 발생한다는 것이다.

4. 전쟁의 발생단계와 진행과정

(1) 전쟁의 발생단계

전쟁이란 평화와 전쟁의 갈림길에서 어느 날 갑자기 찾아온 것이 아니라 보이는 혹은 보이지 않은 단계를 거쳐 발생하게 된다. 예컨대 전쟁은 반드시 어떤 공식적이고 체계적인 단계를 거쳐 이루어지는 것은 아니지만 최소한의 갈등-분쟁-위기-전쟁이라는 전쟁본질의 발생단계(도표 1-2)를 거쳐 일어나게 된다.

첫째, 갈등단계는 서로 상충된 국가 이익이나 국가목표가 양립 또는 조화될 수 없는 상황에서 나타난 위험시기로써 개념적이고 비가시적인 경쟁상태가 된다.

둘째, 분쟁단계는 위력(힘)으로 윽박지르고 협박하는 위협시기로써 두 국가관계가 저항과 도전 상황에서 구체적이고 가시적인 대립상태가 된다.

셋째, 위기단계는 갈등관리와 분쟁관리가 되지 못했을 때 군사력을 간접적 · 심리적으로 사용한 전쟁긴박기로써 전쟁의 길로 가느냐 혹은 평화의 길로 가느냐의 전환점에서 구체적이고 직접적인 대결상태가 된다.

넷째, 전쟁은 전쟁긴박기인 위기관리가 실패했을 때는 군사력의 직접적 · 물리적 사용으로 충돌하여 일어나게 된다.

〈도표 1-2〉 전쟁의 발생단계

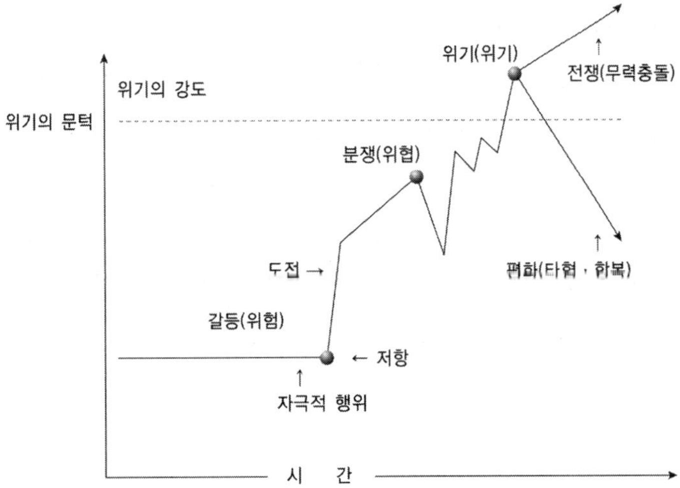

그러나 갈등단계-분쟁단계-위기단계를 성공적으로 관리하여 전쟁으로 진전되는 것을 예방하고 해결할 수 있도록 모든 노력을 다해야 한다.

이를 해결하기 위한 방법으로써, 첫째는 당사 국가들 중 하나가 단독해결 방법으로 ① 양보 및 화해, ② 국제사법 재판을 통한 사법적 해결, ③ 적대적 제안의 철회 및 행동 중지, ④ 복종 및 억지 등이 있다.[4)]

둘째는 관계된 2개 국가가 해결하는 양자간 해결방법으로써 ① 당사국가들의 타협, ② 당사국가들의 주장이 공식적으로 양립할 수 없다고 할지라도 암묵적으로 새롭게 형성된 현상유지를 일부분 합법적으로 오랫동안 인정하는 자동해결 등이 있다.

셋째는 다자간 해결방법으로써 ① 국제기구(국제연합, 북대서양조약기구 등)나 강대국가가 당사국가를 억제하고 철회토록하고, ② 당사국가들이 받아들일 수 있는 해결책을 마련하여 중재 및 조정, ③ 사실관계를 명확히 밝혀 해결하는 사실 조사 등이 있다.

이와 같은 해결방법이 실패하면 위기는 확대되어 전쟁이 일어나게 된다.

---

4) 이재영, 『전쟁』, 서울: 대왕사, 2005, pp.275-285.

〈도표 1-3〉 **위기관리와 전쟁전환 관계**

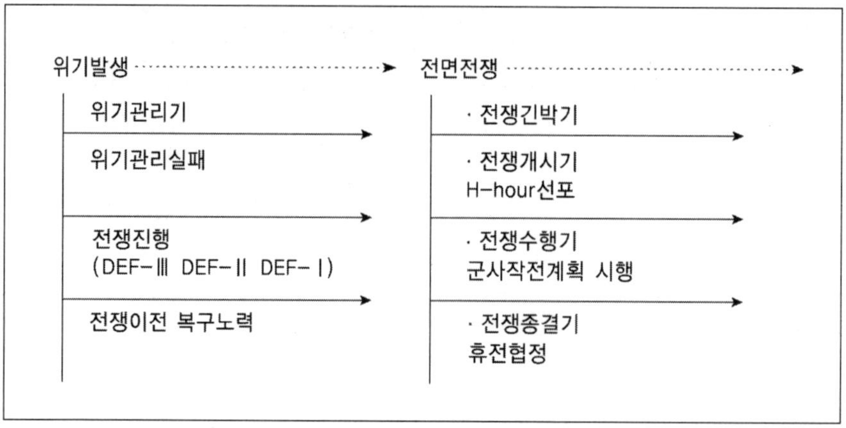

전쟁은 전쟁긴박기인 위기관리가 실패하면 총력전인 전쟁으로 전환(도표 1-3)하게 되는데, 이때에 전쟁은 전쟁긴박기(위기관리기), 전쟁개시기, 전쟁수행기, 전쟁종결기 과정으로 진행하게 된다.

(2) 전쟁의 진행과정

전쟁에서 국가노력의 효율성을 향상시키고 국력의 효과적 사용을 위해 전쟁진행기간에 과정별로 적용할 전쟁지도 중점을 명백히 설정하여 적용해야 한다.

전쟁진행과정을 기간별로 명확히 구분하는 것은 어려운 일이나 보통 위기관리기인 전쟁긴박기, 전쟁개시기, 전쟁수행기, 전쟁종결기로 구분하며, 과정별 전쟁통제 중점(도표 1-4)은 국력통합과 전쟁목표 달성을 위한 전쟁의 통제지침이 된다.[5]

---

5) 육군교육사령부, 『전쟁지도 이론과 실제(1990)』와 이종학 외, 『전쟁지도에 관한 연구(1984)』 내용을 인용하여 작성하였음.

〈도표 1-4〉 **전쟁진행과정별 전쟁통제의 중점**

전쟁진행과정	전쟁통제의 중점	
전쟁긴박기 (위기관리기)	• 전력구상의 실현 준비 • 국력조성 및 치안유지 • 동맹관계의 공고화	• 전쟁지도본부설치 및 운용 • 군비의 충실화/동원화 • 국제사회에서 적국의 고립화
전쟁개시기	• 전쟁목적/군사목표 확정	• 전쟁수행방법/범위 결정
전쟁수행기	• 군사작전지도 • 내정지도 및 외교지도	• 국민사상지도 • 심리전과 민군작전
전쟁종결기	• 종전의 시기판단 • 종전방법 및 전후처리방침	• 외교 협상과 강화 • 기타

1 전쟁긴박기

전쟁긴박기는 위기관리기 또는 전쟁준비기로써 국력의 조성, 군비의 충실화, 동맹관계의 공고화 및 적의 고립화 등이 중요한 지도중점이 되며, 세부사항은 다음과 같다.

● 국력조성

국가의 국력은 전쟁수행에 원동력이 된다. 특히 경제계획으로 경제성장을 달성하는 것은 국민이 어떠한 전쟁에서도 승리할 수 있다는 자신력을 가지게 하고 국민의 사기를 진작시킨다. 국가는 다양한 산업 및 공업의 기반 위에 지식 · 정보산업의 발전으로 첨단 과학무기에 의한 전쟁을 수행할 수 있도록 군 · 산복합체 산업이 발전되어야 한다.

그리고 국가의 인적 자원과 규모의 경제를 고려하여, 국가안보 면에서 볼 때 인구도 7,000만에서 1억 명 이상이 되어야만 강대국의 범주에 속한다는 것이 일반적인 이론이며, 실제는 전인구의 전력화비율이 10%가 통상적이다.[6)]

이러한 인적 · 물적 자원은 군사력을 강화하여 평시에는 전쟁을 억제하고 유사시에는 전쟁에 승리를 획득하게 하는 원동력이 된다.

6) 加田哲二, 『戰力論』, 帝國出版社, 2000, pp.237-239.

● 군비의 충실화

한 국가의 군사력은 국가이익 추구의 요구도에 따라 한계성을 고려하여 군사력의 질과 양을 결정해야 하며, 이 군사력 결정시 고려사항은 ① 가상적의 명확한 설정, ② 각군의 규모 및 병력결정, ③ 병역제도의 확립, ④ 군사전력과 무기체계 및 정비능력, ⑤ 지휘능력, ⑥ 물자의 비축과 보충능력, ⑦ 국민의 정신력이 된다.

첫째, 가상적의 명확한 설정은 침략국가와 그 지원국가의 개입군사력을 대상으로 하는 것인데[7], 상황에 따라서는 적국민 또는 지원국가의 국민가치도 포함할 수도 있으나 이는 신중하게 결정하여야 한다.

둘째, 군사력의 주요소인 병력규모의 결정과 병역제도의 확립은 전쟁에서 적군을 격멸할 수 있고 국가를 방위할 수 있는 능력을 확보하는 데 있다. 그러나 군사력 유지는 많은 인적·물적 자원을 필요로 하기 때문에 국민의 경제적 부담이 뒤따르게 되므로 병력의 결정은 국력에 무리가 없도록 신중을 기하여야 한다.

병력규모 결정의 고려사항은 ① 적국의 군사력 규모, ② 작전지대의 특징, ③ 예상되는 전쟁의 양상, ④ 무기 및 장비의 발달정도, ⑤ 실전경험요소와 훈련정도, ⑥ 국력의 군사지원능력, ⑦ 국민의 정신상태가 된다.

그리고 병역제도는 국민개병제도로서 국민의무의 공정성을 갖게 하여 국민의 단결과 군의 사기를 진작시켜야 한다.

셋째, 무기체계와 군사전략의 변천은 불가분의 관계에 있다. 무기체계의 발전은 새로운 군사전략을 발전시켜 왔다. 시대의 변천에 다라 새롭게 발전된 군사전략은 더욱 발단된 무기체계를 요구하게 되며, 새로운 무기체계의 출현은 군사전략의 또 다른 변천을 추구하게 됨으로써 상호종속변수적인 관계에 있다고 하겠다. 그러나 전쟁긴박기에는 군사전략에 따르는 무기체계의 획득·정비라는 관점에서 전쟁준비가 이루어져야 한다.

넷째, 현대전은 군수물자의 소모량이 많기 때문에 물자의 비축과 이에 대한 국내 및 국외로부터의 수급대책이 보장되지 않으면 안 된다. 비록 서전에서 승리를 거두었다고 하더라도 지속적인 군수품 조달능력이 없으면 결국 패전을 면하지 못하게 된다. 따라서 전시에는 국가의 생산능력을 총동원하고 국외 의존물자의 획득을 위한 외교노력을 강화하여 타국으로부터의 전쟁지원태세가 보장되도록 제반대책을 추진하여야 한다.

---

7) 加田哲二,『戰爭本質論』, 慶応書房, 2002, pp.105-109.

요컨대 전시에 국민동원과 경제력을 총동원하고 국외 의존물자의 획득을 위해서는 정치 및 외교적 노력, 강력한 국가정치 지도자의 리더십 발휘로 국민행동을 통일하고, 타국으로부터의 전쟁지원태세를 확립하는 전쟁준비가 있어야 한다.

● 동맹관계의 공고화

국가동맹을 확보한다는 것은 자국의 군사력을 강화하고 국제적인 지위를 향상시키는 반면에, 적국에 대해서는 그들의 동맹관계를 와해시키는 작용을 하게 되며 전시에는 필요한 물자의 획득원이 된다. 이러한 효과적인 동맹관계의 공고화방법의 하나는 평시부터 협력관계를 많이 맺는 것도 유효한 방법이다. 그러나 더욱 중요한 것은 국제사회에서 적대적인 국가를 감소시키고 불가침조약 등을 체결하여 우방국화에 중점적인 외교활동이 요구되며, 불가침조약을 체결한 국가라고 하더라도 방심해서는 안 된다.

전쟁지원을 위한 우방국가의 전쟁지원형태에는 물자 및 재정지원 또는 직접적인 군사력 지원 등이 있으며, 군사력지원 형태의 지원국가와는 단일지휘체계의 연합합동작전을 수행하는 것은 효과적이다.

● 적국의 고립화

전쟁긴박기(위기관리기)에는 정치 및 경제면에서 적국을 포위하여 국제사회에서의 고립화에 주력해야 한다. 적국의 고립화를 위한 효과적인 방법은 경제봉쇄로서 적국이 필요로 하는 식량, 유류, 철강, 컴퓨터, 기타 최신장비와 군사 전략물자 공급을 중단시켜 적군의 전력을 약화시키는 것이다. 이와 병행하여 적국의 주변국가와도 협력하여 정치적 · 외교적 · 경제적 봉쇄를 강화함으로써 국제정치에서 고립화시키는 조치가 이루어져야 한다.

2 전쟁개시기

평시부터 전쟁계획이 준비되었다 해도 일단 전쟁이라는 최후수단을 발동할 것인지 아니면 평화적인 방법으로 해결할 것인지의 결정은 대단히 깊게 생각하여 결정해야 한다. 이때는 최종적으로 국가지도자의 대외적 · 대내적 · 대적 정세에 대한 예리한 상황판단과 정책적이고 전략적인 결단력이 요구된다. 그러나 전쟁개시가 결정되면 전쟁긴박기부터 설정된 전쟁목적이나 목표를 다시 구체적으로 확정짓고 실제로 어떻게 전쟁을 수행할 것인가 하는 방법 및 기간이 결정되어야 한다.

● 전쟁목적의 확정

전쟁을 개시할 때는 최우선적으로 전쟁목적이나 목표를 재검토하여 확정짓고 이 목적 달성을 위하여 전쟁을 수행해야 한다. 통상 전쟁의 목적 및 목표는 동의어적 의미로 혼용하여 표현하고 국가목적이나 목표로부터 염출한다. 국가위신을 위한 명분적 측면의 대외적 목적 및 목표와 국가이익 추구를 위한 실리적 측면의 대내적 목적 및 목표를 함께 충족시킬 수 있는 합목적 목적 및 목표를 선정해야 한다.

국가위신을 추구하기 위한 전쟁목적 및 목표를 충족시킬 수 있는 요소는 ① 이 전쟁이 어디까지나 자위적인 것이며 정의의 전쟁임을 명백히 부각시키고, ② 침략자를 응징 또는 규탄하려는 어쩔 수 없는 최후조치이며, ③ 궁극적으로 자국안보 및 세계평화에 기여한다는 조건에 합당해야 한다.

6·25전쟁에서 미국 트루먼 대통령의 전쟁목적

…… 1950년 6월 25일, 북한군은 38선을 기습공격함으로써 한국은 위기에 빠졌다. 동년 6월 30일, 트루먼 대통령은 세계전쟁의 유발을 경계하면서, 북한군을 격퇴하여 공산주의로부터 자유민주주의를 수호하고 세계평화를 위해 유엔의 결정 이전에 미국은 참전을 결정하였는데 개전 초기의 전쟁지도는 여러 가지 논의가 있으나 대체로 적절한 결단이었다.

전쟁의 대외적 목적 및 목표는 전쟁의 명분으로서, 우군에게는 전쟁의 정당성을 확산시켜 정의의 전쟁이라는 인식을 가지도록 하고 적개심을 고취시키며, 적에게는 정의의 군대를 대적할 수 없다는 의식을 가지도록 한다. 또한 국제적 지지와 도움을 확보하는데도 필요하다. 따라서 이러한 목적이나 목표는 전쟁지도본부 요원이나 제한된 고위계층에게만 알려져서는 안 되며, 국제사회는 물론 모든 국민과 장병에 이르기까지 전파되어야하고, 그럴 때 국제사회의 지지를 확보하고 국민의 이해와 장병들의 강한 적개심을 야기시켜 전쟁승리를 보장할 수 있다.

한편 전쟁의 대내적 목적 및 목표는 자국의 이익을 추구하는 실질적 목적 및 목표이기 때문에 극히 제한된 전쟁지도계층만 알고 비밀을 유지하여야 한다.

2003년 3월 20일에 감행된 미국의 이라크전쟁의 명분적인 대외적 목적이나 목표는 대량살상무기와 이라크 국민을 핍박함은 물론 국제테러분자들을 지원하는 사담 후세인 대통령을 제거하는 데 있다고 하였다. 그러나 전쟁을 반대하는 사람들과 많은 언론들은 미국의 이라크전쟁의 실질적인 대내적 목적이나 목표는 석유자원에 관련된 이권확보와 중동지역의 민주주의 체제 확산, 그리고 미국의 경제번영 및 정치지도자의 이해 등 미국의 국가이익에 유리한 중동 질서에 재편에 있다고 주장하였다. 그런데 주목할 것은 미국은 전쟁의 대내적 목적과 목표에 관해서는 한 번도 언급한 적이 없다는 것이다. 전쟁의 실질적인 대내적 목적 및 목표는 공개되지 않고 비밀이 엄격히 유지되는 가운데 추진되고 달성되었다.[8]

● 전쟁수행 방법 및 범위 결정

전쟁 개시에 앞서 정치·외교적 고려사항은 ① 전쟁목적의 재확인, ② 개전시기의 결정, ③ 전쟁규모의 예측, ④ 전쟁지도기구의 정비, ⑤ 전장의 선정과 진군한계, ⑥ 화전조건의 예측, ⑦ 국민의 단결강화가 된다.

첫째, 전쟁목적의 재확인은 국력한계를 고려하여 국가이익의 추구정도를 고려해야 한다.

둘째, 개전시기의 결정은 적이 무력공격을 개시했을 때를 개전으로 하는 것이 일반적이고, 이때는 응징보복차원에서 실시하게된다. 다른 한편으로는 선제저지전략으로 선제공격을 실시하게 되는데, 이 경우에는 국제적으로 침략자라는 오명을 쓰지 않도록 유의해야 한다.

> 구체적으로 개전시기를 고려할 때는 적의 취약한 시간과 장소를 비롯해서 정치적인 시기로는 내란 및 권력투쟁으로 통제력이 약화되어 치안질서가 혼란에 빠졌을 때가 될 수 있다.
>
> 또한 적국의 경제사정이 극도로 악화했을 때나, 적국의 도발행위가 실질적으로 침략성을 띠고 세계평화를 혼란시키는 위험성이 긴박한 상태로서 전쟁수단 외에는 해결할 방도가 없을 때가 된다. 오늘날의 상황은 특히 초강대국 간의 이해관계 때문에 힘의 균형이 깨지는 진공상태의 지역에서는 대게 영토 및 자원·민족·종교·이념 간의 갈등에 의한 전쟁이 발발하고 있다.
>
> 다음은 자연적인 시기로서 농번기를 피한다든가, 부대야영에 좋은 계절이나 계절적인 기후상태 또는 사회적인 행사나 공휴일 등이 될 수도 있다. ……

셋째, 전쟁규모의 예측은 선제공격자나 침략자의 예측과는 달라질 수 있다. 그러나 피아간에 어느 정도의 규모로 할 것인가 판단하고 예측해야만 제반전쟁계획을 수립할 수 있는 기초가 된다. 전쟁규모를 결정하는 고려사항은 ① 국력의 한계 및 전쟁목적, ② 국내외적인 여건, ③ 가상적인 능력, ④ 전쟁의 기간 및 속도, ⑤ 과학무기의 성능과 운용방식이다.

---

8) 황군택, 『전쟁지도에 관한 연구』, 서울: 국방대학교 합동참모대학, 2003, pp.26-27.

넷째, 전쟁지도기구의 기능과 역할을 정립해야 한다.

현재전은 규모가 커지고 첨단과학화되어 전쟁기술이 전문화되었으며, 또한 국가총력전은 정책과 전략을 통합·조정하여 전쟁을 수행하게 된다. 따라서 국력을 효율적으로 전쟁에 적용하기 위해 전쟁지도본부나 군사지휘본부 등 일정한 전쟁지도기구가 필요하다.

다섯째, 전장의 선정과 진군 한계는 국가정책과 국가전략 수행에 합치되는 전쟁이어야 한다. 이러한 전장은 적국의 수도, 국가지휘통제체계, 공업 및 산업지대 등으로 적에게 결정적인 치명상을 주는 전략적 중심과 전략적 목표가 되어야 한다. 전장을 선정할 때 유의할 점은 자국의 수도, 국가지휘통제체계, 산업지대 등이 전장화되어서는 안 되며, 특히 제3국의 국경선에 근접하여 제3국을 새로운 적국으로 만들어서는 안 된다.

또한 이에 병행하여 진군한계를 사전에 명확히 규제해 두어야 한다. 왜냐하면 군사작전이 개시된 후에는 전쟁의 자체발생적인 작용 때문에 이를 용이하게 통제하기에는 매우 어려운 일이 될 때가 있기 때문이다.

여섯째, 화전조건의 예측은 전쟁당사국이 개전전 또는 전쟁 중에 화전조건을 결정하고, 전쟁의 추세를 조기에 판단하여 화전의 방법으로 전쟁을 종결하여야 한다.[9)]

국가지도자는 개전전과 거의 동일하게 은밀히 직접적·간접적으로 매우 다양한 방법을 통하여 화전협상을 실시하고 적국과 대화 통로를 유지하는 것이 원칙이다. 왜냐하면 전쟁시기를 중요시하는 것과 같이 화전 시기도 중요시해야 하는데, 이는 미래의 국가안전을 위한 국력을 무리하게 소모해서는 안 되기 때문이다.

3 전쟁수행기

전쟁수행기에는 군사작전지도를 비롯하여 국민사상, 내정지도, 외교 및 대적심리전 등 많은 복잡한 사항을 처리하여야 한다.

현대전은 과학무기의 발달로 타격수단이 다양화·정밀화되고 사거리 및 무기의 위력이 증대되었을 뿐 아니라 특히 핵무기의 등장으로 인해, 전쟁이 일단 발발하면 피아가 모두 멸망할 수도 있고 설사 승리했다 해도 파국을 면할 수 없게 된다. 따라서 전쟁수행기는 자국의 지리적 조건 및 전략적 환경, 전쟁수행능력, 국민의 전쟁수행의지 들을 고려하여 속전속결로 나갈 것인가, 아니면 지구소모전을 취할 것인가? 마비전인가, 섬멸전인가? 제한전인가,

9) 酒井鎬次, 『戰爭哲導の實際』, 改造社, 2001, pp.19-22.

전면전인가, 정규전인가, 비정규전인가를 결정하게 되지만 어떤 방법을 선택하든지 간에 빠른 시간에 적의 전략적 중심과 목표에 치명타격을 가할 수 있는 효과적인 대안을 선택해야 한다.

● 군사작전

군사작전의 단계는 개전, 결전, 종전으로 구분하며 현대전쟁은 지상 · 해상 · 공중 · 우주 · 사이버 공간 등 5차원적 군사작전을 수행할 수 있어야 한다. 또한 군사작전 시에는 지상군 · 해군 · 공군의 합동성이 강화된 작전을 실시해야 한다.

개전단계에서는 결전의 기반을 조성하기 위해 부대의 정비 및 전개, 유리한 지역의 점령, 병력의 절약 및 집중, 전략적 중심과 목표의 무력화, 결전시기의 포착, 신속결정적 작전으로 주도권 확보 등을 위한 조치가 이루어져야 한다.

결전단계에서는 적의 전략적 중심과 목표를 유리한 시간과 장소에서 격파할 수 있는 신속결정적 기동 및 효과중심작전을 실시하고, 신속한 평화공세로 강화를 맺는 것이 바람직하다. 이때는 화력전을 할 것인가 아니면 기동전을 할 것인가, 공격할 것인가, 방어할 것인가 하는 것이 전쟁의 주안점이 된다.

종전단계에서는 적에게 자국의 요구에 굴복하도록 정치 · 외교적, 군사적, 심리적 압력을 적절히 조절하는 데 중점을 두어야 한다. 이때 국내적으로 주화론과 주전론이 양분되어 있다고 하더라도 군사지휘본부는 전쟁지도본부가 결정한 방향에 따라 군사작전을 수행해야 한다. 특히 이 단계에서는 국가전략에 부합되는 작전이 수행되도록 그 목표 선정에 신중을 기해야 한다.

6 · 25전쟁에서 유엔군은 1950년 9월 15일 인천상륙작전에 성공하여 북한군을 부산과 인천 양방면에서 협공함으로서 전쟁전의 38선을 회복하게 되었다. 이 단계에서 미국 및 유엔군의 전쟁목적 및 목표는 북한군의 무력침공을 격퇴하고, 국제평화와 한국의 안전을 확보하는 것으로서 일단 달성한 것이 된다. 그러나 군사작전의 성공에 도취하고, 자부심이 강한 맥아더사령관은 전쟁수행과정에서 전쟁의 목적 및 목표를 통일민주 한국 정부를 수립하는 것으로 확대하여 계속 북진을 감행하였는데, 전쟁지도자인 트루먼 대통령은 실질적으로 공격진출선을 통제하지 못하고 전쟁을 38선 이북으로 확대하는 데 동의했다. 이 결과 중국군의 개입원인이 되었고, 결국은 많은 희생을 감수하고서야 전쟁전 상태로 회복하게 되었다. 이로써 승리없는 휴전을 수락하지 않을 수 없는 형편에 이르게 되었다.

따라서 전쟁지도자와 군사지휘자간의 전쟁 목표선정에서 갈등의 결과는 많은 시사점을 제시하여 주고 있다.

군사작전은 준비된 전쟁계획에 따라 수행하게 되지만 전쟁에는 너무도 많은 우연과 예측하지 못한 복잡한 요소가 작용하기 때문에 계획대로 진행되지 않는다. 따라서 국가지도자는 군최고사령관의 위치에서 절묘한 지도력을 발휘하기도 하고, 때로는 국가원수로서 모든 책임을 지고 오로지 전승만을 위해 국가총력을 집중시킬 수도 있어야 한다.

그러나 전쟁지도자가 직접 작전에 개입하여 군을 세밀하게 통제해서는 안 된다. 군사작전은 어디까지나 작전지휘관의 의견을 존중하여 처리하는 것이 원칙이기 때문이다.

● 사상지도

전쟁에서 막대한 인명 살상과 재산파괴 및 궁핍과 기아 등의 참상이 지속되면 국민들 사이에는 그러한 고통에서 벗어나려는 염전사상이 싹트게 되며, 이러한 현상이 만연되면 전쟁에서 승리하기는 어렵다. 따라서 국가지도자는 국민을 선도하기 위한 정책을 시행하고 애국심에 호소하여 국민에게 희망을 주어야 한다.

즉 국민생활의 안정을 도모하고 불평불만의 요소를 제거하며, 병역의 공평을 기하는 등 전쟁부담을 공정하게 하여 국민이 정부를 신뢰하고 조국의 고마움에 감명하여 기꺼이 생명을 바칠 수 있는 애국심을 발휘하도록 적극적으로 노력하여야 한다.

● 내정지도

- 치안확보 : 전시정부는 자국내부의 치안확보를 위해 전시행정 특례법 등의 강력한 시책이 수행된다. 그러나 정부는 헌법상에 보장된 국민의 자유권을 가급적 존중해야 하며 맹목적인 통제나 구속력을 행사하는 것은 만능이 될 수 없다. 전시 치안혼란의 요인은 국민의 정서불안을 비롯해서 간첩과 불순분자들의 난동 및 파괴행위의 자행, 유언비어의 유포로 민심이 동요하고, 또한 이기적인 부정이권으로 축재욕의 고조와 허세를 부리는 행위, 재산의 해외도피 풍조 등이다. 이에 대한 제거방책은 각종 통신수단의 사용제한 및 각종 매스컴의 엄격한 검열, 간첩 및 반국가적 행위자의 색출 및 감시, 외국인에 대한 규정을 강화하며 계엄령의 선포 등으로 유화책 및 강경조치를 취해야 한다.
- 전쟁물자 동원 및 보충 : 전시의 물자수요는 군수소요와 민수소요의 균형이라는 문제가 제기되는데 전쟁소모 보충의 우선순위는 군수소요 충당에 있다. 그러나 물자의 고

갈이나, 생산력이 감소할 때는 민수소요를 너무나 도외시해서는 어려운 상황이 발생한다.

왜냐하면 전쟁의 지원은 국민의 지지와 협조에 의해서 이루어지는 것이며, 국민생활이 불안정할 때는 전쟁수행 기반이 흔들리기 때문이다. 그리고 군수품의 제조부문에서 군자체의 운영 및 민간기업에의 위탁경영이나 조달보급과 국가동원으로 군수소요를 보충하는 등 지속적인 지원태세의 정비강화가 중요하다.

● 외교지도

전시외교는 적대국, 중립국 및 동맹국 등으로 구분된다. 국제사회에서 자국의 지지세력을 확장하고 우방 및 동맹국으로부터 정신적 지지·물질적 지원을 획득하는 데 역점을 두어야 한다.

- 전시외교의 일반원칙 : 국제사회에서 중립국 또는 우방국화의 외교를 기본으로 삼고, 중립국 중에서 적대국화되는 것을 방지한다. 국제정치에서 상호동맹강화 및 이익균배와 권리존중을 해야 하며, 힘의 배경에 의한 정치외교가 전개된다. 이때는 자주성을 가지고 국가 간의 협력으로써 그 지위를 확립해야 하지만 때로는 강대국 위주의 외교처리방식 때문에 약소국 이익이 희생당한다는 것을 항상 염두에 두고 외교전을 추진해야 한다.
- 강화외교 : 전쟁을 수행하는 중이라도 전쟁 당사 국가들은 보통 간접적인 의사소통의 통로를 유지하여야 한다. 전쟁이 아무리 치열하더라도 항상 적의 동향 및 능력을 탐지하여 군사적으로는 적절한 압박을 가하며 국제사회에서는 적의 고립화를 강화하여, 적절한 시기에 적에게 강화에 참여하도록 해야 한다. 이때 중재국의 선정은 신중하게 검토하여 결정하여야 한다.

● 적극적인 심리전과 민군작전

심리전 및 민군작전은 전쟁긴박기·전쟁개시기·전쟁수행기·전쟁종결기의 시기적 특성에 따라 계속적으로 실시되어야 한다. 또한 심리전은 대외적 심리전, 대내적 심리전, 대적심리전을 고려하여 실시함으로서 전쟁을 승리로 이끄는 데 결정적으로 기여하게 된다.

대적심리전의 대상은 적국민과 적군대가 된다. 적국민에 대한 심리전은 적국내부의 혼란, 적국민의 전의상실, 국가지도자와 국민 간의 이간 등을 선전하여 사기를 저하시켜야 한다. 그리고 점령지대 내의 민군작전은 정치적 · 경제적 · 사회적 · 문화적 이용가치를 증가시켜 안정화시키는 데 기본방침을 두고 실시해야한다. 민군작전은 민 · 관 · 군이 협조하여 행정 · 치안 · 구호 · 자원관리 · 홍보심리전의 5대 기능을 수행토록 해야 한다.

특히 전쟁 중이나 전쟁 후의 민군작전은 민 · 관 · 군의 유기적 협조로 ① 군사작전을 방해 및 파괴하는 자들을 색출하여 엄단하고, ② 치안행정은 공정성과 관용을 베풀며, ③ 내부행정은 주민자치제에 일임하여 지나친 간섭을 피하면서 점령국가의 국가정책 및 국가전략에 순응할 수 있도록 홍보심리전을 적극 실시해야 한다.

4 전쟁종결기

전쟁종결기의 전쟁지도는 전쟁목적의 달성도를 기준하여 정세가 유리할 때와 불리한 경우로 구분하여 전쟁을 종결한다. 유리한 상황에서는 간혹 추가적인 욕심을 가지고 새로운 전쟁범위로 확대하려는 경향이 있다. 이러한 전쟁지도자의 욕심은 자칫 국가를 패배의 길로 빠지게 하는 위험을 갖게 하는데, 일단 전쟁목적이 달성되면 평화복구에 노력해야 한다.

그 반면에 정세가 불리할 때는 냉정한 판단으로 전쟁을 지도해야 하며 최악의 경우는 전쟁의 목적달성에 구속됨이 없이 신속히 결단을 내려서 평화적 해결방법을 강구해야 한다. 전쟁지도자가 전쟁패배에서 온 일시적인 국가위신과 민족의 굴욕감을 뛰어넘어 국가를 재건시켰던 사례는 역사상에서 찾아볼 수 있으며, 이는 국가와 민족을 위한 비상한 지도방법이 된다.

● 종전 시기

전쟁을 시작하고자 생각한다면, 언제든지 좋다고 생각하는 시기에 시작할 수 있지만 종전을 하고자 할 때는 그렇지 않다. 따라서 종전시기를 결정하는 것은 국가적으로 대단히 중요한 일이 된다.

종전을 위한 좋은 기회는 ① 전쟁목적이 달성되었을 때, ② 적의 저항능력이 없을 때, ③ 국민의 과도한 피로와 염전사상이 만연했을 때, ④ 경제적 붕괴를 초래하여 국민생활이 극도로 혼란되었을 때, ⑤ 전쟁의 소강상태 또는 일방적인 승리로 끝났을 때, ⑥ 국제적 이익관계가 당사국 모두 불리할 때 등이며, 종전의 기회는 놓치지 않고 전쟁종결을 서둘러야 한다.

● 종전 방법

종전의 방법은 항복, 정치집단의 소멸, 휴전, 일방적 중단, 중재에 의한 전쟁종식 등으로 구분된다. 평화의 조건은 일방적인 승리로 무조건항복이 있으며, 또한 패전국에 대하여 조건부 항복과 승패에 대한 판별이 불가능할 때에는 전쟁목적 달성 한도 내에서 상호양해사항으로 하는 종전형식이 있다. 종전은 조기에 명예로운 평화의 명분을 찾아 종결하도록 노력해야 한다. 이러한 평화조건이 성립되면 휴전문제가 대두하게 되는데, 이때는 국가이익과 국가품격, 전쟁지도자의 상호위신을 유지시키면서 정전의 시기, 경계선, 군대철수, 휴전감시, 포로교환, 전후처리 등을 협의하여야 한다.

6 · 25전쟁이 계속되고 있는 가운데 1953년 초에 국지적으로 전투가 치열함에도 불구하고 전반적인 전황은 정지상태에 들어갔다. 미국은 또다시 압록강까지 북진할 의도를 포기하고 있었으며, 중국군과 북한군도 남한이 무력해방이 불가능하다는 것을 깨달았다.

이런 가운데 휴전의 기운이 무르익어 갔을 때 구소련의 휴전제안이 있었다. 그리고 미국은 별다른 전과도 없이 사상자만 늘어나 염전사상이 높아지고, 트루먼 정부에 대한 여론지지율이 떨어지고, 공화당 대통령후보인 아이젠하워가 6 · 25전쟁을 조기에 종전시키겠다는 공약으로 압도적으로 당선되었다. 그러나 이승만 대통령은 휴전협정을 반대하고, 거제도 포로들을 석방하였다. 이러한 조건들이 6 · 25전쟁을 종결로 이끄는 계기가 되었고, 또한 상호국가 위신을 유지하는 휴전협정을 체결했다. 미국은 전후처리 과정에서 이승만 대통령이 휴전협정에 반대하지 않게 하기 위해 ① 한국에 경제원조, ② 파병 16개국에 의한 한국에 대한 안전보장, ③ 상호방위조약, ④ 기타를 약속했다.

종전은 교전당사국 간에 단시일 내의 강화조약이 성립되기는 어려우나 보통 평화조약에 앞서 기본조약을 맺게 된다. 이는 예비공약이지만 구속력을 가지기 때문에 조약체결절차와 같이 추진되어야 한다.

종전을 위한 강화회담은 중립국의 중재에 의하여 이루어지며 양국대표 간의 회담으로써 결정하고, 회담장소는 중립국이나 교전국내에서 개최할 수도 있다. 종전의 기준은 종전된 당시 전선상태와 개전전의 상태가 될 수 있으며, 보통 전쟁종료 당시의 상태에서 평화관계를 회복하는 것이 관례이기도 하다.

● 종전 강화 및 전후처리 과정

정부는 비밀외교원칙에 의하여 상대국에 약점을 보이지 않으면서 교전 중에 강화교섭이 진행될 수 있다. 먼저 종전 강화에 대한 지도기준은 ① 전쟁목적의 달성도, ② 피아간의 국력과 전쟁수행 능력, ③ 국내외의 여론 등이 있다.

이 같은 상황을 판단하여 국가의 정책과 전략이 일치된 강화지도가 이루어져야 한다. 강화절차는 자국군대의 전쟁수행 능력의 한계를 예측하고, 전쟁상황을 종합적으로 분석 및 검토하여 강화에 대한 군사지휘본부의 건의를 받는다. 전쟁지도본부는 군사지휘본부의 건의를 기초로 국내외의 정세를 판단하여 외교교섭에 나서는 것이 일반적인 방법이다.

종전 강화를 지도하는 데 고려할 사항은 ① 중재국의 선정은 양국의 의사를 잘 조정할 수 있는 유엔이나 중립국이 선택되도록 해야 하며, ② 다수국가와의 강화를 체결할 경우에는 당사국 간의 강화조약을 성립시키고 다른 국가는 선례에 의해서 처리시키며, ③ 참전연합국에 대한 이익 안배에서 마찰이 없도록 하고, ④ 주변국가에 대하여 의심을 사는 처리를 하여서는 안 된다.

다음으로, 종전선언 후의 전후처리과정에서 전쟁지도가 중요하다.

특히 승전국가가 패전국가에서 정치(전쟁)목적을 달성하기 위해 자국이 지지한 정부를 세우거나 혹은 직접 군정을 실시할 때는 안전확보단계 · 안정화단계 · 권한전환단계 등 민군작전을 시행하게 된다. 이때 승전국가는 군정 하에 있는 국가의 국가위신 및 국가이익, 민족적 · 종교적 · 지역적인 특성과 전통적 관습, 그리고 국내외적 정세환경이 고려된 전후처리가 요구되는데, 이러한 요소들이 부적절하게 지도되고 시행될 때는 새로운 분쟁 · 갈등 · 위기로 진전되어 전쟁종결기의 전쟁지도가 더욱 어려움을 겪게 되거나 실패할 수 있다.

미국은 2003년 5월 1일 이라크전쟁에서 승전 및 종전을 선언하고 군정을 실시하여 왔으며, 2004년 6월 30일까지 이라크 자치정부를 수립 후 주권을 넘기게 되었다. 그러나 군정 기간 중인 2004년 5월 3일 이라크 포로 학대 사건들이 사진으로 폭로되어 국제적으로나 이라크로부터 강력한 비난과 저항을 받았다.

2004년 5월 4일 미국 국방부는 이라크와 아프가니스탄의 전후처리과정에서 저항세력들을 감금한 미군 수용시설에서 지금까지 25명의 포로가 사망했으며, 이중에 2명이 살해됐다고 발표했다.

예컨대 미군이 이라크 포로수용소에서 알몸의 이라크인 머리에 두건을 씌우고 소총 개머리판으로 두들겨 패는가 하면, 꿇어앉은 사람에게 소변을 누고, 포로들의 옷을 벗겨 피라미드식 알몸쌓기로 성적 모욕을 주는가 하면, 미 여군이 벌거벗은 포로의 목에 매달린 줄을 잡고 있는 사진 등이 폭로되면서 침략전쟁이라는 비난을 받아온 이라크전쟁이 인간성을 짓밟는 더러운 전쟁으로 각인되게 했는데, 도널드 럼스펠드 국방장관은 의회에서 더욱 가혹한 사진도 가지고 있다고 증언하고 관련자들을 처벌하겠다고 말했다.

이라크인 포로들에 대한 성학대 등 각종 가혹행위들이 드러나면서 국제사회의 비난을 받고 아랍인들을 더욱 분노케 하였으며, 알자지라 방송은 미군이 조직적으로 포로들을 이슬람에서 더러운 동물로 간주되는 개처럼 학대하는 것은 최고의 모욕이며, 모든 이슬람교도들은 반미 지하드에 참가해야 한다는 아랍인들의 항의 시위를 방송했다.

…… 이에 대해 미국 전쟁지도자 조지 W. 부시 대통령은 2004년 5월 6일 미군의 이라크 포로학대는 미국의 국가명예에 오점을 남긴 사건이며, 이라크 포로들과 그 가족들이 느껴야만 했던 수치심과 고통에 대해서도 유감이라고 공식 사과했다.

…… 그러나 조지 W. 부시 대통령에 대한 국제적 비난과 국내적 지지율은 USA투데이와 갤럽이 공동 실시한 여론조사에 의하면 집권 이래 최저치인 49%로 떨어졌으며, 갤럽여론 전문가들은 부시 대통령의 지지율이 47% 이하로 떨어지면 2004년 11월 대통령 재선에 실패할 확률이 크다고 지적했다.

…… 또한 미국의 민주당과 공화당에서도 도널드 럼스펠드 국방장관을 이번 사건에 대해 책임을 물어 경질하도록 대통령에게 강력히 촉구하는 등 문제는 국내외적으로 더욱 확산되었다. 결론적으로 조지 W. 부시 대통령은 9 · 11테러 위기관리 및 아프가니스탄전쟁에서 실패한 전쟁지도자로 평가받았으며 이라크전쟁 및 종전처리 과정에서도 전쟁지도에 실패했다.

조지 W. 부시 대통령은 2009년 1월 12일 아프가니스탄전쟁과 이라크전쟁을 잘못된 정보에 의한, 잘못된 결정에 의한 잘못된 전쟁이었다고 전쟁실패에 대한 책임을 인정했다.

5. 전쟁의 유형

전쟁의 유형은 전쟁의 목적 · 형태 · 수단 · 시간 · 공간 등의 요소에 의해 다양하게 분류하고 있다.

(1) 목적에 의한 유형

목적에 의한 유형은 ① 침략전쟁은 정당한 이유없이 타국가에 대하여 무력으로 공격하는 것으로서, 국제법상 위법적인 부당한 전쟁이 되며, ② 방위전쟁은 침략전쟁에 대하여 자위적인 목적으로 수행하는 전쟁으로서, 국제법상 합법적인 정당한 전쟁이 된다.

(2) 형태에 의한 유형

형태에 의한 유형은 ① 총력전쟁은 국가의 사활을 걸고 국가의 모든 자원과 노력을 통합하여 수행하는 전쟁이며, ② 제한전쟁은 정치적 목적에 따라 목표 · 지역 · 수단 등에 일정한 제한을 가하면서 수행하는 전쟁인 것이다.

(3) 수단에 의한 유형

핵무기에 의한 전쟁으로서 ① 전면핵전쟁은 핵무기를 무기의 형태 및 규모, 공격의 목표 및 지역 등에 무제한 사용하는 전쟁이며, ② 제한핵전쟁은 핵무기를 일정한 제한을 가하여 사용하는 전쟁이다.

재래무기에 의한 전쟁으로서 ③ 재래전쟁은 핵무기를 제외한 재래무기, 화학무기 및 생물무기 등에 의하여 수행되는 전쟁, ④ 테러수단에 대한 테러와의 전쟁이 있다.

(4) 공간에 의한 유형

공간에 의한 유형은 ① 전면전쟁은 국가의 전 지역에서 실시된 전쟁이 되며, ② 국지전쟁은 국가의 한정된 일부지역에서 벌어지는 전쟁을 말한다.

또한 ① 2차원 전쟁(지상 · 해상), ② 3차원 전쟁(지상 · 해상 · 공중) ③ 5차원 전쟁(지상 · 해상 · 공중 · 우주 · 사이버)으로 구분한다.

(5) 기타에 의한 유형

기타에 의한 유형은 ① 전쟁원인에 의한 유형은 식민전쟁, 독립전쟁, 종교전쟁, 이념전쟁 등이 있고, ② 전쟁강도에 의한 유형은 저강도분쟁, 중강도분쟁, 고강도분쟁이 있으며, ③ 비무력에 의한 유형은 정치 · 외교전쟁, 경제전쟁, 문화전쟁, 심리전쟁, 과학기술전쟁 등 매우 다양하게 유형을 분류하고 있다.

6. 전쟁이 미친 영향

전쟁이 미치는 극한적인 영향은 개별적이고 국가적인 가치와 체제를 파괴하고 변질시키는 결과를 가져오게 된다.[10)]

---

10) 온창일, 『전쟁론』, 서울: 집문당, 2007, pp.194-215.

(1) 개인적인 영향

전쟁은 개인을 사망케 하거나 개인의 목표 및 희망, 윤리도덕 가치와 개인재산 등을 상실케 하고, 사회의 기초단위인 가정의 모습과 인간관계를 파괴하거나 변질시키는 영향을 미친다.

전쟁에서 수많은 인명 피해는 죽은 사람이나 살아있는 사람들에게 고통과 절망을 주어 정신적으로 피폐시키고 육체적으로 상처를 남기게 된다.
그뿐만이 아니라 물질적 재산의 파괴와 훼손은 인간의 기본적인 생존욕구에 지명적인 악영향을 미치게 한다.

(2) 국가적인 영향

전쟁은 먼저 정치 · 외교적, 경제적, 사회 · 심리적, 문화적, 과학기술적, 군사적인 국가체제붕괴와 자연환경을 파괴하고 발전을 저해시킨다.

예컨대 정치체제는 혼란스럽고 외교관계는 어려워지며, 경제체제는 파괴되어 의 · 식 · 주의 기본해결이 곤란해지고 산업시설 및 기간시설 훼손 등으로 국가 경제력이 크게 약화되며, 사회 · 심리적으로는 사회질서 혼란과 심리적 불안정 등으로 급격한 수평적 · 수직적인 사회구조의 변화 및 변동이 일어나게 된다.

다음은 역사적으로 국가역사 및 전통적인 윤리도덕적 가치관과 문화자산의 훼손이 크며, 민족정신 발전을 더욱 어려운 상황에 놓이게 한다.

즉 전쟁으로 파괴되고 훼손된 국가 정체성 등의 부정적인 영향과 충격을 극복하고, 국민에게 새로운 희망을 갖게 하면서 다시 국가를 건설하고 발전시킨다는 것은 그 만큼 어렵고 힘든 과제가 되는 것이다.

마지막으로 최악의 경우에는 국가가 멸망하고 민족이 사라지게 된다.

이 지구상에는 수많은 국가와 민족이 존재해 왔으나 전쟁을 통해서 어떤 국가와 민족에게 흡수 및 통합되며 멸망하거나 멸종되어 영원히 사라져버린다. 그래서 국가와 민족이 존재하며 '평화와 번영을 누리고 싶거든 전쟁에 대비하라'는 명언이 증명하고 있다.

3 전쟁 지도

제1절 | 전쟁지도의 정의

현대국가는 국가목표를 달성하기 위해 국가가 보유하고 있는 유 · 무형의 전력을 총동원하여 전쟁을 유리하게 종결시키려 노력한다.

국가가 보유한 가용수단과 방법을 통합하여 어떻게 전쟁에 대비하고 전쟁을 유리하게 수행하여 전쟁목적을 달성할 것인가가 중요한 과제로 떠오르게 됨에 따라 전쟁지도개념이 대두되었다.

전쟁지도란 국가의 전쟁목적을 달성할 수 있도록 전쟁에 대비하고, 전쟁을 수행하기 위해 국가의 자원과 노력을 조직화 · 효율화하는 일련의 조정통제과정이라고 정의한다.

국가안보는 전 · 평시에 군사적 · 비군사적 위협에 대처하는 광의의 개념이라면, 위기관리는 갈등 · 분쟁이 위기로 진전되어 평화의 문턱으로 또는 전쟁의 문턱으로 가느냐의 순간이며, 전쟁지도는 전쟁의 실천적 행동에 해당된다.

그러나 위기관리업무는 전쟁긴박기 및 전쟁개시기의 업무와 동일하거나 유사하여 전쟁지도과정에 포함할 수도 있다.

즉 전쟁에서 합리적 국력운용에 관한 지표인 전쟁의 목적(목표)의 확정과 전쟁수행을 위한 지침의 제정, 무력동원에 따르는 통치권의 행사, 국가정책 및 국가전략과 군사전략간의 통합 · 조정 및 효율적인 통제 등으로 전쟁목적을 달성하기 위하여 국가의 총력량을 전승획득에 집중시키도록 조직화하는 지도역량과 기술이 된다.[11]

평상시 국가안보유지 · 위기관리 · 전쟁지도의 범위(도표 1-5)를 구분하여 보면 다음과 같다.

---

11) 국방대학교, 『안보관계 용어집』, 2004, p.113.

〈도표 1-5〉 **전쟁지도 범위**

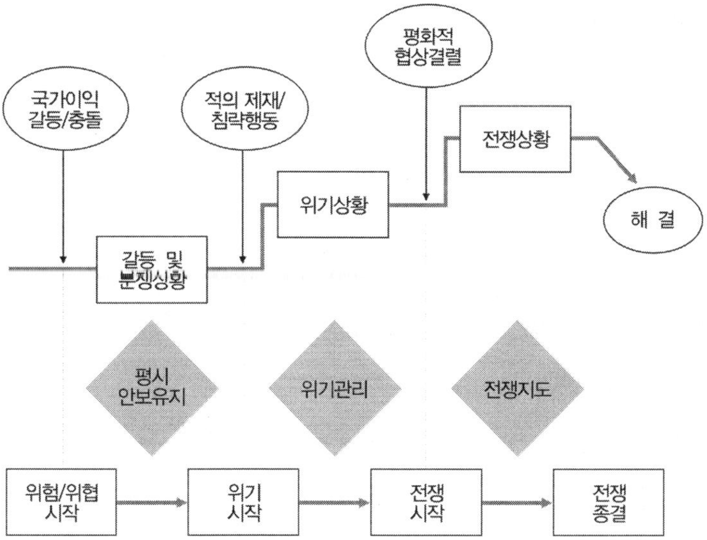

국가목표를 달성시키기 위하여 국력의 제요소를 통합하고 군사력을 건설, 유지 및 운용하는 광의적인 전쟁계획과 적의 무력침공에 대비하면서 적국의 의지를 굴복시키기 위한 협의적인 전쟁계획 등에서 전쟁준비, 전쟁수행 및 전쟁종결과 같은 전쟁실행계획에 대하여 지도역량을 충분히 발휘하는 것이다.

이와 같은 전쟁의 억제 및 전쟁 수행을 위해 제국력을 준비, 계획, 실시하는 국가적 방책과 기술의 총칭이라고 할 수 있는 전쟁지도의 개념은 전쟁지도체계(도표 1-6)로 요약할 수 있다.[12)]

평시에 국가목표를 기준하여 새로운 정세판단에 의해 전시에 전쟁의 목적(목표)이 확정되고, 확정된 전쟁의 목적(목표)을 달성하기 위해 전쟁지도지침이 제정되는데, 전쟁지도지침은 전쟁의 목적달성에 전력을 다할 수 있도록 군사통제권 행사와 국력운용 지침으로 구분한다.

군사통제권 행사는 전쟁승리를 위한 국가전략을 실행하고 군사작전계획의 발동을 지시하게 되며, 국력운용은 국제적 · 국내적 문제를 총괄하는 전반적인 정치 · 외교지침, 경제지침, 사회 · 심리지침, 과학기술지침, 그리고 국방지침에서 상호 대치되는 부분을 전쟁목적에 부합되게 통합 · 조정하고 정부의 제 기능을 유기적으로 협조하는 지침을 내리게 된다.

12) 서관주, 『한국 전쟁지도체제의 발전방향』, 서울: 국방대학교, 2001, pp.14-15.

〈도표 1-6〉 전쟁지도 체계

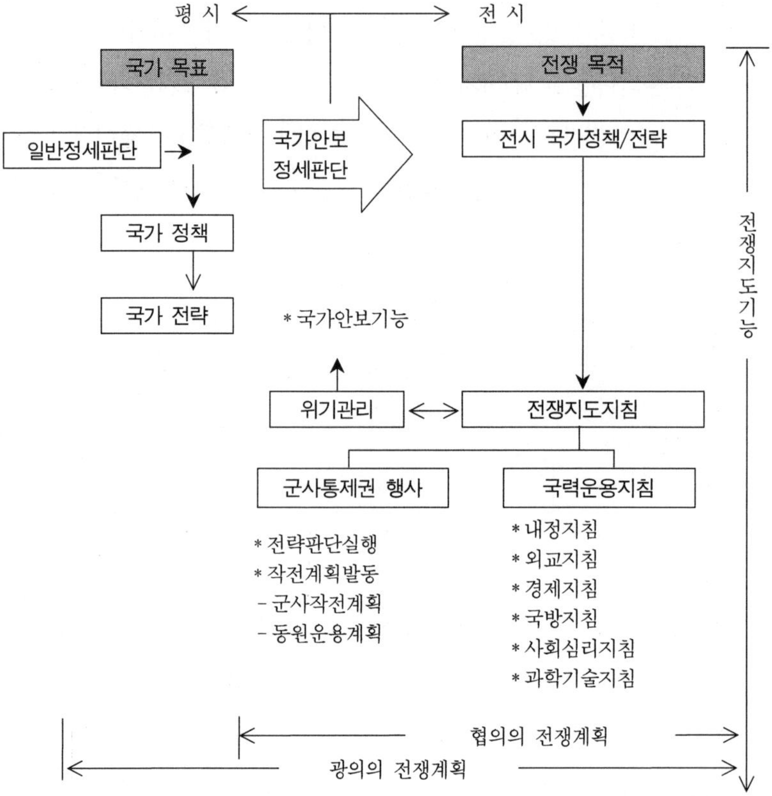

제2절 | 전쟁지도의 기본 요건

전쟁지도능력의 발휘는 국가의 정치체제와 정치지도자의 개인적인 능력, 국가위기시에 국민안보 의식과 국가자원 통합이 크게 좌우한다. 따라서 가장 효율적인 정치체제, 국민통합, 우수한 정치지도자는 고도의 전쟁지도 능력발휘의 기본요건이 된다.[13]

13) 육군교육사령부, 『전쟁지도 이론과 실제』, 1990, pp.7-8.

1. 정치체제

국가가 전시에 가장 신속하고 합리적으로 국가역량을 결집하기 위해서는 특정조직이나 개인에게 권력이 집중되어야 한다. 정치체제 면에서 전체주의나 독재주의 국가는 민주주의 국가에 대해 단시간 내에 역량을 발휘할 수 있으나 그 반면에 융통성이 결여되기 쉽다. 이에 반하여 자유민주주의 국가는 융통성은 발휘할 수 있으나 급박한 상황에서 신속하게 능력을 발휘할 수 없는 측면이 있기 때문에 민주국가에서는 전시에 신속하게 권력을 집중할 수 있는 체제적 조건을 갖추어야 한다.

2. 국가지도자의 능력

국가지도자는 정치, 경제, 사회, 문화, 군사, 과학기술 등 다방면에 걸친 지식과 안목을 겸비한 인재가 가장 바람직하다. 그러나 이와 같은 만능의 국가지도자는 흔하지 않을 뿐 아니라 설사 다방면에 걸친 지식을 겸비하고 있다 하더라도 현대의 총력전 수행에 필요한 광범위하고 복잡한 제반문제를 해결하기란 쉬운 일이 아니다.

국가지도자는 건전한 사고력, 결단력, 책임감, 고도의 전략적 수완, 미래를 보는 안목을 가지고 국가의 장래를 설계하고 강인한 의지와 적절한 전문인력의 활용으로 전쟁목적을 성취하며, 또한 수시로 변하는 상황에 유연하게 대처해 나갈 수 있는 위기관리와 국민을 통합시켜 전쟁에 승리할 수 있는 전쟁지도능력을 갖추어야 한다.

국가위기와 전쟁을 성공적으로 지도했던 위대한 국가지도자는 국민에게 피 · 눈물 · 땀밖에 드릴게 없다고 연설했던 영국 윈스턴 처칠 수상이라고 말한다.

1939년 독일이 폴란드를 침공함으로써 제2차 세계대전이 시작되었으며, 1940년 4월 영국군과 프랑스군은 노르웨이에서 독일군에 참패하고 독일군은 5월 프랑스 · 영국을 공격했다.

1940년 5월 10일 영국 보수당 아서 네빌 체임벌린 수상이 윈스턴 처칠에게 내각을 넘겼으며, 윈스턴 처칠은 비상내각을 구성하고, 5월 13일 의회에서 지상 · 해상 · 공중에서 독일과 전쟁을 승리로 이끌겠다는 의지표명과 처칠내각 승인을 요청하였으며, 동시에 독일에 대한 항전의지를 보여 국가의 위기 · 전쟁 · 국민통합을 이룩하는 것이 목적이었다.

…… 우리는 역사상 가장 큰 전쟁을 시작하고 있습니다. 네덜란드 · 노르웨이 · 프랑스 등 여러 곳에서 전투중이며 지중해도 전쟁을 준비해야 합니다. 항공전이 계속되고 있으며 영국본토도 방공을 준비

해야 합니다.

…… 우리는 가장 심각한 시련을 앞두고 있습니다. 우리는 길고 긴 투쟁과 고통의 세월을 앞두고 있습니다. 나는 피 · 눈물 · 땀 밖에 드릴 것이 없습니다. 우리의 목표는 무엇입니까. 나는 한마디로 답할 수 있습니다. 그것은 승리입니다. 승리, 어떤 대가를 치르더라도, 어떤 공포를 무릅쓰고라도 승리, 거기에 이르는 길이 멀고 험해도 승리, 승리, 승리 없이는 생존도 없기 때문에 승리뿐입니다. 승리를 이루어 냅시다. 승리 없이는 대영제국 존재도 대영제국에 의지하는 나라들의 존재도, 인류가 전진하는 목표나 시대적 욕구도 생존할 수 없습니다. 우리의 사명은 결코 실패하지 않을 것입니다. 나는 기대와 희망으로 나의 임무를 수행할 것입니다. 우리들의 목표는 실패하지 않으리라고 확신합니다. 국민들의 도움이 필요하다고 호소합니다. 우리 모두 단결하여 앞으로 전진 합시다.

…… 이렇게 긴급하게 전시내각을 구성하게 됨을 용서바라며, 결례가 되더라도 이해해 주시기 바랍니다.

…… 이와 같이 윈스턴 처칠은 국민에게 국가위기와 전쟁상황에서 가장 심각한 시련과 길고 긴 투쟁 및 고통의 세월을 앞두고 전쟁지도자로서 나는 승리를 위해 피 · 눈물 · 땀 밖에 드릴 것이 없다는 결의와 겸양의 미덕으로 의회동의와 국민단결을 호소하여 제2차 세계대전을 승리로 이끌었다.

3. 국가안보 의식과 국가자원 통합

국가가 위기에 처했거나 전쟁 상황에 있을 때 국민들은 국가지도자를 중심으로 단결하여 국가위기 극복과 전쟁승리를 추구하고 실천하는 국가의식과 국민적 자질이 있어야 하고, 국가자원을 동원 · 통합 · 사용할 수 있는 능력이 있어야 한다.

제3절 | 전쟁지도의 유형

전쟁지도의 유형은 기준설정에 따라 각기 다를 수 있지만 대체로 정치 및 군사체제상의 구분과 국력의 요소별로 구분할 수 있다.[14]

14) 상게서, pp.7-9.

1. 정치 및 군사체제상에 따른 전쟁지도

정치 및 군사체제상 전쟁지도의 유형은 독재형, 통수권 독립형, 형식적 통수권형, 실질적 통수권형 등의 4개 모델로 구분할 수 있다.

첫째, 독재형은 국가최고지도자가 3권을 장악하고 전·평시에 국가기구상의 요직을 모두 겸직하여 1인 통치의 의사결정으로 전쟁지도가 이루어지는 것으로서 독재국가에서 많이 시행된 모델이다.

둘째, 통수권 독립형은 군사를 일반국무와 구분하여 정치통제에서 완전히 독립시킨 형태로서, 군사력의 대외적 및 대내적 사용 또는 군사력의 양병과 용병을 2원적으로 분리·지도하는 것으로서 보통 대통령과 수상 간의 권력분권형 정치체제에서 시행되는 유형이다.

셋째, 형식적 통수권형은 입헌군주국가에서 국가원수가 형식적인 통수권만 갖는 형태로서 실질적 전쟁지도는 정치지도자가 시행하는 유형이다.

넷째, 실질적 통수권형은 민주적으로 선출된 대통령이 유사시 3권을 장악하여 전쟁을 지도하는 유형으로서 대부분의 민주국가체제에서 시행하는 유형이다.

국가가 위기시나 전쟁시라는 비상사태에서는 일사불란한 지휘체제와 신속한 결심이 절대적으로 요구되므로 정치지도자에게 전쟁지도 권한이 집중되어야 한다.

2. 국력요소별에 따른 전쟁지도

국력요소별 전쟁지도의 유형은 무력중심형, 국가총력전형, 사상전형 등으로 구분할 수 있다.

첫째로 무력중심형의 전쟁지도는 군사작전지도에만 치중하는 모델이기 때문에 전쟁지도가 비교적 단순하며, 둘째는 국가총력전형의 전쟁지도로서 국가의 군사적·비군사적인 전력을 통합·운용하여 전쟁을 지도해야 하기 때문에 매우 복잡하고, 고도의 전문지식과 기술이 요구된다. 그리고 셋째로 사상전형의 전쟁지도는 민족적·종교적·이념적·문화적인 가치의 이데올로기적 충돌성격을 가지고 전쟁을 지도하는 유형을 말한다.

제4절 | 전쟁지도의 고려사항

전쟁지도는 기본적으로 국가안보환경, 국가체제, 전쟁의 시대적인 양상, 국민의지와 국가지도자의 리더십, 군사력, 동원능력, 외교 및 동맹관계, 국가자원보호, 국제법 등을 고려하여 실시하여야 한다.[15]

1. 국가안보환경

국가안보환경은 대륙국가, 해양국가 및 반도국가로 구분할 수 있으며, 또한 주변이 강대국으로 둘러싸인 국가, 약소국으로 둘러싸인 국가, 자연자원이 풍부한 국가인가 또는 빈약하여 생활물자를 타국에 의존하는 국가인가에 따라 안보환경이 매우 다양하다.

이와 같이 각기 다른 안보환경을 가진 국가가 존망이 달린 전쟁에 직면했을 때 그 전쟁지도방식 역시 상이하게 나타나게 된다.

2. 국가체제

현대의 국가체제를 대별하면 민주국가와 독재국가로 구분할 수 있다. 전쟁을 수행함에는 양 체제가 각각 장점과 단점을 가지고 있으며, 또한 교전국이 상호 동일한 체제이냐 상이한 체제이냐에 따라서 그 전쟁지도방식도 다르게 된다.

현대전쟁에서는 자국의 이익을 추구하면서도 적의 국민을 독제로부터 해방시킨다는 명목을 내세워 내부분열과 이간을 획책하며, 전력약화를 도모하는 예가 흔히 있다. 이때는 대부분 상대방 국가체제의 약점을 이용하여 전쟁을 지도한다.

3. 전쟁양상의 유형 · 범위 · 기간

(1) 전쟁양상 변화는 전쟁지도에 많은 영향을 미친다

나폴레옹전쟁 이전까지의 전쟁양상은 주로 준비된 군사력을 어떻게 운용할 것인가 하는 단순무력전의 양상을 띠었으나 프랑스혁명과 함께 전쟁은 전국민의 관심사가 되었고,

15) 상게서, pp.8-9.

그 후 산업혁명의 영향으로 과학기술이 발달함에 따라 전쟁규모가 확대되고 전장은 광역화 되었으며 참가인원도 기하급수적으로 증가되었다. 특히 제1·2차 세계대전은 단순한 무력전보다는 국가가 보유한 모든 수단과 방법을 동원하는 총력전으로 변모하였으며, 현대전쟁은 핵 및 대량살상무기, 첨단과학을 이용한 정밀유도무기에 의한 전쟁양상 변화에 따라 전쟁지도 방법 역시 많은 변혁을 초래하였다.

현대전의 성격과 이에 따른 전쟁지도의 주안은 다음과 같다.

첫째, 첨단과학 및 군사기술의 발전에 따라 전쟁에서 파괴력은 확대·정밀화되고, 전쟁기간도 단기화되었으며, 특히 핵전쟁, 대량살상무기 및 테러전과 같은 새로운 형태의 전쟁은 승자도 패자도 없는 전쟁목적 달성이 불명확한 상태로 종결되기 쉽다. 전쟁지도는 전쟁에서 어떻게 승리할 것인가 하는 전쟁수행 개념과 거의 같은 비중으로 평시에 어떻게 전쟁을 억제 또는 거부할 것인가 하는 데 대해서도 초점이 모아져야 한다.

둘째, 교통, 통신 수단의 발달에 따라 한 국가의 내부에서 일어나는 분쟁마저도 곧 국제적인 이해관계로 확대되어 제3국의 정치적 간섭 또는 군사적 압력으로 발전되기 쉽다. 따라서 국가의 안전보장을 위한 다각적인 정치·외교활동이 필요하게 된다.

셋째, 현대전이 총력전이라는 점에서 평시부터 국력의 제요소의 균형적인 발전을 도모하는 한편, 군비의 첨단과학화에 따른 안보정책과 안보전략에 일치되는 국방정책 및 군사전략 그리고 합동작전술이 추구되어야 한다.

(2) 전쟁의 속성이해가 전쟁지도에 영향을 미친다

전쟁은 이성, 감성, 지적 모험성의 속성으로 구성되어 있기 때문에, 전쟁은 속성의 비중에 따라 다양한 형태로 지도해야 한다.[16]

첫째, 이성이란 폭력을 본질로 하는 전쟁을 정치적 수단으로 이끌어 가는 힘으로서, 전쟁의 무질서한 혼돈상태를 통제된 폭력상태로 인도되도록 지도해야 한다.

둘째, 감성은 전쟁에서의 폭력행위를 정당화시키는 힘으로서 전쟁을 정치적 수단으로 이용하기 위해 공포 및 공황 등을 초래하는 폭력적인 수단으로 변질시키는 요인이 되도록 지도해야 한다.

셋째, 지적 모험성은 전쟁에서의 성공에 대한 기회와 가능성을 포착하고, 이를 확대하기

---

16) 합동참모본부, 『군사기본교리』, 2002, pp.24-26.

위하여 전쟁의 수단과 폭력을 조직하는 힘이다.

지적 모험성은 감성의 산물인 증오심과 적개심으로 폭력의 수단과 결합하여, 적에게 이성의 산물인 정치적 목적을 받아들이도록 지도해야 한다.

요컨대 전쟁수행에 있어서 국가지도자는 리더십을 발휘하여 감성과 지적 모험성을 최대로 확대하는 동시에 이성으로 이를 적절히 통제 및 통합할 수 있도록 전쟁을 지도하여 균형을 유지해야 한다.

(3) 전쟁유형은 전쟁지도에 영향을 미친다

전쟁유형은 주로 전쟁의 목적과 형태, 수단 그리고 시간과 공간 등의 요소에 의하여 분류하며, 전쟁유형에 따라 전쟁을 지도해야 한다.

그 예를 들면 전쟁의 속성 및 범위와 기간은 전쟁이 수행되는 공간적 · 시간적 · 수단적인 한계가 된다. 전쟁의 범위 및 기간은 국민의지의 결집과 국가자원의 보호 및 전후 국가의 번영과 발전 등에 영향을 미치는 요소로서, 이를 잘못 설정하여 전쟁을 지도할 경우 전쟁의 목적을 달성하여 얻은 이익보다는 국력의 손실이 더 클 수도 있다.

전쟁의 범위 및 기간을 판단할 때는 전쟁의 목적과 군사목표, 전쟁수행의 형태 · 수단 · 시간 · 공간, 국제관계 및 국제법 등을 고려하여야 한다. 따라서 전쟁의 범위 및 기간은 전쟁의 목적과 군사목표를 달성할 수 있는 범위 내에서 국력의 손실을 최소화하고, 불필요한 확전을 방지하며 전쟁이 장기화되지 않도록 전쟁지도를 해야 한다.

4. 국민의지와 국가지도자의 리더십

국민의지와 국가지도자의 리더십은 전쟁의 승패를 좌우하는 핵심적인 요소로서 총력전 수행의 근간이 된다. 국가지도자는 리더십을 발휘하여 국민의지를 결집시켜 국민이 전쟁목적에 공감하고 자발적으로 군사목표 달성에 참여하게 함으로서 전쟁에서 승리할 수 있다. 또한 전쟁에 대한 국민의지의 결집 여부는 전쟁목적의 정당성, 국가의 리더십에 대한 신뢰와 승리에 대한 확신, 군사력 그리고 외교 및 동맹관계로부터 영향을 받는다.

국가 지도자는 국민에게 전쟁에 대한 당위성을 주지시키고 승리에 대한 확신을 갖게 하며, 사실에 입각한 전황보도와 아군의 성공적인 작전활동을 지속적으로 홍보함으로서 국민의 의지를 결집시키는 한편, 국가 전시체제와 동원체제 및 군사지휘체제를 합목적적으로

관리 · 운용할 수 있도록 국가지도자의 리더십을 발휘하여야 한다.

5. 군사력

군사력은 전쟁억제 및 전쟁수행의 직접적이며 실질적인 수단으로서 현존전력과 동원전력 그리고 연합전력을 포함한다. 군사력은 전쟁목적과 군사목표의 달성을 위한 가용능력과 부족소요를 판단하고, 전쟁의 범위 및 기간 등을 결정하는 중요한 요소가 된다. 또한 군사력의 판단은 단순한 양적인 능력뿐만 아니라 체제의 효율성과 운용능력, 군사력의 우수성, 리더십 등 질적인 요소까지 종합적으로 평가하여야 한다.

그리고 군사력의 사용범위와 수단을 결정시에는 전쟁의 목적과 군사목표, 국민의 의지, 동원 및 전쟁지속능력, 국제관계 및 국제법 등을 고려하여 그 범위와 수단을 결정한다. 따라서 올바른 전쟁지도를 위해서는 예상되는 적의 위협을 판단하고, 전쟁소요와 현존전력을 비교하여 부족전력을 확보할 수 있는 방안을 강구하고 군사력의 사용범위와 수단 등을 포함한 군사력 사용계획을 발전시켜야 한다.

6. 동원능력

국가의 동원능력은 전쟁목적과 군사목표를 달성하기 위하여 이용가능한 국가의 인적 · 물적 · 기타 제반지원을 효율적으로 조직하고 결집시키는 힘이다. 동원능력은 전쟁소요를 충족시키고 전쟁의 지속능력을 보장할 수 있는 긴요한 요소로서 전쟁의 목적, 범위, 기간 등을 결정하는데 영향을 미친다. 동원능력을 판단시에는 가용한 국가자원, 전시전환 체제, 국가경제, 동원에 대한 국민의 수용의지 등을 고려하여야 한다. 그리고 동원시행의 적시성을 보장함으로서 불필요한 국력의 낭비와 국민생활의 불편을 최소화하고 전쟁수행의 차질을 방지하여야 한다.

국가는 평시에 전쟁수행과 관련된 가용자원을 선별지정하여 관리하고, 이를 효율적으로 운용할 수 있도록 동원체제를 발전시키며, 전시에 국가지도자는 리더십을 발휘하여 국민의 동원수용의지를 제고시켜 계획된 동원을 적시에 시행할 수 있도록 보장해야 한다.

7. 외교 및 동맹관계

외교 및 동맹관계는 상호우호협력관계를 통하여 국가공동의 이익을 발전시킴으로서 자국의 국가역량을 보다 효율적으로 확대할 수 있는 수단이 된다. 외교 및 동맹관계는 자국에 대한 국제사회의 지지를 획득하고, 우방국으로부터 군사력과 적에 관한 정보를 지원받으며, 국제사회로부터 적국가를 고립시켜 전쟁수행에 유리한 여건을 조성한다. 또한 외교 및 동맹관계는 국민의지의 결집, 전쟁의 범위 및 기간, 군사력 그리고 동원능력 등에 영향을 미친다.

국가 지도자는 자국과 적국이 가입한 국제조약과 정치 · 경제 · 종족 · 종교 등 각종 이해관계, 지정학적 위치 등을 고려하여 외교 및 동맹관계를 분석하여야 한다. 외교 및 동맹관계는 전쟁 초기에는 기존의 관계나 전쟁명분의 정당성에 의하여 영향을 받게 되나 자국의 이해득실에 따라 점차 변화될 수도 있다.

국가지도자는 평시부터 우방국과의 선린우호관계를 더욱 공고히 유지하고, 적국을 지원할 가능성이 있는 국가에 대해서도 외교 · 경제 · 군사적 관계를 개선함으로서 적국을 지원하지 못하도록 하며, 새로운 전략 환경에 신축적으로 대응하고, 각국의 공동이익을 증진시킬 수 있는 방향으로 외교 및 동맹관계를 발전시켜 나갈 수 있도록 전쟁을 지도해야 한다.

8. 국가자원력

국가자원은 국가의 생존과 번영의 근원으로서 국민이나 기간산업뿐만 아니라 문화유산과 자연환경도 포함된다. 국가자원은 전쟁의 수행 및 지속능력에 직결되며, 이들이 파괴될 경우에는 복구에 많은 재원과 시간이 소요되기 때문에 국가자원은 전쟁목적 및 군사목표, 국민의지, 국제법 등을 고려하여 최대한 보호되어야 한다.

국가지도자는 전쟁수행시 자국의 국가자원을 보호할 수 있는 대책을 강구하여 피해를 최소화해야 하며, 적국의 자원도 인도주의적 정신과 전후 처리를 고려하여 전쟁수행에 영향을 미치지 않는 범위 내에서 적절히 보호되도록 전쟁을 지도해야 한다.

9. 국제법

국제법에는 국가 또는 국제기구간의 합의에 의하여 성립되는 국제조약과 일반적 관행을 기초로 하는 관습법과 전쟁법 등이 있다. 전쟁과 관련된 국제법은 국제평화와 안전을 위하여 일반적으로 무력행사의 제한과 인도주의 정신의 구현을 명시하고 있으며, 여기에는 유엔헌장과 국가 간의 조약이 있다.

특히 유엔헌장은 각국의 영토보전, 국제평화와 안전유지를 위한 자위적 조치 등 특별한 경우를 제외하고는 군사력의 사용과 사용위협을 제한하고 있고, 전쟁수행과 관련된 각종 조약은 대량살상 및 비인도적 무기의 사용금지와 문화재보호, 포로대우 및 민간인보호 등에 관하여 규정하고 있다.

국제법의 이해 및 준수는 국제적인 지지와 지원을 획득하고 무력행사의 정당성을 인정받는 데 필수적인 조건이 된다. 따라서 전쟁을 준비하고 수행함에 국제법을 준수하고, 이를 대적 · 대내적 · 대외적으로 홍보하여 전쟁의 정당성과 지원을 확보할 수 있도록 전쟁을 지도해야 한다.

제5절 | 전쟁지도와 정치지도자

1. 전쟁지도와 정치지도자의 관계

현대국가에서 국가지도자들은 홍정이나 협상을 통하여 갈등 · 분쟁 · 위기를 해결하려는 상황에 처했을 때 자국에 더욱 유리한 이익과 결과를 얻어내기 위해 다양한 제어수단(도표 1-7)을 사용한다.[17)]

예컨대 비군사적인 방법으로 다른 국가들에게 영향을 미칠 수 있는 수단으로서 정치 · 외교, 경제, 과학기술, 국제기구, 규범과 사상 등을 이용하며, 또 다른 방법으로서는 군사적 수단인 폭력을 동원하여 국가목적을 달성한다. 그러나 국가지도자들은 각국이 사용할 수 있는 수단과 능력이 매우 다양하기 때문에 그 사용도 국가에 따라 다르지만, 보통 폭력을 최후수단으로 사용하게 된다.

프러시아 몰트케(Moltke, Helmuth Karl Bernhard: 1800-1891)참모총장은 전쟁과 평화를 논하

---

17) Joshua S. Goldstein, *Internatoonal Relations*, 4th edition (New York: Longman, 2001), pp.280-283.

〈도표 1-7〉 **군사적 · 비군사적 제어수단**

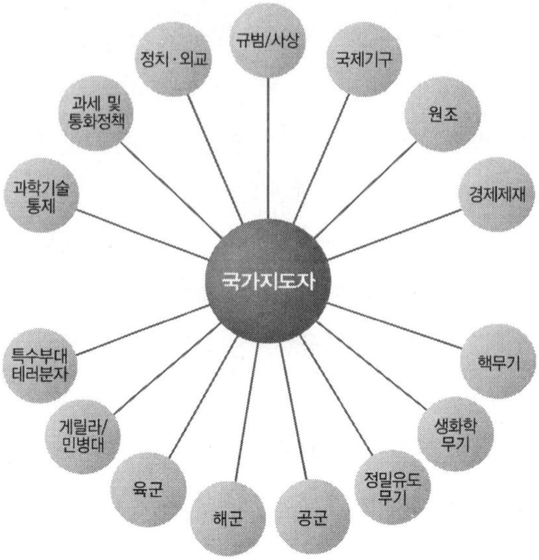

는 글에서 평화를 추구하는 정치는 하나의 강력한 군대를 바탕으로 해서만이 보장될 수 있다고 했다. 즉 평화적 수단으로 국가이익을 실현하고 국가안보를 지키기 위해서는 절대적 힘이 필요하며, 또 평화적 수단보다는 전쟁을 하는 편이 더 쉽다고 생각되었을 때는 폭력수단을 동원하게 된다는 것이다. 따라서 전쟁은 자국의 이익을 위해 추구하는 정치적 목적에 부합한 군사목표를 설정하고, 그것을 달성하기 위해 폭력을 선택하여 사용하게 된다.

국가지도자는 군사력사용에 관하여 내리는 결정을 이해하기 위해 각국이 얼마나 다양한 군사적 능력을 보유하고 있는가, 그 비용과 효과는 어떠한가 등을 알아야 한다.

압박수단으로서 폭력은 공격자나 방어자 모두에게 막대한 비용을 치르게 됨에 따라 대부분의 경우 폭력은 가장 효과적인 수단이 되지 못한다. 일반적으로 국가들은 경제적 조치, 대외원조, 외교, 국제기구 등의 압박수단을 통하여 비용과 효과면에서 더 쉽게 자신들의 목적을 달성할 수 있기를 기대한 것이다.

군사력은 최후의 수단으로 사용하는 경우가 많다. 그리고 시간이 갈수록 군사력의 효용가치가 비군사적 수단에 비해 서서히 떨어지고 있다는 증거도 있다.

그러나 아직도 대부분의 국가들은 다른 수단에 비해 훨씬 더 많은 자원을 군사력에 투자하고 있다. 이처럼 많은 자원을 할애하는 이유는 흔히 국가방위에서 찾는다. 군사력을 보유하는 이유는 안보를 강화하고자, 즉 외국의 군사적 공격(또는 압박수단으로서의 군사력사용)에 대항하여 자국의 안전을 확보하는 능력을 굳건히 하고자 하는 데 있다. 오늘날 국제관계에서 군사력의 효용성이 전반적으로 떨어지고 있을지는 모르지만, 적국의 군사적 공격을 격퇴한다는 제한된 목적을 달성하는 데는 군사적 수단을 대신할 만한 수단이 없는 경우가 많다. 안보딜레마 때문에 비록 몇몇 국가만이 그렇게 하고 있다 하더라도 군사력에 막대한 자원을 투입해야 한다고 생각한다.

국가들이 군사력을 강화하는 데는 자국의 영토를 지킨다는 것 말고 다른 목적도 있다. 즉 보복공격 수단을 보유함으로써 다른 국가의 공격을 억제한다는 목적이 있을 수 있다. 또한 공격위협을 가함으로써 다른 국가에게 자국의 이익에 순응하도록 강요할 수도 있다. 규모가 크고 형태가 다양한 군사력을 보유하고 있다면 그런 식의 위협은 신뢰할 만한 것으로 될 수 있을 것이다.

전쟁수행이나 전쟁위협이 아닌 다른 목적으로 군사력이 사용되는 경우가 늘고 있다. 테러와의 전쟁, 재난 시 인도적 구조활동, 마약밀수에 대한 감시, 국내의 정치적 반대자들에 대한 억압 등이 그런 경우이다. 평화유지활동도 군사력사용의 한 분야로 자리 잡고 있으며 나토(NATO)의 평화를 위한 동반자계획도 같은 사례가 된다.

> …… 일반적으로 군사력은 두 가지 유형으로 대별된다.
>
> 하나는 재래식 군사력이고, 다른 하나는 핵 및 생화학무기와 같은 대량 살상무기이다. 사실상 지금까지 사용된 군사력은 모두 재래식 군사력이었다. 그러나 대량 살상무기는 그 사용위협만으로도 압박수단이 될 수 있기 때문에 국가간의 협상상황에서 중요한 역할을 하고 있다. 초강대국간의 핵군비경쟁은 제한되고 있지만 새로운 국가로 대량 살상무기가 확산되는 현상은 더욱 큰 관심사가 되고 있다.[18]

이와 같이 국가지도자는 군사적 · 비군사적 제어수단을 치밀하게 이용하여 전쟁을 지도해야 한다.

---

18) Joshua S. Goldstein, *International Relations*; 김연각 · 김진국 · 백창재 역, 『국제관계의 이해』, 서울: 인간사랑, 2003, pp.280-283.

2. 전쟁의 정치목적과 군사목표 관계

(1) 전쟁의 정치목적

클라우제비츠(Karl von Clausewitz, 1780~1831)는 전쟁론에서 전쟁은 정치적 행위일 뿐만 아니라, 실로 하나의 정치적 수단이며, 다른 수단에 의한 정치적 교섭의 계속에 지나지 않는다[19] 라고 정의하였다.

전쟁은 그 자체가 목적이 아니고 특정한 목표를 달성하기 위한 하나의 수단이며, 이 특정한 목표가 바로 전쟁의 정치적 목적이 된다. 전쟁은 한 국가가 비군사적 수단에 의해 국가이익을 보호하거나 확대하는 데 실패했을 때 취할 수 있는 정치의 연장선에서 최후의 수단이 된다. 따라서 전쟁은 정책의 도구로 수행되는 것이며 정치적 목적이 있을 때에만 수행되어야 한다. 전쟁의 정치적 목적은 구체적인 어떤 국가이익을 추구하려고 하는 것이며, 이렇게 선정된 정치적 목적은 전쟁을 치를 가치가 있는 것인가를 고려해야 한다.

그렇다면 전쟁의 목적과 목표는 무엇인가?

목적이란 실현하거나 도달하려는 목표가 되기 때문에[20] 전쟁에서 정치적 목적과 목표를 전쟁의 목적과 목표와 같은 의미로 통상 사용한다. 그러나 그 내용을 알아보면 정치적 목적과 목표는 전시뿐만 아니라 평시의 목적과 목표를 포함하는 광의의 개념이 된다. 그리고 정치적 목적 중에서 전시만 해당되는 전쟁의 목적은 국가가 전쟁을 통하여 달성하고자 하는 국가의 정치적 목적이며, 전쟁의 목표는 전쟁의 목적을 달성하기 위하여 국력을 지향해야 할 구체적인 지향점으로서 협의의 개념으로 정의할 수 있다.

이런 의미에서 전쟁의 목적이 전쟁의 목표보다 상위의 개념으로서, 전쟁의 목적은 국가이익 및 국가목적에서 제시된 생존, 번영, 국가위신 등 추상적 · 개념적인 표현으로 나타내거나 국가안보회의에서 제시한 국가의 존립과 번영에 관계되는 내용을 기술한다. 전쟁의 목표는 전쟁의 목적을 구체화하여 최소의 국력손실로 단기간 내에 전쟁목적을 달성할 수 있도록 설정하는 것이다. 그러나 국가전략적 차원에서 전쟁의 목적과 목표를 표현할 때는 표현한계의 구분이 곤란하므로 동의어적 의미로 기술할 수 있다.

요컨대 전쟁의 목적(목표)은 전쟁의 정치적 목적(목표)으로서 전쟁의 준비와 수행을 위한 방향을 제시하고, 전쟁에 대한 정당성의 근거가 될 뿐만 아니라, 국민의 의지를 결집시키며,

---

19) 클라우제비츠, 『전쟁론』, 이종학 역, 일조각, 2001, p.23.
20) 이희승, 『국어대사전』, 서울: 민중서림, 2000, p.1275.

국제사회로부터 지지와 지원을 획득하게 하는 결정적인 요소가 된다. 그리고 전쟁의 목적(목표)은 국가의 전쟁 이후 상태에 대한 명확한 비전을 제시할 수 있어야 하며, 전쟁의 명분으로서 대외적 목적(목표)과 자국의 이익을 추구하는 실리로서 대내적 목적(목표)이 동시에 충족되어야 한다.

(2) 전쟁의 군사목표

군사목표는 전쟁의 정치적 목적으로 표현되는 전쟁의 목적을 달성하기 위한 수단으로서 군사력이 지향해야 할 목표이다. 전쟁의 목적이 국가지도자에 의한 정치적 결정이라면 군사목표는 군사지휘자에 의한 군사적 결정이 된다. 전쟁에서 한 국가의 군사목표는 정치목적 달성을 위한 가장 중요한 목표이며, 군사목표의 달성은 성공적인 군사력운용에 의해 달성될 수 있는데, 이는 군사전문가의 순수한 권한이며 책임이다.

군사목표는 군사전략의 가장 기본적인 요소로서 군사력의 운용개념을 설정하고 자원을 투입해야 할 특정임무 또는 과업이 되기 때문에 군사목표는 적의 격멸 및 영토점령, 조국방위, 실지회복, 적의지의 굴복, 침략억제 및 병참선보호 등으로 통상 기술된다. 따라서 군사목표는 전쟁의 정치목적에 의해 비롯되므로 전쟁 목적이 지시하는 범위내로 국한되어야 하며 군사력의 운용에 의해 달성 가능해야 한다. 또한 군사자원이 군사목표 달성을 위한 전략구상에 부응하지 못하거나 설정된 군사목표가 군사력과 일치하지 못할 경우 목표달성의 가능성은 희박하게 된다.[21]

> 어떤 경우이든 국가지도자의 정치목적에 적합성과 직업군인들의 현실적인 군사적 성공가능성을 비교 분석하여 개전 여부를 결정해야 한다.
>
> …… 국가지도자의 정치목적과 군사지휘자의 군사목표의 관계에서 1950년 겨울 6 · 25전쟁에 중국군이 개입하여 전세가 다시 역전되면서 트루먼 대통령과 맥아더장군의 갈등은 깊어갔다. 맥아더장군은 중국 연안봉쇄와 만주폭격 등 확전을 요구한 반면, 트루먼 대통령은 중국과 휴전협상을 원했다. 즉, 1950년 7월 맥아더장군은 중국군전선을 고립시키기 위하여 원폭투하를 제의하였다. 동년 10월 15일 웨이크도회담에서 맥아더장군의 군사 목표와 트루먼 대통령의 정치목적이 충돌했으며, 그 충돌은 악화되어 1951년 4월 11일 맥아더 장군은 해임되었다. 당시 갤럽조사에 의하면 국민의 69%는 맥아더를 지지했다. 맥아더의 해임은 남북전쟁 이후 가장 큰 정치사건이라고 할 정도였다. 의회는 청문

---

21) 미 육군대학원 편, *Military Strategy: Theory and Application*; 국방대학교 역, 1995, p.89.

회를 열었고, 트루먼에 대한 탄핵소리가 높았다. 대통령과 직업군인간의 갈등이었다. 맥아더는 해임을 받아들여 귀국했다.

요컨대 대통령은 군통수권자이므로 전쟁의 개전, 확전, 종전 문제에서 최종결심자는 대통령이어야 하고, 군사지휘자는 이에 따라야 한다. 또한 군사목표는 정치목적 달성에 기여해야 한다.

유사시 정치목적을 달성하기 위해서는 명시된 적이나 가상 적국과의 전쟁에 대비하여 전력소요를 판단하고 평시에 양병을 위해 노력해야 한다. 양병은 정치목적을 설정하는 정책적 판단에 의해 이뤄지며, 용병은 군사목표를 달성하기 위한 전략적 운용에 의해 달성된다.

요컨대 군사목표는 국가전략적 수준에서 도출한 모든 군사분야의 과업이 성공적으로 완수된 최종상태로서, 전후분쟁과 전쟁위협의 감소 또는 배제를 보장할 수 있어야 한다.[22]

조선시대에 임진왜란을 당한 선조임금이 국가의 방위라는 전쟁의 정치목적을 달성하지 못한 군에 대해 책임을 물을 수 없었던 것은 임진왜란이 발발하기 수년 전에 이이 율곡 등이 10만 명의 양병정책을 요구하였지만 정책을 결정하는 당시의 선조임금이 양병에 동의하지 않았던 결과였기 때문이다. 임진왜란 시에 군사목표를 달성할 수 없는 정도의 정치적인 목적을 군에 대해 요구하였으나 당시의 군으로서는 이를 달성할 수 있는 충분한 군사력을 보유하지 못했다. ……

(3) 정치목적과 군사목표의 관계

전쟁이란 정치·외교적 절충으로 달성하지 못할 정치목적을 달성하기 위해 폭력을 사용하여 강제로 달성하려는 것이다. 따라서 정치지도자의 정치적 의도는 목적이고 전쟁은 그 목적을 달성하기 위한 수단이 되며, 군사목표는 정치목적에서 주어지고 그것은 수단인 군사전략 및 군사작전을 통해 달성되는 것이다. 그리고 정치적 결정에 의한 전쟁의 목적이 합리적이었다 해도 수단으로서의 군사전략이나 군사작전이 잘못되어 힘의 발휘에 차질이 생긴다면 전쟁으로부터 획득하고자 하는 목적은 제한될 것이다.[23]

전쟁지도자는 합리적인 정치목적을 달성할 수 있는 최선의 전쟁목적(목표)을 설정하고, 이를 뒷받침할 수 있는 전시의 정책과 전략을 개발해야 한다. 또한 전쟁지도자는 설정된 정치목적이 합리적이면 군사지휘자들의 능력을 믿고 제대로 전력이 발휘될 수 있도록 군사작

22) 합동참모본부, 『군사기본교리』, 2002, p.47.
23) 김종천, 『3, 4차 중동전쟁을 통해서 본 전쟁목적과 군사전략과의 관계』, 국방대학교, 1986, p.13.

전을 위한 제반지원을 해야 한다.

> 클라우제비츠는 "전쟁의 목적에 확실하게 도달하기 위해서는 적의 저항력을 상실시켜야 한다. 이것이 개념상 군사행동의 본래목표이다"라고 하고 저항력의 일반적인 개체로 적영토의 점령, 적전투력의 격멸 그리고 적의지의 굴복 등을 들었다.[24] 이는 절대전쟁 하에서 정치목적과 군사목표가 동일시되는 것을 의미한다. 가끔 정치목적과 군사목표가 서로 상충될 때가 있는데, 이러한 경우에는 군사목표를 변경하여야 하며 군사목표가 바로 정치목적에 기여해야 한다. 정치목적이 결정되지 않고서는 명확한 군사목표의 설정은 불가능하기 때문에 가능한 한 전쟁에 대비하여 정치목적이 전쟁 전에 확정되어 있어야 한다. 전쟁의 정치목적은 항시 명확하고 정당하여야 한다. 즉 정치목적으로서 전쟁목적은 어느 한 국가가 피침을 받은 국가인지 침략적인지에 따라 다르다. 피침을 받은 국가의 정치목적은 수동적이고 소극적이며 국가방위라는 군사목표와 같게 되거나 목적이 명확하지 않을 수도 있다.[25] 공격을 한 국가도 정확한 정치목적이 설정되지 않고 전쟁에 임하는 경우가 있다. 이러한 경우에는 군사목표는 흔들리게 된다. 따라서 전쟁이 장기화되거나 전장이 확대되어 강화시기를 놓치게 된다. 곧 전쟁에서 패배하게 되고 항복에 이르게 된다.

군사지휘자는 정치적 목적을 달성하기 위해 전쟁의 목적(목표)에 합목적적으로 부합된 군사목표를 설정하고, 설정된 군사목표가 달성되도록 군사력을 효율적으로 운용해야 한다. 이를 위해 군사목표는 적의 군사력을 체계적으로 와해시키기 위한 방책을 구상해야 하는데, 그 구상의 중점은 자국의 전략적 · 작전적 · 전술적 중심은 보호하면서 적의 전략적 · 작전적 · 전술적 중심은 식별하여 격퇴 · 격멸 · 파괴 · 무력화 또는 점령하기 위한 군사력 운용이어야 한다. 또한 군사목표를 달성하는 데 필요한 인적 · 물적 군사력 소요를 판단하고 현재의 능력과 비교하여 부족소요를 보충해야 한다.

> 정치목적과 군사목표의 갈등사례로서
>
> …… 미국 루스벨트 대통령이 급서하는 바람에 급작스럽게 부통령에서 대통령직을 위임받은 트루먼 대통령은 미국 역사상 가장 어려운 정책결정을 많이 해야 했던 대통령으로 평가되고 있으며, 그 정책결정은 아직도 잘된 결정이냐 아니냐를 두고 논란이 계속되고 있다.
>
> 그 어려운 결정 중의 하나는 일본에 핵폭탄을 사용해야만 했느냐에 대한 결정이고 두 번째는 6 · 25

24) 클라우제비츠, 전게서, pp.27-28.
25) 이원양, 『전쟁목적과 군사목표에 관한 연구』, 국방대학교, 1986, p.14.

전쟁에의 전격적인 파병결정이었으며, 세 번째는 6 · 25전쟁에서 한반도에 통일된 자유민주국가 건설이란 국가지도자의 정치목적과 북한군지원을 위해 남하한 중국군격멸을 위해 만주지역에 핵폭탄을 사용해야 한다는 더글스 맥아더장군과 갈등으로 일어난 군사지휘자의 전격적인 해임결정이다.

전쟁을 수행하는 데 국가지도자의 전쟁목적과 군사지휘자의 군사목표가 공통지향점을 찾지 못해 갈등하게 되고, 그 갈등은 정치지도자에 의해 군사지휘자를 물러나게 했다.

…… 예컨대 6 · 25전쟁시에 미국의 정치적 목적과 목표는 민주한국의 통일로 수정되었으나 중국군의 개입으로 이를 포기하고 군사적으로 달성 가능한 목표로서 전쟁이전의 상태로 회복시킨다는 목표를 재설정했던 것이다. 이는 정치가 전쟁의 전체를 지도한다는 대원칙에 당연한 결론이다.

…… 전쟁은 국가목표달성을 위한 한 수단이라는 점에서 정치적 작용이 제반 군사행동을 지도하게 되지만, 그 반면에 일단 전쟁이 개시되면 국가의 모든 역량이 전쟁승리라는 궁극적인 목표에 집중되어야 하므로 국력의 제요소는 군사분야를 최우선적으로 지원해야 된다.

…… 6 · 25전쟁의 미국 워싱턴 기념공원에는 "자유는 그냥 얻어지는 것이 아니다" "알지도 못하고 만난 적도 없는 한국을 위해 죽어간 젊은이들의 넋을 기리기 위한 기념비"가 서 있다. 그 반면에 트루먼 대통령 기념관에는 한국전쟁에서 아들을 잃고 미국 정부가 보내온 훈장을 트루먼 대통령에게 되돌려주며, 아들을 잃은 나에게는 아무 의미가 없는 전쟁이었다고 슬픔과 회한을 토로하는 전시물도 있다.

트루먼 대통령은 임기를 마칠 때까지 본인의 책상서랍 속에 이 훈장을 간직했다고 할 만큼 국가지도자의 전쟁참여결정과 전쟁지도가 얼마나 어려운 문제인가를 알 수 있다.

전쟁의 목적(목표)은 정책적 · 전략적 수준에서 요구하는 정치적 목적이고 목표이며, 국가이익 및 국가목표 등과 직접 관련되어 있다.

그리고 정치적 목적달성을 위해 설정된 전쟁목표는 군사작전을 통해 성취해야 됨은 필수적이며, 군사작전의 승리가 정치적 승리로 연결되도록 국력의 다른 수단도 군사작전과 더불어 상호 지원되고, 보완되어야 한다.[26)]

어떤 경우에는 전쟁목적과 군사목표가 동일한 때가 발생할 경우가 있으며, 또한 어떤 때에는 전쟁목적과 군사목표가 서로 상충되는 경우가 발생하는데, 이때는 정치적 목적인 전쟁목적에 군사목표를 조정하여 군사목표가 정치적 목적에 기여하도록 해야 한다.[27)]

요컨대 전쟁의 목적(목표)은 정치지도자에 의하여 설정되며, 군사목표는 군사지휘자에 의하여 설정된다. 따라서 정치목적과 군사목표는 너무나 밀접한 상하간의 개념이기 때문에

26) 권양주, 『전쟁지도에 관한 연구』, 국방대학교 합동참모대학, 1995, pp.4-9.

27) Harry G. Summers, Jr., *On Strategy: A Critical Analysis of The Gulf War* (New York: Dell Publishing, 1992), pp.166-167.

정치지도자와 군사지휘자의 전문성이 협조되고 조화되어 하나의 방향에 지향되도록 해야 한다.

제6절 | 전쟁지도체계와 전쟁지도사례

1. 전쟁지도의 기구

국가간의 갈등 · 분쟁 · 위기를 적절히 관리하지 못했을 때는 전쟁으로 진전될 우려가 있기 때문에 국력을 합리적으로 운용하여 전쟁에 대비하고, 또는 전쟁을 수행 할 수 있는 전쟁지도기구(도표 1-8)가 평시부터 잘 갖추어져 있어야 한다. 국가적 차원에서 위기관리 및 전쟁지도를 원활히 할 수 있는 전쟁지도기구를 구분하여 보면 전쟁지도본부와 군사지휘본부 및 현지작전사령부로 구분할 수 있다.

전쟁지도본부의 구성요원은 국가지도자로서 대통령과 군사분야 참모로서 국방장관을 비롯한 비군사분야의 필요부서대표들과 국가정보기관대표 등으로 구성하며, 군사지휘본부의 구성요원은 국방장관 및 합동참모의장, 기타 관련된 필수요원과 군사정보기관대표 등으로 구성된다.

이때 국방장관의 역할이 전쟁지도본부에서 정치지도자의 참모기능을 더욱 많이 수행했을 때는 군사지휘본부는 합동참모의장 책임으로 운영되고, 그렇지 않을 때는 국방장관의 주도로 군사지휘본부가 운용될 수 있다.

전쟁지도본부(도표 1-9)는 국가정세를 판단하여 국가안보의 기본정책과 기본전략을 구상하고, 군사목표를 명확히 설정할 수 있는 정치목적으로서 전쟁목적을 설정하여, 조기에 정치목적을 달성하도록 전쟁지도지침을 제정한다.

그리고 국가종합상황실을 운용하여 국가의 모든 상황을 통합 · 조정 · 지시해야 한다. 그러나 전쟁이 정치적 목적달성을 위한 수단이라는 측면에서 군사목표가 정치적 목적에 일치되고 제반정책이 전쟁수단에 부합되기 위해서는 정치지도자와 군사지휘자는 지향하는 방향이 같은 것이 바람직하다.

자유민주국가에서 국가지도자는 문민정치지도자로서 군사작전을 제대로 이해하지 못할 수도 있고, 또한 현대전쟁은 지상 · 해상 · 공중 · 우주 · 사이버의 5차원적 군사작전이

〈도표 1-8〉 **전쟁지도기구**

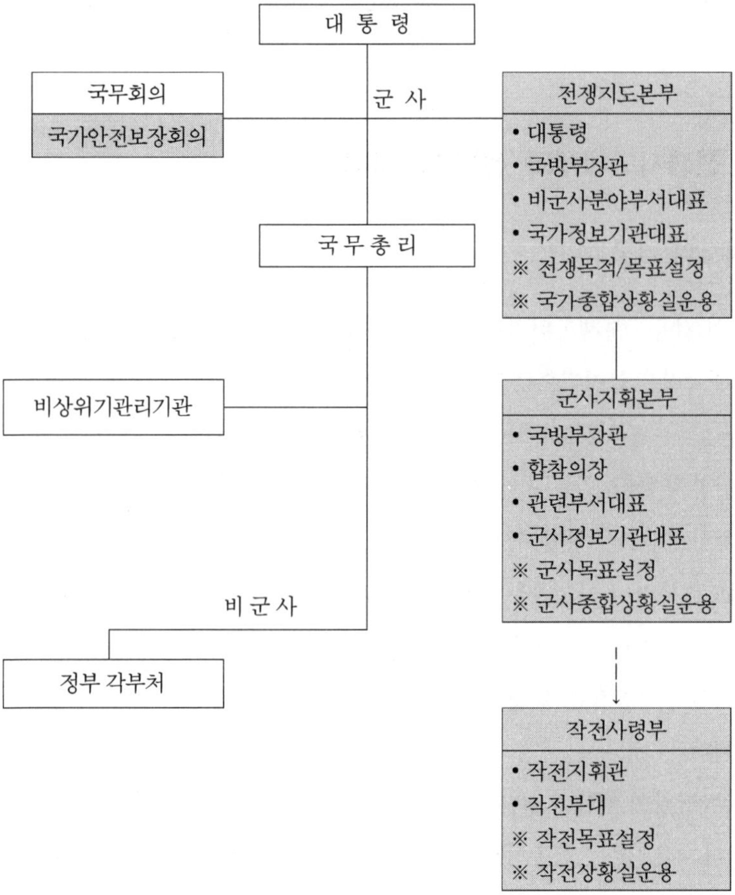

〈도표 1-9〉 **전쟁지도본부의 역할**

- 국가위기 상황 하에서 국가능력을 조직적으로 통합하여 효율적으로 국가목적 또는 국가목표 달성
- 조직적이고 시기의 적절한 국가 상황판단
- 상황판단 결과에 따라 국가자원운용에 관한 지침하달
  - 전시 정치 · 외교목표 / 정책 / 전략
  - 전시 경제목표 / 정책 / 전략
  - 전시 국방목표 / 정책 / 전략
  - 전시 사회 · 심리목표 / 정책 / 전략
  - 전시 과학기술목표 / 정책 / 전략
- 평시부터 전쟁기획으로 국가위기 및 전쟁대비 계획준비 / 시행
- 기타 사항

실시됨에 따라 복잡성 및 다양화되고, 더욱 무기체계가 첨단 과학화되어 전문화됨에 따라 한 사람이 군사작전 및 기타 수단을 효율적으로 지도하기는 어렵다. 따라서 국방장관은 정치지도자에게 전쟁지도에 관해 최측근에서 보좌하고 정치지도자의 의사결정에 적극 참여하게 되며, 필요시 합동참모의장도 조언에 참여하게 된다.

> 예컨대 걸프전쟁시 미국의 조지 H. 부시 대통령은 전쟁지도위원회를 편성 및 운용하여 전쟁지도를 하였는데, 부시 대통령은 국방장관의 보좌를 받았으나 필요시에는 합참의장으로부터 직접 조언을 받고 적시적절한 전쟁지도를 하였다.
>
> 그리고 현지에서의 군사작전은 현지 작전지휘관에게 완전히 일임하여 군사작전은 군사작전교리에 의해 이뤄지도록 하였고 부시 대통령은 군사적 승리를 달성하도록 지원하였다.
>
> …… 그 반면에 베트남전쟁 시 리처드 닉슨 대통령의 전쟁지도는 전술급 부대의 군사목표까지도 한정하여 타격하게 하고 군사작전지역을 기지로부터 근거리로 한정함으로써 베트콩으로 하여금 전투에서의 피해를 미국이 설정해 준 그들의 안전지대에서 쉽게 복원할 수 있도록 했고, 이로써 미국은 베트남전쟁에서 패배했다.
>
> 따라서 전쟁지도본부는 정치적 목적인 전쟁목적을 제시하고 군사목표 달성은 군사작전의 교리대로 수행되도록 현지의 작전지휘관에게 일임하고 군사작전을 지원하는 역할을 수행해야 한다.

군사지휘본부는 전쟁지도본부가 제시한 전쟁목적을 달성할 수 있는 군사목표를 설정하고, 전쟁지도지침에 따라 군사전략판단을 실시하고 군사작전계획을 발동시키며, 전장에서 작전지휘관이 최대한 자율성을 갖고 전투를 수행할 수 있도록 지도해야 된다. 그리고 작전사령부는 할당된 자원으로 실전적 군사작전을 통해 부여된 군사목표를 달성하도록 최선의 노력을 다하여야 한다.

현대전쟁은 고대전쟁과는 달리 비선형 전투가 예상되고 작전속도가 빠르기 때문에 전장에서의 적시적절한 판단과 결심이 매우 중요하므로 전쟁지도본부가 군사작전을 수행하는 군사지휘본부 및 작전지휘관의 융통성을 제한해서는 안 된다.

요컨대 전쟁지도본부는 군사지휘본부나 작전지휘관이 군사목표를 달성하지 못했을 때는 군사작전에 직접 개입하는 것보다는 자원을 더 할당하거나 군사목표를 달성시키기 위해 독려하고, 필요시에는 전쟁목적이나 군사목표를 조정해야 한다. 또는 기대 이상의 성공적인 군사작전에 도취되어 군사작전의 범위 및 한계를 설정하지 못하고, 확전을 초래하여 국력을 소모하거나 무리한 군사목표를 계속 요구하지 않도록 해야 한다. 따라서 군사지휘본부의 군사목표가 달성되면 전쟁지도본부는 군사적 승리를 정치적 승리로 연결하도록 정치 · 외교적 노력을 다하여야 한다.

2. 전쟁지도와 전쟁계획

전쟁계획(War Plan)은 국력의 제요소를 통합하여 전쟁을 억제하고 국가 목표를 추구하기 위한 전 · 평시 대비계획인 광의의 전쟁계획과 적의 무력 침공에 대비하고 적의 의지를 무력으로 굴복시키기 위한 전쟁실행 계획인 협의의 전쟁계획으로 분류(도표 1-10)한다.[28]

첫째, 광의의 전쟁계획은 국력의 총화를 이룰 수 있는 국가기획으로서 국가 기본계획이다. 광의의 전쟁계획은 안전보장, 국가의 번영, 국가의 가치관으로 표현되는 국가이익 차원에서 국가의 목적 및 목표를 설정하고, 국가의 목적 및 목표를 달성하기 위해 국가안보정책과 국가안보전략을 수립한다.

〈도표 1-10〉 전쟁계획체계

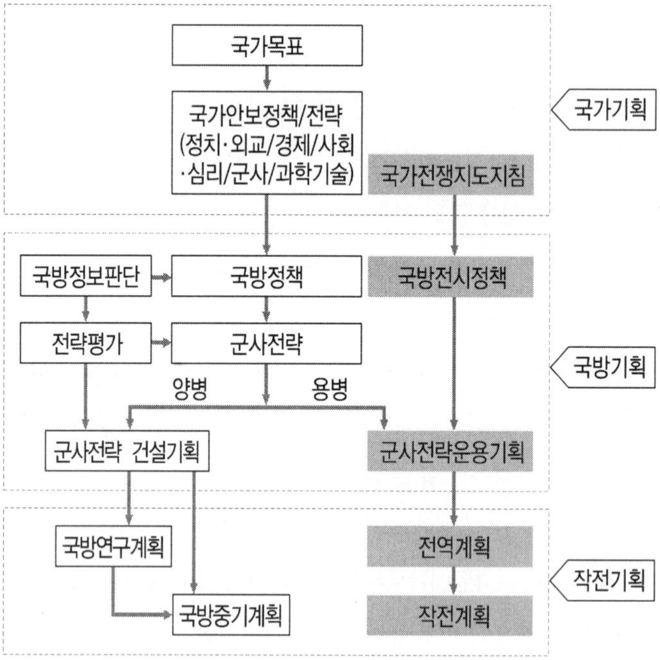

28) 이종학 외,『전쟁지도에 관한 연구』, 서울: 국방대학교, 2001, pp.21-26.

국가안보정책과 국가안보전략은 전 · 평시에 대외적 · 대내적 또는 군사적 · 비군사적인 다양한 위협에 대처하기 위한 군사 · 비군사분야의 정책과 전략이 통합된 계획이 되며, 전시에는 전쟁지도본부에서 국가전쟁 지도 지침으로 구현된다.

둘째, 국가목표를 달성하기 위해 수립된 국가안보정책과 국가안보전략을 군사적 측면에서 구현하기 위한 국방기획으로서 국방정책과 군사전략을 수립한다. 국방부는 국방정책을 계획하여 적정규모의 군사력을 건설 · 유지 · 집행하는 양병중심의 과업을 수행하며, 합동참모본부에서는 안보전략환경과 군사적 위협에 대처하기 위해 군사전략을 계획하여 전략평가와 전력운용에 중점을 둔 용병중심의 과업을 수행한다.

이와 같은 전 · 평시의 국방정책과 군사전략은 전시에는 국방전시정책과 군사전시전략인 군사전략운용으로 전환되어 실천된다.

셋째, 협의의 전쟁계획으로서 국가목표를 달성하기 위하여 전쟁시 요구를 즉시 충족시킬 수 있는 작전기획을 말한다. 작전기획은 전쟁실행계획으로서 ① 주요전략목표 달성을 위한 계획이고, ② 기본적으로 소요계획이며 전략적 결심의 순차적 시간계획이며, ③ 각군부대와 병력의 복원 · 교대 · 전개 및 재전개를 위한 세부계획이다.

국방부 및 각군본부 중심으로 수행되는 군사전력건설을 위한 국방획득 · 연구개발계획과 국방의 중 · 장기계획 등이 있으며, 합동참모본부 및 작전사령부 중심으로 수행되는 군사전략 운용을 위한 연합 및 합동 전역계획과 육군 · 해군 · 공군의 작전계획 등이 포함된다.

3. 6 · 25전쟁과 전쟁지도

한반도는 1945년 8월 15일 해방과 더불어 북한지역은 김일성 공산주의 정부가 남한지역은 이승만 민주주의 정부가 수립되어 이념적 · 군사적 대립이 치열하게 전개되었다.

그리고 1950년 6월 25일 북한 김일성은 적화통일을 위해 불법남침을 했다.

(1) 전쟁긴박기의 전쟁지도

남북한은 이념적 · 군사적 대립이 격화되고 있는 가운데 북한 김일성 주석은 구소련(현재 러시아)과 중국의 지원을 받아 무력으로 남침을 준비하고 있을 때 남한 이승만 대통령은 조속한 군비강화, 자유민주국가와 동맹관계 증진노력, 억제적인 대북정책을 실시하려 했으나 신생 독립국가로서 국력 부족과 미국의 한반도에 대한 전략적 가치 경시 및 미온적인 한국

지원정책으로 실천하지 못하고 있었다. 그러나 이승만 대통령은 꾸준히 한 · 미관계 발전과 자유 민주국가들과 접촉하여 우방관계의 공고화에 노력하였다.

그 반면에 이승만 대통령은 남한이 북한으로부터 무력남침 위기에 직면해 있었으나 위기를 위기로 인식하지 못하였으며, 국민을 무장화하고 결전을 도모하여 승리할 수 있는 국방태세 등 군비의 충실화 및 국력을 조성하지 못함으로써 전쟁긴박기의 전쟁지도에 실패했다.

(2) 전쟁개시기의 전쟁지도

1950년 6월 18일을 전후하여 38선 일대에서는 전례가 없는 북한군의 활동이 관측되어 전방지휘관들을 긴장시켰다.

북한군의 대부대와 차량이 수없이 남하하고 있었고, 포천지역 북방에서는 북한군 군관들이 지도를 펴 놓고 목표를 지시하는 행동들이 목격되었으며, 문산 · 동두천 · 춘천 · 강릉지역 등에서는 북한군 병사들이 귀순하여 북한군은 모든 공격준비를 완료하고 전면남침을 위해 대기 중이라는 진술을 확보했으나 이러한 중요한 정보들을 진지하게 받아들이지 않았다.

1950년 6월 25일 북한군이 38선을 기습남침 함으로써 6 · 25전쟁은 시작되었다. 북한의 전쟁목적은 한반도의 무력적화통일이었으며, 한국의 전쟁목적은 북한군 격퇴로 전쟁이전 상태로의 원상회복이었다.

그러나 한국군은 정비되지 못한 군조직과 교육 · 훈련 · 전투장비 등 전력을 보강하지 못한 가운데 침공을 당함으로써 자력으로는 승산 없는 전쟁에 직면하게 되었다.

> 1950년 6월 23일 그동안 전군에 내려졌던 비상경계령이 해제되었다.
> …… 장병들은 봇물 쏟아지듯 외출 · 외박을 나갔다.
> 그러나 북한군 간부들은 6월 23일 오전부터 38선 관측소에 나타나 쌍안경으로 아군을 관측하고, 또 많은 차량들이 남쪽으로 이동하고 산에서는 대대적으로 호를 파고 진지를 위장하는 것이 관측되어 도발하려는 수상한 상황이 계속되었다.

특히 한국군은 6 · 25전쟁 직전의 사단장급 주요지휘관의 인사이동, 중요전투장비의 정비차 후송, 진지공사의 부실, 교육훈련의 미비, 장병의 휴가 및 외출 실시 등은 북한의 공격을 효과적으로 방어할 수 있는 전쟁수행체제가 되지 못했고, 전쟁수행방법도 계획하지 못함으로써 전쟁개시기 국가지도자의 전쟁지도와 군사지휘자들의 실책은 국가운명을 풍전등화에 놓이게 했다.

(3) 전쟁수행기의 전쟁지도

전쟁긴박기 및 전쟁개시기의 전쟁지도 취약점들은 전쟁수행기에도 그대로 이어져 초기작전에서 고전해야 했다.

예컨대 초기작전의 실패요인으로는 ① 정보 분석 및 평가 소홀로 인한 적 기습공격 허용, ② 후방 예비전력의 이동지연 및 축차적 투입으로 인한 병력 낭비, ③ 대전차 방어에 대한 무방비, ④ 무리한 반격시도로 인한 피해 가중, ⑤ 한강교의 조기폭파로 군 주력의 퇴로차단, ⑥ 효과적인 지휘통제 곤란으로 전투력 발휘의 무력화 등을 들 수 있다.

이상의 상황들을 전쟁 지도적 차원에서 분석하여 보면 다음과 같다.

북한의 전쟁목적은 한반도를 무력 적화 통일하여 공산정권을 수립하는 것이었으며, 군사목표는 한국군 주력을 격멸하면서 전략적 중심인 수도 서울을 점령하고, 신속히 부산까지 공격하여 한반도를 완전히 점령하는 것이었다.

미국 헨리 트루먼 대통령은 애치슨 라인 방침을 철회하고, 1945년 6월 30일 6 · 25전쟁에 미군을 파병하여 제한전쟁을 치룰 것을 결정했다.

한국과 미국의 전쟁목적은 전쟁초기에는 북한군 격퇴와 전쟁이전 상태로의 원상회복이었다.

또한 군사목표는 초기방어단계에서는 후퇴국면에 따른 축차적 방어선 사수였으나 반격단계에서는 북한군 격퇴와 수도 서울 수복이었다.

이런 과정에서 1950년 9월 15일 인천 상륙작전이 성공함으로써 수도 서울이 수복되고 38선까지 회복하게 되었는데, 그것은 북한군의 무력 공격 격퇴, 국제평화와 한국의 안전을 회복한다는 전쟁목적은 달성된 것이다.

그러나 수도 서울이 수복되고 전쟁 상황이 공격으로 전환되면서 한국의 전쟁목적은 이승만 대통령의 북진통일론과 더글러스 맥아더장군의 계속 북진주장은 북한 공산정권을 제거하고 통일된 민주 한국 정부를 수립하는 것으로 변경되었다. 미국 트루먼 대통령의 전쟁지도는 제한전쟁을 실시하여 전쟁목적을 북한군 격퇴 및 전쟁이전 상태회복에 두었으나 현지 작전사령관 맥아더장군의 주장에 따라 군사목표를 북한군 격멸과 평양 점령으로 변경함으로써 군사작전을 38선 이북지역으로 확대하는 데 찬성했다.

한국과 미국은 유리한 전쟁 상황에서 한국을 민주통일국가로 건설해야겠다는 의욕이 앞서 북한을 지원하고 있는 중국과 구소련 입장 및 정책을 파악하지 못한 상태에서 전쟁목적과 군사목표를 변경하였다.

특히 맥아더장군은 중국군이 6 · 25전쟁에 참전함에 따라 중국의 중요 도시 및 산업시설을 폭격하고, 중국해안 봉쇄와 더불어 대만군대를 유엔군으로 참전시켜 중국본토를 공격하는 전면전쟁으로서 확전론을 주장하였다.

그 반면에 트루먼 대통령은 중국에 대해 전면전쟁으로 확대되면, 구소련 중심의 공산국가들에 의한 유럽지역 등에서 제3차 세계대전이 일러날 우려가 있다고 반대하고, 한반도 내에서 6 · 25전쟁을 종결하는 제한전쟁을 강조하였다.

이와 같이 전쟁을 지도하는 정치지도자와 군사를 지휘하는 군사지휘자 간의 전쟁목적과 군사목표 간 갈등은 전쟁지도에 혼란을 초래했고, 그 결과로 문민통제원칙에 따라 트루먼 대통령은 1951년 4월 11일 맥아더장군을 연합국최고사령관 · 유엔군최고사령관 · 미극동군사령관의 지위를 해임했다.

…… 트루먼은 맥아더 해임과 만주 공격 반대는 제3차 세계대전으로의 확산을방지하는 것이 목적이라며 라디오와 텔레비전을 통해 1951년 4월 16일 전 국민에게 연설했다.

그러나 해임된 맥아더는 공화당의 지지 하에 4월 19일 의회의 초청을 받아 의회에서 고별연설을 했다.

맥아더는 연설의 많은 부분을 아시아에 대한 문화적 · 역사적 중요성을 지적하며, 특히 미국의 장기적 외교 관계의 방향을 제시했다.

"아시아는 전 인류의 희망과 열망과 신념이 결집돼 있습니다. 아시아는 유럽의 관문이라 하지만 유럽이 아시아의 관문입니다. 아시아에서 공산주의에 유화책을 쓰거나 굴복한다면 유럽에서도 공산주의의 진출을 막지 못할 것입니다"라고 아시아의 위상을 정립하고, 그 중요성을 강조했다.

이어 6 · 25전쟁에 대한 자신의 전략을 상세히 설파했다. 미국의 신속한 개입으로 '침략자를 몰아내고 완전한 승리를 목전에 두었으나 중국군이 지상군을 앞세우고 전쟁에 개입'함으로써 '전쟁 상대는 바뀌고 새로운 전쟁이 시작됐다'고 보았다.

맥아더는 이 새로운 전쟁을 끝내기 위해서는 중국군의 배후인 만주를 비롯, 중국 본토에 대한 군사적 공격과 경제 봉쇄로 전략을 수정해야 한다는 입장이었다.

맥아더의 관점은 중국군은 이미 전면전에 가까운 확전을 펼쳐 왔으며 이에 대한 대응책은 중국군의 배후를 공략하는 것이다. 그렇지 않으면 '6 · 25전쟁은 지루한 소모전이 될 것이며 그로 인해 병력과 국민들의 희생만 늘어날 것'이라고 설파하면서, "전 세계 국가들 중 한국만이 지금까지 유일하게 공산주의에 대항해 싸운 나라입니다. 한국인이 보여준 용기와 불굴의 의지는 말로 표현할 수 없습니다."라며 칭송했다.

그리고 "저를 전쟁광이라고 비난하고 있습니다. 그러나 전쟁의 목적은 승리이지 우유부단한 결정이 아닙니다. 유화책은 새롭고 더욱 처참한 전쟁을 초래할 뿐이라는 교훈을 역사는 분명히 밝히고 있습니다"라며 트루먼과 그의 참모들을 비난했다.

이 연설의 마지막 부분에서 "노병은 절대 죽지 않는다. 다만 사라질 뿐이다"(Old soldier never dies, they just fade away)라는 유명한 말을 남겼다. 맥아더는 연설에서 이 말은 자신이 잘 부르던 군가의 일부를 인용한 것이라고 밝히고 있다.

그러나 이 표현은 트루먼과 백악관을 겨냥한 정치적 표현인 동시에 제1 · 2차 세계대전, 6 · 25전쟁 등을 잘 치르며 조국에 헌신한 가운데 71세의 나이로 군무를 마감하는 자신을 잘 표현하고 있다.

고별 연설이라고 할 수 있는 이 연설은 군사전략을 두고 미국 내의 찬반 양론이 있었기 때문에 연설이 있은 직후 국민들은 맥아더의 연설에 찬반이 섞인 반응을 나타냈다.

그러나 맥아더의 연설은 은유법 · 도치법 · 생략법 · 간결한 문체 등 다양한 시적 표현과 동시에 허스키한 목소리지만 박력 넘치는 노장의 힘 있는 명연설이었다.[29]

그 결과 중국군의 개입으로 전쟁기간이 길어지고 인적 · 물적 희생만이 확대됨에 따라 전쟁 상황의 호전상태에서 변경된 전쟁목적 및 군사목표의 확대가 다시 원점으로 돌아와 휴전을 하게 되었다.

이런 문제점은 군사목표가 전쟁목적에 부합하지 못한데서 생긴 결과라는 것을 알 수 있다.

이런 과정에서 이승만 대통령은 유엔군 파병을 유도하고, 유엔군사령관에게 작전권을 이양하여 한국군을 통합 지휘하는 조치를 취함으로써 전력을 극대화 시켰고, 국민의 전승의지를 고양시켰으며, 한국군의 평양 점령 시에는 평양을 직접 방문하여 한국이 한반도 유일정부란 것을 과시하기도 했다.

그러나 이승만 대통령은 한국군의 전쟁수행 능력과 주변 국가들의 정책 및 전략 대처 미흡, 준비되지 않는 북진통일론 등을 주장하였으며, 미국 트루먼 대통령도 군사지휘자의 계속 북진 주장에 대한 공세의 종말점을 통제하지 못하고 전쟁을 38선 이북으로 확대함으로써 승리 없는 휴전을 수락하지 않을 수 없는 전쟁수행기의 전쟁지도를 했다.

---

29) 국방일보, 2004. 3. 18.

(4) 전쟁종결기의 전쟁지도

전쟁종결기의 6 · 25전쟁은 국지적으로는 전투가 치열함에도 불구하고 전반적인 전황은 소강상태에 있었다. 미국은 일찍이 압록강까지 다시 북진할 의도를 갖고 있지 않았으며, 중국 · 구소련과 북한은 남한의 무력해방이 불가능하다는 것을 깨달았다. 이와 같은 휴전 기운이 무르익어 갈 때 구소련 유엔대사 아트 말리크는 휴전회담을 제안했다.

미국도 6 · 25전쟁에 깊숙이 개입하여 이러지도 저러지도 못하고, 별다른 전과도 없으면서 사상자만 늘어나게 됨에 따라 미국 내에서는 염전분위기가 높아지고 트루먼 정부는 점차 여론의 지지를 잃게 되었다. 공화당 대통령후보 아이젠하워가 당선되면 전쟁을 종식시키기 위해 한국을 방문 한다고 공약하여 압도적 대승을 거둔 것은 당시 미국의 분위기를 말해주는 것이다.

1953년에 발족한 아이젠하워 신정부의 국가전략과 구소련의 1953년 3월 5일 스탈린 사망 등의 원인이 교착상태에 빠져 있던 6 · 25전쟁을 1953년 7월 27일 휴전협정에 조인토록 했다.

6 · 25전쟁에 있어서의 휴전교섭은 순전히 전장에서 군사적 휴전이었다.

그 제안들은 유엔군사령부와 공산측 군사대표 사이에 진행되었는데, 그 내용은 ① 전투를 중지할 것, ② 전투가 재발하지 않도록 보장하는 구체적인 조치를 취할 것, ③ 전쟁에 종지부를 찍을 것 등을 토대로 했다.

그러나 이승만 대통령은 휴전협정에 반대하였는데, 미국은 이승만 대통령이 휴전협정에 반대하지 않게 하기 위해 전후처리 과정에서 ① 한국에 경제원조, ② 파병 16개국에 의한 한국 안전보장, ③ 한 · 미 상호방위조약 등을 약속했다.

이와 같이 6 · 25전쟁 종결기는 종전의 시기판단에 대한 이견, 종전방법 및 전후처리 방침, 전시 외교협상 및 강화에서 이승만 대통령은 탁월한 외교능력과 정책적 · 전략적 해결능력을 발휘함으로써 종전기의 전쟁지도 능력을 높게 평가할 수 있다.

요컨대 현대국가안보는 국가지도자를 비롯하여 민 · 관 · 군이 공동책임을 갖고 수행해야 한다. 왜냐하면 국가안보로 얻어진 자유는 그것을 위해 투쟁하는 자만이 누릴 수 있는 것이며, 평화는 그것을 지킬 수 있는 자만이 향유할 수 있기 때문이다.

제2부

전통적인 전쟁과 국가 흥망

1 개 요

독일 클라우제비츠(Carl von Clausewitz)는 전쟁은 정치적 행위일 뿐만 아니라 정책의 도구이고, 다른 수단으로 실시하는 정치의 계속이라고 말했다. 또한 미국 맥아더(Dorglas MacArthur) 원수는 전쟁을 하고 전투행동을 하는 유일한 목적은 전장에서 승리함으로써 정치적으로 유리한 입장에서 평화를 수립할 정세를 이끌어 나가는 데 있다고 했다.

그 뿐만 아니라 영국 처칠(Winston Churchill) 수상은 현대전쟁은 총력전으로써 국가의 흥망을 결정하는 중대한 일인 것이다. 그러므로 국가흥망을 결정하는 전쟁을 수행하기 위해서는 군사력뿐만 아니라 정치 · 외교력, 경제력, 사회 · 심리전력, 과학기술력, 문화력을 이해하고 또한 그 지식을 통합하여 전쟁승리에 집중시킬 수 있는 능력이 있어야 한다고 말했다.

이와 같이 전쟁은 국가흥망을 결정짓는 중대사이기 때문에 통합된 지식과 깊은 사고로 결정하고 수행되어야 한다. 따라서 여기에서는 한반도와 관련이 있는 고대전쟁에서 현대전쟁까지를 정책적 · 전략적 · 전술적 차원에서 이해하고, 그 교훈을 개인의 성공을 위해, 기업의 성공적인 경영관리를 위해, 군사적인 승리로 국가의 안전과 번영에 접목시켜 승리자가 되는데 좋은 학문적 지식과 생활의 지혜가 될 수 있도록 재미있게 구성하여 실용적 학문이 되도록 하였다.

2 페르시아전쟁

제1절 | 배경

인류는 전쟁과 함께 발전하여 왔기 때문에 전생사는 곧 인류사이며 세계사가 되는 것이다. 고대국가에서 페르시아전쟁은 현대국가와 현대사회에도 큰 영향을 미쳤다. 아테네군을 주축으로 하는 그리스 연합군과 침략해온 페르시아군의 3차례에 걸친 페르시아전쟁(도표 2-1)에서 제2차 페르시아전쟁은 마라톤 전투에서 그 승패가 결정되었다.

저명한 군사학자인 풀러(J. F. C. Fuller)는 마라톤전투의 승리가 유럽이라는 아기의 탄생을 알리는 첫 울음소리였다고 평가하였고, 일부 서양학자들은 마라톤전투가 동양문명(전제국가체제와 동양문화)과 서양문명(민주국가체제와 서양문화)의 충돌에서 서양문명의 우위를 증명하였으며, 마라톤전투를 계기로 서양이 세계사를 지배하게 되었다는 논평을 했다.[1]

〈도표 2-1〉 페르시아제국과 아테네

1) 니콜라스 세쿤다, 『마라톤 BC 490』, 정은비 역, 플래닛미디어, 2007 참조.

그리고 마라톤전투는 유럽과 미국의 전쟁수행 방식을 정착시킨 효시가 되어 현대전쟁 발전에 크게 기여했으며, 현대 올림픽의 꽃이라고 할 수 있는 마라톤 스포츠를 탄생시켰다.

이와 같이 페르시아전쟁에서 마라톤전투 승리는 그리스 아테네 국가로 하여금 역사학적 · 정치학적 · 인문학적 · 군사학적으로 발전시켜 오늘날 세계에 영향을 미치게 했다.

제2절 | 페르시아전쟁의 원인

고대의 에게 해 중심에서 가장 활발한 활동을 하던 국가는 서양의 그리스와 동양의 페르시아 국가였으며, 인류 역사상에 최초의 동서양문명의 충돌이었다.

기원전 8~5세기에 걸쳐 서양지역에서 그리스는 전 국토의 4분의 3이 산악지형으로 비옥한 농경지가 부족했기 때문에 일찍부터 해양으로 진출해 해외에 광범한 식민도시들을 건설했다.

에게 해의 여러 도서지역들은 물론이고, 이탈리아 반도 남부와 시칠리아, 이베리아 반도의 남부해안, 그리고 소아시아(오늘날 터키의 서부 해안지대) 등지에 여러 식민도시들을 세우고 이주민들이 정착해 번영된 삶을 살아왔다.

다른 한편으로 동양지역에서는 키루스(Cyrus: B.C. 585~529)라는 왕이 바빌로니아, 리디아, 메디아, 이집트 등을 망라하는 대제국 페르시아(오늘날 이란을 중심으로 한 중동지역과 아시아 일부 지역)를 건국하여 세력을 확장하는 과정에서 그리스와 페르시아의 위기가 고조되어 전쟁이 일어나게 되었으며, 그 결과로 3차례의 페르시아전쟁(B.C. 492~479)이 발발하였다.

제3절 | 페르시아전쟁의 진행과정

1. 제1차 페르시아전쟁과 자연풍랑

전제국가로써 페르시아는 통일된 대제국이었지만, 민주국가로써 그리스는 많은 도시국가로 분열되어 있어 객관적인 전력으로는 페르시아가 월등하게 앞서 있었다. 그러나 페르시아와 그리스가 격돌한 B.C. 490년과 B.C. 480~B.C. 479년의 전쟁에서 그리스 연합군은 기적에 가까운 승리를 하였다.

서로 다른 세계 문명을 가진 동서양의 두 국가가 충돌하게 된 계기는 작은 섬 아토스 곶에서 벌어졌다. 이 섬은 그리스 도시국가들 중에 아테네의 영향력이 강하였던 식민지였으나 페르시아가 세력을 확대하면서, 그 세력권 안으로 편입하게 되었다.

아테네는 아토스 곶 시민들을 부추여 반란을 일으키게 하고 간접적으로 지원해 주었지만, 페르시아는 반란을 진압하고 이어서 페르시아 왕 다리우스 1세가 그리스에 대한 원정을 단행하면서 제1차 페르시아전쟁이 발발하였다.

제1차 페르시아전쟁이 일어나자 아테네는 밀티아데스장군으로 하여금 방어토록하고, 당시 그리스의 최강의 군사국가였던 스파르타에게 원조를 요청하였지만, 스파르타는 전쟁의 승리에 대한 불확신과 대규모 원정을 감행할 경우에 일어날 수 있는 자국 내 노예들의 반란을 우려하여 요청을 거부하였다.

그런데 전혀 뜻밖에 그리스 원정에 나섰던 페르시아군은 에게 해에서 태풍을 만나 300척의 전함과 2만 명의 군사를 잃었으며, 그에 따라 전쟁한번 못해 본체 철수하게 되었다.

이와 같이 제1차 페르시아전쟁이 비록 자연재앙이라고는 하지만, 당시로서는 그것조차 신의 뜻으로 해석되었기 때문에 아테네의 승리가 되었다.

그리하여 아테네의 국가위상은 더욱 올라가게 되었지만, 그들의 국가위상을 더욱 굳건하게 해 준 것은 바로 기원전 490년에 일어난 제2차 페르시아전쟁에서 마라톤 전투의 승리이었다.

2. 제2차 페르시아전쟁과 마라톤전투

기원전인 B.C. 490년에 페르시아의 다리우스 1세는 그리스의 도시국가인 아테네와 스파르타에 사신을 보내 페르시아에 무조건 항복할 것을 권고하고, 만약 거부할 때는 침공할 것이라고 전쟁원인을 찾았다.

이 같은 페르시아의 항복요구에 국가위신이 상한 그리스는 이를 단호히 거부하고 오히려 사신을 우물 속에 넣고 매장시켜 버렸다. 그리스 아테네가 항복을 거부하고 전쟁을 결의함에 따라 페르시아의 다리우스 1세는 원정군을 이끌고 아테네를 정벌하기 위해 제2차 페르시아전쟁을 일으켰다.

〈도표 2-2〉 페르시아군의 침입로

제2차 페르시아전쟁 때 동원된 페르시아군의 규모는 병력 4만 명과 전함 6백 척의 대규모 군사력이었으며, 아테네 병력은 1만 명이었다. 페르시아군은 아테네 동북방 42km 지점에 위치한 마라톤 해안에 상륙(도표 2-2)하였다.

페르시아군이 아테네의 심장부인 팔레론 지역에 직접상륙하지 않고 마라톤지역에 상륙한 것은 ① 마라톤은 평야지대로써 페르시아군의 우수한 기병대 활동에 유리하고, ② 아테네 내부에서의 친 페르시아파의 협상해결(항복주장)과 반 페르시아파(전쟁주장)간의 내분을 기대하고, ③ 아테네에서 추방당한 히아스라는 사람이 페르시아군의 안내역을 담당하여 지형을 잘 알고 있는 마라톤지역으로 인도했기 때문이었다.

아테네는 페르시아군의 기습적인 마라톤 상륙 소식을 전해 듣고 당황했으며, 국가위기상황이 발생하게 되었다. 당시의 아테네의 병력으로서는 페르시아의 군사력을 당해낼 수가 없을 뿐 아니라 자칫하면 국가 홍망의 갈림길에 서게 되었다.

아테네는 스파르타에 즉시 사신을 보내 원군을 파병해 주도록 요청하였으나 돌아 온 회신은 아테네를 더욱 절망에 빠지게 했는데, 그것은 종교적인 율법에 따라 보름달 이전에는 출병할 수 없다는 것이다.

> …… 페르시아군의 기습적인 상륙에 대해 당황한 아테네의 장군들은 스파르타에 원군을 요청했다. 스파르타는 때마침 아폴로 신전에 제사를 지내고 있었으며, 당시의 관례에 따르면 보름달 이전에는 출병을 금지하고 있었다. 보름달이 뜨기까지는 6일이나 남은 시기였으며, 그 후에 2,000명을 아테네로 출병시켰으나 이미 마라톤전투가 종료된 뒤였다.

아테네의 국가지도자 및 군사지휘자(장군단이 10명으로 구성되어 윤번제로 국가지도자 역할을 함)들은 마라톤전투에 출병하여 전투를 할 것이냐 아니면 항복하고 출병하지 않을 것이냐의 여부로 의견이 양분되고 있었는데, 제1차 페르시아전쟁에 참가했던 밀티아데스장군의 강력한 출격주장에 대해 최종 결재권자인 국가지도자 카리마코스가 동조함으로써 출병하여 전쟁을 수행 하게 되었다.

> …… 마라톤전투 출병여부의 논쟁에서 밀티아데스는 아테네를 노예로 전락시키는 것도 아테네를 자유롭게 해서 영원히 빛나는 기념으로 남기는 것도 오직 카리마코스 국가지도자께 달려있다는 강력한 건의로 출병하였다.[2]

이 같은 상황에서 페르시아와 그리스 간에 제2차 페르시아전쟁은 시작되었으며, 전투력은 〈도표 2-3〉과 같다.

아테네 밀티아데스장군은 마라톤에서 적을 맞아 싸울 작전을 세우고, 약 1만의 중장보병으로 마라톤 광야가 내려다보이는 산기슭에 진지를 배치하였다.

아테네군과 페르시아군의 대치상태가 수일간 계속되던 중에 페르시아군은 일부 부대를 승선시켜 다시 해상으로 아테네의 심장부인 팔레론을 직접 공격하는 것을 알고 아테네군은 즉시 공격을 실시했다.

이 같은 좋은 공격기회를 맞이한 밀티아데스장군은 페르시아군의 주력이 중앙에 위치하고 있기 때문에 이를 협곡으로 유인 고착하여 좌우 양익에서 포위하는 작전구상(도표 2-4)을 했다. 아테네군은 양익 포위하여 페르시아군을 격멸하기 위해 통상의 폭인 8오를 유지하

---

2) 노병천, 『나쁜 전쟁, 더 나쁜 전쟁』, 서울: 양서각, 2008, pp.3-10

〈도표 2-3〉 그리스와 페르시아의 전투력 비교

구 분	내 용		비 고
시 기	B.C. 490년		
장 소	그리스 동북해안 마라톤		
교전국	페르시아/전제주의 국가/동양	아테네/민주주의 국가/서양	
지휘관	다리우스 1세	밀티아데스	
병 력	4만 명	1만 명	
특 성	경장보병, 궁병대	중장보병, 방진	
전 과	아테네군의 승리 / 페르시아 군 6,400명 전사, 아테네군 192명 전사		

〈도표 2-4〉 페르시아군과 그리스군의 전쟁상황

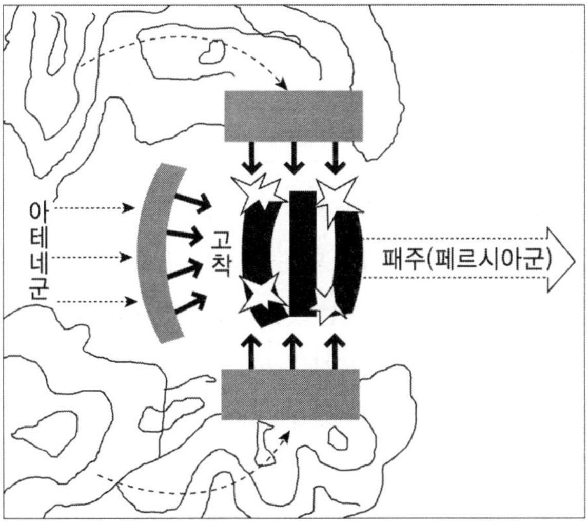

고 중앙부는 4오로 하되 좌우로 길게 신장 배치했다.

마라톤 평야의 전쟁터는 중앙부의 길이가 4km 정도이며 남쪽 끝은 아크리리키산이 해안과 접하고 있다.

아테네군은 코트로나산과 아크리리키산의 중간 골짜기로 들어가서 해안과 평행한 대형으로 매복대기 했다. 아테네군은 중장보병으로써 기동면에서 페르시아군의 경장보병에게

〈도표 2-5〉 고대 그리스군의 방진대형

크게 뒤떨어져 배후나 측면을 공격당하면 크게 불리하게 될 것을 대비하여 전방의 페르시아 경장보병이 활동하고 있는 동안 골짜기에서 수일 동안 탐색전만 계속한 것이다.

밀티아데스는 마침내 공격 기회를 포착하고 성공적인 공격작전을 위해 신에게 제사를 지내고 곧 바로 계획된 양익 포위공격을 실시했다.

아테네군은 중앙군을 방진대형(도표 2-5)으로 서서히 후퇴시키면서 양익 포위부대는 언덕 내리막의 탄력 이용으로 맹렬히 기동하여 공격하였다. 페르시아군은 좌우 측면에서 섬멸적인 타격을 받고 크게 패배하여 도주하게 되자 아테네군은 다시 페르시아군을 추격하였다.

페르시아군은 앞을 다투어 함대가 있는 곳으로 퇴각했으나 아테네군은 신속한 추격으로 페르시아군 상륙함대를 불태우고 페르시아군 6,400명이 전사함으로써 페르시아군은 대패하여 철수한 반면에 아테네군은 192명 전사로 전쟁에서 승리했다.

3. 제3차 페르시아전쟁과 살라미스해전

페르시아는 제1차와 제2차 전쟁에서 패배를 설욕하기 위해 제3차 전쟁을 준비했다.

페르시아는 다리우스 1세의 사망으로, 그의 아들인 크세르크세스가 제3차 그리스 정복을 위해 원정(B.C. 480~479)을 하였으나 제2차 페르시아전쟁에서 승리한 그리스 아테네는 그 동안 공포의 대상이었던 페르시아에 자신감을 갖고 전쟁을 수행하였다.

그리스의 30여 개 도시국가가 동맹하여 제3차 페르시아전쟁에 참전하였으며, 육군은

〈도표 2-6〉 살라미스 해전에서 활약과 고대 그리스의 3단 노선

스파르타가 해군은 아테네가 지휘하였다. 그리고 아테네군은 살라미스의 좁은 해로에 300여척의 군함을 옆구리로 붙이며 전투를 수행했다. 그 반면 페르시아군은 좁은 해로에 유인되어 대군의 전투대열이 흩트러지면서 극도의 혼란을 일으켜 200여 척이 격침되고 많은 병력이 사망했으나 아테네군의 군함은 40여척만이 격침되었다. 아테네군은 유명한 살라미스 해전(도표 2-6)에서 폭풍과 조류를 이용해 페르시아 함대를 유인작전으로 휘말리게 하여 궤멸시킴으로써 페르시아전쟁의 최종승리는 그리스 아테네가 되었다.

이와 같이 페르시아전쟁에서 승리한 그리스 아테네는 자유와 번영의 길로 발전한 반면에 페르시아는 패망의 길로 들어서게 되었다.

제4절 | 페르시아전쟁 교훈

1. 동양문명과 서양문명의 충돌로 세계사 발전에 기여

그리스 아테네의 페르시아전쟁에서 승리는 동양의 페르시아 문명(전제주의 정치체제와 문화)과 서양의 그리스 문명(민주주의 정치체제와 문화)의 충돌로서 세계사와 인류사에 획기적인 전환점이 되었다.

마라톤전투는 그 전까지 페르시아라는 말만 들어도 혼비백산했던 심리전의 열세에서 그리스인들이 공포의 대상에서 이길 수 있다는 자신감을 갖게 해준 계기가 되었고, 또한 튼

튼한 국가안보에 대한 자신감은 그리스의 정치 · 경제 · 사회 · 문화를 발전시켜 세계사에 영향을 미칠 수 있었든 것이다.

즉 그리스의 아고라광장은 평시에는 자유시장으로 경제활동의 중심역할을 했고, 국가 필요시는 주요정책을 결정하는 자유민주체제의 직접민주주의를 실현하는 광장역할을 했다. 그리고 그리스의 민주정치학, 인간과 역사와 자연에 대한 깊은 사고와 연구로 인한 철학과 인문학 및 역사학, 계획도시 및 건축양식의 건축공학 등의 발전은 그 당시에 어떤 국가도 따라 잡을 수 없는 독보적인 존재로써 마땅히 세계사에서 특권을 누릴 자격이 있다고 평가받고 있다.

이 같은 역사적 사실을 기반으로 하여 서양이 동양을 압도하게 된 것은 15~16세기에 실용화된 화약무기의 선점과 18세기 산업혁명의 발전이 결정적 역할을 하였다.

2. 올림픽문화 발전

고대 그리스 올림피아에서는 4년마다 크고 작은 도시국가들이 모여 모든 전쟁을 중지하고 제우스신을 위해 제사를 지낸 후에 5일간 체육경기대회를 열었다.

이 경기대회는 도시국가들의 평화와 단결을 구가하고, 훌륭한 전사의 체력 단련을 위해서 열었다. 그러나 이 경기대회는 B.C. 776년에 시작되어 B.C. 393년에 폐지되었다가 1896년 프랑스 쿠베르탱에 의해 근대적 올림픽으로 부활되어, 오늘날 세계에 영향을 미치고 있다.

특히 도시국가들은 아테네가 페르시아전쟁에서 승리한 후에 더욱 성대하게 올림픽 대회를 열었다고 한다.

그리고 올림픽의 꽃이라는 마라톤경기도 마라톤전투에서 유래되었다.

마라톤전투에서 극적으로 승리한 아테네군은 전령으로 페이디피데스(Pheidippides)를 선발하여 승리의 소식을 전하기로 하였다. 페이디피데스는 쉬지 않고 마라톤전투 지역에서 아테네까지 42km을 달려가 아테네 시민에게 "기뻐하라 우리는 승리했다"는 말을 전하고 죽었는데, 이것이 바로 마라톤경기의 유래가 되어 발전되어 오고 있다.

이와 같은 마라톤전투의 고사를 스포츠로 승화시켜 장거리 마라톤을 창설한 사람은 프랑스 솔몬느대학의 브레일 교수였다.

그는 친구인 쿠베르탱 남작에게 부탁하여 그리스 아테네에서 근대 올림픽이 부활될 때 육상 마라톤 종목을 처음으로 선보이게 했던 것이다.

마라톤은 이처럼 1896년 제1회 아테네 올림픽에서 스포츠 경기로 실시되었고, 그 후 전 세계로 보급되었다.

…… 그러나 전 세계에서 유일하게 마라톤을 금기로 여기고 있는 국가도 있었는데, 그 국가가 바로 이란이었다.

이란은 마라톤의 근원이 되는 마라톤전투에서 패배했던 페르시아의 후예이기 때문에 당연히 치욕의 역사를 되풀이하고 싶지 않았기 때문이었다. 따라서 1974년 테헤란에서 아시안게임이 열렸을 때도 마라톤 종목은 거두절미하고 거론조차 되지 않았었다. ……

한국의 손기정 선수는 1935년 독일 베를린 올림픽에서 마라톤 금메달을 획득하였다. 당시 그리스 아테네 브라드니 신문사는 마라톤 우승자에게 주기 위해 전사투구(기원전 7~8세기 유물)를 준비했으나 수여하지 못하고 베를린 박물관에 보관했다가 1986년에 손기정 선수에게 전달되어 오늘날에는 손기정 투구로 명명되고, 보물 제904호로 지정하여 국립 중앙박물관에 소장되고 있다.

…… 황영조 선수는 1992년 스페인 바르셀로나 올림픽에서 마라톤 금메달을 획득하였다. 그리고 한국은 1988년 서울올림픽을 성공적으로 개최하고, 종합 4위를 달성하였다.

오늘날 마라톤거리가 42.195km로 확정된 것은 제4회 런던 올림픽 때부터이다. 당초 런던올림픽 조직위원회는 당초 마라톤 출발지점으로 메인스타디움으로 하는 42km의 코스를 선정했으나 윈저궁을 출발선으로 변경함에 따라 부득이 42.195km라는 거리를 택하게 된 것이다.

그리고 현대 축구도 고대 그리스의 에피스키로스란 공놀이에서 시작되어 서양은 로마 등으로, 동양은 고대중국과 고구려 · 신라 · 백제 등에 축구로 명칭되어, 군사훈련 및 군사경기로 운용하다가 오늘날에는 세계 스포츠인 월드컵으로 발전했다.

그 뿐만 아니라 양궁, 승마, 펜싱, 사격, 원반던지기, 투창경기 등이 스포츠 발전에 기여했다.

3. 현대군사학 발전에 기여

페르시아전쟁에서 마라톤 전투는 현대군사학에 크게 기여했다.

첫째, 페르시아군의 마라톤 상륙작전은 조직적이고 계획적인 군사작전으로는 최초의 상륙작전이었으며, 그 상륙작전은 군사작전의 중요한 작전형태로 발전하여 현대전쟁에서 제2차 세계대전에서 노르망디 상륙작전이나 6 · 25전쟁에서 인천상륙작전은 전쟁승리에 결정적인 작전이 되었다.

둘째, 그리스의 밀티아데스는 통상적이고 모방된 종대대형이나 횡대대형 전술을 지양하고 당시까지만 해도 전혀 예상치 못한 양익포위전술로 페르시아군을 공격하여 혼란하게 만들고 격멸적인 타격으로 승리를 쟁취했다.

이와 같은 양익포위전술도 전쟁사에 최초로 마라톤전투에서 나타난 전술이었으며, 현대전쟁에서도 포위전술은 가장 보편적인 공격전술로 사용됨으로써, 우수한 전술이 수적 열세를 극복하고 승리를 쟁취할 수 있게 해준다는 교훈과 영감을 역사서에 최초로 기록된 전투라고 할 수 있다.

셋째, 그리스 아테네군이나 페르시아군의 한명의 병사가 장비한 창과 방패, 투구와 갑주 등의 총 무게는 약 38Kg 정도였는데, 그 후 로마군이나 현대군대에서 육군 보병 한 명이 출정시에 장비하는 무기 · 장비의 총 무게 역시 평균 38Kg 정도라는 것은 개인의 과학적인 전투무장이란 것을 알 수 있다.[3)]

이와 같이 페르시아전쟁에서 마라톤전투가 미친 군사학적 영향은 현대 군사전략이나 작전술 발전에 크게 기여하였다.

4. 민주주의 발전의 근본 제공

먼저 그리스는 신의 나라로서, 인간의 평등주의를 실천했다.

그리스 사람들은 인간은 평등하기 때문에 신에게만 무릎을 꿇을 뿐 인간에게 무릎을 꿇어서는 안 된다고 생각했다. 그래서 왕 앞에서 무릎을 꿇는 페르시아인이나 이집트인들을 야만인, 즉 바르바로서(barbaros)라고 비아냥거렸는데, 이 같은 평등사상은 민주주의 발전에 근본이 되었다.

다음은 직접민주주의를 실천했다.

그리스 도시국가 시민들은 아고라 광장에 모여 자유시장 경제활동과 더불어 국가의 중

---

3) 허남성, 『마라톤 BC 490의 감수의 글』, 2007, p.7.

대한 정책의 결정, 집행, 평가를 실시했으며, 이 같은 직접민주주의 제도는 현대 국가에서 간접민주주의 체제로 발전됐다.

마지막으로 국가통치자는 군통수권을 갖게 했다.

그리스 아테네 도시국가는 10개 부족으로부터 10개 제대의 군사병력과 10명의 장군을 차출했으며, 여기에 10명의 장군들은 순번제로 돌아가면서 국가를 통치하고 군사력을 총지휘했다. 이 같은 제도는 현대국가에서 대통령은 국가통치자이면서 군통수권자로서 책임과 역할을 하도록 헌법에 명시하여 제도화하였다.

이와 같이 그리스의 아테네는 제2차 페르시아전쟁인 마라톤전투에서 승리함으로써 페르시아에 대한 공포감으로부터 해방되어 국가적 자신감을 얻을 수 있었다. 또한 제3차 페르시아전쟁인 살라미스 해전에서 승리함으로써 국력팽창과 그리스문명을 발전시켜 국가와 국민을 번영시키고, 인류사와 세계사 발전에 크게 기여했다.

3 수 · 고구려 전쟁

제1절 | 배경

고구려는 4세기 초부터 6세기 후반까지 중국이 남북조(南北朝)로 분열되어 있는 기간을 이용하여 광개토왕(391~413)과 장수왕(413~492)대에 요동을 확보하고 문무왕(492~519)대에 부여를 차지함으로써 오랜 숙원인 만주를 장악하는데 성공하였다.

중국에서 통일왕조가 출현하면 곧 동방진출정책으로 연결된다는 사실을 역사적 경험으로 잘 알고 있던 고구려는 남조(진나라) 및 북조(수나라)와의 외교적 균형을 유지함으로서 중국의 재통일을 경계하고, 만주에 대한 위협을 예방하며, 한반도의 3국간(고구려, 백제, 신라)에 경쟁에서 정치 · 외교적, 군사적 우위를 차지하는데 주력해 왔다.[4)]

제2절 | 수 · 고구려 전쟁의 원인

581년 문제(文帝)가 수(隨)를 건국하자 요하를 사이에 두고 국경을 접하게 된 고구려의 충격은 매우 컸다. 고구려는 수에 매년 사신을 보내는 동시에 수와 대립하고 있던 진(陳)에도 사신을 파견, 수의 등장에 따르는 국제관계의 변화를 예의 주시하였다.

고구려 영양왕은 589년 북조(北朝)의 수(隨)가 남조(南朝)의 진(陳)을 멸망시키자 중국통일 왕조의 재출현이 몰고 올 충격에 대비하여 국방태세를 강화하였다.

고구려가 진과의 관계를 유지하는 불만을 품어왔던 수의 문제는 고구려의 자위적인 국방강화 조치를 적대적 행위로 간주하여 이를 즉각 중지하고 사과하지 않으면 군사침략을 하겠다고 위협했다.

---

4) 전쟁기념사업회, 『한민족 역대전쟁사』, 1992 참조.

고구려는 수와의 관계가 위기로 진전되고 있는 중에도 수교를 계속하면서 수나라와 전쟁에 대비하고 있었다.

그 과정에서 604년 아버지 문제(文帝)를 살해하고 왕에 오른 양제(煬帝)는 고구려가 만일 수의 속국으로 예의를 갖추지 않으면 공격하겠다고 다시 위협하였다.

또한 한반도에서 고구려와 한강지역의 영토분쟁을 일으키고 있는 신라와 백제도 수에게 고구려 침공을 종용함에 따라 수의 양제는 고구려와 전쟁을 결심하게 되었다.

제3절 | 수 · 고구려 전쟁의 진행과정

1. 수의 침입계획

수(隨)의 양제는 지상과 해상의 2차원 전쟁으로써 ① 적을 압도할 수 있는 대규모 병력을 동원하여 심리적 압박과 실제적 공격으로 항복을 유도하고, ② 요동지역의 기후 및 지리적 환경, 특히 동계작전을 고려하여 속전속결 작전을 하며, ③ 수륙합동작전으로써 육군은 요동방면의 고구려 성들을 조기에 점령한 다음에 산동반도를 출발한 해군과 함께 평양성을 점령하여 속전속결로 침략전쟁을 종결하려고 했다.

그래서 양제는 610년 12월부터 이미 전쟁준비에 들어가 전국의 부자들에게 말과 마차를 바치게 하는 동시에, 병기를 정비하고 점검관을 보내어 이를 확인하였다.

611년 2월 양제는 고구려 공격을 선언하고 4월에는 북경지역에서 본격적인 원정준비로 전국의 전쟁물자를 북경지역에 집결시킨 다음에 이를 다시 요동지방으로 수송하였다.

고구려 원정준비는 총력적이며 강제적으로 추진되어 전쟁물자의 강제징발과 강제노동으로 도망자가 속출하였으며 많은 병사가 다치고 죽은 참혹한 상황이 되었다. 다른 한편으로 산동지역의 동래 조선소에서는 300척의 함선을 건조하였는데 밤낮으로 물속에서 휴식 없는 작업을 강요함으로써 허리 밑에 구더기가 생겨 죽어가는 사람도 속출하였다.

이와 같이 양제는 무리한 전쟁준비를 강행하여 612년에 제1차 수군이 고구려를 지상과 해상으로 침공하여 왔다.

2. 고구려의 방어태세

고구려의 군사조직은 행정조직과 일체화로 민 · 관 · 군이 총력전을 수행할 수 있도록 발전시켰다. 중앙정부와 지방정부는 다같이 5부로 나누었는데 지방의 5부에는 각기 지방장관을 두었고, 부 밑에 여러 성이 소속되어 그 성주가 지방행정을 관장하는 동시에 군대를 통할하였다.

이러한 고구려의 성은 전국적으로 200여개에 달하였고, 그중 약 반수는 만주와 연해주 일대의 요충지에 설치하고, 평양성을 끼고 흐르는 대동강에 연결된 황해에 해군을 대비시킴으로써, 고구려의 상비군은 육군과 해군을 포함하여 정예군 30만 명이 방어태세를 갖추었다.

그리고 요충지에 성은 지형지물을 이용하여 견고하게 축성되고, 군사 거점화되어 유사시에는 농산물 등 적이 이용 가능한 물자를 모두 성내로 반입하고 모든 인원도 성내로 들어가는 청야입보(淸野入保)전략으로 총력전을 수행하였다.

…… 청야입보(淸野入堡) 전략이란

견고한 성을 쌓아놓고, 유사시에 주변의 농작물을 거두어들여 성에 들어가 전투하는 것으로 장기간의 거점방어식 결사항전 전법이다.

또한 고구려는 성을 거점으로 적을 아군 깊숙이 유인하여 병참선의 과도한 신장과 전투력 소모를 강요한 다음에 반격하는 이일대로(以逸待勞) 전술로 격멸하여 승리할 수 있었다.

…… 이일대로(以逸待勞) 전술이란

적을 예정된 진지까지 유인하여 피로가 쌓이도록 유도하고 아군은 휴식과 훈련을 하면서 전투력을 보강한 후에 약화된 적을 공격하여 승리하는 전법이다.

이와 같이 고구려는 수군의 침공에 대비해서 지상과 해상에서 방어태세를 완성하여 전쟁에서 승리할 수 있었다.

3. 제1차 수군의 침입과 살수대첩

수의 양제는 612년에 총 30개 군으로 편성된 113만 3,800명에 달하는 대병력으로 고구려를 지상과 해상으로 침공(도표 2-7)하여 왔다.

〈도표 2-7〉 수의 1차 침입로

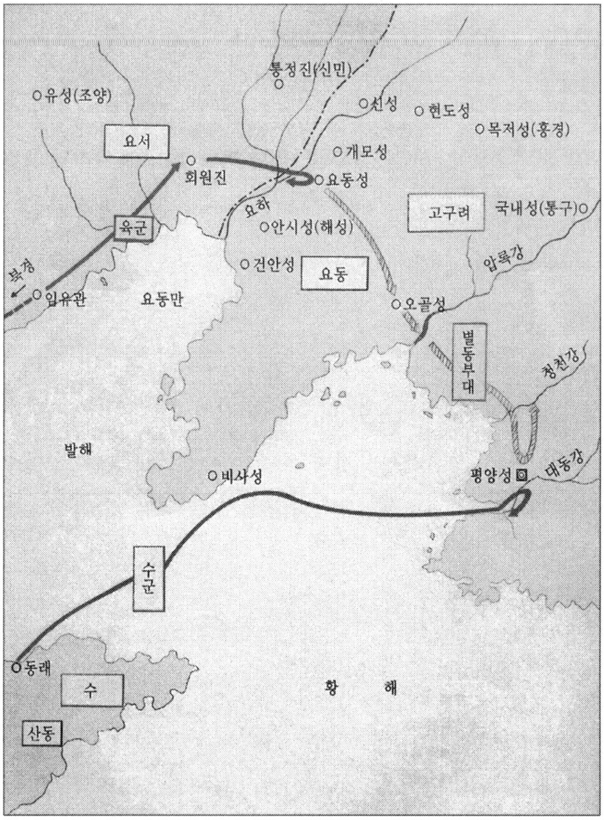

(1) 육군 침입

수의 양제는 육군을 북경-임유관-회원진-요동성-오골성-평양성으로 공격하고 해군은 산동반도 동래-비사성-대동강-평양성으로 진격시켰다.

그러나 양제는 고구려군의 완강한 항전으로 요동성 함락이 어렵고 장기전으로 전환됨에 따라 양재는 요동성에 머물러 계속 요동성을 공격하고, 우중문과 우문술에게 육군으로 편성된 별동부대와 산동반도를 출발한 해군과 합동작전을 실시하여 우선적으로 평양성 공격을 명령하였다.

고구려는 수의 별동부대에 대한 방어작전 결과가 전쟁의 승패를 좌우할 것으로 판단하고 적의 능력과 기도를 보다 정확히 파악하여 대응된 작전을 전개하기로 하였다. 따라서 을지문덕장군은 직접 적정을 파악하기 위해 항복을 가장하여 압록강을 건너 우중문의 진영으로 갔다.

우중문은 양제의 사전 비밀명령에 따라 을지문덕을 억류해 두고 항복을 확인하려고 하였으나 수군 지휘부의 의견 불일치로 을지문덕을 돌려보냈다가 뒤늦게 과오를 깨닫고 그를 추격했으나 때는 이미 늦었다.

을지문덕에게 완전히 기만당한 우중문은 즉각 공격준비에 착수하였으며, 군량의 고갈을 이유로 철수를 주장하던 우문술 등 일부 지휘관들도 양제의 책임추궁이 뒤 따를 것이 두려웠기 때문에 우중문의 계획에 따라 공격하였다.

⑵ 해군 침입

산동반도 동래를 출항한 수의 해군이 비사성을 거쳐 황해를 건너 대동강으로 전진해오자 고구려 해군사령관 건무는 적 수군과 정면 대결하는 대신에 유인 격멸하려는 작전계획을 수립했다.

그는 해전을 회피하고 대동강을 거슬러온 수군을 평양성 60리 밖에서 저지하다가 평양성으로 후퇴하여 외성안의 비어 있는 사찰에 매복 중이던 고구려군 결사대로 하여금 약탈에 정신이 팔린 적을 기습하여 혼란에 빠뜨린 후에 산산이 흩어져서 패주하는 적을 추격하여 격멸하였다.

고구려군은 수군의 괴멸로 배후의 위협을 제거하는데 성공함으로써 수의 별동부대에 대비한 방어작전에 전력투구할 수 있게 되었다.

⑶ 살수대첩

수군이 압록강을 도하하여 공격을 계속하자 고구려군은 사전계획에 따라 후퇴를 가장하여 적을 이일대로 전술로 아군지역 깊숙이 유인하여 피로하게 했다.

우중문이 지휘하는 별동부대 30만 명은 압록강–요동성–오골성–대동강까지 침공해 오는 동안에 고구려의 청야입보전략으로 군량의 현지조달이 불가능함으로써 굶주림과 피로에 지쳐서 전투력이 크게 약화된 상태에 있었다.

…… 요동에서 압록강에 이르는 장거리 강행군을 계속하는 동안 수군의 병사들은 과중한 휴대품이 주는 고통과 피로를 이기지 못하여 식량을 버리는 자는 처형한다는 경고에도 불구하고 휴대식량을 몰래 땅에 묻거나 길에 버렸다.

그 결과 수의 별동부대는 압록강으로 행군 도중에 벌써 군량이 고갈되어 일부지휘관은 회군할 것을 주장하기까지 하였다.

수군의 상황을 파악한 을지문덕은 비록 굶주림과 피로에 지쳐 있기는 하지만 30만 명에 달하는 적의 대군과 정면대결을 서두르면 위험이 수반될 것으로 판단하고 이일대로전술로 적을 아군지역 깊숙이 유인하여 전투력을 더욱 약화시킨 다음 반격하려고 계획하였다.

수군은 고구려군을 추격하면서 남진을 계속하여 평양성 밖 30리 지점까지 진출하여 산기슭에 배치하였다. 그 과정에서 수군은 고구려를 공격하는 도중에 전투력이 더욱 약화되어 평양성의 철옹성같은 방어태세를 바라보고 아연실색하였으며, 그들이 믿었던 해군도 이미 고구려군에게 괴멸당한 사실을 알게 되자 전의를 완전히 상실하였다.

진퇴유곡에 빠진 우중문의 심정을 거울 속 들여다보듯 환히 짐작하고 있던 을지문덕은 시 한수를 지어 보냈다.

그대의 신 같은 방책이 천문을 꿰뚫고	(新策究天文)
절묘한 계략이 지리를 통달하였소	(妙算窮地理)
싸움에 이긴 공이 이미 높으니	(戰勝功旣高)
이것으로 족함을 알고 여기서 그쳐주기 바라오	(知足願云止)

겉으로는 우중문의 지략과 전공을 치켜세우는 듯 하면서 사실은 그의 무모함을 비웃고 자진 철수를 권유하는 조소의 뜻이 담긴 시이었다.

또한 을지문덕은 우중문에게 회군할 명분을 주어 이를 중도에서 기습 섬멸하려는 계획 아래 "철수하면 고구려왕이 양제가 있는 곳에 가서 인사하겠다"고 제의했다.

수의 우중문은 을지문덕의 제의가 실현성이 없다는 것을 잘 알면서도 불리한 전쟁상황으로 총퇴각을 개시하였다.

압록강을 향해 퇴각하던 수군은 곳곳에서 고구려군의 기습을 받아 많은 피해를 입었으며, 7월 24일 간신히 살수 (청천강)까지 퇴각하여 도하를 개시하였다. 고구려군은 수군이 절

〈도표 2-8〉 **살수대첩**

반쯤 살수(도표 2-8)를 도강했을 때 수군의 후면을 급습하여 혼란에 빠트린 후에 적을 공격하여 전과를 확대하였다. 그 결과 305,000여 명에 달했던 적 가운데 요동성으로 생환한 자는 2,700여 명에 불과하였다.

요동성에 있던 양제는 우중문이 패주해오자 8월 하순 요동성 공격을 단념하고 전군에 철수를 명령하였다. 양제는 전쟁에서 패배한 우중문 등을 쇠사슬로 묶어 본국으로 끌고 갔다.

고구려군의 집요한 추격 속에 겨우 요하를 건넌 양제는 무모한 침략전쟁이 실패하자 패전의 책임을 장수들에게 전가하고 앞서 압록강을 건너왔던 을지문덕을 살려 보내자고 주장했던 유사용을 처형하고 우중문, 우문술 등을 비롯한 여러 장수의 관직을 박탈하여 서민으로 강등시키거나 투옥함으로써 제1차 전쟁은 고구려의 승리로 끝났다.

4. 제2차 수군의 침입과 요동성 방어

수의 양제는 제1차 침입에 실패하였으나 고구려를 반드시 패망시키겠다는 야욕으로 613년 2월에 육군만으로 제2차 고구려를 침공하여 왔다.

수의 양제는 하찮은 오랑캐 고구려가 우리대국을 모욕하였다. 이제 바다를 메우고 산을 옮기는 일이 있어도 반드시 고구려를 멸망시킬 것이다.

많은 신하들은 출정을 반대했으나 양재는 제1차의 패전책임으로 폐서인이 된 우문술을 재등용하여 명예회복 기회를 준다는 뜻에서 총사령관으로 임명하고 제2차 고구려를 침공하였다.

수의 고구려 침입계획은 1차 침입계획과 동일하지만 2차 침입은 수의 양제가 1차 요동성 공격실패를 만회하기 위해 요동성을 포위하고 함락하기 위해 20일 동안이나 주야간에 공격을 하였지만 고구려의 결사적 항전으로 사상자만 늘어갔다.

양제는 요동성 공격이 어려워지자 흙을 채운 100만개의 포대를 성벽과 같은 높이로 쌓는 한편 성벽보다 높은 전망대를 만들어 요동성 내의 정보를 획득하는 등 총공격준비를 완료했다.

그러나 이때에 수나라 내부에서 반란이 일어나고 군수보급품의 두절뿐만이 아니라 수군에서 작전업무를 수행했던 곡사정이 반란과 관련이 있었는데, 그 내용이 밝혀지면 처벌이 두려워서 고구려로 망명한 사건이 발생하였으며, 그 군사기밀이 누설되어 군사작전에 커다란 지장을 초래하게 되었다.

이와 같은 상황은 양제로 하여금 전쟁을 중단하고 다시 철군하게 했다.

요동성 공격에 실패한 양제는 본국으로 회군하여 확대되고 있는 반란위기를 진압하기 위해 지휘시설 및 군사장비를 그대로 남겨둔 채 야간철수를 하였으나 고구려군은 요동까지 수군을 추격하여 많은 피해를 입힘으로써 양제의 꿈은 다시 좌절되었으며, 해군은 산동반도에서 출동도 하지 못했다.

5. 제3차 수군의 침입과 수의 멸망

수의 양제는 제2차 침입을 중지하고 회군하여 반란을 평정하였으나 반란의 원인을 근본적으로 치유하지 않고 무자비하고 강압적인 탄압으로 진압했기 때문에 또 다른 반란이 전국적으로 확대되고 있었다.

그러나 양제는 국내정세가 불안함에도 불구하고 614년 2월에 다시 동원령을 내려 제3차 고구려 침공을 준비하며 복수심에 불타 있었다.

양제는 614년 7월에 회원진을 공격하였으나 더 이상 진출하지 못하고 고착상태에 있었으며, 해군이 비사성공격에 성공했을 뿐이었다. 고구려는 이미 자멸의 길을 걷고 있는 수와 전쟁을 계속함으로서 국력을 소모할 필요를 느끼지 않아 7월 하순 망명해 와있던 곡사정을 수로 돌려보내면서 양제에게 회군할 명분을 제공해 주었다. 진퇴유곡에 빠져있던 양제는 크게 기뻐하며 일부 지휘관들의 반대에도 불구하고 8월초에 본국으로 철수하였다.

양제는 그 후에도 고구려 침략의 야욕을 버리지 않고 617년 다시 동원령을 발포하여 침략전쟁을 준비하다가 오히려 전국적인 반란으로 격화시켜 618년 수의 장군으로 있던 이연(뒤의 당고조)에게 피살되고 말았다.

이렇게 수나라는 멸망하고 618년 이연은 당나라를 세우고 왕(고조)이 되었으며, 그 후에 당은 고구려의 대막리지 연개소문이 사망한 후에 세 아들인 남생 · 남건 · 남산이 권력투쟁을 벌이고 있는 동안 신라와 나당연합군을 편성하여 고구려를 공격하여 멸망시켰다.

제4절 | 수 · 고구려 전쟁 교훈

1. 북수남공정책의 실현

고구려의 안보정책은 북수남공정책으로 북방(중국지역)의 국토안전을 확고히 하고 남방(한반도지역)으로는 영토를 확장하는 것이었다.

고구려는 수가 중국을 통일할 징후가 보이자 즉각 북방지역에 수의 침입에 대비한 자위전쟁준비를 하고 남방지역의 신라 및 백제와는 영토확장 전쟁을 하였다.

그러나 고구려는 요동과 한강유역의 2개 전선을 회피하기 위해서 백제 및 신라와 적절한 동맹관계를 맺어 남방전선을 안심시킨 선린 외교정책을 펼쳤다. 중국대륙에 통일제국이 등장하면 그들은 반드시 동방으로 침략해 온다는 역사적 사실을 잘 인식하고 있던 고구려는 수와 긴밀한 수교를 하면서 동시에 수의 침략가능성에 대비하여 전국적으로 농업과 양잠을 장려하고 전쟁물자의 비축에 힘썼다.

그 후 수가 마침내 중국대륙을 통일했다는 정보를 입수하자 고구려는 ① 비밀리에 중국인 무기기술자를 매수하여 무기를 개조하는 한편 ② 군사훈련을 강화하고 ③ 군량미의 확보에 주력했다.

이러한 고구려의 전쟁준비 노력은 수나라의 침입이 있기까지 꾸준히 계속되었으며, 유비무환의 역사적 교훈을 실천했기 때문에 고구려와 수의 전쟁에서 승리할 수 있었다.

2. 독자적인 전략과 전술의 개발

고구려는 중국민족과의 전쟁과정에서 독자적인 전략과 전술을 끊임없이 개발해 나갔다. 요동지역을 점유하기 까지는 주로 유격전적인 작전을 전개해 왔던 고구려는 만주지역 점령보다는 재빨리 만주지역의 지형적 특성과 겨울철 · 장마철 등의 기후조건을 이용하여 대규모의 정규전을 수행할 수 있는 전략 · 전술을 개발했다.

고구려는 요동에서 평양성에 이르는 하천선마다 방어선을 구축하는 동시에 중요한 접근로 상에 200개의 산성을 축성하여 방어거점으로 삼았다.

성곽은 우수한 축성술로 견고하게 축조하였으며, 주민들은 평소에 성곽주변의 농토에서 농업 생산활동을 하다가 일단 유사시에는 농작물을 모두 성곽 안으로 반입하여 적의 이용을 거부하는 청야입보(淸野入堡)전략을 발전시켰다.

그리고 적을 깊숙하게 유인하여 지치게 한 후에 공격하는 이일대로(以逸待勞)전술을 적용하였다. 즉 지역공동체적인 민군관계를 유지하는 가운데 성곽단위로 종심 깊게 편성된 고구려의 방어체제는 속전속결을 지향할 수밖에 없는 적의 약점을 최대한 역이용한 전략과 전술이었기 때문에 승리할 수 있었다.

3. 상무정신과 총력전체제 확립

중국의 세력권 내에서 성장한 고구려가 선택할 수 있는 생존의 길은 오직 두 가지로써, 그 하나는 중국세력에 복속하여 노예생활을 감수하는 것이고, 또 하나는 그에 맞서 독립성을 유지하는 것이었다.

고구려는 복속의 굴욕보다 험난한 자주의 길을 택하였으며, 전국민이 상무정신으로 무장하고, 각 성곽마다 시조인 동명성왕의 초상과 무기를 봉안함으로서 성곽을 포기하는 것은 곧 나라를 포기하는 것이라는 국토사수의 의지를 길러왔다.

이와 같은 고구려의 ① 민 · 관 · 군이 통합된 총력전체제에서 ② 필승의 상무정신은 수적 열세를 극복하고 최후의 승리를 쟁취하는 중요한 요소가 되었다.

4. 전장리더십 발휘와 교육훈련

전쟁에서 철저한 교육훈련 완성과 각 제대 지휘관의 적절한 독단력 활용이 없이는 변화하는 상황에 신속히 대응할 수가 없다.

수의 양제는 요동성 전투에서 모든 작전을 자신이 직접 지휘하고 결정하였다.

이에 따라서 수군의 각급지휘관들은 모든 작전 계획과 행동을 양제에게 직접 보고하여 결심을 얻어야 했으며, 상황변화에 알맞은 시기적절한 조치를 취할 수 없었던 반면에 고구려 지휘관들은 예하 지휘자들에게 적절한 독단 리더십 발휘를 허락하여 창의력 있는 전장리더십을 발휘할 수 있도록 했다. 또한 지휘관들이 보고에 허비하는 시간을 이용하여 전투력을 재정비하고 치밀한 교육훈련을 실시하며 작전계획을 실천함으로써 전쟁에서 성공할 수 있었다.

그 반면에 수의 양제는 별동부대의 지휘권을 우중문(실질적인 작전지휘권행사)과 우문술(형식적인 지휘권행사)에게 양분시킴으로서 지휘통일을 하지 못했고, 전투력 분산을 초래하여 전쟁에서 패배를 자초하였다.

5. 군수체제 및 군수지원

수는 고구려를 침공하기 위해 장기전과 기동거리를 고려한 군수지원체제 및 군수물자 확보에 실패했다.

그리고 수의 해군은 육군이 평양성 부근에 도달하기 이전에 무모한 단독공격을 시도하다가 괴멸됨으로서 측방공격과 보급지원 능력을 상실하였다. 또한 수의 별동부대 역시 충분한 군수지원체제를 갖추지 않은 채 전투원의 개인휴대에만 의존함으로서 압록강에 도달했을 때는 이미 군량부족에 허덕이게 되었다.

결론적으로 수군의 작전실패는 고구려군의 청야입보전략으로 인해 군수물자의 현지조달이 불가능했기 때문이기도 하지만 근본적으로는 수군 자체의 군수지원체제가 미비한데 패배 원인이 있었다.

4 당 · 고구려 전쟁

제1절 | 배경

618년 수를 무너뜨리고 당을 세운 고조(이연)는 먼저 왕조의 기반을 확립한 다음 주변제국을 부속시킨다는 전략을 가지고 고구려에 대해서도 화해정책을 썼다.

> … 수나라는 대외적으로 고구려와의 전쟁에 실패하고, 대내적으로는 세금과 부역의 증가로 인한 민심의 이반 등의 요인에 의해 중국을 통일한 지 불과 40년이 채 못 되어 수의 양제는 예하 이연장군에게 살해되어 멸망했다. 그 뒤를 이은 이연장군은 당(618-907년) 왕조를 건립하여 고조가 되었다 …

당이 등장한 같은 해에 고구려에서도 영양왕이 사망하고 대수항쟁의 주역의 한사람이었던 왕의 동생이었던 영류왕이 즉위하였다. 영류왕은 고구려 · 수 전쟁 때의 수군포로 10,000여 명을 송환하고 도교를 받아들이는 등 당과 우호관계를 유지함으로서, 고구려 · 당 간에는 한동안 평화가 깃드는 듯이 보였다.

그러나 양국의 관계는 한반도에서 3국(고구려 · 신라 · 백제)의 항쟁이 격화되고, 당에서 626년 고조(이연)가 죽고 야심만만한 태종(이연의 아들 이세민)이 즉위하면서 변화되기 시작하였다.

태종은 3국의 항쟁에 편승하여 고구려를 정복할 야심을 품고, 지난 왕조였던 수의 고구려 침공실패를 거울삼아 우선 전쟁능력을 강화하고 국론을 고구려 정벌로 유도하는 장기적인 국가전략을 수립했다.

631년 장손수를 고구려에 보내서 수 · 고구려 전쟁 때에 전사한 수군의 유해를 거두어 제사하고, 고구려의 전승기념물인 경관을 헐어버리는 등 은근히 자국민의 반고구려의식을 부채질하였다. 또한 641년에는 진대덕을 사신으로 파견하여 관광을 구실삼아 각 지역을 돌아다니면서 고구려의 국내정세와 지형을 정탐하게 하였다.

당 태종은 진대덕의 귀국 보고를 받고 고구려 침략의 구체적 전략까지 구상하였으나 수 · 고구려 전쟁 때처럼 같은 실패를 거듭하지 않기 위해 전쟁준비를 철저히 했다.[5)]

제2절 | 당 · 고구려 전쟁의 원인

당 · 고구려의 관계는 악화되었다.

고구려는 당 태종의 침략적 야욕을 감안할 때 당과의 전쟁이 불가피할 것으로 판단하여 대비책을 세우기 시작했다. 당의 부당한 압력으로 경관을 철거한 직후인 631년, 고구려는 동북의 부여성에서부터 서남쪽의 바다 발해만에 이르는 천리장성을 쌓기 시작하였다, 16년이 걸려 646년에 완성된 이 장성의 축조는 고구려의 대당경계심을 구체적으로 표현하는 것이었다.

고구려의 당에 대한 안보정책 및 안보전략은 642년 연개소문의 등장을 계기로 한층 강화되었다.

연개소문은 영유왕을 죽이고 보장왕을 추대하면서 당에 대한 온건전략을 강경전략으로 바꿨다. 연개소문은 막리지라는 최고의 관직을 신설하여 취임함으로서, 고구려의 실력자로 부상하였다. 연개소문은 당과 종래의 수교관계를 유지하면서도 천리장성 축조를 계속하는 한편 한반도내의 신라와 백제전쟁에서도 강경책으로 일관하였다.

642년 연개소문은 백제의 공격에 견대지 못한 신라의 왕족 김춘추가 구원을 요청해 오자, 신라가 점유한 죽령 이북의 땅을 반환하지 않으면 원병을 할 수 없다고 거절하고, 신라와 당의 교통로를 차단함으로서 신라를 고립시키려고 하였다.

국가위기에 직면한 신라는 643년에 당에 사신을 보내어 구원을 요청하였다.

장차 고구려를 정복하기 위해 고구려의 남방에 친당세력을 구축해 두기를 원하고 있던 당 태종은 644년 1월 고구려와 백제에 각각 사신을 보내 당 · 고구려의 깊은 외교관계를 강조하면서 신라와의 화친을 권고하고, 만일 신라를 계속 공격하면 반드시 출병하겠다고 위협하였다.

백제는 당의 요구를 수락하였으나 고구려는 신라가 탈취해간 죽령이북의 고구려 영토

5) 합동참모본부의 한국전사와 전쟁기념사업회의 한민족역대전쟁사를 참조.

를 반환하지 않는 한 화친은 있을 수 없다고 불응했다.

당은 요동의 땅이 본래 중국의 것인데, 당이 이를 재론하지 않듯이 고구려도 신라의 죽령 이북 땅 영유를 기정사실로 인정하여, 그 반환을 거론하지 말라고 달래기도 하였으나 고구려는 끝까지 이에 동의하지 않았다.

이에 대해 당 태종은 연개소문이 영양왕을 죽이고 백성을 학대한 죄를 다스린다는 전쟁명분을 내세워 그동안 유보했던 고구려 침략야욕을 달성하고자 마침내 644년 11월 고구려 침공을 결정하였다.

제3절 | 당 · 고구려 전쟁의 진행과정

1. 당의 침입계획

당 태종은 지난 고구려 · 수 전쟁의 경과와 승패의 요인을 면밀히 분석하여 고구려 침공계획을 작성하였다. 고구려 · 수 전쟁 때와 마찬가지로 평양성점령을 최종목표로 설정하고, 육군은 요동을 점령한 후 평양성을 공격하고, 수군은 평양성을 직접공격하는 수륙양면작전을 전개하기로 계획하였다.

당 태종은 과도한 병력동원에 따르는 위험부담을 수의 양제의 전례를 통하여 잘 알고 있었기 때문에 적정규모의 정예부대를 편성했다. 육군은 지휘관에 이세적, 부지휘관에 이도종을 임명하고 약 60.000명으로 편성하였으며, 수군은 지휘관에 장검을 임명해 43,000명의 병력과 500척의 함선으로 편성하였다.

특히 육군에는 산악전투에 능한 지역출신들을 포함시키고, 수군은 해안지역 출신 위주로 편성함으로서, 병력 규모는 지난 고구려 · 수 전쟁의 130만 명에 비하면 10분의 1도 안되지만 전투력 면에서는 월등하도록 전력화했다.

또한 당 태종은 수도를 포함한 국내의 중요한 전략적 요충지의 방위를 강화함으로서 원정기간 중 후방의 안전을 확보토록 했으며, 수성작전에 능한 고구려군의 특성을 감안하여 각종 성을 공격하여 파괴할 수 있는 전투장비 준비도 철저히 했다.

2. 고구려의 방어태세

고구려는 수와 전쟁 때처럼 당과의 전쟁에서도 견고한 성을 쌓아놓고 유사시에 주변의 농작물을 거두어들여 성에 들어가 전투하는 것으로 장기간의 거점방어식 결사항전 전법인 청야입보(淸野入堡)전략을 한층 발전시켜 천리장성을 구축했다.

또한 적을 예정된 진지까지 유인하여 피로가 쌓이도록 유도하고 아군은 휴식과 훈련을 하면서 전투력을 보강한 후에 약화된 적을 공격하여 승리하는 이일대로(以逸待勞) 전술을 더욱 강화시켜서, 당의 침공(도표 2-9)에 대비했다.

〈도표 2-9〉 당군의 고구려 침공

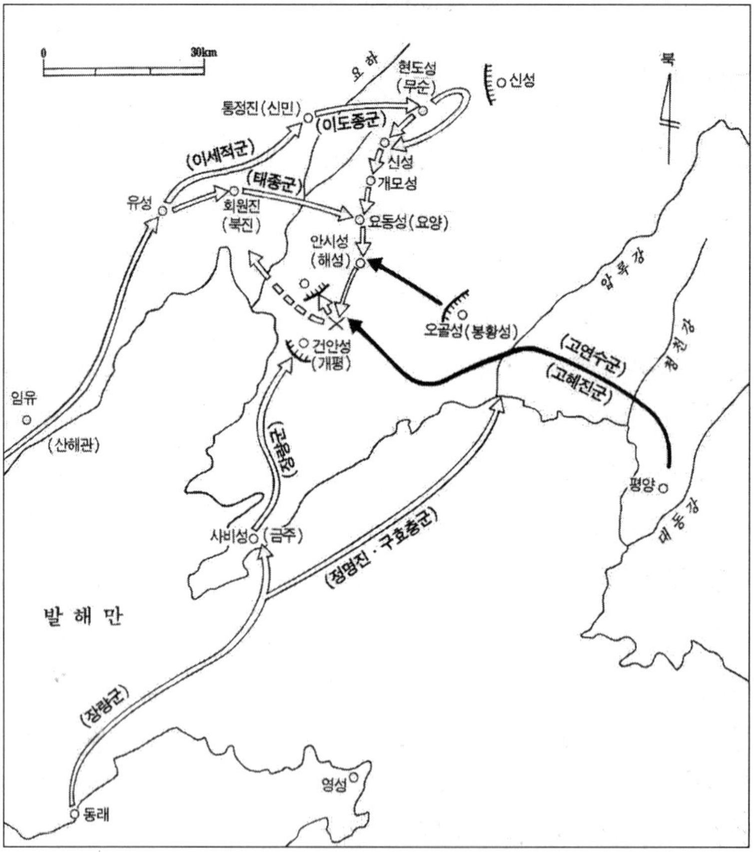

3. 제1차 당의 침입

(1) 요동성전투

645년 2월 당 태종은 당의 출정군과 신라 · 백제에게 고구려 공격을 지시하고, 자신은 친히 6개군을 거느리고 낙양을 출발하여 유성-회원진-요동성을 공격하였다.

이세적과 이도중이 지휘한 육군은 유성(조양)을 출발하여 통정진-현도성-신성방향으로 공격하였다.

고구려군은 당 군의 전면공세에 맞서 필사적인 저항을 계속하여 북쪽의 신성과 현도성을 계속 확보했으며, 남쪽의 건안성도 수천명이 전사하는 손실을 극복하면서 고수하였다.

이세적과 이도종은 신성과 현도성 방면의 고구려 군을 고착시킨 가운데 개모성을 공격하여 4월 하순 이를 점령한 다음 서남진하여 5월 초에는 태종이 공격 목표로 잡고 있는 요동성 공격에 합류했다.

한편 장량이 지휘한 당 해군도 작전을 개시하여 산동반도의 동래를 출항하여 사비성을 공격하여 점령하고, 장량의 수군은 건안성으로 정명진의 수군은 압록강 방향의 고구려군의 측방 및 후방을 공격하여 요동방면의 증원을 저지하려고 하였다.

고구려는 요동성을 지원하기 위해 국내성으로부터 40,000여 명의 병력을 긴급 출동시켰다. 그러나 고구려 지원군은 개모성부근에서 당군 4,000여 명을 격퇴한데 도취되어, 경계를 소홀히 했다가 다시 기습을 받아 1,000여 명이 전사하는 손실을 입고 후퇴함으로 요동성 지원은 실패했다.

요동성을 완전 포위한 당 태종은 성문과 성벽을 파괴하면서 10여일이나 주야간 공격을 계속하였으나 고구려군의 완강한 저항으로 실패를 거듭했다.

5월 중순 당 군은 때마침 세차게 부는 남풍을 이용하여 화공작전을 실시여 고구려군의 저항이 일시 약화된 사이에 성내로 돌입하였다.

요동성은 마침내 당군에게 함락되고, 고구려군은 전사 10,000여 명, 포로 10,000여 명의 피해를 입었으며 40,000여 명의 남녀와 50만석의 양곡이 적의 손에 넘어갔다. 당 태종은 계속해서 요동성 서남쪽의 안시성을 공격했다.

(2) 안시성전투

645년 6월 초순까지 요동성 이북 고구려의 요충지를 거의 모두 장악한 당 태종은 요동성 남쪽의 안시성과 건안성도 조기점령 함으로서 배후의 위협없이 압록강 방면으로 진격하는 계획을 세웠다.

태종은 고구려군의 강력한 저항이 예상되는 안시성을 우회하여 그 남쪽의 건안성을 먼저 점령함으로서 안시성을 고립시키려는 뜻을 가졌으나 병참선이 차단 될 것을 우려하여 이세적의 건의에 따라 안시성-건안성 순으로 공격하기로 하였다.

당 군은 7월 중순부터 본격적인 안시성공격에 들어갔다.

안시성마저 상실하면 당군의 공세가 압록강 방면으로 지향될 것을 우려한 고구려는 안시성 방어를 위해 북부지역은 고연수가 지휘하는 군이 남부지역은 고혜진이 지휘한 군이 지휘하는 150,000명 병력으로 안시성을 구원하게 하였다.

고연수가 지휘한 군은 당군과 결전을 회피하고 그 대신 적의 배후를 견제하면서 병참선을 차단하여 자멸하도록 유도하자는 군사고문 고정의의 건의를 일축하고 안시성 동남방 40리 지점까지 진출하였다.

안시성 공격에 여념이 없던 당군은 고연수의 대군이 출현하자 크게 당황하였으나 곧 고연수가 결전을 서두르고 있다는 사실을 간파하고 일부 병력 1,000여 명을 출동시켜 유인작전을 전개하였다. 고연수는 적의 함정에 빠진 줄도 모르고 당군을 추격하여 안시성 동남쪽 외곽까지 진출하였다. 고연수를 공격에 유리한 지점까지 유인하는데 성공한 당군은 야음을 이용하여 고구려군 측방 및 배후 고지에 대병력을 매복시켰다.

다음 날 고연수는 정면으로 도전해온 당군과의 전투에 전념하다가 측방 및 배후로부터 기습을 받아 대패하여 20,000여 명이 전사하였으며, 고연수와 고혜진은 패잔병과 함께 항복하였다.

당 태종은 고구려군에 대한 심리작전으로 고연수 및 고혜진 등 장수들을 후하게 대접하였으나 일부 병력 3,000여 명은 땅속에 묻어 죽여 버렸다.

고연수와 고혜진의 고구려 구원군을 격파한 당군은 안시성 남쪽의 건안성에 대한 압박을 강화함으로서 안시성에 대한 외부로부터 지원을 완전 차단하였다.

안시성에 대한 포위를 강화한 당군은 고연수 등 고구려군 포로를 성 밖으로 보내어 항복을 권유하기도 하고, 저항을 계속하면 성을 점령한 후 남자는 모조리 죽이겠다고 위협하기도 하였지만, 오히려 고구려 군의 사기를 진작시키는 역효과를 거두었을 뿐이었다.

당군은 안시성 동남쪽에 성벽보다 높은 토산을 쌓기 시작하는 동시에 튼튼한 성벽을 무너뜨리기 위해 온갖 전투장비를 다 동원하여 연일 6~7회에 걸치는 파상공격을 계속하였다.

고구려군은 토산의 높이가 성벽과 같아지면 성벽을 더 높이 쌓고, 성벽이 파괴되면 목책으로 긴급 보수하여 성내 돌입을 저지하는 한편 야간에는 특공대가 성벽에 줄을 타고 내려가서 당군을 기습하는 등 결사적인 항전을 계속하였다.

당군은 고구려군의 집요한 방해 속에 60일간에 걸쳐 연인원 50만 명을 동원하여 만들어오던 토산이 성안을 공격할 수 있게 되자, 고구려군은 오히려 토산을 총공격하였다.

즉 토산이 견고하지 못하여 그 일부가 무너져 성벽을 덮치자 아군은 재빨리 무너진 흙더미 위로 공격하여 토산을 탈취하였다. 3일간에 걸쳐 피아간에 토산쟁탈전이 벌어졌으나 고구려군은 끝까지 토산을 확보하였다.

9월에 이르러도 안시성을 점령하지 못하자 초조해진 당 태종은 압록강을 건너 평양을 직접 공격하는 방안도 검토하였다.

그러나 후방에 안시성과 건안성을 그대로 두고 모험적인 평양공격을 전개할 용기와 준비가 없었기 때문에 안시성 공격을 계속할 수밖에 없었다.

당군의 공세가 안시성에서 돈좌되고 있는 사이 겨울이 닥쳐왔으나, 당군은 동계작전 준비가 전혀 없었을 뿐만 아니라 군량까지 거의 다 소모하여 더 이상 작전을 계속할 수 없었다.

당 태종은 9월 중순 마침내 안시성 점령을 포기하고 철수를 명령하고, 본국으로 철수하였으나 고구려군의 계속된 추격작전, 불량한 도로 사정과 기상 때문에 많은 병력을 잃었다.

안시성의 고수는 전쟁의 승패를 좌우한 일대승리이었으며, 성주 양만춘의 리더십과 민 · 관 · 군의 총력전으로 승화된 전쟁사상 찬란한 역사였다.

4. 제2차 당의 침입

당 태종은 제1차 침공에 실패한 후에도 고구려 침략을 포기하지 않았다.

태종은 요동성 방면 전투에 집착한 나머지 평양성을 직접공격 할 수 있는 시기를 놓친 작전상의 과오를 두고두고 후회하여, 이를 수정 보완해 고구려를 재침공할 계획으로 우선

고구려와 사절을 교환하며 동태를 감시하면서 신라와의 결속을 다져나갔다.

고구려가 16년간 계속해 온 천리장성을 준공하여 요동방어를 강화하고 신라를 계속 압박하자 불안을 느낀 당 태종은 647년 2월 마침내 재침공을 결심하였다.

태종은 중신들의 중론에 따라 " 고구려의 산성은 단시일 내에 함락시킬 수 없다. 지난번 전쟁으로 농사일을 놓쳤고 그 후에 가뭄이 겹쳤다. 그러므로 소부대로 자주 고구려를 치게 된다면 백성은 지쳐서 민심이 떨어지게 되어 압록강 이북은 싸우지 않고도 획득할 수 있다" 라고 제한했다. 즉 소규모 공세를 계속해 고구려의 방어력을 약화시킨 다음 기회를 포착하여 대규모 침공을 하는 것이다.

이에 따라 같은 해 5월에는 이세적은 국경선에 위치한 고구려의 수개 성을 기습하여 불살랐으며, 7월에는 우진달이 한반도 북부 서해안에 침입하였고, 648년 1월 설만철은 30,000명의 수군을 이끌고 산동반도에서 압록강 지역에 침입하여 피해를 주고 일시 점령했다가 후퇴하였지만 고구려에 큰 타격을 주지는 못했다.

태종은 설만철이 작전을 종료하고 귀환하자 그동안 고구려의 전력이 크게 약화되었을 것으로 판단하고, 649년에 30만 대군으로 고구려를 일거에 멸망시킬 계획으로 함선을 건조하는 등 대대적으로 전쟁을 준비하다가 649년에 5월 병사함으로서 제2차 침공계획은 수포로 돌아갔다.

5. 제3차 당의 침입

당 태종의 뒤를 이은 고종은 고구려 침략정책을 계승하고, 654년 대당군사외교의 주역이었던 김춘추(무열왕)가 즉위한 신라와의 결속을 다져 고구려 정복의 야욕을 실현시키려고 하였다.

이 같은 상황에서 655년 고구려와 백제에게 북서쪽 지역의 30여성을 점령당한 신라가 지원을 요청해오자 당 고종은 지휘관으로 정명진과 소정방을 임명하여 요동방면의 고구려성을 공격토록 했으나 고구려군의 완강한 저항으로 작전성과를 거두지 못했다.

고종은 자국의 능력만으로는 고구려 정복이 불가능함을 재인식하고 신라와 연합하여 백제와 고구려를 차례로 공략한 다음 최종적으로 신라를 정복하려는 전략을 가지고, 신라의 요청대로 백제에 출병하기로 하였다.

660년 당 고종은 다시 소정방을 지휘관으로 임명해 육군 130,000명을 파병하여 신라와 연합해서 백제를 멸망시켰다. 백제를 멸망시킨 당은 그 여세를 몰아 신라군과 연합하여 고구려도 일거에 정복하려고 했다.

당 고종은 백제를 공멸한지 수개월도 안 된 660년 11월, 소정방 등에게 고구려 침공을 준비하게 하는 한편 신라에도 자원군의 편성을 요구하고, 661년 1월부터 군사력을 강화했다.

고구려 침공준비를 완료한 당 고종은 661년 4월 중순 소정방 등을 지휘관으로 임명하고 육군과 해군으로 편성된 350,000명으로 침공을 개시하였다. 승리를 확신한 당 고종은 이른바 친정의 길에 오르려고 하였으나 주위에 만류로 그만두었다.

한편 신라는 백제를 재건 시겠다는 복홍군 진압에 여념이 없는데다가 661년 6월 무열왕이 별세하고 문무왕이 즉위하는 등 국내정세의 변동이 있어서 당이 요구한 지원군 편성에 소극적일 수박에 없었다, 그러나 이미 고구려 침공작전을 개시한 당 고종의 독촉으로 661년 7월 김유신을 대장군으로하는 지원군을 편성하였으나 병력의 일부를 백제 복홍군 진압작전에 전용하지 않을 수 없어서, 당이 요구하는 적극적인 작전을 전개하지 못하고 고구려의 남쪽을 견제하면서 군량을 보급하는 데 그쳤다.

661년 8월 당의 해군은 고구려군의 저항을 물리치고 대동강으로 진입, 평양성을 포위하며, 9월에는 당의 육군이 압록강에 진출하여 남생(연개소문의 아들) 휘하 고구려군의 저항을 물리치고 압록강 이남의 수 십리 지점까지 남진했다.

그러나 때마침 당은 ① 자국 내의 반란을 진압하기 위해서, ② 평양성이 함락되지 않고 ③ 군량미의 부족과 ④ 혹한에 시달리게 됨에 따라 662년 2월 평양성 포위를 풀고 철수하였다.

6. 고구려의 멸망

(1) 고구려의 내부분열

당 고종의 침입이 실패한 이후 고구려와 당의 항쟁은 소강상태로 들어가 666년 고구려 보장왕은 태자인 복남을 당에 파견하는 등 한때 나마 수교관계가 유지되었다.

그러나 같은 해 고구려는 실권자인 막리지 연개소문이 죽으면서 내부분열을 일으켜 군사력의 약화를 초래하였다.

원래 연개소문에게는 남생, 남건, 남산 3 아들과 동생인 연쟁사가 있었는데, 그가 죽자 장자 남생이 막리지에 취임하였다.

남생이 국정을 살피기 위하여 국내의 여러 성을 순시하면서 아우인 남건과 남산에게 부재중의 후사를 돌보게 하였는데, 이들 형제를 추종하는 사람들이 남생이 돌아오면 두 아우를 제거하려 한다고 하고, 이간질하였다. 이에 남생이 부하를 평양성에 밀파하여 두 아우의 동정을 살피게 하자, 두 아우는 이를 체포하고 왕명을 빌려 남생을 소환하였다. 이를 두려워하여 남생은 귀도하지 못하고 당으로 피신하였다.

한편 연개소문의 동생 연쟁사는 12성 736호를 이끌고 신라에 항복하여 고구려의 국론은 분열되고 당과 한반도의 방위선의 일부가 붕괴됨으로서 방위체제의 약화를 가져왔다.

(2) 당 · 신라의 군사작전계획

당은 고구려가 내부 분열한 기회에 침략하고자 하였으며, 백제 복흥군을 진압함으로써 측방의 위협을 제거한 신라도 당과 연합하여 고구려를 멸망시킬 것을 희망하였다.

666년 12월 당 고종은 군수물자를 비축하는 한편 침공군 편성을 추진하는 등 대규모로 전쟁준비를 시작했다. 앞에서 실시한 고구려 침공의 실패를 거울삼아 이번에는 주도면밀한 작전계획을 세웠다.

당 고종의 육군은 요동의 고구려군을 격파한 후에 고구려에서 망명해 온 남생의 군대를 향도로 삼아서 평양성으로 진격하고, 해군은 평양성을 직접 공격하는 수륙양면작전을 전개하면서, 백제에 주둔중인 당군과 신라군을 적절히 운용하여 남쪽과 북쪽에서 연합작전을 계획했다.

(3) 군사 작전 경과

668년 8월 이세적이 지휘하는 당 육군은 요하를 도하하여 고구려 요동방어선상의 요충인 신성을 비롯해서 주변의 16개 고구려의 성을 점령하였다. 고구려군은 필사적으로 빼앗긴 성을 탈환하려고 하였으나 실패하였다.

이세적은 계속 동진하여 남생과 합류해 압록강까지 진출하였으며, 수군은 해로로 평양방면으로 진출하여 고구려군을 공격했다.

압록강 방면의 고구려군은 당군의 항복권유를 거부하고 저항을 계속하였으며, 당군의 배후를 위협함으로서 압록강 도하를 견제하였다.

고구려군의 방어능력은 이미 전과 같이 강력하지 못하여 이세적은 마침내 압록강을 도하하여 10월초 평양북방 200리 지점까지 남진하여 신라군의 북상을 재촉하였다.

배후의 위협을 완전히 제거한 당군은 북진해 온 신라군과 함께 평양성을 포위했다.

고구려군은 당과 신라의 연합군에 맞서 1개월 동안 평양성을 고수하였지만 보급이 두절되고 사상자는 속출하여 전투력이 날로 쇠퇴되어 갔으며, 지도층은 화전론 양분으로 분열되어 보장왕과 남산은 이세적에게 항복하고 말았다.

그럼에도 불구하고 막리지 남건은 항쟁을 계속하였으나 당과 신라 연합군을 격퇴하기에는 이미 때가 늦어 마침내 9월 21일 평양성은 마침내 함락되고 말았다.

고구려 보장왕과 왕자를 비롯한 막리지 남건 등 20여만 명의 고구려인이 포로가 되어 당에 납치되어 갔다.

제4절 | 당 · 고구려 전쟁 교훈

1. 전쟁승리를 위한 전략 및 전술과 지휘관의 리더십

역사적 교훈을 보면 훌륭한 전략과 전술, 그리고 지휘관의 리더십은 최악의 조건하에서도 전투를 성공시키는 결정적인 요인이 된다.

고구려의 안시성은 지형을 적절히 이용하여 축조된 요새이었지만 당군의 장기 포위에서 완전히 고립된 상황이었다.

당군은 안시성의 고구려군에 대해 만일 저항을 계속하면 차후 전원을 살해하겠다고 위협하는 등 갖은 방법으로 전투결의를 꺾으려 시도했지만 안시성의 고구려인은 조금도 동요하지 않았다. 당군이 대병력을 투입, 60여일의 공사 끝에 토산을 구축하여 성벽을 넘어오려고 했을 때도 고구려군은 공격을 감행해서 토산을 점령했으며, 성벽이 파괴되면 곧 이를 보수하는 등 4개월간이나 버티었다.

이와 같이 완전히 지원이 단절된 상황에서 압도적으로 우세한 적의 공격을 4개월 동안 방어했다는 사실은 훌륭한 리더십 발휘와 전쟁승리를 위한 청야입보전략 및 이일대로전술에 따른 전쟁 지도자의 사전에 철저한 전투준비가 얼마나 중요하다는 것을 알 수 있다.

2. 국론의 분열과 패망

고구려가 수와의 전쟁에서 승리할 수 있었던 것은 국가지도자를 중심으로 단결력과 국민총화적인 전쟁수행 능력을 발휘했기 때문이었다.

그러나 고구려가 당과의 전쟁에서는 막리지 연개소문이 죽은 후에 고구려의 지도층이 분열되어 안보정책 및 안보전략은 방향감각과 활기를 잃게 되었다.

고구려는 요동방면 국경지대에서 끊임없이 소규모 기습작전을 전개하여 고구려의 전력소모를 강요하려는 당의 장기전략에 효과적으로 대처하지도 못했으며, 백제의 멸망으로 증가된 남쪽으로부터 신라의 군사적 위협에도 능동적으로 대비하지 못하였다.

요동전선 및 남방전선에서의 적의 위협이 가중되어 감으로서, 고구려는 그 어느 때보다도 지도층의 결속과 민 · 관 · 군의 단결이 필요한시기에 직면하고 있었다.

그러나 연개소문의 세 아들을 둘러싼 대립과 항쟁은 날로 심해져서 남생과 연쟁사(연개소문 동생)가 적군에 투항하는 사태가 생겨나는 등 지도층의 자체분열 현상이 나타났다.

결과적으로 고구려는 지도층 내부의 분열로 민심은 이완되기 시작하고, 결국은 전쟁 지도능력을 완전 상실하여 당 · 신라 연합군에 패망하는 결과를 가져왔다.

5 제1차 세계대전

제1절 | 배경

유럽에서 프랑스, 독일, 영국, 이태리, 스페인, 러시아 국가들은 전진하지 않는 자는 뒤로 처지고 뒤로 처지면 몰락하게 된다는 국가정책으로 상호치열한 제국주의 식민지 확보 팽창정책을 펼쳐나갔다.

제1차 세계대전이 발발한 1914년 유럽의 국가구성은 산업혁명으로 발전한 무역 시장확보와 원료공급원으로써 식민지 획득을 위한 프랑스-영국-러시아 등의 동맹국가와 독일의 남진정책을 위한 독일-오스트리아-헝가리 등의 협상국가로 갈려서 갈등하고 대립하며 위기로 진전되다가 제1차 세계대전을 일으켰다.

제1차 세계대전은 1914년 7월 28일부터 1918년 11월 11일까지 4년 3개월간 32개국이 참전한 최초의 세계대전이었다.

제2절 | 제1차 세계대전의 원인

제1차 세계대전은 4가지 주요 원인으로 1914년 7월 28일 시작되었다.[6)]

첫째로 영국과 독일의 제국주의적 충돌인 것이다.

유럽은 영국, 프랑스, 독일, 오스트리아, 러시아 5대 강국이 세력을 형성하고 있던 상황에서, 산업혁명의 결과로 생산력이 증대됨에 따라 공업원료의 획득과 상품 시장의 확충을 위하여 경쟁적으로 식민지 획득을 위한 제국주의 팽창정책을 펼쳐 나갔다.

---

6) 육군대학, 『세계전쟁사』, 2009 참조.

…… 제국주의란 한 민족이나 국가가 다른 민족이나 국가가 원치 않음에도 불구하고 정치, 경제, 사회, 문화, 군사 등 제반요소로 강요하고 억압하여 착취하는 것을 말한다.

이러한 제국주의 팽창정책을 추진했던 대표적인 국가가 영국과 신흥국가로 등장한 독일이었다.

먼저 영국은 해양국가로서 바다를 통한 식민지 확보와 세력 확장을 하였는데, 그 예로 동진정책(3C정책이라고 함)으로 아프리카 지역에서는 케이프타운(Cape Town), 중동지역에서는 이집트의 카이로(Cairo), 아시아 및 태평양 지역에서는 인도의 캘커타(Calcutta)를 중심으로 하여 제국주의 정책을 추진하였다.

그 반면에 1870년 보・불전쟁 이후 강력한 통일제국을 형성해 온 독일은 영국이 해상로를 장악함에 따라서 육로, 즉 철도를 통한 식민지 확보와 세력 확장을 실시하게 되었다. 독일은 남진정책(3B정책이라고 함)으로 베를린(Berlin)－비잔티움(Byzantium)－바그다드(Baghdad)를 거점으로 추진하였다.

영국의 동진정책과 독일의 남진정책은 대립하고 충돌하게 됨에 따라 두 국가는 치열한 군비경쟁을 하였다.

예컨대 해군함대 건조량 면에서 비교해 보면, 1899년 영국 대 독일이 6 : 1이었던 것이 13년 후인 제1차 세계대전 발발 2년 전인 1912년에는 2 : 1로 좁혀졌고, 이러한 독일의 급격한 해군확장은 영국에게 직접적인 위협이 되었다. 따라서 영국은 지금까지의 명예로운 고립정책으로써, 즉 유럽의 세력균형을 유지하면서 상업상의 이익만 추구하던 중립정책을 버리고 독일과 주도권을 다투게 되었다.

둘째는 독일에 대한 프랑스의 복수심이다.

독일에 대한 프랑스의 복수심을 이해하기 위해서는 독일의 통일과정을 이해할 필요가 있다. 독일의 통일은 프러시아의 철혈재상 비스마르크 수상, 국방상 론 장군, 참모총장 대 몰트케 장군의 세 사람에 의해서 이루어 졌다.

비스마르크 수상은 1862년 프리드리히 빌헬름 1세(F. Wilhelm) 왕에게 임명되어 독일(이때에 독일은 프러시아, 오스트리아 등을 비롯한 크고 작은 자치도시국가로 분열되어 있었음)의 통일을 위해 국방상 론과 참모총장 대 몰트케와 함께 철혈정책을 추진하였다.

1864년에는 같은 게르만 민족국가인 오스트리아와 함께 덴마크를 공격하여 홀슈타인과

〈도표 2-10〉 **알자스 분쟁지역**

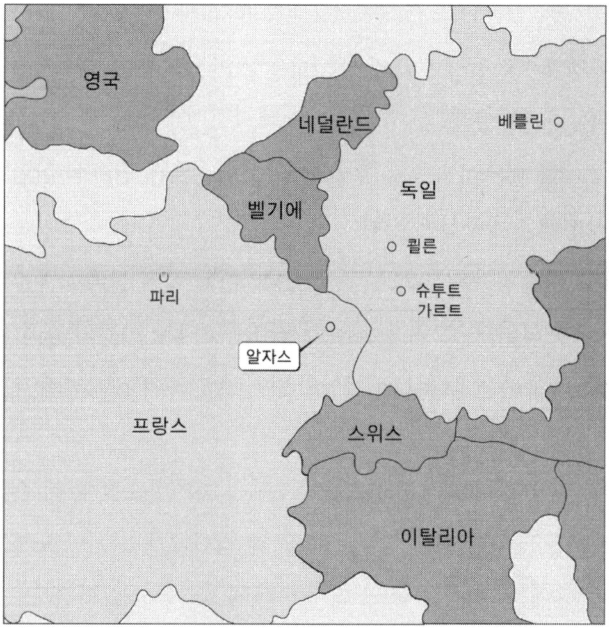

슐레스비히지역을 빼앗고 1866년에는 대독일주의를 주장하는 오스트리아와 소독일주의를 주장하는 프러시아가 통일의 주도권을 둘러싸고 보오전쟁을 하였다. 프러스아가 이 전쟁에서 승리하여 오스트리아를 제외한 북부 독일을 통일하게 된다.

1870년에는 독일 통일을 반대하는 프랑스와의 보불전쟁에서 승리하였으며, 이 전쟁의 결과로 프랑스의 알자스(도표 2-10) 지방을 빼앗고 게르만 민족의 강력한 통일국가를 건설하였다. 그리고 1871년 1월 18일 프랑스의 베르사유궁에서 독일제국과 독일 황제를 선포함으로써 이때부터 프러시아는 독일제국으로 프러시아왕은 독일제국 황제로 불리게 되었다. 당시 프랑스 국민들의 상한 자존심을 어느 정도 이해할 수 있을 것이다.

이처럼 제1차 세계대전 발발 당시 유럽의 5대 강대국 중의 하나였던 프랑스는 1870년 보불전쟁에서 독일에게 빼앗겼던 알자스지방을 탈환하고 독일에게 당한 치욕을 씻기 위한 복수전을 꿈꾸고 있었다.

비옥한 알자스 지역은 프랑스와 독일 사이에 언제나 쟁탈의 대상이 되었다. 알자스 지역은 독일에 점령된 프랑스 영토에서 교사와 학생이 진행한 마지막 프랑스어 수업을 통해 피점령국의 슬픔을 잔

잔하게 그린 알퐁스 도데의 마지막 수업이란 작품 속의 주무대이다.

셋째는 3국 동맹과 3국 협상의 대립으로써 독일 비스마르크 수상은 철혈정책을 통하여 강력한 통일국가를 건설하였다.

통일국가를 건설한 비스마르크는 통일된 독일의 존속을 위하여 철혈정책을 중지하고 평화정책, 즉 보장정책을 추구하게 된다.

이에 따라 1882년에 독일은 오스트리아, 이탈리아와 함께 삼국동맹을 체결함으로써 프랑스를 고립시키고자 하였다. 그러나 1888년 빌헬름 2세가 29세의 젊은 나이로 즉위하여 또다시 팽창정책을 추구하는 등 외교정책상의 마찰로 인하여 1890년에 비스마르크 수상이 사임했다.

또한 독일은 이때 러시아의 비밀안전보장조약을 파기함으로써 러시아가 독일에 대한 배신감과 함께 불안을 느끼게 되어, 결국 프랑스와 러시아가 1894년 노불동맹을 체결하게 되었고, 그 후 1907년에는 영국, 프랑스, 러시아 간에 3국 협상을 체결하게 된다. 이로써 유럽은 3국동맹과 3국협상이라는 양대 집단체제에 의해 겉으로는 평화가 유지되는 가운데 내면적으로는 첨예하게 대립하고 있었다.

이와 같이 ① 제국주의 팽창정책의 충돌과 이로 인한 군비경쟁, ② 독일에 대한 프랑스의 복수심, ③ 3국동맹과 3국협상 간의 첨예한 대립 등으로 유럽대륙에서 긴장이 고조되고 있는 가운데 전쟁의 불길은 발칸반도에서 번져나가게 되었다.

넷째, 발칸반도 지역의 민족적 대립으로써 사라예보 사건이 일어났다.

발칸반도에는 러시아의 지원을 받는 슬라브 민족과 독일의 지원을 받는 게르만 민족이 뒤섞여 살고 있었는데, 이들은 유럽대륙에서 게르만 민족이 통일국가를 형성한 것을 보고 자극을 받아 오토만제국의 지배에서 벗어나 각각 민족국가를 형성하기 위하여 노력하였다.

이러한 상황에서 이곳으로 세력 확장을 하려던 러시아와 오스트리아 · 헝가리의 대립은 양 민족 간의 갈등을 더욱 심화시켰고, 이로 인해 전쟁의 도화선에 불을 붙이게 된 것이 바로 사라예보 사건이다.

사라예보사건은 1914년 6월 28일 오스트리아 · 헝가리제국의 황태자 페르디난트와 그의 부인이 반오스트리아 운동을 견제하기 위하여 보스니아에서 실시하는 육군 대연습에 참관하기 위해 사라예보를 방문하던 중에 세르비아의 비밀결사단 요원인 프린치프에게 저격을 받아 사망한 사건이 발생했다.

이 사건이 발생하자 세르비아를 공격할 구실을 찾고 있던 오스트리아는 한 청년의 단순한 범행으로 보지 않고 세르비아의 도전으로 받아들였고, 이에 따라 오스트리아 황제 프란츠 요제프 1세는 독일황제 빌헬름 2세의 지원을 약속받고 48시간 시한으로 10개 조항의 최후통첩을 세르비아에게 통보하였다.

> 이때 영국과 프랑스는 전쟁을 피하기 위하여 세르비아에 대해 최후통첩의 수락을 촉구하였으나 당사국인 세르비아는 타 조항은 모두 수락할 수 있으나 제6조 "범행 가담자에 대한 재판에 오스트리아 · 헝가리 대표를 참석시켜라"하는 것은 세르비아에 대한 주권침해라 하여 수락할 수 없다고 거부하게 되는데 이에 대해 오스트리아는 국교단절을 선언하였다.

이렇게 상황이 위기로 확대되자 세르비아는 7월 25일 동원령을 선포하였고, 오스트리아는 7월 28일 세르비아에 선전포고를 하였다. 한편 러시아도 오스트리아에 대해 세르비아의 최후통첩 기한을 연장해 줄 것과 오스트리아와의 직접회담을 제의하는 등 외교적인 노력을 기울였으나 이것이 무산되자 7월 30일에는 총동원령을 발령하게 된다. 따라서 독일은 러시아에 대해서 총동원령의 철회를 요구하였고, 러시아가 이를 거절하자 8월 1일 러시아에, 8월 3일에는 프랑스에 대해 각각 선전포고를 하였다.

그리고 8월 3일 독일이 벨기에를 침공하자 영국은 벨기에의 중립국을 침범했다는 이유로 8월 4일 대독선전포고를 하게 됨으로써 7월 28일 오스트리아, 헝가리가 세르비아에 선전포고를 한 이래로 불과 1주일 만에 지역분쟁에서 유럽전쟁으로 그리고 1917년 미국의 참전으로 제1차 세계대전(도표 2-11)으로 확산되었다.

그러나 이탈리아는 오스트리아의 행위가 부당하다고 인식하여 3국동맹의 의무를 포기하고 중립을 선언하였다.

요컨대 제1차 세계대전은 어느 특정한 사건이나 계기를 통해서 발생된 것이 아니라, 당시 유럽열강들의 세력다툼과 시대적 상황이 복합적으로 작용하여 발발하게 된 것이고, 사라예보 사건은 이러한 열강들에게 단지 전쟁의 빌미를 제공해 준 것에 불과한 것이라고 말할 수 있다.

〈도표 2-11〉 제1차 세계대전 발발배경

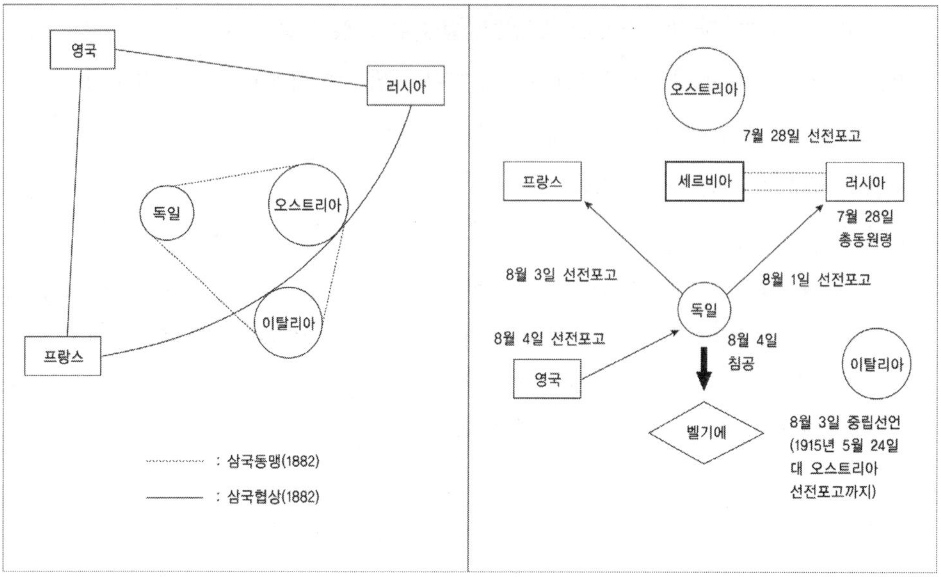

제3절 | 제1차 세계대전의 진행과정

1. 독일의 슐리펜전쟁계획

독일의 군사작전은 1891년부터 1906년까지 독일군참모총장이었던 슐리펜장군 재직시에 작성된 슐리펜 전쟁계획으로써 ① 1894년 노불동맹이 체결됨으로써 독일은 러시아 및 프랑스와 양면전쟁이 불가피하였고, ② 자원이 부족하여 원자재를 해외에 의존하는 독일로서는 단기전이 필수적이며, ③ 독일과 오스트리아의 군사력은 러시아와 프랑스에 비하여 절대적으로 열세하여, 적을 각개 격파하는 것이 불가피하고, ④ 단지 지리적인 여건에서는 유럽의 중앙에서 잘 발달된 철도망과 도로망을 가지고 내선작전을 수행할 수 있는 유리한 위치에 있는 상황을 고려하여 계획된 것이다. 이 계획은 그 동안 상황변화에 따라 일부 내용을 수정하여 제1차 세계대전을 수행하였다.

이러한 상황에서 수립한 슐리펜의 전략개념은 다정면 상황에서의 단기결전을 실시하고 내선의 이점을 이용하여 각개격파하는 전략개념이었다.

즉 동수서공(東守西攻)에 의한 단기결전으로써 프랑스를 먼저 공격해야 하는 이유는 러시아는 광활한 지역으로 결정적인 목표가 없으며, 프랑스는 알자스-로렌 지역의 실지 회복을 위해서 남부에 주력을 두고 공격해 올 것이 확실하기 때문에 독일에 근접한 프랑스를 먼저 공격하기로 결정하였던 것이다.

2. 프랑스의 제17전쟁계획

프랑스는 보불전쟁 이후 독일에 대한 작전계획에 일련번호를 붙여 왔는데, 1914년 제1차 세계대전 발발 당시에는 알자스 · 로렌의 실지를 회복하기 위해 조프로 사령관이 수립한 공격 위주의 제17계획이었다. 프랑스의 작전계획은 독일과 프랑스의 국경선을 따라, 우에서 좌로 군대를 배치하여 알자스 · 로렌 방향으로 공격하여 실지를 회복하고 독일을 패배시키는 것이었다.

3. 오스트리아 · 헝가리의 전쟁계획

오스트리아 · 헝가리도 독일과 함께 러시아와 세르비아에 대비한 전쟁계획을 수립하여 전쟁을 수행하는 것이었다.

4. 영국 · 러시아 · 미국의 참전과 결과

제1차 세계대전이 시작됨에 따라 영국군은 독일에 선전포고를 하고 프랑스군을 지원하기 위해 참전하였다.

그리고 1917년 4월 2일 미국 윌슨 대통령은 싸움을 끝내기 위한 전쟁, 민주주의를 지키기 위한 전쟁이라는 유명한 연설을 하고 4월 6일 독일에 대하여 선전포고를 하였다.

미국 참전의 큰 원인은 독일의 무제한 잠수함전에서 영국 루시타니아호가 격침당하여 미국인 130여 명이 사망함에 따른 자국민의 피해와 영국에 대한 민족적 동류의식 등의 이유로 연합국 측에 가담하게 되었다.

미국은 동년 6월에 퍼싱 장군이 지휘하는 사단을 프랑스에 파견함으로써 미국은 세계무대에 첫발을 내딛고 세계적인 강대국가가 되는 계기가 되었다.

…… 오래전부터 커피는 전투력 향상을 위한 군수 물자가 되었다.

1861년에 시작된 미국의 남북전쟁 당시에 남군과 북군 모두는 전쟁터에서 기회만 되면 커피를 마셨다. 커피를 끓일 시간이 없으면 원두라도 씹으며 행군하는 등 커피는 전투력을 높이는 활력소가 됐다. 문제는 야전에서 원두를 가루로 만들기가 쉽지 않고 끓여야 할 시간이 많이 걸려서 번거롭다. 그래서 북군에서는 커피와 우유 및 설탕을 진하게 농축시켜 끈적거리는 액체로 된 인스턴트커피를 개발했다.

그러다가 제1차 세계대전 때는 미국에서 물에 녹는 커피분말이 발명되어, 조지 워싱톤이란 사람은 커피 분말에 우유분말 및 설탕을 섞어 인스턴트커피를 상업화했다. 당시 미국 국방부는 커피부서가 따로 있어 전쟁물자로 커피를 무척 중시했다. 특히 몹시 춥고 포탄소리도 요란한 제1차 세계대전의 참호전투에서 끓은 물만 있으면 커피를 항상 타 마실 수 있어, 전쟁에서 커피는 장병들에게 스트레스 해소로 작은 행복이자 큰 위안이 되었다.

이와 같이 인스턴트 커피믹스는 제2차 세계대전을 계기로 비약적 발전을 거듭해 오늘날 우리가 마시는 인스턴트 커피믹스가 된 것이다. ……

러시아는 제1차 세계대전에 참전하였으나 군수품 부족과 계속된 패배, 그리고 자국내부의 정치적 · 사회적 · 경제적 불안으로 무장봉기가 일어나 로마노프 왕조가 멸망하고, 렌닌과 트로츠키가 이끄는 볼세비키 혁명이 성공함으로써 1917년 11월 6일 소비에트 러시아 정부가 수립되면서 제1차 세계대전에서 이탈하였다.

이와 같은 제1차 세계대전 상황(도표 2-12)에서 ① 프랑스군 · 영국군 · 미군이 주축이 된 연합군의 반격으로 독일군은 1918년 8월 8일부터 전 전선에서 패배하여 퇴각하고, ② 연합군의 우세한 해군력으로 독일해안을 봉쇄함으로써 독일을 경제적 위기에 빠트렸고, 군수지원을 고갈시켰다. 또한 ③ 동맹국이었던 오스트리아 · 헝가리가 염전사상 등으로 더 이상 전쟁의지를 상실하였다.

그 결과로 독일이 1918년 11월 11일 23 : 00시에 무조건 항복과 휴전을 선언함에 따라 전쟁에서 승리한 연합국은 패전국인 독일에게 강력한 군비통제를 비롯한 막대한 전쟁배상을 내게 하는 베르사유조약 협정을 맺고 종전하였으나, 이 협정은 독일에게 제2차 세계대전을 일으키는 또 다른 원인이 되었다.[7)]

---

7) 노병천, 전게서, p.314.

〈도표 2-12〉 제1차 세계대전의 참호전투진지

제4절 | 제1차 세계대전 교훈

1. 독일의 패인

제1차 세계대전은 오스트리아가 세르비아에 대하여 선전포고한 1914년 7월 28일부터 1918년 11월 11일까지 4년 3개월간 지속되었다.

제1차 세계대전에서 독일의 패인은 ① 자국의 제한된 전쟁자원에 비추어 반드시 준수해야 할 단기결전에 실패함으로써 장기지구전과 양면전쟁을 수행하였고, ② 믿을 수 있는 동맹국을 갖지 못하고 동맹국이었던 오스트리아, 헝가리 등이 제대로 전투력을 발휘해 주지 못했다는 점과 염전사상을 들 수 있고, ③ 독일의 무제한 잠수함전 수행은 세계여론의 지탄을 받음은 물론 미국의 참전을 유발시킴으로써 결정적인 패인으로 작용하였으며, ④ 연합국의 독일 해안봉쇄와 경제고립정책에 따른 독일의 국내 정세불안과 독일국민의 염전사상을 패인으로 들 수 있다.

2. 제1차 세계대전의 영향

제1차 세계대전이 미친 영향으로써 ① 제1차 세계대전은 전 국민과 전 자원이 총동원된 총력전 양상을 띠었고, ② 전시 국가산업 능력과 과학기술의 발전에 따른 전차, 항공기, 기관총, 화염방사기, 독가스 등의 신무기는 전승의 중요한 요인이 되었으며, ③ 현대전쟁의 전격전의 모체가 된 독일 후티어 공격전술과, 방어전술의 기초가 된 프랑스 구로의 종심방어 전술 등 새로운 전술이 창안되고 개발되었으며, ④ 국제정치적으로 미국이 국제무대의 강대국가로 등장하였고, 러시아에는 공산주의 정권이 들어서는 계기가 되었다.

그러나 1919년에 제1차 세계대전에서 승리한 연합국이 체결한 베르사유 조약은 패전국이 된 독일에게 ① 1,320억 마르크라는 엄청난 배상금을 지불토록 했으며, ② 독일은 알자스 지방을 프랑스에 양도한 것을 비롯해 영토 1/6을 잃게 되었고, 또한 ③ 육군은 10만 명(장교 4,000명, 부사관 40,000명, 병사 56,000명)으로 제한, 해군은 병력 15,000명과 잠수함 보유금지, 공군은 항공기 보유금지, 전차 및 독가스 보유금지 등을 비롯한 전쟁물자 생산제한, 군사교육 금지 등의 강력한 군비통제 사항은 결국에 제2차 세계대전을 일으키는 새로운 불씨가 되었다.

6 제2차 세계대전

제1절 | 배경

인간들은 제1차 세계대전을 보고 체험하면서 세계가 공포의 균형에서 희망의 균형으로 발전하기를 기대하고 있었다. 그러나 제1차 세계대전이 막을 내렸지만 그 불씨가 다시 제2차 세계대전으로 비화되어 발발하였다. 제2차 세계대전은 연합국의 입장에서 볼 때 2개의 분리된 전쟁으로 수행되었는데, 하나는 독일과의 전쟁이고 다른 하나는 일본과의 전쟁이었다.[8)]

유럽에서 독일과의 전쟁은 1939년 9월 1일 독일의 폴란드 침공으로 시작하여 1945년 5월 7일 독일의 항복으로 막을 내렸다. 이 전쟁은 성격상 제1차 세계대전의 연속선상에서 일어난 전쟁으로써 아돌프 히틀러가 독일 수상으로 등장하면서 제1차 세계대전에서 패전국인 독일에게 연합국이 과도한 전쟁배상금과 군비통제에 대해 불만으로, 또한 다시 유럽의 주도권을 쟁취하고 더 나아가 세계에 절대적인 강대국으로 군림하고자 한 독일의 국가목표가 있었다.

다른 한편으로 일본과의 전쟁은 1941년 12월 7일 일본이 미국 하와이 진주만의 기습공격으로 시작되어 1945년 8월 15일 일본의 무조건항복으로 종전되었으며, 일본의 국가목표는 태평양지역에서 일본제국주의를 확장하고 장악하는 것이었다.

이 같이 6년간 지속된 제2차 세계대전은 총 57개국이 참전하여 1조 6천억 달러의 전비가 소모되었고 1,500만 명의 군인과 3,400만 명의 민간인을 죽음으로 몰고 간 인류의 비극적인 전쟁이었다. 따라서 여기에서는 제2차 세계대전에서 한국과 깊게 관련된 태평양전쟁을 중심으로 연구하겠다.

---

8) 노병천, 『나쁜 전쟁과 더 나쁜 전쟁』, 서울: 양서각, 2008 참조.

제2절 | 태평양전쟁의 원인

제2차 세계대전에서 태평양전쟁의 원인을 알아보면 3가지로 정리할 수 있다.

첫째는 1937년 7월 7일 북경에서 약 25마일 떨어진 유서 깊은 노구교 부근에서 야간 기동훈련 중인 일본군과 이 부근에서 주둔하고 있던 중국군 사이에서 총격전이 벌어졌다.

이 사건은 곧 바로 중일전쟁으로 번져 6년 이상 계속되었고, 이 사건이 확대되어 실질적인 제2차 세계대전에서 태평양전쟁의 시발이 된 것이다.

둘째는 일본은 근대화된 장비와 훈련으로 무장된 30만의 정규군과 일본군장교에 의해 지휘되는 만주인 및 몽골인 부대 15만 명과 예비군 200만 명을 보유하고 있었다.

이에 비해 장개석의 중국군은 200만 정도의 병력을 보유하고 있었으나 무장을 갖춘 병력은 10만 명이었고, 해군력과 공군력은 극히 미약한 상태로 미국을 비롯한 다른 국가들로부터 제한된 지원을 받고 있었다.

1937년 8월에 일본은 중일전쟁을 일으켜 주공을 만주국으로 조공을 상해로 하여 공격(도표 2-13)하고 점령하였으며 태(太: Tai)호를 도하하여 12월 13일 남경을 탈취했다.

〈도표 2-13〉 중일전쟁 상황도

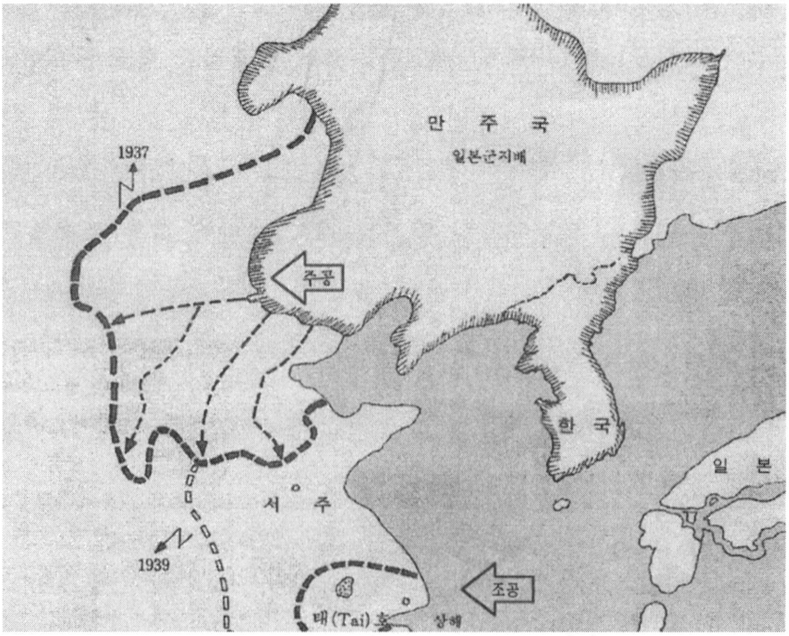

〈도표 2-14〉 중국 점령 과정에서 민간인 학살을 자행하고 있는 일본군의 모습

일본군은 1938년 말까지 중국의 주요 지역을 장악했지만 중국 내의 게릴라 활동, 일본군이 보여준 비인도적인 만행(도표 2-14)에 따른 주민들의 적개심 등으로 인해 더 이상 진전이 없었다.

그렇지만 상대적으로 미국이 장개석총통의 중국군을 적극지원하게 됨으로써, 1939년부터 일본군은 최소의 병력으로 해안지대 등 중요한 전략적 요충지를 장악하여 중국에 대한 보급로를 봉쇄하는 경제적 봉쇄전략으로 전환하였다.

그리고 일본은 중일전쟁이 장기화되고 한계점에 도달하자 이를 타개하기 위해 만주침략 때부터 꿈꾸어 오던 대동아공영권이란 주장을 내세워 자원지대를 확보하려는 태평양지역 침략을 계획하고 실천했다.

> …… 일본은 부국강병과 전쟁 지속을 위해 태평양 지역 국가들로부터 석유 · 고무 · 주석 · 망강 · 철광석 · 식량 등 전략적 자원이 필요했다.

셋째는 ABCD 경제봉쇄망을 돌파하는 것이다.

미국은 일본의 침략야망을 억제하기 위해 1941년 미국 내의 일본 재산을 동결시키고 군수품의 대일 수출규제를 통해 압박을 가하였다. 일본은 1940년 중국을 봉쇄할 목적으로 북부 프랑스령 인도지나(베트남지역)일대를 점령하고 있었는데, 이러한 일본에 대한 침략행위를 규탄하기위해 미국, 영국, 중국, 네덜란드는 소위 ABCD 경제 봉쇄망을 구성했다.

일본은 자원조달을 위해 미국과 경제봉쇄를 풀기 위해 협상했으나 실패했다.

1941년 새로 취임한 일본 도조 히데끼 총리 겸 육군상은 전쟁을 통해 태평양지역의 자원지대를 확보하고, 더 나아가 일본의 세력권을 확장시키려는 일본의 국가목표를 가지고 있었다.

제3절 | 태평양전쟁의 진행과정

1. 태평양전쟁 계획과 전쟁지도

(1) 전쟁계획

일본은 신속하게 극동지역에서 ① 미국 · 영국 · 프랑스의 식민지 근거지를 제거하고, ② 중국 장개석 군대를 굴복시킨 후에 독일과 이탈리아와 제휴하여 영국을 격파하고, ③ 미국에게는 전쟁 의지를 말살시킨다는 전쟁계획(도표 2-15)이었다.

(2) 전쟁지도체계

1 군부의 독립된 통수권

일본 국내사정은 의회 및 정당정치에 대한 불신으로 일본국민은 오로지 일본군부에 국운을 맡기게 되었다.

육군 · 해군의 참모총장이나 군령부 총장은 직접 일본국왕에게 재가를 얻어 전쟁을 지휘하게 되며, 정치권의 간섭은 일체 받지 않았다.

2 대본영회의

청일전쟁과 노일전쟁, 중일전쟁부터 제2차 세계대전까지 설치된 일본국왕 예하에 육군 · 해군의 최고통수기관 통수권이 독립됨으로 인해 국무와 군사가 이원화체제가 되었는

〈도표 2-15〉 **일본의 대본영 전쟁계획**

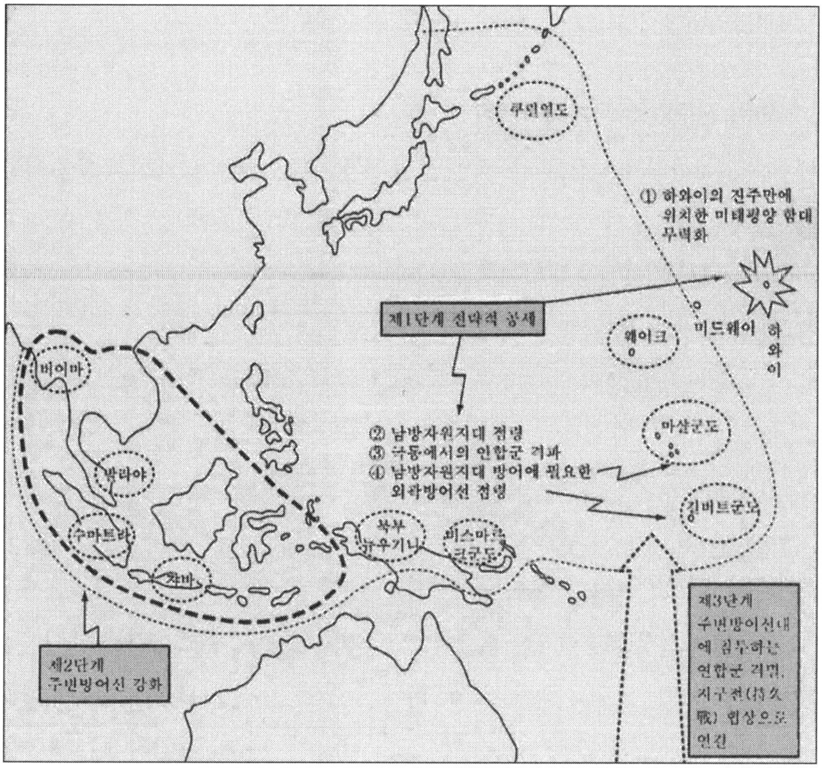

데, 이를 통합적으로 조정 통제하기 위해서 대본영 정부연락회의를 설치하였다. 전쟁말기에는 대본영 정부연락회의가 최고전쟁지도회의라 개칭하여 총리도 참가시켰으며, 종전 때까지 작전계획과 전쟁수행에 대한 절대적인 권한을 행사했다.

2. 태평양 지역의 특성과 진주만 공격

태평양 지역은 작전 지역이 섬으로 구성되어 병참선은 해상 및 공중수단을 통해 유지되어야 하고, 이를 위해 해군 · 공군 기지 확보가 시급한데 실질적으로 기지에 적합한 섬들은 극히 제한되어 있다.

해상 수송로를 이용할 경우 장시간이 소요되므로 장기계획이 요구되었으며, 섬 지역의 특성에 비추어 상륙작전 및 정글전투 등에 요구되는 특수장비 확보와 특수훈련, 각 개인의 전투능력 발휘가 중요시되었다. 해군과 공군의 역할이 중요시되고, 육군과의 연계성 있는 통합적 전투능력이 요구된다.

(1) 하와이 진주만의 군사적 역할

하와이의 진주만에는 전략타격부대인 미 태평양 함대 기지가 있으며 극동을 향해 즉각적인 투입이 가능한 유일한 곳이기 때문에 만약 이 함대가 무력화된다면 극동지역에서 일본군의 공격에 대해서는 사실상 무방비상태가 되는 것이다.

> …… 하와이에 주둔하는 미국군은 쇼오트 장군 지휘에 있는 59,000명의 지상군과 킴멜 제독 지휘에 있는 태평양 함대에 전함 9척, 항모 3척, 중순항함 2척, 경순양함 18척, 구축함 54척, 잠수함 22척이 있었으며 항공기는 육·해군 통합 450대가 있었다.

(2) 하와이 진주만 공격('Z'계획)

1941년 11월 26일 일본은 하와이의 진주만 공격(도표 2-16)을 위한 'Z'작전계획을 실행하기 위해 제1항공함대는 나구모 중장 지휘로 함재기 414대를 적재한 6척의 항공모함, 전함 2

〈도표 2-16〉 일본군의 진주만 공격

척, 중순양함 2척, 경순양함 2척, 구축함 9척, 잠수함 3척, 유조선 8척의 규모로 히또가쁘에서 출발했다.

하와이 진주만까지 3500마일의 긴 항로에서 미국에게 발각되지 않고 따돌리기 위해 북방접근로인 오아후 섬 북방 275마일 지점에서 12월 7일 06 : 00시에 제1제파 및 제2제파 함재기가 이륙하여 진주만에 정박 중인 미 태평양함대를 공격하였다. 일본 전투기는 09 : 34분에 모든 임무를 완료하고 신속하게 일본 항모에 탑재되어 다른 함대와 함께 귀항하였다.

(3) 하와이 진주만 공격 결과

1 일본의 진주만 기습성공 요인

첫째, 일본의 기습적인 공격에 의해 미군은 전사 2335명, 부상 1143명이었으며, 민간인은 사망 68명, 부상 35명이었다. 그리고 미군 함대 손실은 전함 9척 중에 4척이 침몰되었고, 구축함 3척과 기타 4척이 침몰, 경순양함 3척과 중순양함 1척이 대파되었으며, 450대의 비행기 중 188대가 완전히 파괴되었고, 159대가 손실됨으로써 결정적인 피해를 당했다.

이에 비해 일본군의 피해는 함재기 29대, 잠수함 1척, 소형잠수정 5척의 침몰과 인명피해는 사망자 64명에 불과했다.

둘째, 나쁜 기상, 안개, 높은 파도와 일요일을 공격일로 이용하고, 예상하지 못한 진주만을 공격함으로써 시간적인 · 공간적인 기습을 성공시켰다. 또한 말라리아 해역에서 일본 해군훈련을 가장하여 세계의 이목을 집중시키고 북방항로를 택함으로써 방향성의 기습을 성공시켰으며, 종래의 거함거포위주의 전함은 항공모함에 의해 그 주도권을 상실하였다.

셋째, 무전사용을 일절 금지하여 완전한 기도비닉을 달성하고, 그 반면에 일본은 적극적인 첩보활동으로 진주만에 대한 상세한 정보를 획득했다.

넷째, 일본은 전술적인 면에서 태평양 제해권 장악에 성공했으나 전략적인 차원에서는 미국 국민에게 전역량을 집중하여 일본타도의 길(진주만을 상기하라; Remember the Pearl Harbor)로 들어서게 하는 기폭제 역할을 하게 되어 전략적 실패를 자행한 셈이 되었다.

2 미국의 방어실패 요인

첫째, 통합지휘체제의 미비로써, 먼저 독일과의 전쟁이 우선이라는 전략이 채택됨으로써 태평양 지역은 방어태세에 있었다. 하와이는 육군과 해군이 각각의 지휘계통에 의해 방어되었고, 필요시에 서로 협조토록 되어 있기 때문에 통합된 방어태세가 되어 있지 않았다.

둘째, 조기경보체제의 미흡으로써, 미 해군은 오아후도 섬 해역 700마일에 대한 대공경계를 책임지고 있었고, 북방항로에 대해서는 경계가 소홀했으며, 명확한 육 · 해군의 책임한계가 없었다. 육군은 9개의 대공경보용 레이더를 운용하고 있었는데 장비고장과 요원부족으로 계속적인 가동이 불가능했다.

셋째, 육 · 해군 지휘관의 실책으로써 워싱턴으로부터 11월 27일 대일전쟁 임박에 대한 경보를 주둔 육 · 해군 사령관이 동시에 접수했지만, 이를 무시하고 육군지휘관은 일본인에 대한 폭동진압을 위해 대공포부대를 집결시키는 어리석음을 범했고, 해군지휘관은 장병들을 외출시키는 등 조기경보체제가 미흡했다.

3. 태평양 지역의 공세와 반격

일본은 하와이 진주만 공격의 성공과 더불어 전략자원의 보고지역인 말레이시아–미얀마–인도네시아–필리핀 등 크고 작은 많은 섬들로 구성된 태평양 자원지대를 장악하는 데 성공하였다. 그러나 일본은 태평양의 미드웨이작전이 성공하면 일본 본토방어에 유리하고, 또한 피지–사모아–뉴칼레도니아 섬을 차례로 점령하고 마지막으로 하와이를 완전히 점령할 계획이었으나 미드웨이작전이 실패하였다. 미국은 일본의 미드웨이 공격작전에 대한 암호를 사전에 해독하여 철저히 대응하여 전쟁에서 승리했다.

미국은 태평양지역 미드웨이작전이 성공하게 됨에 따라 계속해서 일본의 전략적 방어지역인 필리핀–유황도–오키나와를 공격하였으며, 이에 대해 일본은 혈전을 벌렸으나 패배하게 되자 마침내 일본은 250kg의 폭탄을 지닌 가미가제 특공대(도표 2-17, 도표 2-18)와 옥쇄전술까지 등장하여 사투를 벌였지만 전쟁 상황은 일본에게 불리하게 전개되었다.

특히 3개월 동안 지속된 오키나와 전투는 제2차 세계대전에서 최후의 주요전투로써 일본패배에 결정적인 영향을 미쳤다.

미군의 지휘관 버크너 중장은 일본군의 포탄 파편에 의해 전사했고, 일본군 지휘관 우시지마 중장은 할복 자결했다.

미군의 손실은 49,151명(전사 12,520명)이지만 일본군의 인명 손실은 117,472명(전사 110,071명), 항공기 손실은 7,830대가 되었다. 1945년 6월 21일 종식된 오키나와 전투의 가장

〈도표 2-17〉 미 항모의대공포에 의해 격추되어 검은 연기를 뿜으면서 추락하는 가미가제 특공대

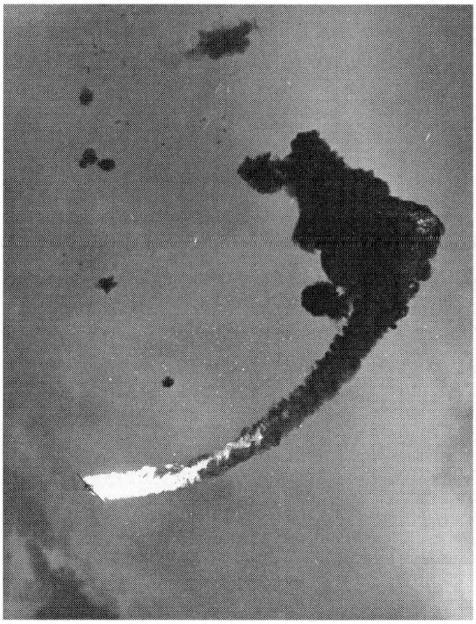

〈도표 2-18〉 꼬리에 불을 붙인채 미군 항모에 날아들어 오는 일본 일가미가제 특공대

큰 의미는 일본군의 재기불능을 다시 한 번 확고히 해 주었다는 것과 일본 본토의 구주로부터 350마일 권내의 지근거리에 거대한 전진 기지가 되어 일본 본토공격의 발판이 되었다.

4. 원자폭탄 투하와 일본의 항복

미국은 일본의 항복을 받아 내기위해 일본본토에 엄청난 전략폭격을 실시하였다.

미 합동군참모본부는 1945년 4월 6일 일본의 66개 도시에 약 100,000톤의 폭탄을 투하하여 민간인 260,000명이 사망하고 412,000명이 부상당했으며 가옥손실 2,210,000동, 이재민 9,200,000명이 발생했다고 발표했다.

이렇게 미국이 강력한 전략폭격을 실시한 것은 미군이 일본본토에 상륙하여 결전을 치룰 때는 미군 100만 명이 손실이 될 것이란 예상이 있었기 때문이다.

(1) 일본군의 본토 결전계획

미군이 오키나와(도표 2-19)를 비롯한 태평양지역을 석권하게 되자 일본 육군에서는 '작

〈도표 2-19〉 오키나와 해변에 상륙한 미군

전에서 패배하고 있는 것은 해군이지 육군이 아니다. 아직까지 육군은 본격적인 전투를 하지 않았다'라고 하면서 일본 본토 결전의 의지를 다지고 있었다.

일본 본토 결전의 성공가능성으로 "해상으로의 수송이 불필요하므로 병력집중이 가능하다. 본토에 230만 명 이상의 육군부대가 동원될 수 있으므로 총병력 면에서는 절대적으로 우세하다. 육지에 다양한 축성과 장애물을 이용하여 방어준비를 충분히 할 수 있고, 물자의 보급과 병력 보충이 용이하며 일본군의 정신력은 세계 최고"라는 이유 등을 들고 있었다. 그러나 일본군은 실제로 장비가 부족하고 훈련수준 또한 대부분 미숙했으며, 특히 식량과 석유가 부족하여 일본 본토 결전의 성공가능성은 희박했었다.[9)]

(2) 포츠담선언과 일본의 거부

1945년 4월 5일 고이소 요내우찌 내각이 총사퇴하고 화평을 원하는 스스끼 간따로 해군 대장을 수반으로 하는 신내각이 탄생했다. 6월 26일 일본국왕으로부터 종전의 뜻을 받들어 구소련에게 화평에 대한 중재를 요청하였으나 무응답 상태에서 7월 26일 미 · 영 · 중 · 구

9) 전게서, pp.706-730.

소 4개국에 의한 포츠담선언이 선포되었다. 이 선언의 주요 내용은 ① 일본군의 무조건 항복과 일본군의 무장해제, ② 일본군국주의 제거, ③ 영토의 제한 등이었으나 일본 정부가 이를 전면거부하게 되자 미국 헨리 트루먼 대통령은 1945년 7월 16일 뉴멕시코 사막의 알라모고르드(Alamogordo)에서의 최초실험에 성공한 원자폭탄 사용을 결심하였다.

(3) 원자폭탄 투하

1945년 8월 6일 08 : 15분 폴 W 티베츠(Paul W. Tibbets)대령의 B-29 에노라 게이(Enola Gay)호는 히로시마 상공에 원자폭탄을 투하(도표 2-20)였다.

히로시마 원자폭탄 투하의 결과로 78,000명이 사망하고, 10,000명이 실종되었으며 37,000명이 부상을 입었다. 히로시마 시는 60%가 파괴되었는데 TNT 2만톤(B-29 100대분)에 해당하는 원자탄의 위력이었다.

그리고 본래 두 번째 원자폭탄 목표는 고쿠라였으나 고쿠라 상공의 구름 때문에 투하하지 못하고, 8월 9일 11시 20분, 나가사키에 제2의 원자폭탄이 투하되어 시가지 45%가 완전히 파괴되었다.

〈도표 2-20〉 원자폭탄 투하 지역

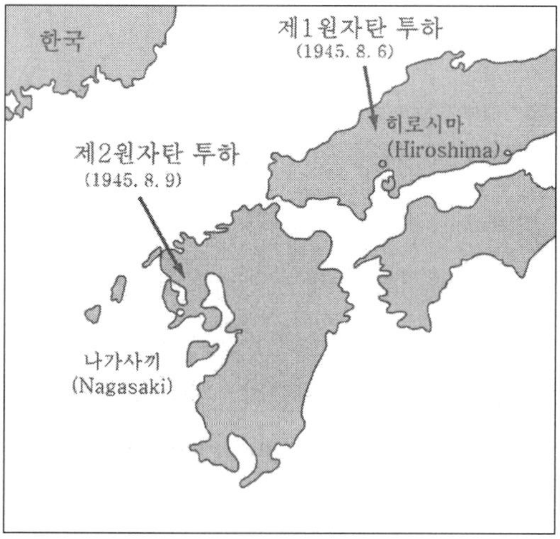

(4) 일본국왕의 무조건 항복

1945년 8월 10일 일본 정부는 포츠담선언을 전면 받아드리고 8월 15일 정오 일본국왕의 육성방송으로 무조건 항복을 수락했다.

9월 2일 도쿄만에 정박한 전함 미조리호 선상에서 더글러스 맥아더 원수와 일본대표 시게미쓰 우메즈 간에 항복조인식이 거행됨으로써, 3년 8개월 만에 태평양전쟁은 종전되었으며, 연합군은 이날을 대일전승기념일(V-H day)로 하였다.

5. 일본항복과 한반도

한국은 일본식민지로 전락하여 36년간 국가없는 민족으로 존재해 왔으나 1945년 8월 15일 일본의 무조건 항복으로 해방되어 ① 신생독립국가가 되었다.

그러나 구소련군은 8월 8일 일본과 구소련 간에 맺었던 중립조약을 파기함과 동시에 대일선전포고를 하고 8월 9일 3개 집단군을 만주의 관동군지역으로 진격시켜 북한지역을 점령하고 김일성 공산정부를 세웠다. 그 반면에 남한지역은 미군이 점령하여 이승만 민주정부가 수립됨에 따라 ② 한반도는 38도선으로 분단되어 또 다른 불행한 전쟁불씨가 남게 되었다.

제4절 | 태평양전쟁 교훈

1. 일본군의 패전요인

(1) 단기결전 전략의 실패

일본은 본래 미국의 적수가 될 수 없었다. 일본군 야마모도장군이 언급한 내용과 같이 "초기의 반년이나 1년은 승산이 있지만 그 후는 전혀 확신이 없다"라는 단기결전을 지향한 일본군의 전략은 미국의 압도적인 물량과 전력에 의해 무참히도 붕괴되었다.

일본군의 전통적 전투형식은 개전기의 결전에서 순식간에 승리를 쟁취하는 단기결전이었나 그 단기결전 전략이 실패하였다.

(2) 융통성 없는 작전지휘

일본군 통수강령을 보면 알 수 있듯이 일본군은 그들의 세부행동까지 규정되어 통제를 받음으로써 일단 하달된 작전방침이나 계획에 대해서는 융통성이 없이 반드시 관철되어야 했다. 전쟁진행과정에서 시야의 협소화, 창의력의 고갈화, 사고의 경직화는 일본군을 패전으로 몰고 갔다.

(3) 통합지휘체계의 불비

미국은 개전과 동시에 육 · 해 · 공군의 참모조직을 통합하는 통합참모조직을 조직하여 합동 및 연합작전을 최대로 발휘함으로써 일본군을 압도했다. 이에 비해 일본군은 육 · 해 · 공군의 독자적인 작전계획이 수립되었을 뿐 통합작전 및 지휘체계가 미흡하였다.

2. 태평양전쟁 결과

(1) 전쟁자원의 절대적 우세

막대한 전쟁물자와 병력의 우세, 미국의 지리적 이점으로 인한 계속적인 군수물자지원이 가능했으며 전쟁에서 정신력도 중요하지만 장기전에서 전쟁을 위한 전투장비생산은 더욱 중요했다.

(2) 이데올로기전

미국 · 영국 · 프랑스 등의 민주주의와 일본 · 독일 · 이탈리아의 전제주의의 대결전이었다.

(3) 세계적이며 무제한의 전쟁

제1차 세계대전과는 비교가 되지 않을 정도의 엄청난 규모의 전쟁이었으며, 주전장인 유럽지역과 태평양지역을 비롯한 세계가 전쟁에 휘말렸으며, 핵무기까지 동원하는 등 무제한의 전쟁이었다.

(4) 3차원전쟁과 총력전

과학기술의 발전과 전장의 범위가 확대되어 모든 지역과 공간의 전장화로 지상 · 해상 · 공중의 3차원전쟁이 완성되었다. 또한 전국민이 전쟁수행의 주역이 되었던 총력전이었다.

⑸ 미국과 구소련의 양극체제 성립

미국을 중심으로 한 민주주의와 구소련(현재 러시아)을 중심으로 한 공산주의로 양극체제인 냉전시대(도표 2-21)가 시작되어 또 다른 6 · 25전쟁과 베트남전쟁이 발발했다.

〈도표 2-21〉 제2차 세계대전을 논의한 구소련 스탈린 수상, 미국 트루먼 대통령, 영국 처칠 수상(왼쪽부터)

⑹ 식민체제의 붕괴

과거 제국주의의 소산인 식민체제가 붕괴되고, 약소국가들의 자주의식이 고취되어 식민지는 대부분 독립국가로 탄생하게 되었으며, 한국도 신생독립국가로 탄생하였다.

⑺ 핵무기의 등장

핵무기 아버지인 로버트 오펜하이머 박사가 발명한 원자폭탄은 재래식 TNT의 위력과는 비교가 되지 않은 가공할 살상무기로 등장하여, 오늘날 세계를 위협한 공포의 무기가 되고 있다.

(8) 국제연합(UN)의 성립과 평화사상

제1차 세계대전 직후 국제연맹의 성립은 각 국가의 열망과는 관계없이 구속력을 발휘하지 못한 채 제2차 세계대전으로 다시 인류의 고통을 끌어들였다.

제2차 세계대전으로 참혹한 결과를 체험한 인류에게 강력한 평화사상이 대두되었고, 이로써 국제연합(UN)이 탄생되어 세계 평화에 기여하고 있다.

7 6·25전쟁

제1절 | 배경

대륙세력과 해양세력 사이에 위치한 한반도는 역사적으로 강대국가들의 틈바귀에서 처절한 생존을 해왔다.

한국은 1907년 일본제국에 식민지로 전락하여 국가없는 민족으로 생존하다가 제2차 세계대전에서 일본이 1945년 8월 15일 항복하면서 해방을 했지만 3년간에 걸쳐 북한지역은 구소련군정체제(현재 러시아군) 남한지역은 미군정체제를 거쳐 1948년 8월 15일 대한민국 정부가 수립(도표 2-22)되었다.

〈도표 2-22〉 대한민국 정부수립 축하식 장면 (1948.8.15)

그러나 한반도는 38도선으로 남북이 분단되어 북한은 구소련군(현재 러시아)에 의한 공산정부가 들어서고 남한은 미국군에 의한 민주정부가 수립되어 갈등-분쟁-위기의 반복 속에서 1950년 동족상잔이란 6 · 25전쟁을 치루는 비극적인 역사를 갖게 되었다.

제2절 | 6 · 25전쟁의 원인

1. 국제적 원인

제2차 세계대전이 종료되면서 국제사회는 구소련(현재 러시아)을 중심으로 한 공산국가권과 미국을 중심으로 한 민주국가권이 형성되면서 냉전체제가 시작되었다.[10)]

한반도에서 북한은 구소련지원으로 김일성 공산정부가 시작되고 남한은 미국지원으로 이승만 민주정부가 수립되면서 국제적인 냉전체제에 편입되었다. 한반도는 크게는 구소련과 미국의 경쟁-대립-대결의 냉전지역으로, 작게는 북한과 남한의 갈등-분쟁-위기지역으로 있다가 마침내는 1950년 6 · 25전쟁(도표 2-23)이 일어났는데, 그 원인을 알아보면 다음

〈도표 2-23〉 트루먼(앞줄 왼쪽) 미 대통령이 백악관에서 애틀리(앞줄 오른쪽) 영국 총리와 6 · 25전쟁에 대해 논의하는 모습. 뒤쪽에 애치슨(왼쪽) 국무장관과 마셜 국방장관

10) 조영갑, 『국가안보학』, 서울: 선학사, 2011, pp.264-266.

과 같다.

첫째, 구소련의 팽창정책과 미국의 봉쇄정책의 충돌적 산물이었다.

구소련 요시프 스탈린 수상은 공산체제의 유지 및 확산을 위하여 팽창정책을 펼치면서 1947년에는 공산진영의 결속을 위해 코민포름을 결성하였다.

그 반면에 미국 헨리 트루먼 대통령은 구소련의 공산주의 위협과 팽창에 대처하기위해 봉쇄정책을 선언하고, 1949년 4월에는 북대서양 조약기구(NATO)를 결성함으로써, 첨예한 냉전체제가 전개되었다. 특히 1946년 구소련 주재 미국대사 조지케난이 국무부에 보낸 긴 전문(Long Telegram)으로 알려진 외교전문에서 구소련에 대해 봉쇄정책을 펴도록 역설했다.

> …… 대통령안보보좌관 폴 니츠는 조지 케난의 봉쇄정책을 기초로 하여 억제정책이 담긴 국가안보회의(NSC)−68호 문서를 작성하여 시행했는데, 이 문서는 구소련(현재 러시아) 및 공산권의 팽창을 봉쇄하고 핵을 억제하기 위한 봉쇄 및 억제정책서로서 냉전시대의 국가안보정책서로 불렸다. 그 결과로 1990년 구소련을 비롯한 공산권은 붕괴되었다.

즉 미국과 구소련 간에 냉전체제의 주도권 장악을 위한 갈등과 대결장이 된 한반도에 영향을 미쳐 6 · 25전쟁의 원인이 되었다.

둘째, 미국은 한반도에 대한 전략적 가치를 낮게 평가하고 극동방위선에서 제외시키면서 주한 미군 철수가 원인이 되었다.

미국은 한국이 정치적으로 미성숙할 뿐만 아니라, 국내정세가 불안하기 때문에 미국이 구소련에 대한 봉쇄정책을 추진하는데 있어서 한국으로부터는 어떠한 도움도 기대할 수 없기 때문에 미국은 위신을 크게 손상시키지 않은 범위 내에서 한반도로부터 빠져나오는 것이 최선이다11) 라고 말하고, 1949년 6월 주한미군을 한반도에서 철수시켰다.

그리고 미국 국무장관 딘 애치슨은 1950년 1월 12일 기자회견을 통해 극동방위선(알류산열도-일본-오키나와-필리핀)에서 한반도와 대만이 제외되었다고 발표함으로써 구소련과 북한으로 하여금 6 · 25전쟁 발발 시에 미국이 개입하지 않을 것이라는 오판을 갖게 하여 6 · 25전쟁이 일어난 원인이 되었다.

셋째, 구소련 · 중국 · 북한은 한반도가 통일이 되면 공동이익을 얻을 수 있다고 믿었다.

---

11) 주시후, 『전쟁사』, 서울: 한국학술정보, 2007, pp.44-50.

구소련 · 중국 · 북한은 북방 3각협력체제를 형성하고 구소련의 공산주의 팽창정책, 중국의 안보에 한반도의 중요성 인식, 북한의 한반도 공산화에 대한 자신감 등 공동이익을 창출하기 위해 전쟁을 통한 목적달성이 가능하다고 판단했다.

그 예로써 구소련은 극동의 남진정책을 위한 전진기지로 한반도를 확보할 경우 일본에 대한 영향력을 행사할 수 있고, 나아가 미국에 대하여 효과적으로 대항할 수 있을 것이라고 판단했던 것이다.

중국은 역사적으로 볼 때 한반도를 중국대륙과 순치보거(脣齒輔車)의 관계가 있다고 인식하였다. 즉 입술이 떨어져 나가면 이가 시린 것처럼 이를 보호하기 위해서는 입술이 있어야 한다고 생각하여, 중국과 국경을 접한 한반도는 그들에게 최소한 적대적인 국가가 존재해서는 안 된다고 생각하고 있었다.

그리고 북한은 남북통일로 공산국가 건설이란 이익들을 공유할 수 있었기 때문에 구소련과 중국의 적극적인 지원과 북한의 전쟁준비완료로 6 · 25전쟁이 발발했든 것이다.

2. 국내적 원인

한반도는 1945년 남북으로 분단된 후에 1950년 6 · 25전쟁 직전까지 북한은 ① 남한보다 국력이 우세(도표 2-24)하고 강력한 공산주의 독제로 비교적 안정된 체제를 관리해 왔다.

북한은 ② 조기에 공산체제를 확립하고 공산진영의 적극적인 지원으로 무력적화통일 목표를 추구하며 전쟁준비를 하였다.

남한은 민주진영의 적극적인 지원을 받으면서 평화민주통일의 목표를 추구하였다.

그러나 남한은 정치적으로 정치체제 및 정당의 난립으로 혼란스러웠고, 경제적으로는 보릿고개의 가난으로 생계가 어려웠으며, 사회적으로는 남로당 및 무장공비의 활동으로 제주도 폭동사건, 여수 · 순천 및 대구 반란사건, 다양한 파업 등이 끊임없이 발생하여 국가질서가 어지러웠다.

군사적으로 북한은 ③ 김일성 주석이 무력남침을 위해 계획적이고 조직적인 군사력을 건설하고 있었지만 남한은 이승만 대통령의 북진통일이란 안보정책에 대한 미국의 견제와 경제적 및 사회적 상황으로 인해 제한된 군사력을 건설할 수밖에 없었다.

1950년 6월 24일을 기준으로 남북한의 병력은 약 2대 1의 격차(도표 2-25)로 남한이 열세하였다.

〈도표 2-24〉 남북한의 국력비교

구 분	남 한	북 한	비 고
면 적	9만 8,497㎢ (45%)	12만 2,370㎢ (55%)	
농경지	60% (농가: 265만여 호)	40% (농가: 72만 5,000여 호)	
인 구	2,100만 명	960만 명	북한의 주민 200만 명이 월남.
발전량	7만 4,730㎾ (4.7%)	156만 8,200㎾ (95.3%)	남한은 국토가 분단된 후 광업 96%, 제조업 44%의 생산이 감소.
연 료	12%	88%	
광 업	22%	78%	
야 금	10%	90%	
기 계	28%	72%	
경 제	자립 불가 ※ 미국의 원조액 5억 8,100만 달러 전액이 소비재로 반입.	자립 가능 ※ 구소련의 원조액 5억4,600만 달러 전액이 중공업 및 군수용으로 충당	경제원조 기간: 1945~1950년

자료: 국방부 군사편찬연구소, 한국전쟁, 1987. pp.36-44.

〈도표 2-25〉 남북한의 병력 현황(1950. 6. 24. 기준)

한 국 군	북 한 군
• 지상군 보병사단 : 8 독립연대 : 2 해병부대 : 1 • 병 력 : 9만 6,140명	• 지상군 보병사단 : 10 전차여단 : 1 전차연대 : 1 독립연대 : 1 경비여단 : 5 육 전 대 : 1 • 병 력 : 19만 1,680명
• 해 군 병 력 : 7,715명	• 해 군 병 력 : 4,700명
• 공 군 병 력 : 1,897명	• 공 군 병 력 : 2,000명
총 병 력 : 10만 5,752명	총 병 력: 19만 8,380명

자료: 국방부 군사편찬연구소, 한국전쟁, pp.38-40.

〈도표 2-26〉 남북한의 주요 장비 보유수(1950. 6. 24. 기준)

구 분	한 국 군	북 한 군
지상화력	곡사포 : 91문 대전차포 : 140문 박격포 : 960문 장갑차 : 24대	자주포 및 각종곡사포 : 728문 대전차포 : 550문 박격포 : 2,318문 장갑차 : 54대 전 차 : 242대
해 군	전투함 및 소해정 : 91척 수송선 및 기타 : 43척	어뢰정 : 30척 수송선 및 기타 : ?
공 군	연락기 및 연습기 : 22대	전투기 · 폭격기 및 기타 : 211대

자료: 국방부 군사편찬연구소, 한국전쟁, pp.38-40.

그리고 중요 장비면(도표 2-26)에서도 한국군은 수적으로 질적으로나 북한군보다 매우 뒤떨어져 있었다.

그 가운데서도 전쟁초기에 전장의 주도권을 장악하는 데 있어 결정적인 무기였던 전차는 한 대도 보유하지 못하였으며, 화력 면에서도 많은 격차를 나타내고 있었다.[12)]

결과적으로 6 · 25전쟁은 미국과 구소련 냉전체제의 산물이며, 남북한 군사력 불균형과 국내 정세의 혼란이 북한 김일성 주석에게 불법 남침하여 승리 가능성을 확신케 함으로써 발생한 전쟁이었다.

이러한 6 · 25전쟁은 1950년 6월 25일 새벽에 북한군의 기습남침으로부터 시작되어 1953년 7월 27일 휴전협정이 조인될 때까지 3년 1개월 동안 계속되었고, 그동안 쌍방은 각각 세 차례나 38도선을 넘나들었고 전 국토의 80%가 포화 속에 파괴되었다.

3. 6 · 25전쟁의 경과

6 · 25전쟁의 경과는 일반적으로 4단계로 구분하고 있다.

제1단계는 북한군의 남침기, 제2단계는 인천상륙작전과 반격 작전기, 제3단계는 중국군의 개입과 유엔군의 재반격 작전기, 제4단계는 전선교착과 휴전회담기가 된다.[13)]

---

12) 국방부 전산편찬연구소, 『한국전쟁』, 1987, pp.35-43.
13) 주시후, 『전쟁사』, 서울: 한국학술정보, 2007, pp.54-58.

제3절 | 6 · 25전쟁의 진행과정

1. 북한군의 기습 남침기

(1) 북한군의 공격과 서울 함락

북한군의 기습 남침기는 1950년 6월 25일 전쟁발발로 38도선을 돌파하여 서울 점령과 낙동강방어선까지 이르러 9월 15일 인천상륙작전 직전까지의 기간이 되며, 이 단계는 초기작전, 지연작전 그리고 낙동강방어 작전이 된다.

북한은 1950년 6월 25일 새벽 4시에 불법 기습 남침하여 한반도의 적화통일을 완성함으로써 6 · 25전쟁 목표를 달성하는 것이었다.

그리고 광복 5주년 행사를 부산에서 거행함으로써 정치 · 외교적 효과를 거두고 구소련

〈도표 2-27〉 북한군의 남침계획

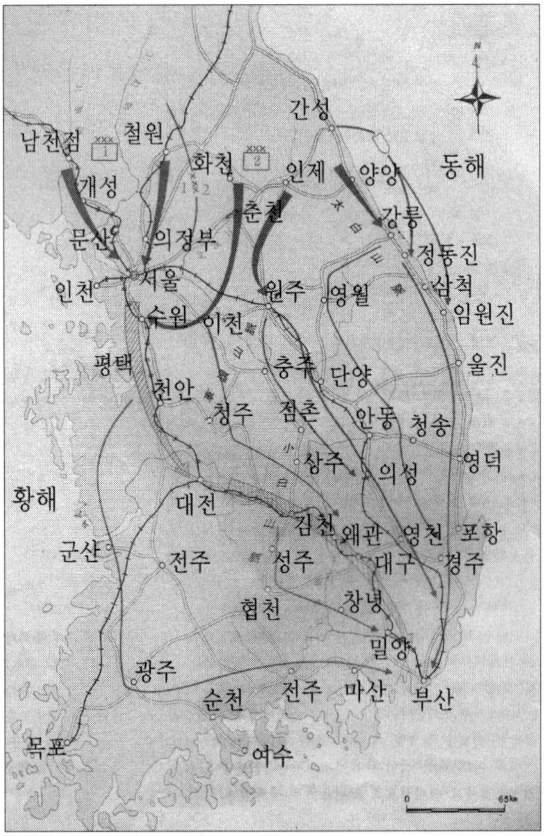

과 중국의 이익에도 합당할 수 있게 하는 것이었다.

북한군은 개성-문산, 철원-의정부, 화천-춘천, 인재-원주, 간성-강릉 방어선을 집중 공격하여 3일 내에 서울지역의 한국군 주력부대를 포위 섬멸한 후에 그 전과를 확대하여 목포-부산까지 진출한다는 3단계계획(도표 2-27)으로 공격작전을 실시했다.

- 제1단계 : 한국군의 방어선 돌파 및 주력 섬멸단계로서 3일 이내 서울을 점령하고 수원-원주-삼척선까지 진출한다.
- 제2단계 : 전과확대 및 예비대 섬멸단계로 군산-대구-포항선까지 진출한다.
- 제3단계 : 잔적소탕 및 남해안으로 진출단계로서 목포-부산으로 전개하여 전쟁목표(목적)을 달성한 것이다.

예컨대 제1단계 작전은 북한군의 지상군 총 10개 사단을 2개 공격집단으로 구성하여 그 중 제1군단이 주공으로써 개성-문산-서울, 철원-의정부-서울 방향으로 공격하여 서울을 점령하고, 제2군단을 조공으로써 화천-춘천-수원으로 우회시켜 양개군단의 협조된 포위 공격을 실시하여 서울지역의 한국군 주력을 격멸하고. 동해안은 인재-원주 방향으로, 간성-양양-강릉 방향으로 공격하여, 수원-원주-삼척선을 확보하는 것이다.

제2단계와 제3단계 작전은 제1단계 작전에 이어 실시되나, 남침계획 자체가 서울이 점령되면 민중 봉기가 일어난다는 상황을 전제로 하고 있었기 때문에 국군의 조직적인 저항은 없을 것으로 판단하였다. 따라서 미 증원군의 전개 이전에 남해안까지 진출하여 부대배치를 끝낸다는 전략에 따라 신속한 기동에 중점을 두어 제1단계 작전과는 달리 각 군단 축선별로 한국군을 각개 격파하여 전략적인 종심 기동으로 깊숙이 공격하여 전쟁을 승리로 완결하는 것이었다.

그 반면에 한국군은 개성-문산-서울 접근로에 제1사단, 철원-의정부-서울 접근로에 제7사단, 화천-춘천 및 인제-홍천 접근로에 6사단, 양양-강릉 접근로에 제8사단이 배치되어 방어작전(도표 2-28)을 실시했다.

그러나 한국군지휘부는 위기관리인식 부족과 전쟁지휘체제 및 전쟁준비태세 부족으로 옹진-개성-문산-동두천-포천-춘천-홍천-강릉 지역에서 결사적인 방어전을 전개했으나 효과적인 방어를 하지 못하고 방어진지를 북한군에게 빼앗긴 체 후방으로 철수 할 수밖에 없었다.

〈도표 2-28〉 **북한군의 주요 접근로별 피아 병력 비교**

접근로	한국군		북한군		비 율
	병 력	부 대	병 력	부 대	
개성-문산-서울	9,715명	제1사단	21,000명	1사단, 6사단, 203전차연대	1 : 2.2
철원-의정부-서울	7,211명	제7사단	32,000명	제3사단, 제4사단, 제13사단, 105전차여단	1 : 4.4
화천-춘천인제-홍천	9,112명	제6사단	36,938명	제2사단, 제12사단, 제15사단, 독립전차연대	1 : 4.1
간성-양양-강릉	6,866명	제8사단	17,000명	제5사단, 제766부대, 제549부대	1 : 2.5

※ 주시후, 전쟁사, 서울: 한국학술정보, 2007, pp.62-65.

…… 술에 취한 국군지휘부의 위기관리 부재상황

당시 국군은 그동안 밥 먹듯이 계속되어온 비상경계 근무태세를 해제(6월 23일 24 : 00시부)한 상태였고, 장병들은 마침 일요일을 맞아 30%가 외출이나 휴가를 떠난 상태였다. 더구나 6월 24일 밤에는 육군회관 장교구락부 준공파티가 있어서 여기에 채병덕육군참모총장을 비롯한 육군본부의 참모장교, 참모학교 요원과 피교육자, 각급부대 지휘관이 다수 참석하여 밤이 늦도록 연회를 벌이고 있었다.

당시 국방장관은 신성모로서 국무총리서리를 겸하면서 75세 이승만 대통령을 보좌하고 있었다.

한국군은 인원과 장비, 교육훈련 및 작전계획 등 모든 면에서 준비태세가 되어 있지 않았기 때문에 전쟁을 수행할 수 있는 능력이 부족했으며, 특히 북한군의 전차(도표 2-29)에 대비가 전혀 없었던 것은 치명적인 결점이었다.

이와 같이 전쟁에 대한 대비가 없었던 한국군은 북한군의 기습남침에 불과 3일 만인 6월 28일에 서울 함락을 비롯한 한강 이북지역이 북한군의 수중에 넘겨지고 후퇴하였다.

그러나 춘천 · 홍천지역을 방어하고 있던 한국군 제6사단은 김종오 사단장 지시로 외출외박을 통제하고 방어진지를 구축하는 등 사전 대비태세를 강구함에 따라 북한군의 집요한 공격에 맞서면서 3일 동안이나 춘천을 지켜낸 후에 6사단은 전선조정을 위해 후방으로 의명 철수하여 새로운 방어임무를 수행했다.

그 결과로 화천 · 춘천 · 홍천을 점령한 후에 이천-수원 방향으로 공격하여 서울지역의 한국군 주력을 포위 격멸한다는 북한군의 남침계획에 중대한 차질을 빚게 하였다.

〈도표 2-29〉 6.25전쟁 당시 북한의 T-34 전차

이와 같은 춘천 · 홍천 방어작전의 성공에 힘입어 한국군은 서울을 함락 당했지만 다시 한강 남쪽에서 한강방어선을 형성하여 조직적인 지연전을 수행할 수 있었다.

(2) 한강방어선 형성과 축차적 방어

서울이 함락되고 새로운 한강방어선으로 서울 동부의 광나루에서 서북쪽의 김포반도에 이르는 한강 남쪽 전체를 연결하는 선이 되며, 서울지역으로 보면 노량진에서 영등포까지를 말하는데 한국군은 북한군이 한강 이남으로 진출을 저지하기 위해 필요한 조치였다.

이 과정에서 채병덕 육군참모총장은 육군 공병감 최창식 대령에게 북한군 진출을 고려하여 한강교 폭파(도표 2-30)를 명령함으로써, 6월 28일 오전 2시 30분에 한강교를 폭파하였다.

한강교 폭파의 목적은 적의 진출로를 차단하는 것이었으나 한강교 폭파로 인한 부작용은 치명적인 결과를 초래했다. 한강 이북에서 철수 명령을 받지 못한 채 적과 싸우고 있던 한국군 주력부대의 퇴로가 차단됨으로써 총병력의 거의 절반이 분산되는 결과가 초래되었던 것이다. 또한 강북지역에 있던 각종 중장비와 차량 곡사포, 박격포, 기관총 등과 같은 무기도 대부분 유기되었다.

그뿐만이 아니라 한강교 폭파는 미처 피난하지 못한 채 서울에 남아 있던 시민들에게도 충격을 주었으며, 한국군이 서울을 수복할 때까지 3개월간 적의 치하에서 고통을 겪지 않으

〈도표 2-30〉 한강교 폭파

면 안 되었다.

…… 한강교 폭파의 영향은 심각해 군과 국민을 분노케 하여 군 지휘부는 민심을 수습하기 위해 교량 폭파 관계자들을 뒤늦게 군사재판에 회부했다. 여기서 재판부는 공병감 최창식 대령에게 한강교 조기폭파의 책임이 있다고 판결하고 사형을 선고했다.

그러나 최대령의 사형이 집행된 후 14년이 지난 1964년, 그의 부인이 제기한 항소심에서 재판부는 최대령이 '상관의 명령에 복종'한 것이라고 판단해 무죄를 선고했다. 그렇지만 그 재판에서 그 상관이 누구인지와 한강교 폭파의 진정한 책임자가 누구인지 밝히지는 않았다.

이 같은 상황에서 6월 29일 미 극동군사령관 더글러스 맥아더 원수가 6·25전쟁 상황을 직접 살펴보고 미군 및 유엔군 파병의 필요성을 검토하기 위해 한강방어선 시찰이 있었으며, 이때에 한국군 병사와 대화에서 깊은 감동을 받고 격려하며 유엔군 파병을 약속했는데, 그 약속은 지켜졌던 것이다.

…… 6월 29일 한강방어전투를 하고 있는 영등포 지역에 미 극동군사령관 맥아더(Douglas MacArthur) 원수가 나타났다. 그의 방문 목적은 한국의 전황을 직접 살펴보고 유엔군 파병의 필요성을 검토하기 위함이었다.

수행원과 함께 전용기 편으로 일본에서 수원비행장에 도착한 후 한강방어선을 시찰했던 그는 개인

호에서 진지를 지키고 있는 병사를 발견하고 가까이 다가가서 "병사! 자네는 언제까지 그 호를 지키고 있을 것인가?"라고 물었다. 그러자 그 병사는 "나는 명령에 따라 끝까지 이 진지를 지킬 것입니다."라고 답변했다.

통역으로부터 이 말을 들은 맥아더 원수는 감동한 듯 "이 병사에게 전해 주게. 내가 도쿄로 돌아가는 즉시 지원병력을 보내줄 터이니 그때까지 용기를 잃지 말고 싸우라고!" 그는 그렇게 말하면서 병사의 손을 잡고 격려했다.

이와 같이 한강방어선 전투는 적을 격멸하고 실지를 회복하는 것이 목적이 아니라, 미군을 비롯한 유엔군의 도착을 기다릴 시간을 얻기 위해 싸웠었다.

한국군은 한강방어선에서 당초 3일간을 목표로 적의 도하를 저지하려 했으나, 결과적으로 북한군이 서울에 진입한 6월 28일부터 그들의 전차가 한강을 도하한 7월 3일까지 6일 동안이나 한강변을 고수했다. 한강방어선 전투는 한국으로 하여금 흩어진 부대를 재편성하고, 전투력을 복구할 수 있는 시간을 얻었을 뿐만 아니라, 미군과 유엔군의 참전에 필요한 황금 같은 시간도 확보할 수 있었다.

그리고 낙동강 방어선까지 효과적인 축차진지방어를 할 수 있게 되었으나 피난민행렬(도표 2-31)로 군사작전에 어려움도 있었다.

〈도표 2-31〉 피난민 행렬

(3) 미군 및 유엔군 참전과 낙동강방어

6·25전쟁이 발발하자 주한 미국 무초 대사는 즉시 국무장관 애치슨에게 보고하고, 애치슨은 주말 휴가 중인 트루먼 대통령에게 전화로 보고하였다.

유엔은 6월 25일 안전보장 이사회를 소집하고 미국이 제출한 북한군의 침략중지 및 38도선 이북으로의 철수를 요구하는 결의안을 채택함으로써, 미국을 비롯한 자유우방국가들이 한국에 필요한 군사원조를 제공할 수 있는 근거가 되었다.

유엔결의안을 지지한 미국을 비롯한 우방국가들은 전투부대 및 의료지원부대 파병, 물자지원 등 41개 국가가 참가(도표 2-32)하였다.[14]

〈도표 2-32〉 6·25전쟁시 지원 참가국가 현황

구 분	국 가
전투부대파병 (16개국)	미국·영국·오스트레일리아·네덜란드·캐나다·뉴질랜드·프랑스·필리핀·터키·타이·그리스·남아프리카공화국·벨기에·룩셈부르크·콜롬비아·에티오피아
의료지원부대 (5개국)	스웨덴·인도·덴마크·노르웨이·이탈리아
물자지원 (20개국)	아르헨티나·볼리비아·브라질·칠레·코스타리카·쿠바·에콰도르·엘살바도르·아이슬란드·이스라엘·레바논·리베리아·멕시코·나카라구아·파키스탄·파나마·파라과이·페루·우루과이·베네수엘라
계	41개국

유엔 안전보장이사회는 유엔 회원국이 한국에 파견하게 될 부대의 지휘체제에 관한 문제를 해결하기 위해 7월 7일, 영국과 프랑스가 공동으로 제안한 유엔군사령부 설치에 관한 결의안을 가결시켰다. 그 결의안의 요지는 "유엔군사령부의 설치 및 사령관의 임명권을 미국에 부여하며, 유엔기 사용을 승인한다."는 것이었다. 이 같은 결의는 유엔이 최초로 무력을 행사할 수 있는 군사 지휘기구를 설치했다는 점에서 중요한 의미가 있다.

그때의 결의에 따라 미국은 극동군사령관 맥아더 원수를 초대 유엔군 사령관에 임명했다. 맥아더 원수는 도쿄에서 유엔군 사령부를 공식적으로 창설하고, 극동군사령부의 참모

14) 김행복, 『6·25전쟁사』, 군사편찬연구소, 2005, p.36.

〈도표 2-33〉 덴마크 의료 지원 부대

위 사진은 덴마크가 6·25전쟁 때 한국에 파견한 의료선 유틀란디아(Jutlandia)호이다. 이 선박은 1951년 1월 23일 한국으로 출항해 45일째 되던 날 부산에 도착, 적극적인 의료지원 활동을 펼쳤다. 연합군 부상자의 본국 귀환과 의약품 조달 등을 위해 한국과 덴마크를 왕복하며 3차에 걸쳐 의료지원 파견임무를 수행했다. 유틀란디아호는 1953년 7월 정전협정이 체결되자 보유한 의약품과 의료기재를 유엔 한국재건단(UNKRA)을 통해 민간병원에 기증하고 8월 16일 본국으로 돌아갔다.

진들을 유엔군사령부 참모로 겸임 발령하여 6·25전쟁 작전 임무를 수행토록 했다.

이 같은 과정에서 미 지상군의 선두부대인 스미스 특수 임무부대가 대전에 도착하여 참전함으로써 한·미 연합군의 최초 방어선은 남한에서 가장 폭이 좁은 평택-안성-충주-울진으로 하였다. 또한 이 합의는 최초로 한·미 연합전선을 구축하여 작전을 수행하는 전환점이 되었다.

이승만 대통령은 7월 14일 지휘체계를 단일화하여 효율적인 작전을 수행하기 위해 전쟁 상태가 계속되는 동안 한국군의 작전지휘권을 유엔군 사령관에게 위임하는 서한을 맥아더 원수에게 보냈고, 그것이 수락됨으로써 체계적이고 효율적인 연합 및 합동작전을 수행할 수 있게 되었다.

그러나 북한군의 맹렬한 공격기세를 방어하지 못하고 한국군과 유엔군은 축차적 지연전(도표 2-34)을 전개하며 후퇴하였다.

예컨대 인천-서울-홍천-강릉(6. 25~6. 28), 평택-충주-울진(6. 29~7. 5), 군산-대전-개경-영덕(7. 6~7. 20), 하동-거창-김천-함창-안동-영덕(7. 21~7. 25)으로 지연전을 전개하다

〈도표 2-34〉 한국군 · 유엔군의 축차적 지연전 과정

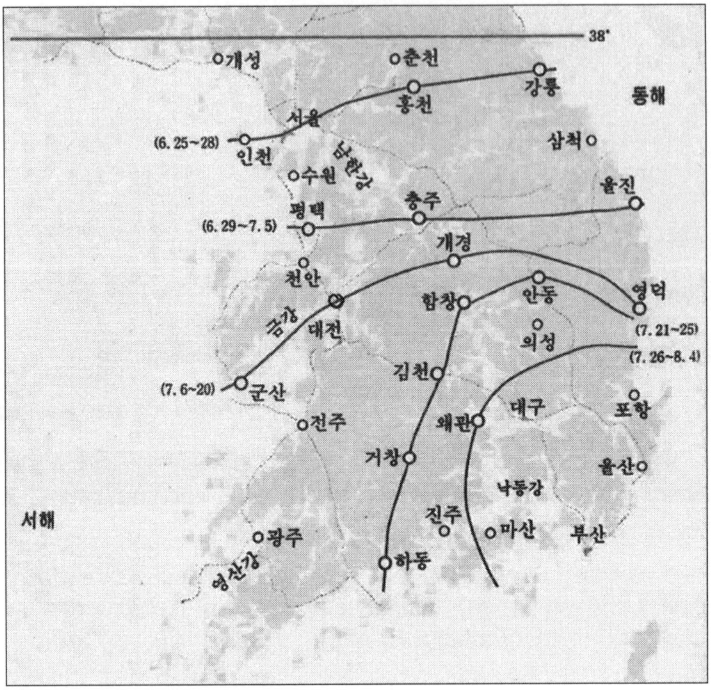

가 마침내는 마산–왜관–대구–영덕(7. 26~8. 4)의 낙동강 방어선까지 후퇴함으로써 남한지역의 90%를 북한군이 점령하게 되었다.15)

낙동강방어선에서 최후의 결전을 결심한 유엔군 사령부는 부대의 특성을 고려해 작전책임 지역을 분할했다. 이에 따라 강력한 화력과 기동력을 보유한 미군은 낙동강변 일대의 개활지를 담당하게 했다.

그 반면에 낙동강 상류의 산악지대는 노무자들의 지게부대(도표 2-35)와 동물(도표 2-36)로 보급품이 수송되어 북한군 및 중국군과 싸우는 한국군과 연합군은 전투를 수행 하였다. 즉 낙동강방어선에서 북한군의 총력 공세에 직면한 한국군과 유엔군은 이 이상의 후퇴는 있을 수 없으며, 이제는 더 물러설 수 있는 곳도 없다. 우리는 끊임없는 역습을 감행하며 끝까지 싸워야 한다는 생사기로의 명령으로 마지막까지 방어임무를 수행했다.

---

15) 노병천, 『나쁜 전쟁, 더 나쁜 전쟁』, pp.1003-1008.

〈도표 2-35〉 6 · 25전쟁의 지게부대

※ 최전방에서 탄약, 부상자, 사상자 후송과 도로보수작업(35~60세 징집)

〈도표 2-36〉 6 · 25전쟁영웅 군마

… 2013년 7월 미국 버지니아 주 국립해병대박물관 옆 공원에 6 · 25전쟁 영웅마 레클리스의 실물 크기 군마 동상이 설치되었다. '무모한'이라는 뜻의 레클리스는 암컷 몽골 말로 6 · 25전쟁이 발발하기 전 '아침해'라는 한국식 이름으로 서울 신설동에 위치한 경마장을 누비던 경주마였다. 그런데 전쟁이 발발하자 미군 해병대에 팔려 탄약과 포탄 등을 나르는 임무를 수행하였다. 레클리스는 저돌적 임무 수행으로 미 해병들로부터 큰 사랑을 받았다. 특히 1953년 3월 경기 연천지역에서 미 해병1사단과

중국군 120사단이 격돌한 네바다 전초전투에서는 보급기지에서 고지까지 수없이 왕복하며 장병들에게 생명과 같은 탄약을 운반하며 영웅으로 떠올랐다. 포탄이 터지는 상황에서도 꿋꿋하게 달리자 장병들은 'Reckless(무모한)'라는 별명을 붙였고 이때부터 '아침해'는 해병마 레클리스로 불리게 됐다. 레클리스는 정전협정 후 미국으로 건너갔고 전투 중 부상을 입은 군인에게 수여하는 퍼플 하트 훈장을 비롯해 선행상, 미국 대통령 표창장, 미 국방부 종군기장, 유엔종군기장, 한국 대통령 표창장 등 각종 훈장과 상을 받았다. 1959년에는 '하사' 계급장을 부여받아 미군 최초의 말 부사관이 됐다. 미군은 1960년에는 성대한 전역식을 치러줬고 1968년 '레클리스'가 죽자 미 해병대는 엄숙한 장례식으로 그의 죽음을 안타까워했다.…

그 결과로 한국군과 유엔군은 인천상륙작전과 함께 작전의 주도권을 장악하면서 다시 공세 이전으로 반격작전을 실시하여 북진할 수 있는 발판을 마련하게 되었다.

2. 인천상륙작전과 반격 작전기

(1) 인천상륙작전과 서울 탈환

인천상륙작전과 반격작전기는 1950년 9월 15일 인천상륙작전부터 10월 25일 중국군의 침공직전까지의 기간으로써, 인천상륙작전과 낙동강방어선에서 반격작전, 그리고 압록강과 두만강까지의 북진작전이 된다.

유엔군사령부는 한국군과 미 제8군이 낙동강 전선에서 격전을 치루고 있는 동안 유엔군사령관 맥아더원수는 합동전략기획단을 편성하여 인천상륙작전계획을 세우고 상륙부대를 편성하는 한편, 8월 말에는 미 극동공군과 미 극동해군을 유엔군 사령부의 작전 지휘에 들게 함으로써, 인천상륙작전을 구체화시켰다.

다른 한편으로 미국 육군성은 유엔군사령부의 요청에 따라 6 · 25전쟁에 증파하게 될 유엔지상군의 작전지휘체계를 강화하기 위하여 3개 군단사령부를 창설하고, 또한 한국군도 필요한 야전군 · 군단 · 사단들을 증 · 창설하였다.

이들 중 미 제1군단사령부는 9월 6일 한국에 도착하여 미 제8군에 배속되었으며, 미 제10군단사령부는 인천상륙작전부대를 통합지휘하게 되었다. 그리고 제9군단사령부는 9월 23일부터 반격작전에 참가하게 되었다.

맥아더 원수는 상륙작전(도표 2-37)으로 북한군의 후방을 차단해 전세를 역전시킨다는

〈도표 2-37〉 **인천상륙작전**

유엔군총사령관 맥아더, 육군소장 알먼드가 1950년 9월 15일 인천상륙작전 실시

구상이었다.

크로마이트 작전이라고 이름 붙여진 인천상륙작전계획은 상륙목표가 인천이라는 점에서 계획 시작부터 미 합동참모본부를 비롯한 미 해군의 상륙작전 전문가들은 성공확률이 5000분의 1이라며 완강한 반대에 부딪쳐 논란을 거듭하게 되었다.

그럼에도 유엔군사령관 맥아더원수는 이들이 반대하는 이유로 ① 지적된 인천의 천연적인 장애요소인 조수간만의 차이가 심하고, ② 상륙작전 해안이 협소하여 많은 상륙 인원 및 장비 운용의 곤란, ③ 북한군의 저항이 클 것이라는 것이 오히려 북한군으로 하여금 인천에 대한 대비를 허술하게 할 수 있는 요인이 될 것이라는 그의 소신을 관철하여, 급기야는 미 합동참모본부의 승인을 받아냈다.

…… 한국은 지리적으로 주요 교통망이 서부에 편중되어 있고, 철로와 도로가 서울을 중심으로 하여 남북으로 연결되어 있다. 인천에서 서울을 목표로 상륙작전을 감행할 경우 목표까지의 거리는 38km에 불과하다.

수도 서울의 탈환이 한국국민에게 안겨줄 심리적인 효과가 있고, 또한 인천으로 기습적인 상륙작전을 감행하여 서울을 탈환하게 될 경우, 북한군 주력의 퇴로를 차단할 수 있고, 한국군과 미 제8군이

〈도표 2-38〉 인천상륙작전 상황

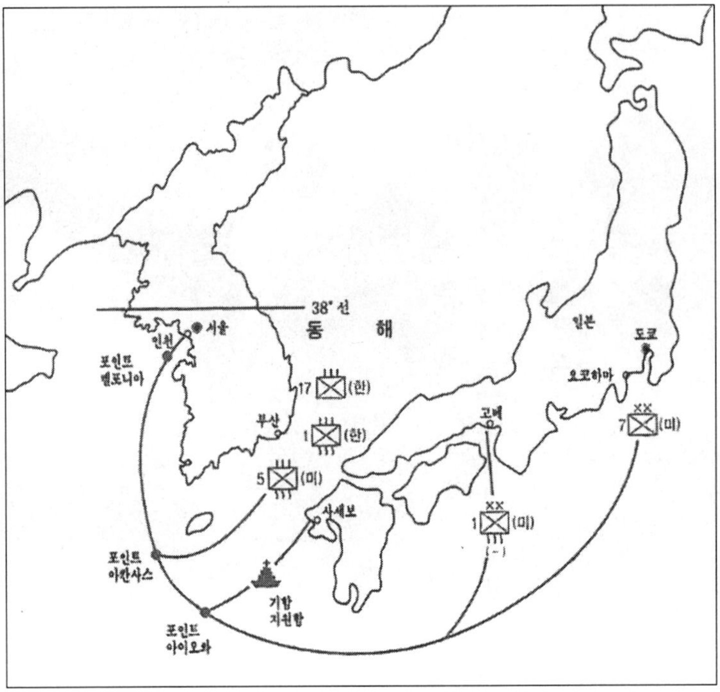

낙동강전선에서 반격을 감행한다면 북한군에게 치명적인 타격을 가할 수 있고 한국국민의 침체된 사기를 북돋워 주게 되는 활력소가 된다고 판단하였던 것이다.

이와 같은 상황에서 미 제10군단은 한국군 2개 연대를 포함한 미군 2개 사단, 3만여 명의 병력으로 구성된 상륙부대를 통합 지휘하여, 미 제7함대를 주축으로 한 유엔공군은 총 3,250회나 출격하여 전략 · 전술 표적을 강타하고, 해군 함정 260척의 지원을 받으면서 9월 15일 02시에 인천상륙작전(도표 2-38)을 개시하였다.

그러나 북한군의 저항은 미약하여 인천과 김포공항을 탈환하고, 다시 서울을 탈환하기 위해 미 제10군단은 행주-능곡-연희동, 영등포-마포, 노량진-서빙고-남산의 3개 방면으로 진출하여 서울에서 시가전을 치른 끝에 9월 28일 서울을 다시 수복하였다.

또한 미 제10군단의 일부 부대는 수원-오산 방향으로 진출하여 9월 26일 낙동강방어선에서 반격한 미 제1군단 선발대와 연결을 이루었다.

그리고 9월 29일에는 이승만 대통령과 맥아더 유엔군사령관이 임석한 가운데 서울 수복

〈도표 2-39〉 서울 수복 태극기 게양(중앙청)

(도표 2-39)을 경축하는 행사가 거행되어 맥아더 원수는 수도 서울을 이승만 대통령에게 인계했으며, 이승만 대통령은 맥아더 원수에게 태극무공훈장을 수여하고, 한국 정부는 이날에 부산에서 서울로 환도하였다.

세계전쟁사에 위대한 승리로 기록된 인천상륙작전은 기습을 달성하고 낙동강방어선에 집중 투입된 북한군 주력의 퇴로를 차단함으로써 포위할 수 있게 되었는데, 이 같은 상황은 개전 이후 수세일변도의 방어작전을 치를 수밖에 없었던 한국군과 유엔군에게 작전의 주도권을 장악하고 공세작전을 펼칠 수 있는 전환점이 되었다. 또한 이 작전은 유엔과 자유우방국가들이 38도선에 의한 한반도 분단 상태를 타파하고, 통일을 실현하기 위해 유엔군의 군사작전으로 38도선을 돌파하여 북진을 지지하게 되는 동기를 부여한 의미 있는 작전이었다.

(2) 낙동강 방어작전과 북진작전

북한군은 계속된 진격으로 낙동강방어선에 투입된 부대의 전투력이 거의 소모되었음에도 불구하고 부산만 점령하게 된다면, 이 전쟁을 승리로 종결지을 수 있다는 집념을 버리지 않고 있었다. 따라서 북한군은 다시 한 번 총공세를 감행할 계획을 세우고 새로운 전투부대를 낙동강방어선으로 급파하면서 공격준비에 박차를 가하고 있었다.

그러나 낙동강방어를 담당하고 있는 미 8군은 인천상륙작전이 성공함에 따라 주공인 미 제1군단(미군 2개사단, 한국군 1개사단)은 경부도로 축선으로 지향시키고, 남서부전선은 미 제9군단이 담당하고, 중동부전선은 한국군 2개 군단을 전개하여, 9월 16일 09시에 전 전선에 일제히 반격작전을 개시하였다.

낙동강전선에서 저항하던 북한군은 일단 방어선이 무너지자 순식간에 지휘체계가 와해되어 지리멸렬되고 말았다. 이들은 개전 초부터 오직 공격작전 일변도의 작전만 수행하였던 관계로 방어와 후퇴 이동작전에는 매우 미숙하여 한국군과 유엔군의 반격과 추격작전에 효과적으로 대처할 방책을 강구할 수가 없었던 것이다.

한국군과 유엔군의 추격은 대단히 신속하여 북한군에게 저지선을 형성할 시간의 여유를 주지 않았다. 9월 26일에는 미제 1군단 예하 777특수임무부대가 수원 · 오산까지 진격하여 인천상륙부대인 미 10군단 예하부대와 연결을 이룸으로써 북한군 퇴로를 차단하고 포위권을 형성하는 데 성공하였다.

> …… 한국군과 미 제8군은 진격속도에 주력한 나머지 퇴각중인 북한군을 앞지르게 되고, 이들이 한국군을 후속하는 기이한 현상이 여러 곳에서 일어났다.
>
> …… 이로 인해 괴멸직전에 있던 북한군의 일부 부대들은 패잔병이 모여 지휘체계를 회복하고 전투력을 재정비하면서 38도선 이남의 태백산맥과 소백산맥을 비롯한 울진 · 삼척 · 묵호 · 강릉 · 원주를 습격하는 사태가 벌어지기도 하였다.

북한군은 유엔군의 인천상륙작전과 낙동강방어선에서의 반격작전으로 더 이상 전쟁을 계속하기 어려울 정도의 막심한 피해를 입었다.

10월 1일에 북한군은 백천 · 개성 · 고량포 일대의 방어를 서해안 방위사령부가 담당하도록 하고 중동부전선에는 동방방위사령부(전선사령부를 개편한 것)에게 38도선을 방어할 태세를 갖추게 했다.

그 반면에 유엔군사령부는 전세가 완전히 역전되어 한국군과 유엔군이 38도선 부근까지 진출한 9월 29일에 모든 전투부대에 대하여 일단 진격을 멈추도록 명령하였다.

미국은 6 · 25전쟁의 목표가 38도선 회복이었으며, 한국군과 유엔군이 38도선을 넘어 공격을 했을 때는 중국의 참전과 구소련의 유럽침공으로 제3차 세계대전을 염려하여 내려진 조치였다.

그러나 이승만 대통령은 6 · 25전쟁의 목표는 국토통일이라고 주장하면서, 유엔군이 어떻게 결정하든 한국군은 진격을 멈추지 않을 것이라고 선언하고, 만일 유엔군이 이를 반대한다면 유엔군 사령관에게 위임했던 한국군의 작전지휘권을 환수하는 일까지도 고려하면서, 그날로 한국군 정일권 육군총참모장에게 북진할 것을 지시하였다.

정일권 육군참모총장은 군 지휘체계상의 혼선이 야기되는 사태를 방지하기 위하여 우선 미 제8군사령관과 협의한 끝에 동해안전선의 한국군은 전술적인 상황에서 38도선 북쪽 일부의 감제고지를 점령하는 데 합의하였다.

한국군 3사단은 10월 1일 38도선을 돌파(도표 2-40)하였으며, 국방부는 이날을 기념하기 위해 10월 1일을 '국군의 날'로 제정하였다.

이때 유엔군사령부가 한국군의 38도선 돌파를 묵인한 것은 유엔군도 38도선을 돌파하여 북진태세를 갖추고 있었기 때문이었다.

이와 같이 전세가 호전되자 미국은 유엔군의 최초 참전목적(목표)이었던 한반도의 원상회복이 아닌 유엔군의 완전한 군사적 승리를 정치적 승리로 완결하는 방향으로 전환하였다. 유엔 회원국가들은 대다수가 미국의 10월 7일 북진작전결정(도표 2-41)을 압도적 찬성으

〈도표 2-40〉 국군 제3사단의 38선 돌파

〈도표 2-41〉 한국군과 유엔군의 반격 및 북진상황

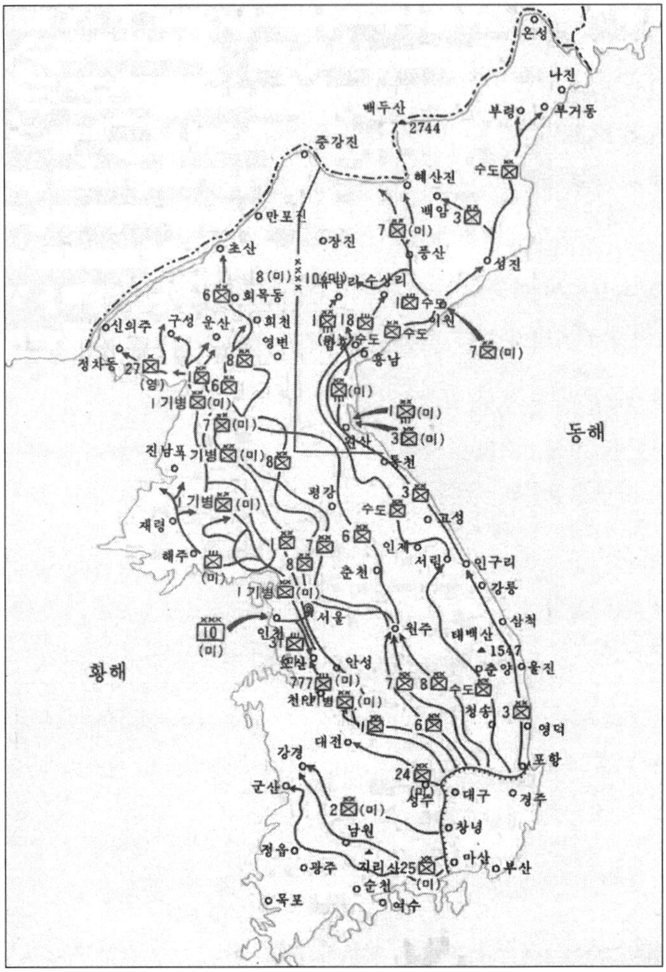

로 가결시켰다.

유엔군사령부는 동부전선에서 10월 1일 이미 38도선을 돌파한 한국군 제1군단 예하 3사단이 원산을 조기에 점령할 수 있으리라는 상황을 전혀 고려하지 않은 채, 다만 유엔군보다 먼저 북진을 개시한 한국군의 진격에 따른 북한군의 방어태세를 확인하는 한편, 중국과 구소련의 반응을 살핀다는 입장에서 한국군 제1군단의 북진상황을 지켜보고 있었다.

〈도표 2-42〉 6 · 25전쟁 공격작전

…… 당시 동부전선에 전개한 한국군의 보급사정은 대단히 좋지 못하여 군화의 보충보급이 전혀 없었다. 그럼에도, 장병들은 오직 통일의 일념으로 발에 헝겊을 감고 앞을 다투어 하루 평균 26km를 진격할 정도이었다.

그러나 10월 10일 한국군 제1군단은 동해안 최대의 군사적 요충지인 원산을 탈환하고 10월 17일에는 함흥과 홍남을 점령하였으며, 또한 10월 26일에는 미 제10군단도 원산에 상륙하여 계속 두만강을 향해 북진(도표 2-42)하였다.

다음은 중부전선에서 한국군 제2군단(한국군 3개 사단 배속)은 10월 6~9일 사이에 북진을 개시하였다. 제2군단 예하 제8사단은 철원 · 평강을 거쳐 곡산으로 진출하였으며, 제6사단은 화천 · 회양 · 원산으로 진격한 다음에 10월 20일에는 성천을 탈환하였다.

끝으로 서부전선에서 미 제1군단은 주공을 개성-사리원-평양 축선과 조공을 개성-해주-평양 축선에 투입하여 공격을 함으로써, 10월 19일 미 제1군단에 배속된 한국군 제1사단이 제일먼저 평양에 입성하고, 다음에 입성한 미 제1기병사단과 합류하여 평양 시내의 잔적을 소탕하고, 작전이 완료된 10월 30일 이승만 대통령이 참석한 가운데 평양시청에서 평양입성환영식(도표 2-43, 도표 2-44)을 거행하였으며 한국군과 유엔군은 계속해서 압록강과 두만강까지 북진하였다.

〈도표 2-43〉 평양입성환영식

〈도표 2-44〉 이승만 대통령의 평양 입성 환영대회 광경

한국군과 유엔군이 북진작전을 계속하고 있었던 10월 15일 트루먼 대통령은 6 · 25전쟁의 최종적인 처리와 전후 한국의 재건문제를 해결하기 위하여 서태평양상의 웨이크도에서 유엔군사령관 맥아더 원수와 만나 회담하였다.

이 자리에서 유엔군사령관은 유엔군의 작전계획을 설명하고, 11월내에 북한군을 격멸시킬 수 있을 것이며, 최소한 크리스마스까지는 이 전쟁을 종결지은 후 미 제10군단만 한국에 남기고 미 제8군은 일본으로 복귀시킬 수 있다는 지극히 낙관적인 전세판단을 대통령에게 보고했다.

그는 또한 중국군의 개입 가능성에 대한 트루먼 대통령의 질문에 대하여, 중국은 이미 효과적으로 개입할 수 있는 시기 — 한국군과 유엔군이 낙동강전선까지 철수하였을 때 — 를 놓쳐버렸으므로 그러한 가망은 거의 없다고 답변하였다.

그러나 북한지역에 대한 통치권 때문에 한국 정부와 미국 정부 간에 민군작전의 갈등(도표 2-45)이 계속되었다.

한국 정부는 헌법에 명시된 데로 북한이 대한민국 영토의 일부이므로 북한지역의 통치권은 당연히 한국 정부가 행사해야만 한다는 확고한 자세를 고수하고 있었다.

그러나 6 · 25전쟁을 주도하고 있던 미국은 통일된 자유 한국의 실현을 위하여 북진을 단행하였으나 북한에 대한 한국 정부의 통치권을 인정하지 않았으며, 오직 유엔의 한국통일 결의에 따라 국토통일을 이룩하기 위해서는 유엔군이 행사해야 한다는 입장이었다.

〈도표 2-45〉 한국과 미국의 북한통치권 차이점(민군작전)

구 분	미국 측	한국 측
목 표	전쟁 이전의 상태로 회복	한반도 통일
법적용	국제법	국내법
북한지역의 성격	점령(연합사 통제)지역	수복(통치권 확대)지역
통 일	2차적 관심사항	1차적 관심사항
전쟁(작전) 주체	유엔군 사령부	궁극적 주체는 한국 정부
통치권 회복 절차	유엔군사령부접수–한국 정부에 이양	한국 정부의 통치권 확대

이와 같은 북한 수복지역 통치의 기본적인 문제에 대한 두 나라 사이의 견해차이가 있었으나 중국군의 개입으로 6 · 25전쟁이 새로운 상황으로 전개됨에 따라 북한 통치문제는 더 이상 진전을 보지 못하고 말았다.

3. 중국군의 개입과 유엔군의 재반격 작전기

중국군의 개입 및 유엔군의 재반격기로서 1950년 10월 25일 중국군의 개입과 더불어 단행된 공산군(중국군 · 북한군)의 대공세로 한국군과 유엔군이 평택–제천–삼척선(37도선)까지 후퇴한 다음 재반격 작전으로 38도선을 회복하여 1951년 7월 10일 휴전회담이 개시될 때까지의 기간으로써 중국군의 개입(도표 2–46)과 유엔군의 3차례 걸친 반격작전이 있었다.

중국은 1945년 제2차 세계대전이 종식된 직후부터 4년 동안 장개석 군대와 내전을 치른 끝에 승리한 모택동주석은 1949년 10월 1일 공산정권을 수립하였다.

그리고 중국은 북한과 상호방위협정을 맺음으로써, 군사 및 경제면에서 유대관계를 확고히 하였으며, 구소련과 군사동맹조약을 체결하여 6 · 25전쟁 개입의 명분을 조성해 놓고 있었다.

중국군이 6 · 25전쟁에 개입하게 된 동기에는 대체로 다음과 같은 이유가 있었기 때문이었다.

첫째는 자국의 안전보장을 위하여 공산주의 이념을 같이한 북한정권을 유지하려고 하는 것이며, 둘째는 구소련을 대신한 대리전쟁을 함으로써 구소련으로부터 경제부흥과 군사

〈도표 2-46〉 압록강을 건너는 중국군

력 증강에 소요되는 원조를 획득하고 아울러 중국과 구소련 간에 군사동맹조약에 따라 만주에 외세가 침입하였을 때, 구소련이 이에 개입하게 될 사태를 사전에 예방하기 위한 것이며, 셋째는 국내의 반공세력 및 반혁명세력 등에 대한 정치적 · 사회적 불안요인을 외부로 돌려 상황을 극복하고 안정을 얻으려는 것이었다.

이 밖에도 군사적인 측면에서는 곧 겨울이 되면 압록강 · 두만강의 결빙으로 병참선을 유지하기 쉬운 반면에 유엔군의 기동은 북진을 계속할수록 어려워질 것이며, 북한지역의 험준한 산악지역은 산악전과 유격전에 능한 중국군에게는 매우 유리할 것으로 내다본 것이었다. 그러나 한국군과 유엔군은 총반격작전을 전개한 끝에 한국군 제6사단 제7연대는 마침내 한 · 만 국경선상의 초산(도표 2-47)을 점령하고 압록강 변에 태극기를 꽂았는데, 이때가 1950년 10월 26일이었다.

그러나 한국군과 유엔군 정면에 수 미상의 중국군이 출현하여 치열한 교전을 치르게 됨으로써 중국군이 6 · 25전쟁에 개입한 것을 처음으로 확인하게 되었다.

중국군의 개입으로 한국군과 유엔군의 북진작전은 끝내 통일의 염원을 달성하지 못한 채 새로운 방향으로 전환하지 않으면 안 되었다.

〈도표 2-47〉 **국군 제6사단 제7연대 제1대대 제3중대에서 압록강 물을 담는 장면**

맥아더 유엔군사령관은 "우리는 전적으로 새로운 전쟁에 돌입하고 있다"고 선언하고 공격작전으로부터 방어작전으로 전환하면서 서부지역의 ① 제8군은 청천강 남쪽으로 후퇴하고 동부지역 미 해병 제1사단의 장진호지구 전투와 미 제10군단은 흥남철수작전, (병력 10만 명, 피난민 10만 명) 후에 다시 개성-화천-간성에서 방어를 하다가, ② 의정부-홍천-양양까지 밀려 났으며, 마침내는 ③ 평택-영월-삼척선까지 후퇴하여 방어선을 구축하고 있다가 38도선으로 재반격(도표 2-48)을 실시했다.

…… 장진호전투는 미 해병1사단의 1만2000명이 1950년 11월 27일부터 12월 11일까지 11일간에 걸쳐 유담리에서 함흥까지 장장 100km를 영하 35도 혹한 속에 12만 중국군의 포위망을 뚫고 함흥으로 후퇴한 성공적인 철수작전이었다. 장진호지구는 해발 2000m의 낭림산맥, 함경산맥 등으로 연결과 개마고원이 펼쳐 있으며, 여기에는 압록강 지류 장진강을 댐으로 막아 만든 인공호수인 장진호와 취전호가 있다.

미 해병 1사단은 35도 혹한 속에 소총 및 탱크와 포병 및 전투장비가 작동이 되지 않고, 식량보급 중단으로 굶고 못 자면서 2836명의 전사자를 내며 중국군 포위망을 돌파한 작전이었다. 전사자 절반

〈도표 2-48〉 철수작전 후에 흥남부두를 폭파하는 장면

은 적의 총알이 아니라 동사로 목숨을 잃었다. 미 해병 1사단의 장진호 전투의 성공적인 후퇴작전으로 미 해군 군함과 상선을 통해 흥남철수작전(군인 10만 명, 피나민 10만 명 철수)이 성공할 수 있었다.

미 해병의 3대 전투로 제1차 세계대전의 프랑스 벨로 숲 전투, 제2차 세계대전의 이오지마 전투, 6.25전쟁의 장진호 전투가 꼽히고 있다.……

이 같은 불리한 상황을 극복하기 위해 맥아더 유엔군사령관은 ① 만주지역의 중국군 군수시설 등에 원자폭탄 사용과, ② 중국의 해안 봉쇄는 물론, ③ 대만의 장개석 군대를 중국본토 공격과 한반도에 투입시켜 줄 것을 강력히 요청했으나 미국 트루먼 대통령을 비롯한 정책결정자들은 그 요청을 수락하지 않았다.

유엔군의 군사작전 목표도 북한군의 완전격멸과 남북통일이 아니라 38도선 회복으로 다시 변경되었다.

이 같은 과정(도표 2-49)에서 유엔은 6·25전쟁 휴전협정을 제의하였으나, 중국은 미군이 한국과 대만에서 철군해야만 휴전이 성립될 수 있으며, 유엔군이 38도선을 돌파하여 북진했을 때 이미 이 분계선은 사라졌기 때문에 이제는 중국이 무력으로 한반도를 통일시키겠다고 공공연하게 선언하였다.

〈도표 2-49〉 **중국군의 공격과 한국군 및 유엔군의 철수상황**

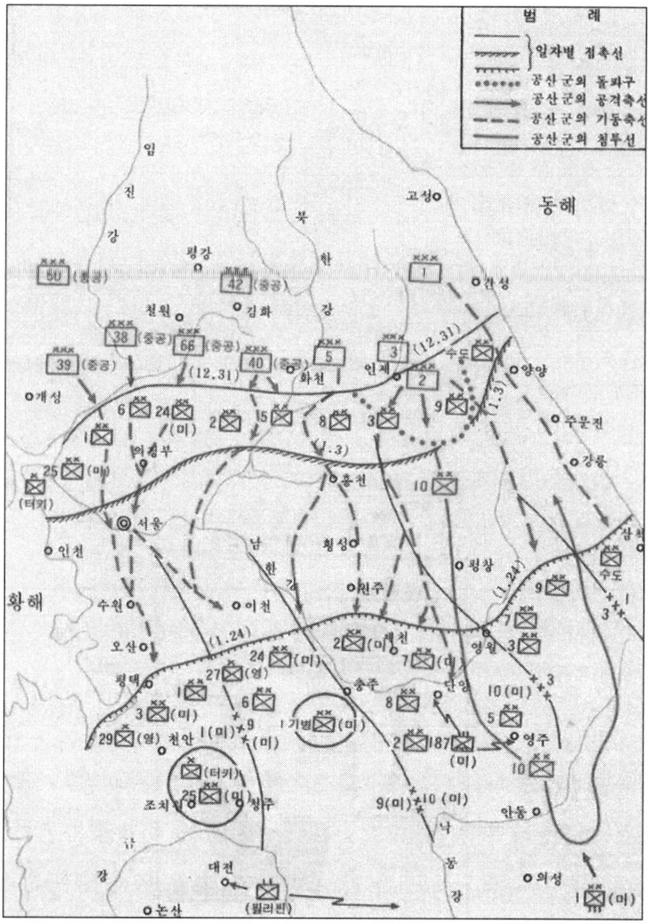

그 당시 중국은 중국군이 38도선 이남으로 침공하게 된다면 유엔군이 한국에서 철수할 것이라는 신빙성이 높은 첩보를 사전에 입수하고 있었다.

1951년 1월 3일 중국군이 서울지역에 다시 공격을 강화하게 되자, 미 제8군사령관은 주한 미 대사를 경유하여 수도 서울의 포기를 한국 정부에 통보하고, 다음날부터 서울 남쪽 60km 지점의 평택－영월－삼척을 잇는 북위 37도선으로 철수를 개시하여 1월 24일에는 이 선을 연하여 새로운 방어선을 형성하였다.

유엔군사령부의 작전구상은 “철수하면서 적에게 최대한 타격을 가하다가 그들의 보급 능력이 한계에 도달했을 때 재반격으로 전환한다”는 것이었다.

…… 이보다 앞서 한국 정부는 1950년 12월 24일 수도권에 대한 피난령을 내리고, 1951년 1월 3일 부산으로 다시 이동하였다. "1 · 4후퇴"라고 부르게 된 이 두 번째의 서울 철수와 한국군 및 유엔군의 37도선으로의 철수로 인하여 서울과 그 밖의 지역에서 남쪽으로 내려간 피난민은 764만여명의 주민이 피난길에 올라 엄동설한 속에서 다시 어려움을 겪게 되었다.

이와 같은 상황에서 미국은 종전이냐 확전이냐에 대한 정책적 갈등이 있었다.

트루먼 대통령과 합동참모본부는 대한민국의 범위를 38도선 이남지역으로 해석하고 유엔군의 임무는 달성되었다는 해석으로 휴전을 위한 종전론을 지시하였다.

그러나 맥아더 유엔군사령관은 1951년 3월 24일 다시 중국에 대한 강력한 보복조치를 주장하면서, 중국 해안의 봉쇄와 중국본토의 군수산업시설의 원자탄 폭격, 그리고 대만군의 중국 본토공격과 6 · 25전쟁 참전 등을 다시 주장하였다.

또한 한반도에서 전쟁이 발생한 이상 38도선은 무의미하며 다시 압록강까지 반격하여 한반도가 민주국가로 통일되어야 한다는 확전론을 강력하게 주장함에 따라 트루먼 대통령은 맥아더 유엔군사령관을 해임시키고 리지웨이 대장을 새로운 유엔군사령관에 임명하였다.

…… 트루먼 대통령은 맥아더 원수의 이와 같은 행위는 문민통제의 민주주의 체제와 최고통수권자에 대한 도전이기 때문에 도저히 용납할 수 없다는 단안을 내리고, 미 합동참모본부의장을 비롯한 여러 국무위원들과 일련의 회의를 거친 뒤 4월 12일 맥아더 원수를 유엔군사령관 및 미 극동군사령관 그리고 미 극동지구 육군사령관의 직위로부터 해임시켰다. 맥아더원수는 미국 상하합동의회에서 노병은 죽지 않는다, 다만 사라질 뿐이란 유명한 연설을 남기고 퇴역하였다.

그 후 후임으로 리지웨이 대장이 임명되었으며, 미 제8군은 벤플리트 중장이 지휘하게 되었다.

이 같은 상황에서 중국군과 북한군의 공격정면은 의정부 북쪽부터 인제까지로 120km에 달하는 광정면이었다.

한국군과 유엔군은 중국군과 북한군에게 방어태세를 갖출 시간의 여유를 주지 않고 재반격을 실시하여, 6월에는 현 휴전선과 거의 비슷한 임진강 하구–철원–금화–펀치볼–향로봉–고성을 연하는 선(도표 2-50)까지 진출하여 방어진지를 구축(도표 2-51)하게 되었다.

이러한 상황전개 가운데 1951년 6월 1일 유엔 사무총장은 "38도선 부근에서 휴전한다

〈도표 2-50〉 **한국군과 유엔군의 재반격 및 전선의 교착상황**

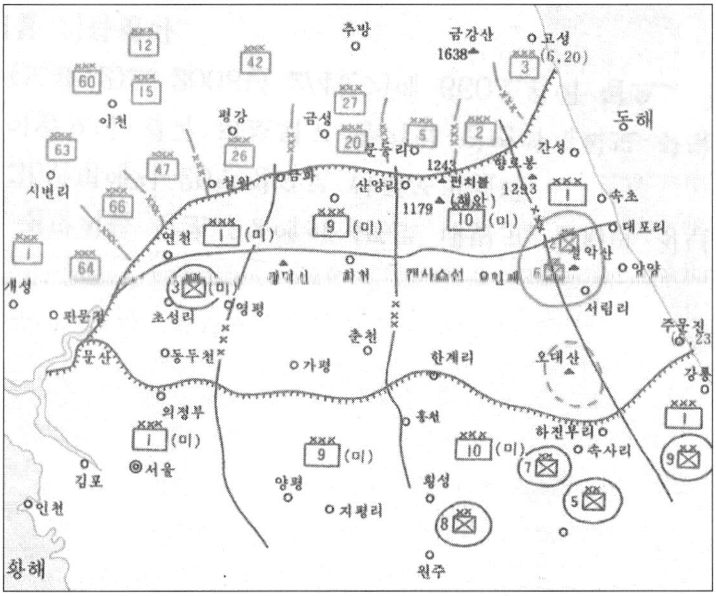

〈도표 2-51〉 **미 제8군 사령관 밴플리트 장군으로부터 전선 설명을 듣고 있는 이승만 대통령(1951.9.14)**

는 것은 한국에 대한 침략을 격퇴시킨다는 유엔군의 전쟁목적을 달성하는 것"이라는 성명을 발표함으로써 6 · 25전쟁의 휴전협상안은 사실상 유엔회원국가들의 동의를 얻은 셈이 되었다.

그리고 6월 23일 구소련은 주 유엔대사 말리크를 통해서 휴전협상을 제의함에 따라 유엔군사령관은 6월 30일 중국에 휴전회담제의를 발표하였다.

이에 대해 중국도 7월 2일 유엔군사령관의 휴전회담을 개최하자는 성명에 동의하며, 7월 10일에 쌍방의 대표가 만나기를 희망한다고 발표하였다.

이렇듯 많은 우여곡절을 겪은 끝에 7월 10일 개성에서 첫 휴전회담을 개최하고, 다시 회담장소를 판문점으로 옮긴 이후 장장 2년간에 걸친 협상을 계속하게 되었다.

4. 전선교착과 휴전 회담기

전선 교착 및 휴전회담기는 휴전회담이 개시된 1951년 7월 10일부터 1953년 7월 27일 정전협정이 조인될 때까지 2년간의 기간이 된다.

휴전협상이 진행된 2년간에도 한국군 · 유엔군과 중국군 · 북한군 사이에는 크고 작은 많은 전투가 38도선을 중심으로 전개되어 휴전협상에 보다 유리한 조건을 만들기 위해 백마지구전투, 피의 능선 전투 등에서 치열한 전투가 계속되었다.

즉 유엔군은 협상과정에서 주요 쟁점사항이 해결되지 않을 경우 이를 타개하는 수단으로, 공산군 측에게 휴전조건을 강요하는 수단으로 군사작전을 전개했다.

그 반면에 공산군 측은 휴전협상 과정에서 전력의 열세만회로 전력증강을 위해서, 일부 빼앗긴 진지를 탈환하는 등 군사력 과시를 통해 휴전회담에서 주도권을 장악하기 위해 전투

〈도표 2-52〉 유엔군과 공산군의 휴전회담 수용 이유

미 국	공산군		
	중 국	구소련	북 한
• 유엔군이 평양 · 원산으로 재반격 시, 공산측 휴전회담 불응우려 • 전쟁 계속할 경우 미군 병력 및 예산 추가소요 • 미군의 막대한 인명손실과 반전여론 • 제3차 세계대전 우려	• 중국 내부 상황 고려와 전투력 열세 인식 • 구소련의 전투사단 현대화장비 미지원	• 미국과의 확전회피 • 명예로운 휴전모색(38도선 확보)	• 북한 전 지역 초토화로 체제위기, 승리해도 전후 복구곤란 • 제2의 인천상륙작전 시 전세만회 더욱 곤란 • 전쟁패배 인식

〈도표 2-53〉 6 · 25전쟁과 휴전협정을 지도했던 사람들

※ 1952년 12월 4일 드와이트 아이젠하워 미 34대 대통령 당선자가 경무대를 방문해 이승만 대통령을 만났다. 왼쪽부터 제임스 밴플리트 미 8군 사령관, 마크 클라크 유엔군 총사령관, 이승만 대통령, 아이젠하워 대통령 당선자와 아들 존 아이젠하워 소령.
※ 존 아이젠하워 미3사단 대대장은 금화지구전투에서 참전했음.

를 실시했다. 이렇게 됨으로써 '일면협상, 일면전투'가 정전협정이 체결(도표 2-52, 도표 2-53)될 때까지 계속되었다.

1952년 12월 2~5일 사이에 미국 제34대 대통령으로 당선된 드와이트 D. 아이젠하워가 선기기간 중에 "본인이 한국에 가서 전선을 살펴보고 6 · 25전쟁을 조속히, 그리고 명예로운 방법으로 종결시키겠다."라고 공약한 대로 한국을 방문하였다.

이때에 유엔군사령관은 정체상태에 빠져든 휴전회담의 돌파구를 모색할 의도로 다시 평양-원산 선으로 진격할 작전계획을 세우고, 이를 아이젠하워에게 건의하였으나 그는 이를 받아들이지 않았다.

이로써 아이젠하워 대통령도 6 · 25전쟁에 관한 한 트루먼 행정부가 추구하던 현 접촉선에서 휴전협정을 성립시킨다는 기존정책에는 변함이 없음을 보여주었다.

또한 이승만 대통령은 오직 북진통일로 민주국가를 건설해야 한다는 주장을 하고, 거제도 송환거부 포로를 일방적으로 석방을 하는 등 많은 한국과 미국 간에 갈등이 있었다.

미국은 유엔군사령관을 통해 이승만 대통령에게 휴전협정에 동의하도록 설득하고 이해시키기 위해 노력하였다. 그 결과로 유엔군사령관이 방문한 자리에서 이승만 대통령은 휴전을 수락하는 조건으로 한 · 미 상호방위조약의 체결과 공산군이 침략할 경우 미국이 즉각적인 원조에 대한 보증, 그리고 한국에 평화가 정착될 때까지 유엔군의 계속주둔과 한국군

〈도표 2-54〉 6 · 25전쟁 휴전협정

※ 1953년 7월 27일 유엔군 측 수석대표 해리슨(왼쪽)과 공산군 측 수석대표 남일(오른쪽)이 판문점에서 정전협정 문서에 서명하고 있다.

의 증강을 계획대로 실현시킬 것을 약속했다.

이와 같이 1951년 7월 10일에 개시되었던 휴전회담은 수많은 난관을 극복하고, 회담을 개최한지 2년만인 1953년 7월 27일 10시 판문점에서 열린 제159차 본회담에서 한국대표가 빠진 쌍방 대표들이 협정문서에 서명(도표 2-54)하고, 이날 22시에 전 전선에서 포성이 멎음으로써 마침내 3년간에 계속된 6 · 25전쟁은 끝나게 되었다.

그리고 7월 30일 22시에 쌍방은 현 접촉선이 군사분계선(도표 2-55)으로 변경됨에 따라 한국군과 유엔군은 이 선에서 남쪽으로, 공산군 측은 북쪽으로 각각 2km씩 철수하여 비무장지대를 만들고, 새로운 방어진지를 편성하여 오늘날에 이르고 있다.

한반도에서 남북한은 휴전협정에서 평화협정으로 진전시키고 마침내는 민주평화통일을 완성시켜 나가야 한다.

〈도표 2-55〉 **군사분계선과 비무장지대**

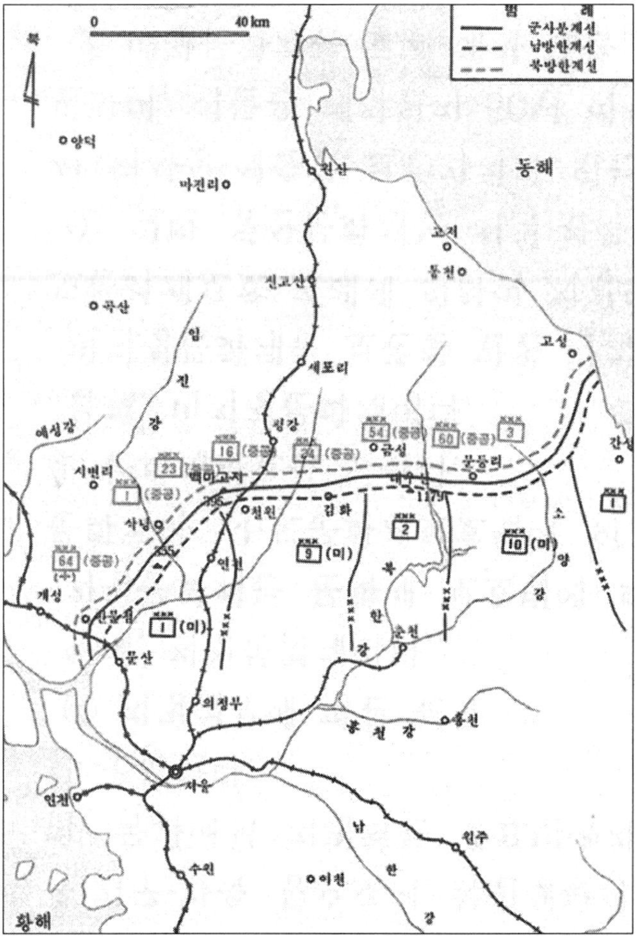

제4절 | 6 · 25전쟁 교훈

1. 국가흥망과 국가안보의 중요성

6 · 25전쟁은 국가의 흥망과 국가안보의 중요성을 일깨워준 전쟁이었다.

첫째는 6 · 25전쟁은 한국의 정치 · 외교적, 경제적, 사회 · 심리적, 문화적, 과학기술적, 군사적인 파괴뿐만 아니라 국토가 피폐화(도표 2-56)되고 훼손되었다.

둘째는 국가안보가 준비되지 않았을 때는 국가위기는 언제든지 닥아 올 수 있다는 사실

〈도표 2-56〉 6 · 25전쟁으로 폐허가 된 국토

과 국가간의 굳건한 동맹관계의 중요성을 알게 했다.

또한 공산주의자들의 침략을 물리치고 국가를 수호할 수 있었지만 공산주의자들의 실체가 어떤 것이었나를 직접 체험함으로써, 국민들의 반공 의식 및 국가안보의 중요성을 인식하게 되었다.

셋째로 6 · 25전쟁은 국가의 이익에 따라 전쟁목적이 수시로 변경된 전쟁이었으며, 넷째는 전쟁지역의 제한과 핵무기 사용을 제한하는 전쟁사상 최초의 제한전쟁이 되었으며, 다섯째는 한반도 주변국가의 이익에 따라 한반도 통일이 어렵다는 사실을 알게 했다.

여섯째로 6 · 25전쟁은 한국군과 유엔군에게 인명피해(도표 2-57)가 있었으며, 남북한 민간인 인명피해(도표 2-58), 북한군 인명피해(도표 2-59)를 비롯해서 많은 가옥을 비롯한 수많은 시설과 재산이 파괴되었다.

일곱째로 6 · 25전쟁은 자유진영과 공산진영의 국제적인 전쟁이었고 냉전 시대의 대리전쟁이었다.

〈도표 2-57〉 한국군 및 유엔군 인명피해

구 분	계	전 사	부 상	실종/포로
계	776,360	178,569	555,022	42,769
한국군	621,479	137,899	450,742	32,838
유엔군	154,881	40,670	104,280	9,931

〈도표 2-58〉 남북한 민간인 인명 피해

구 분	남 한				북 한
	소 계	사망/학살	부 상	납치/행불	
2,490,968	990,968	373,599	229,625	387,744	1,500,000

〈도표 2-59〉 북한군 인명피해

출처문헌	총 계	사 망	실종/포로	비전투손실	비 고
한국전란4년지	607,396	508,797	98,599	–	
군사정전위 편람	640,000	520,000	120,000	–	
미군자료	801,000	522,000	102,000	177,000	사망에 부상포함

2. 휴전협정 반대와 한·미상호방위조약 체결

1953년 6·25전쟁 휴전협정 과정에서 한국과 미국이 벌인 갈등은 심각한 상황이었다.

한국 이승만 대통령은 결단코 휴전을 반대하고 북진통일정책으로 통일정부를 완성하는 것이었다. 그러나 6·25전쟁을 지도했던 미국 해리 트루만 대통령이 물러나고, 6·25전쟁 휴전을 선거공약으로 내세웠던 드와이트 아이젠하워 대통령이 취임하였다.

미국은 6·25전쟁의 제3차 세계대전으로 확대 염려와 국내 반전여론확산 등 이유로 한반도에 휴전을 진행시켰다. 1953년 6월 17일 이승만 대통령은 아이젠하워 대통령에게 서한을 보내 현재 한반도 휴전안은 대한민국에 사형을 집행하는 것이라며 휴전협정을 반대(중국과 북한은 휴전회담 전제조건으로 포로 전원 송환을 주장하고 있었음)하고, 다음날인 6월 18일 미국이 극히 염려했던 반공포로를 전격적으로 석방했다.

이에 대해 6월 19일 아이젠하워 대통령은 국가안보회의(NSC)에서 이승만은 친구가 아니라 또 하나의 적이라고 비난하고, 미국이 후원한 한국인(군부 혹은 민간인) 주도 이승만 제거 쿠데타계획, 즉 에버레디 오퍼레이션(Ever Ready Operation)계획을 지시했다. 그렇지만 이승만 대통령은 국민에게 절대적인 지지와 군부를 완전히 장악하고 있었기 때문에 미국은 한국에서 쿠데타 가능성이 없다는 것을 인식했다. 결국 미국은 이승만 대통령을 제거할 수도, 한국에서 철수할 수 없는 상황에서 이승만 대통령이 1953년 7월 27일 휴전협정에 동의하는 조건으로 1953년 8월 8일 한 · 미상호방위조약을 가조인하고 1954년 11월 17일 비준서를 교환 및 발효시켰다.[16]

이와 같이 가장 어려운 6 · 25전쟁 상황에서 국가 사활적 이익을 위해 미국에 갈등과 대립하면서, 이승만 대통령이 이룩한 한 · 미상호방위조약은 미국이 아시아국가에서 맺은 최초 방위조약이고, 또한 북한방어-구소련저지-중국봉쇄-일본견제의 4중 안보장치가 되어 21세기 현재도 한국안보의 절대적인 디딤돌이 되고 있다.

3. 한반도의 전략적 가치 재평가

미국을 비롯한 자유진영 국가들은 6 · 25전쟁을 계기로 한반도에 대한 전략적인 중요성을 재인식하게 되었다. 구소련과 중국은 역사적으로 그들의 국가이익에 직결되는 한반도의 지리적인 전략적 가치를 매우 높게 평가하여 정치적 · 군사적 · 경제적인 지원을 하면서까지 기득권을 보호했지만, 미국은 지리적인 여건상 일본 방위에 역점을 두게 되어 한반도의 전략적 가치를 그다지 높게 평가하지 않았으나, 6 · 25전쟁으로 인해서 한반도의 중요성이 입증되는 계기가 되었다.

4. 정보과학기술군 발전의 필요성

6 · 25전쟁은 중국의 개입과 더불어 미국과 유엔이 평화적인 전쟁종식을 위한 협상을 모색하기 시작하면서부터 군사작전이 통제되는 제한전쟁으로 변하였다.

이로 인하여 전선이 교착된 가운데 쌍방이 휴전회담에 유리한 영향을 미치게 할 의도로

---

16) 중앙일보, 2011. 1. 28.

치열한 전초거점 쟁탈전을 전개한 것이 그 특징이었다.

이러한 전투에서 중국군은 인명손실에는 조금도 구애받지 않은 인해전술을 감행하였다. 이에 맞선 유엔군은 포병화력 위주로 이들을 격퇴하게 되었으며, 결국에는 지상전투의 대부분이 포병전투로 성패가 판가름 나게 되었다. 그 결과로 유엔군은 중국군 한 명을 살상하는데 평균 100발의 포탄을 소모하게 되었다는 분석이 있었다.

21세기 전쟁은 병력위주의 군이 아닌 과학기술위주의 군으로 수행하고 한국의 지형과 기후에 적합한 전략 · 전술 발전과 5차원전쟁(지상 · 해상 · 공중 · 우주 · 사이버)을 수행할 수 있는 정보과학기술군으로 육성하고 발전시켜 나가야 한다.

5. 끝나지 않은 6 · 25전쟁 종식을 위한 국가안보전략 발전

1950년 6 · 25전쟁이 일어난지 3년만인 1953년 7월 27일 휴전협정이 체결됐다.

북한은 휴전협정 때부터 2000년대 현재까지 지상 · 해상 · 공중 · 우주 · 사이버의 다양한 형태인 정규전, 비정규전, 테러, 간첩활동 등으로 수많은 도발을 자행해왔다.

그 사례 중에 북한이 북방한계선(NLL) 무력화를 위해 일으킨 제1연평해전 및 제2연평해전(서해교전)과 한국의 백령도 영해에서 천안함 폭침 사건 및 영토인 연평도를 포격으로 공격한 사실(도표 2-60, 도표 2-61, 도표 2-62)은 6 · 25전쟁이 끝나지 않았음을 증명해준 전쟁 수준의

〈도표 2-60〉 서해5도 지역과 도발 상황도

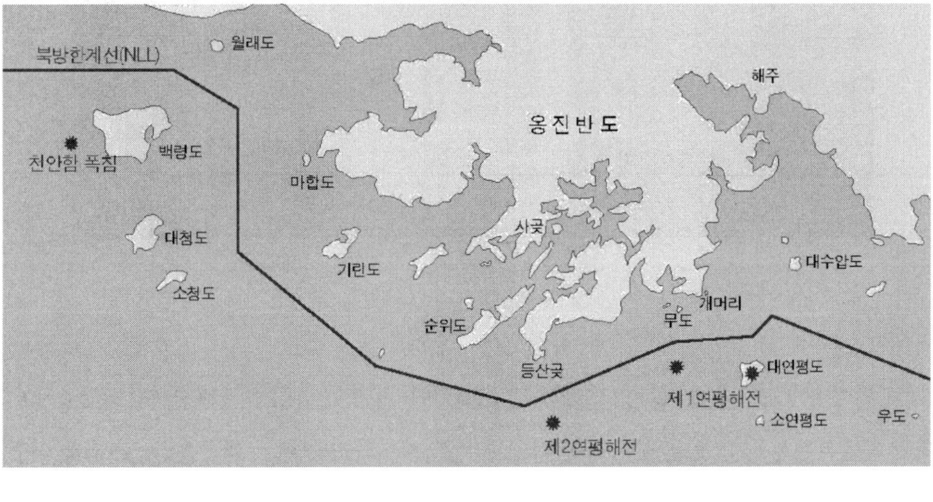

〈도표 2-61〉 **천안함 폭침 현상**

백령도 근해에서 폭침으로 두 동강 난 천안함 인양작업

〈도표 2-62〉 **연평도 포격 현상**

연평도가 파괴 및 불타고 있는 상황

도발이었다.

예컨대 1999년 6월 15일 제1연평해전과 2002년 6월 29일 제2연평해전(서해교전으로 명칭)에서 북방한계선(NLL)을 침범한 북한 해군과 이를 저지하려는 한국 해군은 6 · 25전쟁 이후 처음으로 정규군 간에 치열한 밀어내기 작전 및 해상교전을 실시했다.

한국은 제1연평해전과 제2연평해전에서 발생한 위기에 대한 적시적인 위기관리, 그리고 효과적인 정치 · 외교적 대응 및 강력한 군사적 응징으로 승리하였다.

그 반면에 2010년 3월 26일 북한은 서해 백령도 근해의 한국 영해에서 초계임무를 수행하고 있던 천안함을 수중 어뢰로 공격하여 폭침시키고 46명의 전사자를 발생시켰으며, 또한 11월 23일 북한은 옹진반도 일대에 배치된 해안포와 방사포로 한국 영토인 연평도를 포격으로 공격하여 해병대 2명과 민간인 2명이 사망하고 20여 명의 중경상자가 발생했으며, 군사시설 및 민간시설들이 다수 파괴되고 불타서 큰 피해를 당했다.

즉 백령도 천안함 폭침사건이나 연평도 포격사건은 북한이 6 · 25전쟁 이후 최초로 ① 한국의 영해와 영토를 매우 치밀한 준비로 직접 공격한 전쟁수준의 도발이었고, ② 공격대상도 한국군과 민간인을 포함하여 무차별로 공격을 했으며, ③ 실제 전쟁 상황에서 발생할 수 있는 연평도 피란민이 인천으로 탈출하는 액소더스로 국민 없는 영토가 생길 수 있다는 무서운 현실이 발생했다.

이 같은 절박한 상황은 앞으로도 서해 5도(백령도 · 대청도 · 소청도 · 연평도 · 우도)가 북한의 직접 공격 목표가 되어 점령될 수 있고, 미국과 중국의 이해가 충돌하는 새로운 국제분쟁지역화가 될 수 있다는 불편한 진실이 확인되었다.

그러나 한국은 6 · 25전쟁 이후 최대 위기상황을 위기관리 측면에서, 군사적 측면에서, 정치 · 외교적 측면에서 효과적인 대응도 응징도 하지 못한 패배한 작전이었다.

특히 북한 김정은 국방위원회 제1위원장은 2014년 미국의 증원군이 한반도 도착하기 전인 7일내지 15일 이내에 전쟁을 끝낸다는 신작전계획을 수립했다. 즉, 기습공격-전면전으로 확대-핵 · 미사일 등 비대칭 전력으로 총공격-특수전병력투입-미국 증원군 도착 전인 7-15일내에 남한을 점령완료한다는 계획이다.[17)]

앞으로 끝나지 않은 6 · 25전쟁을 종식시키고 평화통일을 위한 국가안보 대응전략은 어떻게 해야 할 것인가?

첫째, 군사적으로는 어떠한 위기상황에서도 평화를 지키는 전략(Peace Keeping)을 구사할 수 있는 한국적인 전쟁계획, 무기체계, 교전규칙, 군사전략 및 작전술 등을 발전시켜 군사적 대응태세를 완벽하게 갖추어야 한다.

---

17) 중앙일보, 2015년 1월 8일.

둘째, 정치 · 외교적으로는 평화를 만드는 전략(Peace Making)을 실천해야 한다. 한국은 한 · 미동맹의 전략적 기본 축 위에서도 중국 · 러시아 · 일본 등을 경제적 관계차원을 넘어 정치 · 외교적 관계차원, 군사적 관계차원으로 확대발전시켜 쌍방이 절실히 필요한 존재가 되도록 하고, 북한을 평화 지향적 통일로 변화시키기 위한 정치 · 경제 · 외교 · 통일 안보전략을 능동적으로 추구해 나가야 한다.

셋째, 국가안보를 책임진 정치 · 사회지도자 및 국민들은 국가안보지식, 위기관리능력을 실현해야 한다. 이를 위해 정치 · 사회지도자 및 국민들은 끊임없이 변화하는 국제적인 환경, 남북한의 상황, 평화통일의 조건들을 충족시킬 수 있는 국가전략의 개발과 남북한의 화해협력정책을 추진해야 한다. 왜냐하면 진정한 위기관리지도자는 평화스러운 상황에서, 혹은 국민의 생명과 재산이 손실되고 파괴되지 않는 선에서 국가이익과 국가안보를 지킬 수 있는 지혜와 용기, 국가정책과 국가전략을 수행할 수 있어야 하기 때문이다.

넷째, 노블레스 오블리주 가치를 책임과 희생정신으로 실천해야 한다. 노블레스 오블리주란 국가적 · 사회적으로 권력, 명예, 부를 많이 가진 사람은 그것에 비례해서 봉사 · 희생 · 책임을 많이 져야 한다는 정신이며 가치인 것이다.

6 · 25전쟁에서 미국 아이젠하워 대통령의 아들 존 아이젠하워 미3사단 대대장이 치열했던 금화지구전투에서 참전한 것을 비롯해서 영국 처칠 수상의 아들은 종군기자로 활동했고, 미8군사령관 제임스 밴플리트 장군의 아들은 평양 폭격 임무시 전사했다.

그리고 북한을 지원했던 중국 마오쩌둥 주석 아들은 미군 폭격으로 전사했다. 마오쩌둥은 아들의 시신을 중국으로 송환하겠다는 보고를 받고 자기아들만 데려 올 수 없다며 조선에 묻으라고 지시했다.

그러나 6 · 25전쟁에서 당시 한국의 권력, 명예, 부를 가진 사람들의 아들 이름은 없었다. 앞으로 진정한 국가적 · 사회적 지도자가 되기 위해서는 국가적 · 사회적으로 권력 · 명예 · 부를 누린 사람들은 보통 국민보다 먼저 노블레스 오블리주를 실천해야 한다.

8 베트남전쟁

제1절 | 배경

베트남은 오랜 역사동안 대륙세력인 중국의 지배를 받아오다가 해양세력인 프랑스, 일본의 식민지 국가로써 저항의 역사이었다.

이 같은 역사적 과정에서 하나의 국가였던 베트남이 북베트남에는 공산정부가 남베트남에는 민주정부로 분단되어 있다가 베트남전쟁을 통해서 다시 하나의 국가가 되었다.

이것은 마치 한국이 중국의 영향을 받았고 조선시대에는 프랑스가 강화도를 침범하여 병인양요를 일으켰으며, 일본의 식민지로 있다가 제2차 세계대전 종전과 함께 북한은 공산정부가 남한에는 민주정부가 들어서 6·25전쟁으로 북한이 남한을 무력통일하려고 했으나 실패하는 비슷한 역사를 가진 국가였다.

한국은 역사상 최초로 해외파병이란 베트남파병을 국가이익과 국가안보라는 적극적인 이유에서 뿐만 아니라 국제정세의 흐름에 순응할 수밖에 없었던 사실로 정책이 결정된 국가의지였던 것이다.

그러나 베트남전쟁의 성격과 지원에 대한 평가가 일치하지 않은 고도의 정치적과제가 되었다.

그것은 한국군의 베트남 참전이 반공 십자군의 성스러운 행위라는 평가와 더불어 베트남 내란에 간섭하는 청부전쟁에 끼어든 용병이라는 두 가지 극단적인 견해가 있는 것도 베트남전이 내포하고 있는 복잡성 때문이었다.

이와 같은 복잡한 전쟁, 일치하지 않는 평가, 그리고 전쟁이 지닌 고도의 정치적으로 특정지어지는 베트남전쟁에 한국군이 개입한 현실적인 의미와 그 결과가 어떤 것인가를 분석평가하여 교훈을 얻어야 한다.

제2절 | 베트남전쟁의 원인

베트남은 대륙세력과 해양세력이 교차하는 전략적 요충지역으로 한반도와 유사한 역사적 변천을 하여 왔다.

베트남지역은 풍부한 농 · 수산물과 천연자원이 풍족했기 때문에 국경을 접하고 있는 대륙세력인 중국의 침략과 영향을 오래 동안 받아왔다. 또한 해양세력인 유럽국가(프랑스 · 영국 등)에서 보면 베트남은 세력확장과 교역활동을 위한 중간 기착지가 되면서 중국 진출을 위한 관문의 역할도 될 수 있었다.

이와 같은 베트남의 국제적 · 지리적 · 교역적 환경들은 1000년에 걸친 중국의 지배를 비롯해서 100년간의 프랑스 지배, 단기간의 일본 지배 등으로 국가가 없는 민족으로 살아오면서 베트남국민은 독립에 대한 민족의식과 줄기찬 저항은 베트남전쟁의 원인이 되었다.

제3절 | 베트남전쟁의 진행과정

1. 베트남의 식민지화와 저항

유럽국가들은 적극적인 해외 팽창정책을 추구하며 베트남과 중국 및 조선 등 동아시아 지역으로 세력을 확장시켜 나갔다. 특히 베트남을 대륙진출의 발판으로 이용하려 했던 프랑스는 베트남에서 선교활동을 하고 있는 자국의 가톨릭 선교탄압을 빌미로 적극적인 공세를 취하기 시작했다.

프랑스는 첫 번째 조치로 1858년 9월 1일 베트남 중부의 다낭(Da Nang)을 점령한 후에 여세를 몰아 북부까지 점령함으로써, 그동안 종주국 행세를 해오던 청나라를 축출하고, 1885년 6월에 체결한 텐진조약으로 베트남의 지배권을 장악했다.

그리고 캄보디아와 라오스까지 장악했던 프랑스는 인도차이나 식민정부를 수립해 동남아시아에서 본격적인 식민지 경영에 나섰다.[18)]

그 후에 제2차 세계대전이 치열해 지면서 유럽에서 독일군이 프랑스를 점령하고, 아시아에서는 일본군이 1940년 6월 베트남을 포함한 동남아시아를 점령했다.

---

18) 최용호, 『베트남전쟁과 한국군』, 국방부 군사편찬연구소, 2007 참조

이 같이 프랑스 세력이 쇠퇴하게 되자 일본은 1945년 3월 9일 전격적으로 프랑스군을 공격해 무장해제 시킨 후로 베트남을 직접지배하기 위해 일본은 베트남 마지막 왕조의 바오다이를 황제로 내세워 꼭두각시 정권을 수립했다.

한편 프랑스 식민당국이 일본에게 굴복하는 것을 지켜 본 베트남사람들은 자신들의 독립이 막연한 꿈이 아니라 반드시 이룰 수 있다고 생각하게 되면서부터 베트남민족주의의 운동이 활기를 띠게 되었다. 그리고 1941년 5월 10일 호찌민이 주도하는 베트남독립동맹을 결성하고, 약칭으로 베트민이라고 불렀다. 그때부터 베트민은 베트남민족주의 운동의 핵심세력으로 확고한 위치를 구축하기 시작했다.

1945년에 접어들어 베트민이 일본에 대해 국민봉기를 준비하고 있을 때 제2차 세계대전에서 패전한 일본이 항복했다. 베트민은 8월 18일 하노이의 모든 공공시설을 무력으로 접수하고 일본의 꼭두각시 정권으로 간주되고 있던 바오다이 황제를 퇴위시켰다. 이어서 9월 2일 호찌민은 50만 군중이 운집한 가운데 독립선언과 함께 베트남 민주공화국 수립을 선포하였다.

2. 제1차 베트남전쟁과 프랑스(1946~1954)

제2차 세계대전의 패전으로 독일과 일본이 항복하게 되자 미국 · 영국 · 구소련 3국의 정상들은 독일의 포츠담회의에서 베트남 주둔 일본군의 무장해제를 위해 1945년 8월에 북위 17도선을 경계로 북부는 중국군이, 남부는 영국군이 각각 진주하기로 결정했다.

일본군 무장해제를 위해 처음에 영국은 남부에 진주하는 영국군 대대에 프랑스군 1개 중대를 포함시켜 임무를 수행했으나 곧바로 프랑스는 중국 및 영국과 협상을 통해 두 나라 군대를 철수하게 한 후 베트남 전역을 다시 프랑스가 지배하게 되었다.

이 과정에서 북베트남의 독립을 선포하고 행정기관을 장악한 호찌민 세력과 남베트남의 프랑스군의 충돌은 필연적이었다. 마침내 1946년 12월 19일, 호찌민군이 프랑스군을 기습 공격함으로써 제1차 베트남전쟁이 발발했다. 그러나 빈약한 군사력을 가진 호찌민군은 결코 프랑스군의 상대가 될 수 없었다.

프랑스군의 반격으로 붕괴된 호찌민군은 하노이를 포기하고, 중국 국경에 인접한 산악지대에 은거하면서 장기적인 저항에 돌입했다. 그러나 전투가 거듭되면서 명분 없는 전쟁에 돌입한 프랑스군은 점차 호찌민군의 치고 빠지는 게릴라전에 말려 들게 되면서 불리한 상황으로 역전되기 시작했다.

한편 미국은 프랑스의 베트남 지배를 탐탁하게 여기지 않지만 1950년 6월에 한반도에서 6 · 25전쟁이 발발하자 공산주의 팽창의 도미노 현상을 우려해 프랑스를 적극 지원하기 시작했다. 그에 앞서 1950년 1월 18일 중국 모택동 정부가 호찌민 정부를 승인했으며, 그해 1월 30일 구소련도 승인을 하였다. 그때부터 제1차 베트남전쟁은 중국과 구소련이 지원하는 호찌민군과 미국을 비롯한 자유진영이 지원하는 프랑스군이 대결하는 공산주의와 민주주의 대결전쟁으로 바뀌게 되었다.

프랑스는 미국의 적극적인 지원에 힘입어 병력을 증파하면서 호찌민군과 대결했지만, 시간은 베트남 주민들의 전폭적인 지지를 받고 있는 호찌민 편이었다. 그 결과 1954년 5월 7일 디엔비엔푸 요새가 호찌민군에게 함락되자 프랑스는 더 이상 전쟁을 계속할 명분을 잃었다.

결과적으로 프랑스는 1954년 7월 20일 제네바에서 호찌민 세력과 평화협정을 체결했다. 베트남을 북위 17도선을 경계로 북쪽은 호찌민 세력이 점령하고, 남쪽은 프랑스가 세운 바이다오 왕정체제를 유지하고 2년 후인 1956년 7월까지 남북 베트남 총선거를 실시해 통일정부를 수립한다는 것이었으나, 이 협정은 프랑스군의 항복과 같은 것으로써 제1차 베트남전쟁은 호찌민 세력의 승리로 막을 내리게 되었다.

3. 제2차 베트남전쟁과 미국(1962~1973)

제1차 베트남전쟁에서 패배한 프랑스는 평화협정에 명시된 베트남 독립일정 등의 약속은 아랑곳 하지 않은 채 철수를 서둘렀다. 프랑스가 베트남을 포기하자 공산주의 팽창을 우려한 미국 정부가 남베트남(도표 2-63)에 강력한 반공정부를 수립해 공산주의 도미노 현상을 차단하기 위해 개입하였다.

미국은 프랑스 점령시절 미국으로 망명했던 고딘 지엠(Ngo Dinh Diem)을 앞세웠다. 실권을 장악한 지엠은 1955년 10월 26일 베트남공화국(남베트남)을 수립하고 초대 대통령에 취임하여 강력한 권한을 행사하기 시작했다. 그러나 의욕이 앞섰던 지엠 정부는 토지개혁, 정착촌 건설 등을 무리하게 추진하는 과정에서 주민들의 반발을 샀으며, 정부 관리들의 부패도

〈도표 2-63〉 **남 · 북 베트남 현황 비교**

구 분	국토넓이(㎢)	인구(천 명)	수 도
계	330,350	41,800	
남베트남	171,600	19,100	사이공
북베트남	158,750	22,700	하노이

자료: 주월한국군사령부. 『월남전종합연구』. 주월사 정리단, 1974. p.153.

척결하지 못했다.

그 사이에 지엠 정부에 반대하는 세력들이 결집해 임시정부 수준의 민족해방전선(NSF)을 결성했다. 그러자 지엠 정부의 강압정치가 계속되면서 주민들 반발과 민족해방전선의 군사조직인 베트콩(VC: Viet Cong)이 게릴라전투를 시작했다. 북베트남 정부도 산악지대에

〈도표 2-64〉 **베트콩 지원 통로와 저항**

호찌민통로와 해상보급로: 북베트남이 베트공을 지원하기 위해 개설

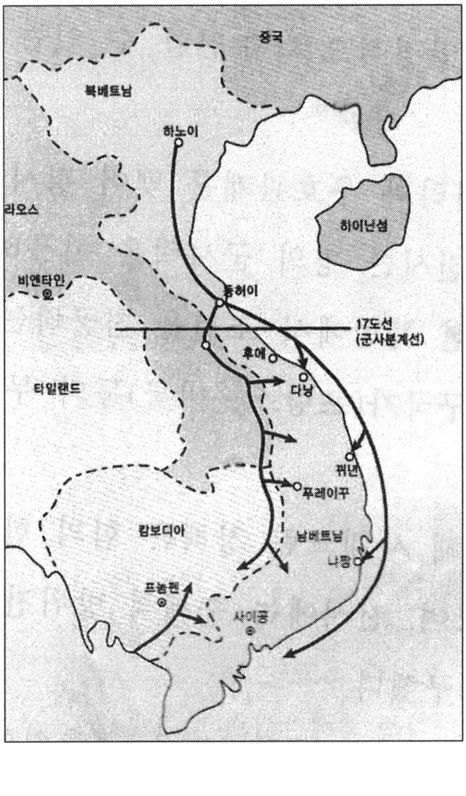

호찌민 비밀통로(도표 2-64)를 구축해 남베트남의 저항세력을 적극 지원하기 시작하면서 남베트남의 전 지역이 전장화로 바뀌고 말았다.

지엠 정부의 반대세력이 강력하게 저항한 가운데 1963년 11월 1일 군사쿠데타로 지엠 정부가 실각한 이후 반복된 군사쿠데타와 정권교체로 민심이반 현상이 가속화됐다.

그 같은 상황에서도 미국 정부는 강력한 군사력으로 북베트남과 민족해방전선의 베트콩세력을 제압할 수 있다고 판단했다.

1964년 8월에는 동낀만사건이 발생하자 의회로부터 전쟁권한을 위임받은 린든 존슨 대통령은 1965년 7월 베트남전쟁의 미국화를 공식적으로 결정하면서 북베트남지역에 대한 강력한 북폭을 하고 지상군 전투를 수행했다.

그러나 존슨 대통령은 합동참모본부가 주장한 17도선인 군사분계선을 돌파해 하노이를 공격하자는 요구는 거부했다.

이것은 6 · 25전쟁에서 경험했던 중국의 개입을 두려워했기 때문이다. 왜냐하면 미국을 비롯한 8개국의 군대가 남베트남에 파병되어 지원하고 있는데, 만약에 구소련과 중국은 물론 북한까지 북베트남을 지원하여 남북베트남전쟁이 일어난다면, 이것은 한반도에서 6 · 25전쟁과 유사한 국제전쟁으로 비화될 수 있었기 때문이다.

1968년 1월 민족해방전선의 베트콩(도표 2-65)과 북베트남군의 총공세는 베트남전쟁을 승리로 이끌 수 있다는 지금까지의 미국의 환상이 깨지는 계기가 되었다.

〈도표 2-65〉 베트콩의 은거지

즉 군사적 측면에서 볼 때 북베트남은 인적자원과 보급능력 고갈로 더 이상 전쟁을 수행할 능력 없다는 것이 일반적인 평가였으나, 미국 국민들의 생각은 달랐다. 전쟁의 실상이 TV를 통해 생생하게 안방에까지 전달되면서 미국 국민들은 베트남전쟁을 새롭게 인식하게 되었다.

그때부터 베트남전쟁의 의미와 성격에 의문을 제기하는 사람들이 늘어나면서 반전여론이 걷잡을 수 없이 확산됐다. 베트남전쟁을 승리로 이끌겠다던 존슨 정부의 의지도 국민의 거센 저항을 극복할 수 없었다.

존슨 정부는 1968년 3월 31일 성명을 통해 북폭을 중지하는 조건으로 평화협상을 제안하고 구소련과 영국에게도 협상의 성사를 위해 협조해 줄 것을 요청했다.

북베트남 정부는 미국의 제안을 수락하고 미국과 북베트남의 평화협상을 위한 예비회담이 1968년 5월 10일 프랑스 파리에서 열린데 이어서 5월 13일에는 제1차 본회담이 열렸다.

그러나 미국은 북폭 중지를 조건으로 북베트남의 남베트남에서 군사적 양보를 요구했고 북베트남은 폭격의 완전한 중지를 전제조건으로 내세웠기 때문에 협상은 진전되지 못하고 지상전투는 더욱 가열되기만 했다.

1968년 11월, 미국의 대통령 선거에서 당선된 리처드 닉슨 대통령은 베트남정책은 미군이 패배했다는 인상을 주지 않으면서, 미군을 서서히 철수시키고, 그 공백을 남베트남 정부군으로 대체하는 것이었다.

닉슨은 1969년 6월 8일, 태평양의 미드웨이 섬에서 남베트남의 티에우 대통령과 정상회담을 갖고, 8월말까지 미군 2만5천여 명을 철수시킬 것이며, 연말까지 더욱 많은 병력을 감축할 것임을 밝혔다.

미국의 정책이 '베트남전쟁의 미국화'로부터 '베트남전쟁의 베트남화' 정책으로 선회했음을 선언한 것이다. 또한 닉슨은 그해 7월 25일 괌에서 "앞으로 미국은 국지전 개입을 제한할 것이며 아시아 국가들의 방위는 자국이 스스로 책임져야 한다"는 내용의 '닉슨독트린'을 발표함에 따라 남베트남 정부는 물론 한국 정부에게도 영향을 미쳤다.

그 같은 닉슨의 정책에 따라 1968년 말에 54만8천여 명에 달했던 남베트남에서 미군은 1972년 말에는 2만9천여 명으로 대폭 감소하였다. 그 대신에 1967년에는 63만 명이었던 남베트남군은 1970년도부터 100만 명을 넘게 되었는데, 이것은 외형적인 숫자일 뿐이었다. 왜야하면 남베트남군은 규모와 장비면에서 어느 선진국 군대에 못지않았지만 훈련이 부족했으며, 특히 내 나라를 내 힘으로 지키겠다는 의지가 없었다.

그 사이에 협상을 계속해 오던 미국 키신저와 북베트남 레둑토는 평화협정안에 합의하고 1973년 1월 27일에는 유엔 사무총장이 참석한 가운데 정식으로 조인하고 1월 28일부로 발효시켰다. 평화협정이 발효됨에 따라 미국의 개입으로 10년 가까이 계속되었던 제2차 베트남전쟁은 막을 내리게 되었다.

남베트남에 파병된 미군과 한국군을 비롯한 연합군은 평화협정 발효 후 60일 이내에 철수를 완료한다는 조항에 따라 1973년 3월 26일까지 철수했다. 그때부터 남베트남은 자신의 나라를 자신의 힘으로 지켜야 했지만 그럴 수 있는 행동력이 부족했고, 또한 파리에서 체결된 평화협정도 남베트남의 평화와 안전을 결코 보장해 주지 못했다.

4. 제3차 베트남전쟁과 남베트남 패망(1973~1975)

1973년 1월 28일 베트남평화협정이 발효되고, 미군 및 한국군 등 연합국 군대가 철수함에 따라 남베트남은 자신의 힘으로 자신의 나라를 지켜야 했다.

그러나 외세 척결을 외쳐오던 대부분의 남베트남 국민들은 모든 외국군이 철수했음에도 북베트남과 민족해방전선(베트콩)의 게릴라전에 방관적 자세로 일관했다.

당시 남베트남은 북베트남 및 민족해방전선(베트콩)과 비교해 월등히 우세한 군사력을 보유하고 있었다.

그러나 1975년 1월 북베트남군의 총공세가 시작되자, 이에 맞선 남베트남군은 전투다운 전투도 해보지 못한 채, 그해 4월 30일 북베트남군이 무력으로 남베트남군을 패배시키고 통일을 완성하였다.

그 후 1976년 7월 2일 북베트남은 남베트남을 무력으로 통일하여 새로운 통일정부 베트남사회주의 공화국을 출범시켰다.

이와 같이 많은 역사적 시련과 고난을 극복하고 통일된 베트남 정부가 수립되었으나 가난한 국가로 탄생했다.

세계 10대 빈국 중 하나로 출발한 베트남은 1986년 12월에 제6차 전당대회에서 도이머이(Doi Mio: 쇄신) 정책을 채택해 추진함으로써, 2000년대는 새로운 대외 국제관계를 구축하고 자본주의 국가를 능가하는 시장경제 체제로 베트남이 발전하고 있다.

제4절 | 베트남전쟁의 한국군 파병과 철수

한국 정부가 한국군을 베트남에 파병하기 위한 본격적인 활동은 1964년 5월 9일 미국 존슨 대통령의 서한이 접수되면서부터 시작했다.

존슨 대통령이 한국을 포함한 25개 자유우방국에 서한을 보내 남베트남을 지원해 주도록 요청한 것이다. 그것은 미국 정부의 새로운 동남아시아 전략이었다.

그 전까지 미국의 전략은 동남아시아조약기구(SEATO)를 중심으로 하는 동남아지역 안보체제를 이용해 베트남사태에 대처한다는 것이었다.

그러나 프랑스 등 일부국가가 "남베트남이 SEATO 가맹국이 아니다"는 이유로 SEATO의 개입을 강력히 반대함으로써 미국의 전략은 실현되지 못했다.

다른 한편으로 1961년 5.16군사혁명으로 출범한 박정희 정부의 최대과제는 미국과 안보동맹체제를 더욱 강화하여 북한의 위협에 대처하는 것과 함께 보릿고개 가난이란 경제적 어려움을 시급히 해소하는 것이었다. 이를 위해 박정희 정부는 한·일 국교정상화와 함께 한국군의 베트남파병을 국가정책으로 선택해 안보와 경제라는 두 마리 토끼를 동시에 잡으려 했다.

한·일 국교정상화와 더불어 한국군의 베트남파병을 적극 추진하기로 한 박정희 정부는 한·미 정상회담 등 대미 교섭에 적극적으로 나섰다. 그때 동남아시아조약기구(SEATO) 국가들이 미국의 베트남 정책에 대해 강력히 반발하자 미국 정부는 그 대안으로 베트남을 지원할 자유우방의 범위를 확대해 한국을 포함한 25개 자유우방국에 남베트남 지원을 호소하는 서한을 발송하게 되었고, 한국은 베트남전쟁에 한국군을 파병하게 되었다.

1. 제1차 파병과 이동외과병원 및 태권도단

미국 존슨 대통령의 남베트남 지원 요청 서한을 접수한 박정희 대통령은 국방장관에게 미국의 요청을 검토하도록 지시했다. 그러나 당시 한국 정부는 서한을 접수하기 전부터 파병을 기정사실화하고 파병의 구체적인 방안을 검토해두고 있었기 때문에 존슨의 서한은 이를 공식화해 명분을 쌓는 것에 불과 했다.

반면 당시 한국 정부의 입장에서 볼 때 미국 정부가 요청한 1개 야전병원의 파병은 인도적 차원에서 파병으로 전투병력 파병과는 거리가 있는 것이었다. 그러나 당시 한국 정부는 해외파병에 관한 경험이 전혀 없었으며, 베트남의 실태에 대해서도 잘 알지 못했기 때문에 의료지원단 파병은 매우 귀중한 기회였다.

한국군 파병에 대한 당시 정부의 입장은 공산침략을 받고 있는 남베트남 사태는 한국의 안보와 직 · 간접적으로 연결되어 있다는 국가안전보장의 측면과 6 · 25전쟁시 도와준 자유우방에 보답한다는 국제적 신의의 차원이었다. 따라서 국민들은 물론 정치권에서도 공감을 얻고 있었다.

그 같은 분위기에 따라 국방부는 파병을 위한 조치를 구체화해 130명 규모의 이동외과병원과 10명으로 편성된 태권도 교관단 등 140명을 파병하기로 결정했다. 이어서 정부는 1964년 7월 15일, 남베트남 정부로부터 한국군 파병을 요청하는 서한을 접수한데 이어 국회는 7월 31일 만장일치로 파병동의안을 통과시켰다.

정부와 국회의 조치에 따라 부대편성과 훈련을 마친 이동외과병원과 태권도 교관단은 1964년 9월 11일, 해군 LST편으로 부산항을 출항해 9월 22일, 남베트남의 수도 사이공에 도착했다. 다음날 사이공에서 한국군 최초의 파병을 환영하는 행사에 참가한 후 9월 25일에는 남베트남 육군 정양병원이 위치한 봉따우(Vung Tau)에 도착했다. 이어서 9월 28일, 시무식을 갖고 주월 한국군으로서 첫 업무를 시작했다. 한편 태권도 교관단도 남베트남 육군보병학교와 육군사관학교, 해군사관학교에 배치되어 가르치기 시작했다.

2. 제2차 파병과 건설지원단

한국 정부가 이동외과병원과 태권도 교관단 파병을 준비하고 있던 중에 1964년 8월 동낀(Dong Kinh)만 사건이 발생했다. "1964년 8월 2일과 4일 동낀만 공해상에서 정박 중인 미해군함정을 북베트남 어뢰정이 공격했다"는 사실을 미국 정부가 발표하면서 북베트남을 공식적인 적으로 간주했다. 이어서 미국은 선전포고를 발표하지는 않았으나 8월 5일, 항공모함을 급파해 북베트남 지역의 유류 저장시설을 집중 폭격함으로써 사실상의 전쟁에 돌입했다.

베트남전쟁이 확대되자, 미국은 전쟁의 명분을 확보하기 위해 보다 많은 자유우방의 지원이 필요했다. 아울러 후방에서 전쟁복구를 지원하고 있던 남베트남군을 전선에 투입하게 됨으로써 추가 병력이 필요하게 됐다. 그 해인 1964년 12월 18일, 브라운(Winthrop G. Brown)

주한 미 대사가 박정희 대통령을 예방해 남베트남에서 후방지원을 담당할 비전투부대 파병을 요청하는 존슨 대통령의 친서를 전달했다. 한국 정부는 이미 예상했던 일인 만큼 신속히 부대를 편성해 파월 준비를 갖추고, 국회의 동의를 얻었다.

국방부는 건설지원단의 명칭을 평화를 상징하는 비둘기부대로 명명했다. 비둘기부대는 3월 10일 인천항을 출발해 3월 16일에는 사이공에 도착한 후에 사이공 동북쪽 22km 지점의 지안(Di An)에서 사이공 외곽도로 건설과 각종 건설지원 임무를 수행했다.

3. 제3차 파병과 맹호부대 및 청용부대

1965년이 되면서 베트남의 상황은 점점 더 악화되고 있었다. 미국의 강력한 북폭에도 불구하고, 북베트남이 호찌민통로를 이용해 정규군 남파를 계속하고 있었기 때문에 남베트남의 곳곳에서 지상전투가 격화되기 시작한 것이다.

그해 3월 11일 김현철 주미 대사는 볼(George W. Ball) 미 국무부차관과 면담을 통해 한국 정부는 "베트남에서 추가적인 병력을 필요로 한다면 기꺼이 보낼 것이다"라고 말했다.

또한 미국을 방문했던 이동원 외무장관도 한국은 미국을 돕는 것을 만족하게 여길 것이며, 필요하다면 더 큰 부대를 지원할 것이다 라고 말했다.

한편 이동원 장관은 브라운 주한 미 대사와 협상을 통해 ① 파병 병력의 상한선은 5만 명 이내로 하고, ② 한국군의 현대화를 지원하며, ③ 북한의 침공시 미국이 즉각 지원할 수 있도록 한 · 미 방위조약을 개정하고, ④ 파병에 소요되는 경비를 미국이 부담하며, ⑤ 남베트남에서 사용할 군수품 공급 등 한국의 남베트남 시장진출을 보장한다는 파병조건을 제시했다.

한국 정부의 요구사항은 1965년 5월 17일부터 18일까지 워싱턴에서 개최된 한 · 미 정상회담에서 타결되었다. 국방부는 수도사단과 제2해병여단을 재창설과 같은 수준으로 개편한 후 맹호부대와 청룡부대로 각각 명명했다.

그리고 1965년 9월25일에는 파병부대를 통합지휘할 주월 한국군사령부(도표 2-66)를 창설하고, 수도사단장 채명신 소장을 사령관(겸임)으로 임명함으로써 한국군 최초의 통합군사령부가 탄생하였다.

이어서 10월 9일 청룡부대가 남베트남 중부의 깜란에 상륙하고, 그 뒤를 이어 수도사단

〈도표 2-66〉 **주월 한국군의 편성 기구도**

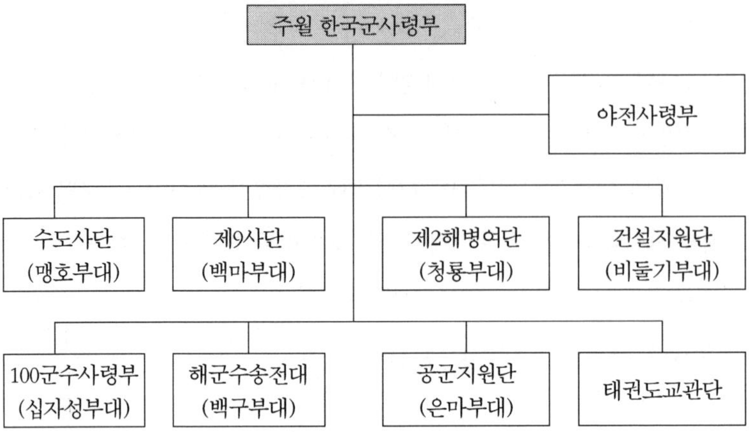

이 11월 1일 뀌년에 상륙했다. 또한 주월 한국군사령부가 10월 20일 사이공에 개소됨으로써 파병된 한국군은 베트남에서 본격적인 작전활동을 수행하게 되었다.

4. 제4차 파병과 백마부대

미국의 계속된 노력에도 불구하고 베트남 상황은 점점 악화되고 있었기 때문에 존슨 정부는 베트남전쟁의 국제전적 성격을 부각시키면서, 미국 국민의 반전여론을 무마시키기 위한 방편과 함께 파병된 한국군의 작전성과 등을 고려해 한국군 전투부대의 증파를 요청했다.

미국 정부의 추가파병 요청을 접수한 한국 정부의 반응은 긍정적이었다. 한국 정부는 앞서 전투부대를 파병하면서부터 한국군 파병규모를 5만 명 정도로 판단하고 있었기 때문이다. 그러나 한국 정부의 입장은 제4차 파병을 계기로 국가안보에 대한 미국의 공약을 보다 명확히 재확인 하면서 경제적 이익을 얻어내야 할 필요가 있었다.

한국 정부의 강력한 요청에 따라 미국 정부가 한국에 대한 지원을 서면으로 보장함으로써 한국군 전투부대 추가파병은 급물살을 타게 됐다. 이어서 정부는 1966년 2월 22일 남베트남 정부로부터 1개 전투사단의 추가파병을 요청하는 서한을 접수받았다. 그리고 3월 20일 국회의 의결을 거쳐 제9사단의 파병을 결정했다.

제9사단은 백마부대로 명명되어 10월 8일 닌호아(Ninh Hoa)지역에 전개했다.

주월 한국군은 남베트남 중부해안의 핵심지역을 담당해 미군과 함께 베트남전쟁을 주도적으로 이끌어나가게 되었다.

제9사단의 파병에 따라 주월 한국군사령부는 예하부대의 전투근무지원을 위해 수도사단 예하의 군수지원사령부를 모체로 제100군수사령부(십자성부대)를 창설했다. 해상수송지원을 위해 비둘기부대 예하의 해군수송분대를 해군수송전대(백구부대)로 개편했으며, 근접 항공지원 및 공중수송지원을 위한 공군지원단을 창설해 각각 주월 한국군사령부 예하부대로 편입시켰으며, 그 병력수준은 군단급 규모가 되었다.

주월 한국군은 베트남 지역에 배치(도표 2-67)되고, 병력수준(도표 2-68)은 명실공히 독자적인 작전을 수행할 수 있게 되었다.

〈도표 2-67〉 주월 한국군 주둔지역

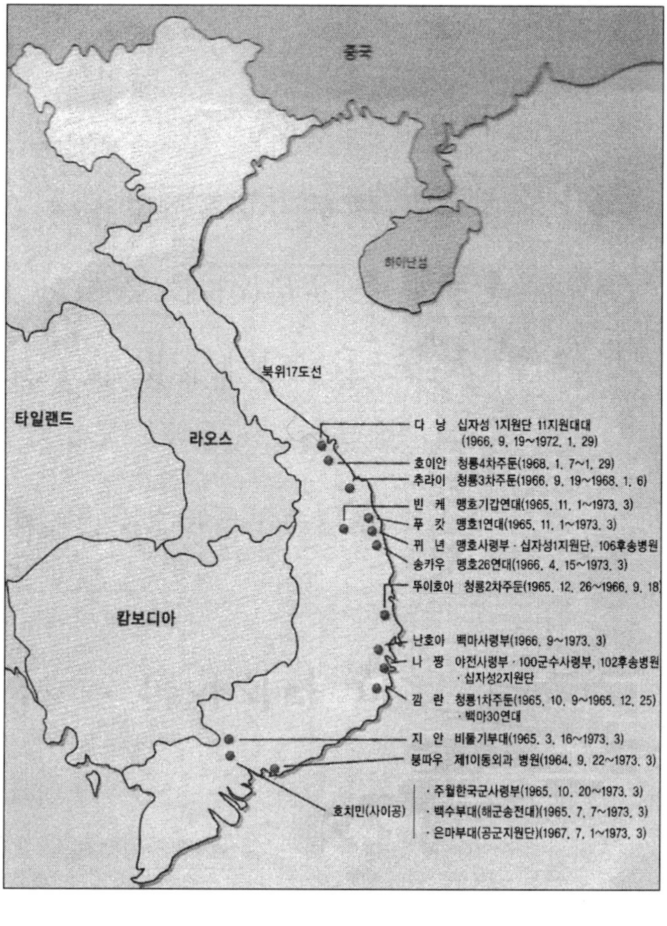

〈도표 2-68〉 각 군별 연도별 병력 수준

구 분	총 계	정규군					기 타
		계	육 군	해 군	공 군	해병대	
1964	140	140	140				
1965	20,541	20,541	15,973	261	21	4,286	
1966	45,605	45,605	40,534	722	54	4,295	
1967	48,839	48,839	41,877	735	83	6,144	
1968	49,869	49,838	42,745	785	93	6,215	31
1969	49,755	49,720	42,772	767	85	6,096	35
1970	48,512	48,478	41,503	772	107	6,096	34
1971	45,694	45,663	42,345	662	98	2,558	31
1972	37,438	37,405	36,871	411	95	28	33

자료: 국방부 파월한국군 전사, 10권. 전사편찬위원회, 1985, p.527.

5. 베트남평화협정과 한국군 철수

1973년 1월 27일, 베트남 평화협정이 조인되고, 1월 28일부로 발효됨에 따라 남베트남에 파병된 외국군의 철수가 시작되었다.

한국 정부는 평화협상 발효 후 60일 이내에 모든 외국 군대를 철수시킨다는 평화협정의 규정을 근거로 항공기를 이용해 주월 한국군을 신속히 철군시키는 개선문계획을 수립하고 철수를 했다.

한국군은 1973년 1월 30일, 선발대 125명이 항공기를 이용해 철수한 것을 비롯해 11개 제대로 편성된 본대는 2월 3일부터 3월14일까지 역시 항공기를 이용해 철수했다. 그리고 3월 23일, 후발대 118명이 복귀함으로써 8년 6개월 동안 베트남전쟁에 파병되었던 한국군의 철군이 완료됐다.

제5절 | 베트남전쟁 교훈

1. 군사적 성과

베트남전쟁의 배경은 6 · 25전쟁과 유사한 이념 및 민족주의 전쟁이었지만, 그 양상은 정규전 위주였던 6 · 25전쟁과 달리 게릴라전에 의해 수행된 전쟁이었다.

미군의 협조로 일정 부분 독자적인 작전을 수행할 수 있게 된 주월한국군은 군사력에 의한 작전과 함께 민군작전을 활발하게 전개했다. 또한 미군의 작전개념을 게릴라전의 성격에 적합하도록 분리-차단-격멸의 3단계 개념으로 발전시켰다.

한국군이 채택한 3단계 작전개념을 수행하기 위해 가장 중요한 요소는 주민 속에 섞여 있는 베트콩을 주민과 분리시킨 후 그들이 주민과 접촉하지 못하도록 차단하는 것이었다.

이를 위해 한국군은 주민들의 거주지역 외곽에 전술기지를 설치하고, 기지를 중심으로 수색정찰과 매복을 통해 주민과 베트콩을 차단하면서 점차 평정지역을 늘여가는 방식의 작전개념을 정립했다.

전술기지를 중심으로 하는 한국군의 작전이 성과를 거두기 위해서는 지역주민들의 협조가 필수적이었다. 따라서 한국군은 "100명의 베트콩을 놓치더라도 1명의 양민을 보호하라"는 채명신 사령관의 훈령에 따라 전 장병이 민군심리전 요원이 되어 적극적인 민군작전을 병행했다.

그 같은 작전으로 한국군은 미군의 1/10 정도의 병력이 파병되었지만 독자적인 작전을 발전시키며 기대 이상의 성과를 거두어 국위를 선양하는 계기를 마련했으며 오늘날까지 이어지는 해외파병의 성공적인 선례가 되었다.

(1) 베트남전장 환경의 특수성

베트남의 전장 환경은 미군을 비롯한 연합군이 제1차 및 제2차 세계대전을 통해 경험했던 유럽이나 필리핀, 일본 등의 전장과 전혀 달랐다. 무성한 열대 정글로 뒤덮인 험준한 산악과 늪지대, 연평균 34℃를 오르내리는 무더위와 수시로 변하는 기상조건 등 베트남의 모든 자연조건이 연합군에게는 제한요인이었다.

그러나 자연환경의 제한요인보다 더욱 중요한 것을 베트남 사람들의 저항정신이었다. 그들은 1,000여 년에 걸친 중국의 지배와 100년에 가까운 프랑스 지배를 겪으면서 자연스럽게 외세에 대한 저항정신과 함께 확고한 민족주의 의식을 갖게 되었다. 특히 연합군이 지원하는 남베트남에서는 쿠데타와 정권교체가 반복되면서 점차 주민들의 신뢰를 잃고 있었지만 반대세력의 지도자인 북베트남의 호찌민에 대한 지지는 거의 절대적이었다.

북베트남 주민들은 물론 남베트남의 주민들조차 공공연히 호찌민을 찬양하며, 호찌민을 추종하는 주민들이 점점 늘어나면서, 그들은 이념과 체제보다는 호찌민이 부르짖는 자유와 독립을 더욱 높은 이상으로 간주하고 있었다.

호찌민에 대한 지지는 자연스럽게 베트콩으로 연결됐다. 그리고 시간이 지날수록 베트콩을 지원하는 주민들은 더욱 늘어났다. 베트콩들은 그 같은 주민들의 지지를 배경으로 연합군의 강력한 군사력에 맞서 게릴라전을 전개했다.

그들의 게릴라전술은 하루 이틀에 만들어진 것이 아니었다. 그들은 역사를 통해 터득한 저항방법을 활용해 생활자체가 근거지였으며 저항이었다. 또한 자신들의 거점이나 근거지를 철저하게 은폐하는 능력을 갖고 있었다. 따라서 논에서 일을 하는 농부도 기회가 되면 무장세력이 되었다가 연합군의 수색이 시작되면, 다시 농부가 되는 변장술을 구사했다. 그 점에 있어서는 승려도, 여성도, 어린아이도 마찬가지였다. 결과적으로 연합군의 입장에서 볼 때 베트콩은 있는 곳도 없고, 없는 곳도 없었다.

(2) 한국군의 독자적인 작전통제권 행사

최초 한국군의 독자적인 작전을 위한 작전통제권 문제는 크게 부각하지 못했다. 한국군 고위층의 일부에서 조차도 그저 막연하게 한국군 전체의 작전통제권을 유엔군사령관(주한미군사령관)이 행사하고 있는 상황을 감안할 때 파병되는 한국군을 주월 미군사령관의 작전통제에 두는 것은 당연하다는 생각을 가지고 있었다.

전쟁원칙에 비추어 볼 때도 동일한 목적을 가진 작전부대가 지휘통제를 일원화해 작전에 임하는 지휘통일 원칙은 원칙 중에서도 가장 기본적인 원칙이었다. 따라서 남베트남에 파병된 연합군은 전쟁을 이끌어가고 있는 미군의 주도에 일원화된 작전지휘체제를 구축해야 된다는 주장 역시 명분과 설득력이 있었다.

그럼에도 불구하고 남베트남군은 미군의 작전통제를 거부하며, 독자적인 작전권을 행사하고 있었으며, 한국군 역시 미군의 작전통제에 들어가지 않도록 견제했다.

베트남 사람들의 외세에 대한 저항과 뿌리 깊은 불신감이 빚어낸 결과였다. 한편 베트남

전쟁의 정치적 특수성을 감안할 때 각국의 독자적인 작전권행사는 나름대로 타당성이 있기도 했다.

그 같은 여건에서 파병을 위한 선발대 및 연락장교단으로 파견됐던 이세호 소장 등은 현지 미군관계자와 협상을 통해 한국군의 독자적인 작전권을 강력히 주장했다. 이어서 파병된 한국군 채명신사령관 역시 미군의 집요한 요구에도 불구하고 독자적인 작전권을 끝까지 고수함으로써 한국군은 남베트남군과 같이 독자적인 작전권을 행사할 수 있었다.

결과적으로 남베트남에 파병된 한국군이 제한적이지만, 독자적인 작전권을 행사할 수 있었던 것은 미군에 대한 남베트남군의 견제와 정치적 상황을 적절히 활용했고, 현지사령관이 베트남전쟁의 정치적 특성에 대한 확고한 신념을 가지고 있었기 때문이었다.

한국군이 독자적인 작전권을 행사함으로써, 가져온 결과는 엄청난 것이었다.

미국의 지원을 받아 파병된 한국군이 예상했던 ① 용병시비를 차단하면서, ② 독자적인 전술로 작전성과를 증대시키고, ③ 피해를 최소화했으며, ④ 국위를 선양할 수 있었던 배경을 독자적인 작전권이 제공했다고 해도 과언이 아니며, ⑤ 차후 해외 파병의 귀중한 교훈이 되었다는 사실 또한 간과할 수 없는 중요한 사실이다.

(3) 한국군과 미군의 작전개념

한국군보다 베트남에 먼저 파병되어 작전을 수행하고 있던 미군의 작전은 수색 및 격멸 개념에 입각한 군사력 위주의 작전이었다. 게릴라들이 은거하고 있을 것으로 판단되는 지역을 탐색해 그들을 찾아낸 후 강력한 군사력으로 격멸한다는 정규전 방식의 작전이다.

그 반면에 6·25전쟁 이전부터 북한군의 게릴라전을 경험했던 한국군은 미군의 정규전 위주 작전개념을 발전시켜 새로운 개념을 채택했다. 주민들 속에 숨어 있는 베트콩을 주민과 분리시켜 격멸하는 분리-차단-격멸의 3단계 작전이었다.

그 같은 한국군의 작전개념은 주민과 게릴라의 관계를 '물과 물고기'관계로 규정했던 모택동의 유격전술에 따라 활동하고 있는 베트콩의 전술을 역이용한 것이었다.

(4) 한국군의 전술기지

남베트남에 파병된 한국군은 3단계 작전개념에 따라 광범위한 책임지대에서 핵심적인 지역을 선정해 전술기지를 설치해야 했다. 그러나 가용병력이 제한되기 때문에 각 전술기지는 중대단위를 기본으로 삼았다. 따라서 중대단위로 분산된 전술기지는 베트콩에 의해 각개격파 될 수 있다는 취약점도 있었다.

중대전술기지의 취약점을 보완하기 위해 각 기지별로 연대규모의 적 공격을 48시간 이상 저지할 수 있도록 대책을 강구했는데, 그것은 ① 아군포병의 화력지원 거리 내에 위치시켜, 화력으로부터 보호받을 수 있게 했고, ② 기지 외곽에 여러 겹의 철조망 및 지뢰 지대를 설치하고, 기지 내부도 교통호와 참호 및 유개호로 연결된 강력한 요새를 구축했으며, ③ 고립방어에 필요한 탄약과 보급품을 사전에 비축했다.

중대전술기지의 임무는 수색정찰을 통해 적의 근거지를 찾아내 포착 · 섬멸하고 매복으로 적들이 주민에게 접근하는 것을 차단하며, 이미 주민들 속에 섞여 있는 적들은 민군작전을 통한 주민들의 자발적인 지원과 반복적인 수색정찰에 의해 색출 및 소탕하는 것이었다. 중대전술기지는 한국군의 3단계 작전개념을 뒷받침하는 핵심적인 기지가 되었다.

그 반면에 미군들은 분산된 한국군의 중대전술기지가 적으로부터 각개격파 될 수 있다며 많은 우려를 나타냈다. 그러나 미군들의 우려에도 불구하고 중대전술기지는 한국군의 독특한 대게릴라전 개념으로 자리 잡게 되었으며, 많은 성과를 거두었다. 특히 1966년 둑꼬전투와 1967년 짜빈동전투를 통해 그 유효성이 입증되면서 미군 등 많은 군사전문가들도 그 타당성을 인정하게 되었다.

(5) 한국군의 민군작전 및 심리전

한국군의 민군작전(도표 2-69)은 심리전을 통합하여 실시했는데 남베트남 주민들의 생명과 재산을 보호함은 물론 그들의 생활관습과 문화를 존중하면서 적극적인 대민지원을 전개해 그들 마음 속으로 스며들어가는 것이었다.

특히 의료지원, 농경지원 및 구호, 주민들의 자립능력을 배양시키는 새마을사업, 대민건설지원, 태권도보급 등의 대민지원활동이 효과를 발휘하기 시작했다.

한편 미군의 민군작전은 한국군과 비교할 수 없는 많은 예산을 투자해 대규모로 수행되었지만 베트남 사람들의 외세저항정신을 극복하지 못함으로써 큰 성과를 보지 못했다.

그 반면 한국군에 대한 베트남 사람들의 인식은 유사한 문화와 풍습을 가진 동양인이라는 사실과 함께 자신들과 같은 6 · 25전쟁이란 동족상잔의 비극을 겪었다는 동병상련의 심정이 결합되어 매우 호의적이었다.

그 결과 한국군의 민군작전은 군사작전을 지원하는 보조수단이 아니라 군사작전의 여

〈도표 2-69〉 대민지원활동 중인 한국군인

건을 조성함은 물론 군사작전을 통해 달성할 수 없는 부분까지 담당하는 핵심적인 민군작전으로 자리 잡게 되었다.

요컨대 베트남전쟁에서 한국군의 모든 장병은 전투요원인 동시에 민군작전요원이 되어 100명의 베트콩을 놓치는 한이 있어도 1명의 양민을 보호하라는 기본정신 아래 베트남 주민들의 생명과 재산을 보호하고, 베트남인의 생활관습과 문화를 존중하면서 한국과 베트남 간의 친선유대를 강화하는데 크게 기여했다.

2. 비군사적 성과

1964년 9월부터 1973년 3월까지 8년 6개월에 걸친 한국군의 베트남 파병은 국방 및 안보분야 뿐만 아니라 한국 현대사 전반에 결정적인 영향을 미쳤다.

제3공화국 정부는 베트남파병을 통해 정치적 기반을 다지면서, 미국이 주도하던 안보동맹관계를 상호협상의 관계로 발전시킬 수 있었다. 아울러 미국의 원조로 굳건한 안보태세를 구축할 수 있었으며, 미국의 지원과 베트남전쟁에서 전쟁특수를 활용한 외화수입으로 국가발전의 기반을 마련했다.

다만 미군과 한국군을 비롯한 연합군이 지원했던 남베트남 정부가 연합군 철수 2년 후인 1975년 4월 30일, 북베트남에 의해 점령당함으로써 파병의 명분에 손상을 입기도 했다. 그러나 그 같은 사태는 한국 정부가 얻고자했던 것을 달성한 후였기 때문에 파병의 의미와 성과 자체가 변질되거나 퇴색되는 것은 아닌 것이다.

(1) 정치 · 외교에 미친 영향

한국군의 베트남 파병은 한국 정부가 기대했던 이상의 성과를 가져왔다. 박정희 정부는 파병을 계기로 정치적 안정기반을 확고하게 구축함은 물론 미국을 비롯한 자유우방으로부터 신뢰를 획득할 수 있었다.

그 결과 북한의 남침위협으로 위기설이 난무하던 시기를 헤쳐 나가며, 1962년부터 시작한 경제개발 5개년 계획을 효과적으로 추진해 경제적 도약을 위한 기반을 조성할 수 있었다. 또한 미국과 안보동맹관계를 발전시키면서, 미국의 지원을 국가발전으로 연계시킬 수 있었다.

1960년 초까지 한국의 안보는 물론 경제 및 사회전반에서 미국의 지원은 절대적이었다. 따라서 당시의 한 · 미 관계는 상호 대등한 주권국가의 관계라기보다는 미국이 의존하는 일방적 관계였다.

그 같은 환경에서 한국군의 베트남 파병을 계기로 미국이 주도하던 한 · 미 관계가 변화되기 시작했다. 미국 정부는 한국군 파병이 절실했고, 한국 정부는 파병을 계기로 미국의 안보공약을 재확인하면서 최대한의 지원을 얻어내고자 했기 때문이다.

결국 미국 정부는 한국군의 파병을 대가로 주한 미군의 계속 주둔을 보장하면서 군사 및 경제원조를 적극 확대했다. 그 과정에서 한 · 미 관계는 미국이 일방적으로 주도했던 관계로부터 상호이익을 전제로 하는 협력관계로 변화될 수밖에 없었다.

아울러 한국 정부는 미국의 지원을 배경으로 자유세계에서 발언권을 확대하면서 아시아 10개국이 참가하는 아시아태평양각료회의(ASPAC)를 창설하고 주도했으며 베트남참전국 정상회담을 통해 영향력을 행사했다.

이와 같이 세계무대에서 내세울게 없었던 1960년대의 한국 정부가 적극적으로 대규모 국제회의를 제의하고 성사시켰으며, 미국과 연례적인 정상회담을 갖는 등 주도권을 행사할 수 있었던 배경이 한국군의 베트남 파병이었다.

결과적으로 한국군의 베트남 파병은 국가발전은 물론, 국제무대에서 한국의 발언권을 강화하고, 국위를 선양하는 계기를 만들어 주었다.

⑵ 안보 · 국방에 미친 영향

한국군 의료지원단이 베트남에 파병된 1964년 한반도는 북한의 남침위협이 점점 높아지고 있던 때였다. 북한의 김일성 주석은 소위 4대 군사노선을 채택하고, 무력에 의한 적화통일을 공공연히 주장하고 있었다. 그 반면에 베트남전쟁이 격화됨에 따라 병력부족에 시달리게 된 미국 정부는 한반도 안보의 버팀목 역할을 수행하고 있던 주한 미군 2개 사단을 베트남으로 전환시킬 가능성을 시사하고 있었다.

그 같은 상황에서 결행된 한국군의 베트남파병은 주한 미군의 계속 주둔을 보장하면서, 미국의 적극적인 군사원조로 한국군현대화 등 전력증강 사업을 추진할 수 있었다.

> …… 그 예로 1972년 M16자동소총공장 건설을 시작으로 1977년 상반기부터 순차적으로 각종 화포 및 전투장비를 양산할 수 있는 방위산업 체제를 갖춤으로써 독자적 자주국방을 향해 나아갈 수 있는 토대를 마련했다. ……

한편 베트남 파병장병들의 전투경험도 중요한 역할을 했다. 군대는 언제나 전투위주 사고방식을 견지해야 한다는 관점에서 볼 때 베트남에 파병되었던 연인원 32만여 명의 전투경험은 매우 귀중한 것이다.

결과적으로 한국군의 베트남 파병을 계기로 불안했던 1960~1970년대의 안보위기를 슬기롭게 극복할 수 있었고, 아울러 방위산업을 발전시켜 독자적 자주국방의 기반을 조성할 수 있었다.

⑶ 경제 · 사회에 미친 영향

한국군의 베트남파병에 따라 국내에 유입된 거액의 외화는 국가발전을 위한 원동력이 되었으며, 경제 · 사회발전의 직접적인 계기가 되었다. 당시 유입된 외화를 부문별로 세분하면 다음과 같다.

첫째, 미국의 대한 군사원조였다. 한국에 대한 미국의 군사원조는 6 · 25전쟁이 마무리되면서부터 점차 감소하고 있었으나, 한국군의 베트남 파병을 계기로 다시 증가되기 시작했다.

〈도표 2-70〉 **전사 · 순직 · 사망 및 전상 · 부상 각군별 총괄**

군 별		전사·순직·사망				전상·부상			실 종
		계	전 사	순 직	사 망	계	전 상	부 상	
계		5,099	4,663	275	161	10,962	8,380	2,582	4
육군		3,859	3,476	243	140	8,041	5,667	2,374	4
해군	해병	1,207	1,157	29	21	2,904	2,702	202	
	해군	33	30	3		17	11	6	
공군									

둘째, 미국 정부가 파병된 장병에게 지급한 수당, 대한물자구매, 기타 경비지출 등으로 국내에 유입된 외화는 각 개인 복지향상 및 산업발전에 기여했다.

셋째, 베트남에 진출한 한국 기업의 경제활동, 즉 용역 및 상품수출 등 전쟁특수를 이용한 외화수입은 경부고속도로건설, 각종산업시설건설 등 국가발전에 크게 기여했다.

그 외에도 선진국으로부터 한국에 제공된 차관 등과 함께 직 · 간접적인 경로로 유입된 외화의 경제적 효과도 대단히 큰 것이다.

그 반면에 베트남 파병의 손실도 간과할 수 없는데 그중 가장 큰 손실은 인원손실(도표 2-70)이라고 할 수 있다.

특히 5,000여 명의 전사망자와 11,000여 명의 부상자, 그리고 고엽제 환자 등은 무엇으로도 보상될 수 없는 큰 손실이었다.

결론적으로 한국군대의 베트남전쟁 파병은 정치 외교적으로나 군사적으로도 경제적 측면에서 국가발전을 위해 크게 기여했음을 알 수 있다.

또한 베트남전쟁을 통해서 얻을 수 있는 교훈은 군대가 국가를 외부공격으로부터 보호할 수 있지만 국내의 안정은 그들 스스로 해결해야만 할 문제였음을 알 수 있으며, 민군간의 일체가 된 총력안보만이 진정한 국가안보임을 알 수 있다.

…… 1969년 미국 닉슨 행정부가 들어선 후 북베트남과 미국에 대한 모든 국력자료, 즉 인구 · GDP · 군수물자 생산능력 · 병력규모 · 전차 · 함정 · 항공기의 숫자 등을 국방성 컴퓨터에서 넣고 어떤국가가 베트남전쟁에서 승리할 수 있겠느냐란 질문에 나온 답은 "미국은 이미 1964년에 승리했다"

는 것이었다.

전쟁이란 유형전력인 물리력도 중요하지만 싸워 승리해야 한다는 무형전력이 된 정신력은 더욱 중요하다는 사실을 암시해 주는 결과라고 생각한다.

미국을 위시한 우방국의 지원을 받던 남베트남은 공산주의자들로부터 자유민주주의를 수호하여야겠다는 국가의 의지가 없었고, 또한 국민의 의지에서 전투의지를 이끌어내는 것을 실패함으로써 남베트남은 북베트남에 의해 패망하게 되었다.

국가안보는 어떤 국가나 어느 민족도 결코 대신해서 지켜줄 수 없으며, 오로지 자기 조국은 자기 자신들만이 굳건히 지키고 건설할 수 있을 때 보호되고 지켜질 수 있다는 국가흥망을 베트남전쟁의 역사가 교훈으로 말해주고 있다.

제3부
9·11테러와의 전쟁

1 개 요

평화의 길은 멀고 험한데 위기는 벌써 위기의 문턱에 서성거리고 있구나!

우리는 급속한 변화의 물결 속에서 새로운 상황과 문제의 도전을 받고, 또 다른 위기의 탄생을 두려워하며 생존해 가고 있다.

왜냐하면 오늘날 모든 국가와 민족들이 위기 속에 있고, 모든 조직이 위기 안에서 생존을 위한 투쟁을 벌이고 있으며, 개인들은 위기의 생활 속에서 탈출을 위해 끊임없이 노력하고 있기 때문이다.

현대는 전쟁 · 테러 · 대량살상무기 · 마약 및 범죄 · 재해 및 재난의 위기관리 시대라고 한다.

전쟁과 평화의 갈림길에서 항상 위기를 의식하며 생존하여 온 국가 · 조직 · 개인은 위기를 슬기롭게 극복하기 위하여 노력하고 있다.

현대국가의 안보영역도 군사분야에서 비군사분야를 포함하는 포괄적 안보개념으로 확대됨에 따라 국가위기도 전쟁 · 테러 · 대량살상무기 · 마약 및 범죄 · 재해 및 재난 등으로 발생한 위기를 총괄적으로 관리 · 통합 · 조정하는 체제로 발전하고 있다.

21세기의 첫 번째 테러와의 전쟁으로 기록되고 있는 9 · 11테러의 위기관리전략과 위기관리의 실패로 치러진 아프가니스탄전쟁을 분석하여, 한반도에서 테러, 대량살상무기, 전쟁에 대한 위기관리와 개인 · 조직 · 국가에 대한 위기관리전략을 찾는 것은 가장 중요한 과제가 된다.

현재와 미래에서 한반도 위기를 관리하는 과정에서 군사력의 간접적 · 심리적 사용에 능숙해야 할 정치지도자와 군사력의 직접적 · 물리적 사용을 전문으로 하는 군사지휘자들 그리고 개인 · 조직 · 국가의 각 분야에 관심 있는 모든 사람들에게 더욱 중요한 연구분야가 된다.

즉 현대전쟁사는 전통적인 전쟁 및 테러와의 전쟁이 포함되어 위기관리와 함께 교육되어져야 한다. 그것은 곧 오늘을 살아가는 모든 개인 · 조직 · 국가의 책무이며 사명이기 때문이다.

2 테러의 개념과 유형

제1절 | 테러의 정의와 과정

1. 테러의 정의

테러는 전 세계의 무고한 사람들의 생명을 앗아가고, 공포에 떨게 함으로써, 오늘날 국제사회에서 테러는 문명세계와 전쟁 중에 있다.

강렬함은 새로우나, 근본은 옛것인 또 다른 형태의 테러와의 전쟁에서 사람들은 갑자기 전장의 전방에서 무방비한 상태에 노출된 자신을 발견하고 충격을 받게 된다.

그렇다면 테러는 무엇인가?

테러는 인류역사와 함께 시작되었다.

> 테러란 단어는 '겁주다'라는 뜻의 라틴어 동사 'TERRER'에서 비롯됐다. 흔히 쓰는 테러는 테러리즘의 혼용어이다. 테러리즘이란 말이 처음 등장한 것은 1798년 프랑스 한림원이 발간한 사전에서이다. 프랑스 혁명 말기 왕권복귀를 꾀하는 왕당파에 대한 자코뱅당의 '공포정치'를 의미했다.
>
> 그러나 테러의 역사는 그보다 훨씬 앞선다. 고대 스키타이인들은 저항하는 부족들의 피를 마시고 뼈를 갈아 바름으로써 공포를 조장했다.

조직적인 폭력의 사용으로 정의되는 고전적 의미의 테러는 기원전 정치적 목적을 달성하기 위해 자행되었던 줄리어스 카이사르(Gaius Julius Caesar)의 암살이었다. B.C. 81년 카이사르는 로마에서 당시의 권력자 술라(Lucius Cornelius Sulla)로부터 사형선고를 받고 로마를 탈출하였으나 B.C. 78년 술라가 병사하자 로마로 돌아와 평민당의 일원으로 정계에 진출했다.

B.C. 60년 현재의 스페인 지역에서 눈부신 무공을 세운 카이사르는 폼페이우스(Gnaeus

Pompeius Magnus), 크라수스(Marcus Licinius Crassaus)와 함께 삼두정치를 폈으나 크라수스가 동방정벌에서 전사하자 폼페이우스는 원로원과 짜고 우세한 카이사르의 세력에 대항했다.

B.C. 49년 카이사르는 갈리아(현재 프랑스)에서 로마로 복귀하라는 원로원의 명령을 무시하고 휘하의 군대를 지휘하여 루비콘강을 건너 로마로 진군하여 폼페이우스를 몰아내고 독재자가 되었다. B.C. 48년 카이사르는 로마를 출발하여 동방을 정벌한다는 계획을 세우자 귀족계급들은 카이사르가 성공하면 자신들을 제거할 것이라는 판단 아래 공화파와 제휴하여 시저를 제거하기 위한 음모를 꾸며 B.C. 44년 3월 14일 카이사르를 만찬석상에서 암살하였다.[1)]

> … 로마의 장군 율리우스 카이사르는 자신의 암살 계획에 대한 보고서를 보지 못해 죽음을 당했다고 한다. 카이사르가 승전을 거듭하며 인기가 하늘을 찌르자 원로원 의원들이 카이사르 암살계획을 꾸민 뒤 비서를 고용해 비밀업무를 맡겼다. 하지만 이 비서는 오히려 카이사르 진영에 암살계획과 관련된 보고서를 넘겼다. 하지만 카이사르는 너무 바빠 이 보고서를 미처 보지 못했고, 비서도 카이사르가 암살을 당한 뒤에야 보고서를 개봉해보고는 땅을 쳤다는 것이다. …

또한 11~13세기는 페르시아에 흩어져 있던 이슬람 과격종교단체들이 암살자를 고용하여 자신들의 종교적 자유와 확산을 위해 고위 기독교지도자들을 적으로 간주하고 살해하여 공포분위기를 확산시키는 수단으로 이용했다.

이슬람교의 암살자들은 십자군을 상대로 정규전의 방식으로 대항하는 것은 패배를 초래한다는 인식 아래 장기전으로 테러전을 채택했다. 암살자라는 테러분자들은 철저한 비밀을 유지하면서 군사지도자, 민간지도자 등을 살해했고, 이들의 투쟁은 영웅적으로 미화되었으며 테러전에 투입되어 전사한 자들은 순교자로 추앙을 받았다.[2)]

이와 같이 종교적·정치적·군사적 목적달성을 위해 시작된 테러의 역사적 유산은 지금도 중동의 정치적 혼란 속에서 계속되고 있다.

현대적 의미의 테러주의는 1960년대에 중동 팔레스타인 해방기구(PLO)의 움직임으로서 국제사회에서 현대적 테러발생에 큰 영향을 미쳤다.

1964년 팔레스타인 아랍계 난민들은 자신들의 민족해방과 반시오니즘 민족운동을 위한

---

1) 칼 시퍼키스, 『암살』, 신상준 역, 서울: 하서출판사, 1995, pp.256-259.

2) Walter Laqueur, *The New Terrorism* (London: Phoenix Press, 2000), pp.11-12.

해방기구를 창설하여 활동하고 있으나, 4차에 걸친 중동전쟁에서 아랍국가들이 참패하게 되자 생존권에 위협을 받게 되었다.

1968년 7월 조지 하바시가 이끄는 팔레스타인 해방인민전선 소속의 테러분자들이 이스라엘 항공기 엘 알(EL AL)기를 공중납치한 사건 이래로 테러는 계속되고 있다.

특히 2001년 미국에서 있었던 오사마 빈 라덴에 의한 알 카에다 조직의 9 · 11테러는 21세기의 새로운 전쟁형태로서, 현대 테러는 테러의 성격과 규모면에서 국제화 · 대형화되어 현대국가에 새로운 위협과 위기를 잉태하고 있다. 이와 같이 테러는 동기, 대상, 범위, 주체, 이념 등에 따라 매우 다양하게 자행되고 있다.

그렇다면 테러의 정의는 무엇인가?

미국 국무부는 테러를 '초국가집단 또는 국가의 비밀요원이 다수의 대중에게 영향력을 행사하기 위해 전투원 또는 비전투원을 공격대상으로 하는, 사전에 치밀하게 준비된 정치적 폭력'이라고 정의하고 있다.

미국 중앙정보국은 '테러란 개인 또는 단체가 기존의 정부에 대항하거나 대항하기 위해 직접적인 희생자들보다 더욱 광범위한 대중에게 폭력을 사용하여 심리적 충격을 주거나 폭력사용에 대한 협박을 가하여 정치적 목적을 달성하는 것'이라고 정의했다. 또한 미국 국방부는 '테러란 정치, 종교, 이데올로기적 목적 달성을 위해 정부 또는 사회에 대한 협박수단으로, 개인 또는 재산에 대해 비합법적인 힘과 폭력을 사용하거나 비합법적인 힘 또는 폭력사용에 대해 협박하는 것'이라고 말했다.[3)]

윌킨슨(P. Wilkinson)은 '테러란 정치적 목적을 인정받기 위해서 개인, 집단, 공동체 또는 국가를 대상으로 살인과 파괴를 체계적으로 사용하거나 위협하는 행위'라고 했다.

오네일(B. O'Neil)은 '테러는 개인이나 소규모 집단에 의해서 행해지는 분쟁의 한 형태이며, 장기적인 정치적 목적을 달성하기 위해 체계적이고 독단적으로 비도덕적인 폭력을 사용하는 것'이라고 했다.

지남(O. Zinam)은 '테러는 개인이나 조직된 집단이 공포와 항복을 유발하여 정치적 · 경제적, 사회심리적, 이데올로기적 목표를 획득하기 위하여 폭력을 사용하거나 폭력을 사용할 것을 위협하는 것'이라고 말했다.

---

3) 최진태, 『테러 · 테러리스트 그리고 테러리즘』, 서울: 대영문화사, 1997, pp.29-30.; 김석용, 『국제테러리즘의 변화추의와 대응』, 서울: 국방대학교, 1995, p.5.

또한 한국 정치대사전에는 '테러란 단순한 폭력이나 강제와는 달리 개인, 혁명단체 또는 정부에 의하여 조직적 · 집단적으로 행해지는 공포수단'이라고 했다.[4]

이와 같이 테러는 학자나 기관에 따라서 다양하게 정의하고 있으나, 그 내용을 종합해 보면 테러는 개인 · 집단 · 혹은 정부가 조직적인 폭력사용이나 폭력사용에 대한 협박으로 광범위한 공포분위기를 조성하여 특정한 목적을 달성하기 위한 상징적 · 심리적 폭력행위라고 정의할 수 있다.

2. 테러의 과정

테러과정은 테레분자 혹은 테러조직이 테러대상을 위협하여 테러목적을 달성하는 과정을 거치게 된다.

테러의 진행과정(도표 3-1)은 ① 테러분자들의 정치 · 경제 · 사회 · 종교 및 사상 · 민족주의 문제 등 목적을 관철하기 위해 테러의 능력을 과시하거나 위협을 경고하게 되고, ② 특정인 혹은 일반 대중은 테러에 대한 물리적 파괴와 심리적 충격으로 정치 · 외교적, 경제적, 사회 · 심리적, 군사적 위협과 불안으로 확대되며, ③ 그 결과로 적대관계에 있는 지도자나 정책결정자들의 기존 인식의 변화 및 기존 정책을 변경시키는 특징을 갖게 된다.

〈도표 3-1〉 테러 진행과정

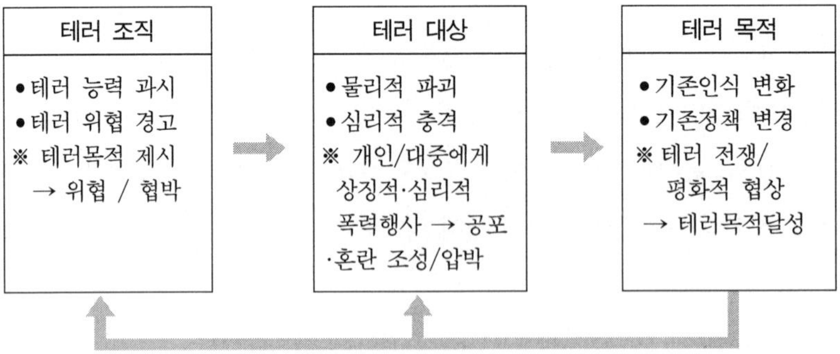

4) 정인홍 외, 『정치대사전』, 서울: 박영사, 1983.
• 테러리스트(terrorist): 테러분자, 폭력주의자, 폭력혁명주의자
• 테러리즘(terrorism): 테러주의, 폭력주의, 정치상의 폭력주의에 입각한 공포정치

제2절 | 테러의 목적과 조직

1. 테러의 목적

테러분자 혹은 테러집단은 자신들의 주장과 행위를 정당화시키고 달성하기 위해, 또는 동기를 부여하기 위한 테러의 목적이 있다.

테러의 목적은 ① 집단의 목적제시를 위한 대중적 관심 촉구, ② 집단의 능력과시, ③ 현 정부 혹은 테러 대상의 취약점 노출, ④ 복수심 고양 및 갈등조장, ⑤ 지원세력 및 자원획득, ⑥ 대정부 또는 테러대상의 과잉반응 유발 등을 달성하는 것이다.

2. 테러의 조직

테러 조직의 유형은 3가지로 구분한다.

첫째, 국가지원을 받지 않는 테러 집단으로서 자치적으로 작전을 수행하면서, 어떤 국가로부터도 대규모 지원을 받지 않고 테러를 수행하는 테러조직이다. 둘째, 국가지원을 받는 테러집단으로서, 1개 이상의 국가로부터 지원을 받지만 통상 독립적으로 작전을 수행하는 테러조직이다. 셋째, 국가지시를 받는 테러 집단으로서, 국가의 대리인으로 혹은 후원중인 국가로부터 실질적인 정보, 지원물자 및 작전지원을 받으면서 작전을 수행하는 테러조직으로 분류한다.

특히 테러집단은 테러를 수행하는 환경에 적합한 기능을 갖도록 조직구조를 개발한다. 테러집단은 통상 적대적 환경에서 작전을 수행하기 때문에 세포화되고, 각 세포화된 조직은 비교적 고립화된 상태로 정보수집 및 자원운용과 임무를 수행하는 특정기능을 수행한다. 따라서 테러집단의 안전확보를 위해 극소수를 제외하고는 아무도 소속조직의 실체를 알지 못한다.

테러조직의 구조는 ① 테러 정책 및 전략을 수립하고 지시하는 최고 지휘부, ② 테러를 수행하고 훈련시키는 실천적 행동조직, ③ 실제 테러행위를 하지 않으나 자금, 정보, 법적 · 의료지원, 안전가옥, 문서위조 등을 제공함으로써 테러를 지원하는 전문적 지원조직, ④ 테러집단의 동기에 동정적인 수동적 지원조직 등으로 구성되어 테러임무를 수행한다.

제3절 | 테러의 발생원인 이론

1. 박탈감 이론

테드 거(Ted R. Gurr) 박사는 사회 · 심리적 측면에서 테러의 원인을 상대적 박탈감이론(Relative Deprivation Theory)으로 체계화하여 설명하고 있다.

좌절-공격이론(Frustration-aggression Theory)이라고도 말하는 상대적 박탈감이론은 개인 또는 집단 사이에서 발생되는 기대와 이익 간의 괴리 또는 가치기대와 가치능력 간의 차이가 테러를 유발한다는 것이다.

박탈감의 전형적인 유형으로는 열망적 박탈감, 점감적 박탈감, 점진적 박탈감 등이 있다. 첫째, 열망적 박탈감은 시간의 흐름에 따라 국민들의 기대치는 계속 상승하는 데 비해, 그 기대치를 만족시켜 줄 수 있는 체제능력이 한정적인데서 빚어지는 박탈감이다. 열망적 박탈감은 개인적이거나 집단적일 수 있으며, 심각한 가치박탈은 대중폭동이나 국가를 만성적인 불안에 처하게 할 수도 있다. 둘째, 점감적 박탈감이란 국민의 기대수준이 급격하게 높아진 것이 아님에도 불구하고, 그들의 기대치를 받쳐줄 국가능력이 점차 퇴보하는 상황에서 나타난 박탈감으로 심한 분노감이나 공격성향으로 나타난다. 셋째, 점진적 박탈감은 적어도 일정기간 삶의 조건이 개선되고 앞으로도 점진적으로 개선이 될 것이라는 기대가 있었으나 실제는 점진적 개선이 불가능함을 인지했을 때 나타나는 박탈감이다.

박탈감이론은 사회적 요구형성도가 사회적 만족도를 훨씬 초과할 경우에 사회적 · 심리적 좌절감이 형성되고, 이 과정에서 박탈감의 돌파구를 폭력에서 찾게 되며, 이러한 움직임은 결국 테러주의로 발전한다.

2. 동일시 이론

동일시이론은 특정인이 다른 사람의 행위에 영향을 미치는 영향력을 설명하는 데 사용되는 사회 · 심리학적 용어를 이용한 이론이다.

동일시이론을 주장하는 학자들은 일단의 개인 또는 집단이 테러를 선택하는 행위는 심리적 측면에서 설명이 가능한 현상이라고 보고 동일시는 두 가지의 다른 현상으로부터 발생된다.

하나는 다른 개인이나 단체와 함께 존재하거나 똑같이 되려는 희망이며, 다른 하나는 좋든 싫든지 간에 자신과 동일시 대상 간에 존재하는 유사성을 인정하려는 것이다. 예컨대 동일시의 적용은 일반적으로 인질이 자신을 인질로 잡은 자에게 연민을 느끼는 것과 같은 공격자와의 동일시에서 쾌감을 느낄 경우가 많다.

다른 한편으로는 대중매체 등을 통해 인질극을 접하는 많은 수의 일반대중은 희생자와 자신의 운명을 동일시하며, 감정이입에 의해 희생자의 고통을 공감하게 된다. 이러한 과정이 테러발생의 원인이 되며 테러분자들이 궁극적으로 바라는 것이라고 볼 수 있다는 이론이다. 즉, 테러분자들이 자신들을 위해 강력한 힘을 보여주고 있다고 간주하고 테러분자와 자신을 동일시하며, 또는 희생자가 죄가 되는 것으로 비칠 때에는 희생자의 굴욕과 고통으로부터 쾌락을 얻기도 하는 것이다. 동일시의 방법이 희생자에 의하든 가해자에 의하든 간에 동일시에서 야기되는 태도적 결과는 연민이나 학대가 전이되어 행동화된다는 것이다.

요컨대 테러분자들은 국민들이 자신들에 대하여 동일시를 느끼도록 유도하며, 이를 통해 자신들의 목적을 강화시킬 수 있기 때문에 사회적 · 심리적 측면에서 동일시현상은 테러의 선택원인으로 작용한다.

3. 국제정치체제 이론

국제정치의 기본적인 주체는 주권국가이고, 모든 주권국가는 자국의 이익을 합리적으로 추구하며, 국가이익은 힘으로 표현된다는 것이 국제정치를 보는 현실주의자들의 공통적인 시각이다.

다른 국가와 사이에서 발생하는 국가이익과 국가위신에 관련된 이해관계 해결을 위해서는 수단과 방법을 가리지 않는 것이 현대국제사회의 공통된 속성이라 볼 수 있다.

국제정치체제에서 테러가 일부 주권국가들에는 정당한 수단으로서 수용될 수도 있으며, 특히 정치적 · 경제적 · 군사적 측면에서 상대적으로 힘이 약한 국가의 테러는 목적달성을 위한 최선의 수단으로 선택되기도 한다.

테러는 폭력 사용의 행태에 대한 주권국가 간의 인식 차이에서 자연발생적으로 나타날 수도 있다. 이러한 국가 간 인식의 차이로 동일한 폭력사용 현상이 한쪽에서는 테러분자가 되지만, 다른 한편에서는 자유의 전사(One Man's Terrorist, One Man's Freedom Fighter)를 만들게 된다.

> …… 예컨대 약소국이 강대국에, 소규모 집단이 정부에 투쟁하는 수단으로 안중근 의사가 1909년 10월 26일 하얼빈역에서 한일합방의 원흉인 일본의 이토 히로부미를 저격한 것은 한국에게는 영웅적 행위이지만 일본의 입장에서는 테러분자로 말한 것처럼, 제2차 세계대전에서 유럽의 레지스탕스가 나치독일에게는 테러조직이라고 할 수 있으나, 프랑스에서는 영웅이 되는 것이며, 또한 전쟁에는 시작과 끝이 있으나 테러는 끝이 보이지 않듯이 시초부터 테러는 양면성을 지니고 있다. ……

이 같은 동일현상에 대한 비대칭적 · 이중적인 사고의 존재는 일부 주권국가에게 테러를 정치목적 달성을 위한 합리적 사고로 간주하게 하는 원인이 된다. 따라서 일부에서는 정치목적 및 특정목적 달성을 위한 최선의 도구는 테러라는 마키아벨리안적 선택을 하는 경우가 발생하기도 한다.

4. 현대사회구조 이론

현대사회구조적 상황들이 정치목적이나 특정목적 달성을 위해 테러사용을 쉽고 용이하게 만들어 주고 있다. 테러발생을 유도하는 현대사회의 환경적 특징으로는 고도의 도시집중화 현상, 기술발전에 따른 고도화된 교통체계와 대중전달매체의 발달, 과학기술의 발달에 따른 무기체계의 첨단화, 그리고 일부 테러에 대한 국가차원의 묵인현상 발생 등을 들 수 있다.

고도로 집중화된 현대의 도시는 ① 목적달성에 필요한 공격표적을 제공해 주고, ② 공격 후 용이하게 은신할 수 있는 터전을 마련해 주며, ③ 테러행위의 목적을 전파할 수 있는 대중이 거주하고 있기 때문에 테러분자의 활동무대가 되고 있다.

예컨대 대도시에는 시민생활의 근간이 되는 상수도원, 도시가스 저장소, 발전소, 거대한 대형건물, 주요 공공건물, 호텔 및 식당 등과 같이 파괴 시 선택된 대상에게 큰 압박을 가할 수 있고, 엄청난 반향을 불러일으킬 수 있는 목표물들에 접근이 용이한 상태가 산재해 있다.

또한 교통 및 통신수단의 발달로 테러주의 행위가 일반대중에게 신속 · 정확하게 전달됨으로써 테러분자가 의도하는 메시지의 광범위한 동시 전파가 가능하게 되었다.

통신수단의 고도화에 병행하여 발전하는 대중전달매체는 사건에 대한 신속 · 정확한 보도라는 근본적 속성 때문에 테러분자들의 가장 좋은 이용체가 되고 있다.

테러와 대중전달매체 간의 상징적 관계에 대해 심리학자 해커(F. J. Hacker)는 '만일 테러 발생에 대한 대중전달을 차단할 수 있다면 모든 테러의 75%는 줄일 수 있다'고 주장하였다.

그리고 무기체계의 고도 정밀화 및 소형화는 테러분자들에게 테러 행위에 대한 안전성을 향상시켜주고 있다. 테러목표에 대한 접근, 시행, 탈출과정에서 테러분자에게 생존가능성을 높여 주고 있으며, 파괴력의 향상은 테러를 더욱 합리적인 도구로서 선택하게 만드는 요인으로 작용하고 있다.[5]

제4절 | 테러의 유형

테러유형의 가장 보편적인 분류체계로 수단과 방법을 기준으로 볼 때 테러유형은 요인암살, 인질납치, 자살폭탄 및 폭파, 항공기납치 및 폭파, 해상선박납치 및 폭파, 사이버테러, 대량살상무기테러 등으로 구분할 수 있다.

1. 요인암살 테러

역사적으로 가장 오래 된 테러의 형태로 특정인물을 은밀한 방법으로 살해하는 행위로서 고대 로마제국 쇠퇴기에는 황실암살사건이 빈번하게 발생했었고, 정치적 격변기에는 주로 정적 제거를 위한 암살이 성행하였다.

20세기 중반 이후에는 오스트리아 왕위계승자 페르디난드(Franz Ferdinand)를 세르비아의 검은 손이라는 범세르비아 테러조직인 가블릴로 프린치키가 암살하여 제1차 세계대전의 도화선이 되었고, 1995년 이스라엘의 이츠하크 라빈(Y. Rabin) 총리가 암살된 것을 비롯해서 세계적으로 수많은 국가지도자 및 주요 특정지도자들이 공개적 · 비공개적 암살테러에 희생되었다.

5) 국방부, 『국제테러리즘』, 2001, pp.11-30.

특히 요인암살테러는 북한이 1983년 미얀마 아웅산폭파테러로 과거 한국의 정치지도자를 대상으로 사용했던 테러의 주요형태이기도 하다.

2. 인질납치 테러

인질납치테러는 인질을 납치 및 불모하여 적대국에 수감되어 있는 동료 테러분자의 석방, 정치적 · 군사적 · 물질적인 양보, 정치적 선전 등과 같은 목적을 공개적으로 요구하고 관철하기 위해 자행된다.

인질 납치는 테러분자들에게 가해지는 위험부담에 비해 선전효과는 상대적으로 높아 그 빈도가 급증하여 세계적으로 심각한 문제로 대두되고 있다.

3. 자살폭탄 및 폭파 테러

지상에서 사람의 몸이나 차량에 폭탄을 지니고 목표지점에서 자폭하는 자살폭탄 테러와 국가통치시설, 정보 · 산업시설, 전력 · 교통설비, 국방시설, 댐 시설, 대형 건물 등 국가의 중요시설과 자원을 폭파 혹은 방화하는 폭력행위는 테러의 전형으로 인식되고 있다.

자살폭탄 및 방화테러는 테러분자들이 시간과 장소를 용이하게 선택할 수 있어 사전에 경계 및 방어가 극히 어렵다는 특성이 있다. 또한 폭탄의 살상도와 파괴력이 급격히 확대되고 있어 테러로 인한 피해규모도 크게 증가하고 있다.

4. 항공기납치 및 폭파 테러

공중에서 수백 명이 이용하는 항공기에 대한 또는 항공기를 이용한 공격은 테러의 유형 중 가장 심각한 것으로 인식되고 있다. 민간여객기가 납치되어 승객들이 인질로 억류되거나 폭파되는 경우에 사회적 · 정치적 뿐만 아니라 경제적으로도 막대한 충격과 파급효과를 가져오게 된다.

항공기에 대한 테러는 항공기납치, 항공기공중폭파, 그리고 공항시설과 항공기 이용객에 대한 공격, 항공기로 국가전략적 시설물 공격 등 4가지 형태로 자행되어 왔다.

예컨대 1987년 11월 28일 북한의 대한항공 858기가 버마근해인 안다만 해역 상공에서 납치 · 폭파테러로 승객 115명 전원 사망과 2001년 9 · 11테러에서 항공기를 무기로 한 뉴욕의 세계무역센터 공격은 항공기 테러의 새로운 양상으로서 세계적인 충격과 피해를 가져오게 했다.

5. 해상선박납치 및 폭파 테러

해상의 선박을 납치 및 폭파하고 선박시설을 파괴하여 테러목적을 달성하는 것으로서 선박의 납치과정에서 선장 및 선원을 살해하기도 하고, 정박 중인 선박이나 항구를 폭파하기도 한다. 해상선박테러는 항공기 납치보다 성공률이 낮기 때문에 발생건수가 비교적 적었으나 앞으로 그 가능성은 높아갈 것이다.

> 미국은 각 국가의 항구 중에 화물검색기 등 테러 대비시설이 없는 항구를 거치거나 식별장치 등을 설치하지 않은 선박에 대해 미국 항구 입항을 금지하는 법률을 2002년 11월에 제정했고 국제해상기구(IMO)도 설치하여 2004년 7월 1일부터 시행했다. 미국은 9 · 11테러 이후 하늘은 물론 바다를 통한 테러공격에 대비하기 위해 입항허가 기준을 까다롭게 바꿨다. 미국을 출입하는 물동량의 95%와 세계교역품의 90% 이상이 바다를 통해 이뤄지고 있다.
>
> 따라서 폭발물을 실은 배가 기름이나 액화가스가 가득 실린 유조선이나 항구에 돌진한다면 9 · 11테러 이상의 엄청난 피해가 발생할 수 있기 때문이다.
>
> …… 아프리카 소말리아 해역에서 소말리아 해적들이 어선, 상선, 유조선 등을 납치해 몸값을 요구하는 일이 빈번이 발생함에 따라 2008년부터 국제적으로 해상테러에 대응하고 있다.

6. 사이버 테러

현대 인류는 첨단기술의 발달로 지식정보화세계에서 살아가고 있다. 첨단정보통신기술을 이용해 가상세계로 전환되어 있는 공간을 무차별적으로 공격하는 행위를 사이버테러라고 한다.

사이버테러는 시간과 공간을 초월하고, 그 대상의 폭이 엄청나게 방대하다는 것을 특징으로 한다. 개인이나 기업의 컴퓨터시스템은 물론 국가의 기간산업 및 행정시스템, 국방관련시스템, 금융시스템, 항공기운항시스템, 교통통제시스템 등 국가운영에 치명적인 위기를 초래시킬 수 있다.

이스라엘 · 팔레스타인 해킹

이스라엘 · 팔레스타인 전쟁기간 중 이스라엘은 2000년부터 현재까지 텔아비브 증권거래소와 이스라엘 은행, 주요 정부기관 등 사이트테러 피해를 당했으며, 팔레스타인 역시 하마스, 헤즈볼라 조직 등의 사이트가 이스라엘 해커들의 공격에 의해 피해를 입었다.[6)]

한 · 중 · 일 간의 해킹

2001년부터 오늘날까지도 일본의 역사 왜곡사건으로 한국 · 중국 · 일본의 갈등이 고조되면서, 중국의 네티즌들은 일본의 온라인 게임 삼국지 서버(kingwars.com) 일본 전용사이트에 접속하여 사이버테러를 하였으며, 한국의 네티즌들은 일본의 문부과학성, 새역사교과서를 만드는 모임, 산케이 신문, 집권 자민당 등의 사이트를 대상으로 일제히 접속이나 새로고침을 하는 방법 및 전자메일을 발송하는 방법을 통하여 대상 사이트의 모든 서버기능을 한동안 마비시키는 사이버테러를 수시로 벌였다.

7. 대량살상무기 테러

대량살상무기는 일반적으로 화학무기 · 생물학무기 · 핵(방사능)무기로 구분한다. 대량살상무기는 크기도 작고 비용도 싸지만 무차별적 살상력을 가지고 있기 때문에 테러에 사용되면 가장 치명적인 피해를 줄 수 있다. 특히 국제사회에서 대량살상무기를 만들 수 있는 기술이 일반화되고, 크기가 소형화되어 은밀성 · 이동성이 용이함에 따라 테러분자 및 테러집단들이 테러무기로 사용할 수 있고, 또 그 사용위협만으로도 국제사회 및 대상국가를 해치는 심각한 효과가 있다.

제5절 | 테러의 대응전략

테러는 국가안보를 위협하는 새로운 전략적 도구로 기능하고 있으며, 그것은 전통적 전쟁으로는 도저히 대적할 수 없는 적대국가에 대항할 수 있는 효과적인 전쟁 방식이 되고 있다.

테러가 국제적 · 국가적인 주목을 받고 있는 원인은 ① 테러공격은 세계적인 매체를 이용하여 선전하고 공포심을 줄 수 있으며, ② 테러 후원국가나 준 국가적 후원자를 대신해서

6) 남길현, 『사이버 테러와 국가안보(국방연구 제45권 제11호)』, 서울: 국방대학교, 2008, pp.165-167.

은밀히 테러를 범행할 수 있고, ③ 잠재적으로 대규모 혼란이나 대량살상을 초래할 재래식 혹은 최첨단 수단을 활용할 수 있으며, ④ 특정목적을 경제적으로 쉽게 달성할 수 있기 때문이다.[7)]

테러는 표적, 시간, 사건의 속도를 다양한 유형으로 은밀하고 유리하게 진행 시킬 수 있기 때문에 국제적 · 국가적 · 국지적 · 개인적 차원의 종합적이고 실질적인 대테러전략을 수립하고 피해를 줄여나가야 한다.

대테러(Combatting Terrorism)란 테러사건이 발생하기 이전에 예방활동을 하거나 테러사건 발행 이후에 취해지는 대응활동의 체계적인 수단 및 방법을 말한다.

테러 위협에 대한 대테러전략은 테러를 저지 · 예방하기 위한 사전적 대테러전략(Anti-Terrorism)과 테러를 제압 · 대응하는 사후적 대테러전략(Counter-Terrorism)으로 구분할 수 있다.

1. 사전적 대테러전략

사전적 대테러전략(선제적 대테러전략이라고도 함)은 테러분자와 조직을 선제적으로 예방하고 파악하여 테러조직의 와해, 테러분자의 접근차단, 테러대비 준비계획 및 교육훈련 등으로 테러를 선제 방어하는 사전적 저지 · 예방활동 개념이다.

이와 같은 효과적인 사전적 예방활동을 위해서는 ① 테러발생 원인의 환경 요소제거, ② 테러활동 근거지 봉쇄 및 무력화, ③ 테러를 스스로 포기하도록 유도활동, ④ 테러분자의 공격목표 접근차단계획 및 교육훈련 등이 포함된다.

2. 사후적 대테러전략

사후적 대테러전략은 테러 예방활동에도 불구하고 테러가 발생했을 때 현장에서 테러를 처리하는 사후적 제압 · 대응관리 개념이다.

효과적인 사후적 대응활동을 위해서는 ① 테러에 의한 피해를 최소화하기 위해 현장대

7) Robert H. Kupperman, Dabra Van Opstal, "Terrorism", Trevor N. Dupuy. International Military and Defense Encyclopedia, Brassey's Inc. 1993. pp.2724-2725.
The Joint Chiefs of staff, U.S.A.
Joint Tacties, Techniques, and Procedures for Antiterrorism, 1998 참조.

책의 즉각 조치단계, ② 국제적 협력과 국가적 위기관리체계 발동단계, ③ 테러 사후관리의 우선순위 결정단계로서 피납자의 안전한 구출, 물리적인 강경진압, 테러분자와 협상의 신축성 있는 대응 중 어느 한 방안을 선택하는데, 이때는 인도주의적 고려 · 국제적 압력 · 국내여론 · 테러집단의 저항력 및 위협 정도 등을 고려하여 결정한다. 또한 ④ 테러의 원인과 유형에 따른 요구조건 약화 혹은 폭력행위 확대에 따른 대응책 시행단계, ⑤ 테러의 종결단계를 거치게 된다.

그러나 테러 위기관리 실패로 테러와의 전쟁이 확대되면 국제적 분쟁 혹은 군대가 동원된 국가 간의 전쟁으로 발전한다.

사전적 대테러전략과 사후적 대테러전략을 효과적으로 수행하기 위해서는 평시부터 ① 국제적 · 국가적인 첩보 및 정보에 의한 테러위협 분석 및 협조, ② 국가적 전략시설 및 장비로써 국가통치 및 C4I 체계, 교통기관, 전력시설, 댐시설, 대형건물, 유류 및 가스시설, 국방시설 그리고 개인 및 대중보호 등에 대한 위험상태 및 취약점 평가, ③ 개인안보, 시설방호, 경계 및 대처 교육훈련의 예방활동, ④ 테러에 대응하기 위한 위기관리체제를 계획하고 시행할 수 있어야 한다.

테러 현장 대응조직 편성(도표 3-2)은 초기조치 · 대응 및 관리 · 지원요소로 편성하여 운용한다.

〈도표 3-2〉 테러 현장 대응 조직편성

초기조치	대응 / 관리	지 원
• 수사/보안기관 • 경찰/군 특수부대 • 폭발물/대량살상무기 처리반 • 경비 • 기타 ※ 초기 대응	• 지휘부 • 협상요원 • 연락요원 • 공보/법무기관 • 기타 ※ 지휘관리	• 정보/대정보 • 소방대 • 군부대(필요시) • 의료/통신요원 • 기타 ※ 필요한 조치지원

〈도표 3-3〉 **테러 무력화에 필요한 기능적 대응조치**

● : 강력한 지원 ○ : 보통지원

기능적 대응능력	작전능력요소										임무분야분석 목적/목표			
	예방				방호		대응							
	징후·경고	억지	거부	선제공격	시설	인력	위기관리	사후조치	특성파악	보복	사태억지	대응책운용	충격완화	사태복구
1. 테러 상황인식	●	●	○						●		×	×		
2. 테러분자 감시/검색	●	○	●	●	○	○			●		×	×		
3. 위협 및 취약성 평가/전파	●	○	●		●	●	○				×	×	×	
4. 인적/물적 방호 실시		○	○		●	●						×	×	
5. 유형별/원인별 테러발생			●	●	●	●	●	●	●			×	×	
6. 정밀 진입/진압/무력화작전		●	●	●	●	●	●	●	●	●	×	×	×	
7. 사태분석					○	○	●	●		○			×	×
8. 사상자 치료/파괴시설 조치					●	●		●					×	×
9. 사건분석		○	○	○	○	○	●	●	●	●		×	×	×
10. 사후회복		○	○		○	○		●					×	×

이와 같은 테러의 대응전략으로서 사전적 대테러전략과 사후적 대테러전략을 효과적으로 수행하기 위해서는 테러 무력화에 필요한 세부적인 기능별 대응조치(도표 3-3)를 실시해야 한다. 예컨대 예방·방호·대응 요소와 임무분야 4가지 핵심목표를 관련시켜 민·관·군이 통합된 협조체제로 대응하고 사후관리 및 복구가 체계적으로 이루어져야 한다.[8)]

8) 2005년 3월 10일 코피아난 유엔 사무총장은 민주주의, 테러, 안전에 관한 국제정상회의에서 ① 불만세력들이 테러를 목표달성수단으로 채택하지 못하도록 단념시키고(dissuade), ② 테러세력에 공격수단을 주지 말고(deny), ③ 테러지원을 막고(deter), ④ 각국의 테러방지 능력을 높이고(develop), ⑤ 테러와의 전쟁과정에서 인권을 보호(defend)해야 한다는 5개의 대응전략(5D)을 제시했다.

3 위기관리의 개념과 전략

제1절 | 위기의 정의

1945~1990년까지를 주 단위로 환산하면 2,340주가 된다. 그런데 놀라운 것은 그 동안 이 지구상에 전쟁이 없었던 주일은 겨우 3주밖에 되지 않는다.[9] 이와 같은 통계를 보더라도 인간의 역사는 바로 위기와 전쟁이 반복된 역사라고 말할 수 있다.

오늘을 살아가고 있는 인간들은 전시가 아니라도 알게 모르게 국가 간의 갈등 및 분쟁 그리고 위기의 환경 속에서 살고 있다.

제2차 세계대전 후에 유럽과 미국에서는 전쟁과 평화, 즉 국가안보에 대한 정책 및 전략 연구가 한창 일어나 한때는 그것이 국제정치 연구의 주류를 이루고 있는 추세였다.

특히 1962년 미국과 구소련의 쿠바위기사태 이래로 일상생활 속에서 사용된 위기라는 용어는, 오늘날에는 매우 놀라운 영향력으로 인해 군사적 위기 뿐만 아니라 정치적 · 경제적 · 사회적 · 문화적 위기 그리고 재해 · 재난의 위기 · 개인위기 · 기업위기 · 국가위기 등 비군사적 위기에 이르기까지 광범위하게 사용되고 있다.

그러나 분야별로 사용되고 있는 위기라는 말이 무엇을 의미하는지에 대한 설명은 전혀 없이 막연하게 사용되어, 지금까지 위기의 의미는 각자의 판단에 맡겨져 왔다.

그렇다면 위기란 무엇인가? 위기에 대해서는 많은 학자들이 다양한 정의를 내리고 있는데, 그중 미국 스탠퍼드 대학의 노스(Robert C. North) 교수는 "위기라는 말은 분리를 의미하는 'Krinein'이라는 그리스 의학용어에서 유래된 것이며, 환자가 회복되느냐 또는 죽느냐를 시사하는 병상의 변화를 의미한다"고 정의하고 있다. 즉 위기는 어떤 행동 또는 상황이 계속되느냐, 궤도를 수정하느냐, 또는 종착점에 도달하느냐가 결정되는 전환점에 관계된 것이라고 하였다.[10]

---

9) 앨빈 토플러, 『전쟁과 반전쟁』, 서울: 1994, 한국경제신문사, pp.27-28.

미국의 헤리티지 영어사전(America Heritage Dictionary of English Language)은 위기란 ① 어떤 사건과정에서 결정적인 시기 또는 상황, ② 전환점, ③ 불안정한 상황, ④ 갑작스런 변화, ⑤ 저항의 긴장상태라고 정의하고 있다.

허먼(Charles F. Herman)은 위기를 ① 의사결정단위의 최우선 목표가 위협받고 있고(high threat), ② 반응을 취하는 데 소요되는 시간이 제한되어 있으며(short time), ③ 정책결정자들이 전혀 예기하지 못한 상황(surprise)에서 일어난 사건이라고 정의하고 있다.

그런가 하면 미 국무부가 위기의 개념을 종합한 결과에 따르면 위기란 ① 미국의 역할관계를 포함하며, ② 대체로 세계의 불안정한 지역에서 발생하고, ③ 대개 불법행위와 정치적인 불안정성의 요소를 포함하며, ④ 지속기간이 비교적 짧고, ⑤ 대응기간이 단기간이며, ⑥ 불확실성이 있고, ⑦ 여러 가지 근원에 의해서 야기되는 상황이라는 것이다.

이와 같은 여러 주장의 내용을 종합하여 보면, 위기란 어떤 국가나 조직 그리고 개인이 전혀 예상하지 못한 상황 속에서, 최우선 목표가 중대한 위협을 받고 있을 때, 이에 반응할 의사결정 및 실행이 대단히 짧은 시간 내에 이루어져 전쟁(파멸)의 길로 가느냐 또는 평화(번영)의 길로 가느냐의 전환점이라고 정의할 수 있다.

따라서 위기라는 단어 속에는 통상적으로 예상하지 못한 변화, 스트레스, 긴장, 공포, 재화 등의 경악적인 요소가 포함되어 있다.[11]

제2절 | 위기의 발생과정

위기의 발생과정은 전쟁과 평화의 갈림길에서 갑자기 찾아온 것이 아니다. 위기는 반드시 어떤 공식적 · 체계적인 단계를 거쳐 이루어지는 것은 아니지만 최소한의 갈등단계, 분쟁단계, 위기단계라는 위기 본질의 발생과정을 거쳐 일어나게 된다.

다시 말해 ① 쌍방이 추구하는 목표들이 상호양립하기가 어려운 내재된 비가시적 상태인 갈등(위협)단계, ② 갈등상태를 해결하기 위한 표출된 가시적 마찰이 있는 분쟁(위협)단계, ③ 전쟁과 평화의 축 어느 지점에 위치한 극단적인 대결적 위기(위기)단계로 전환된 변화과

10) R. C. North(ed), *Content Analysis*, 2003 참조.
11) 조영갑, 『한국위기관리론』, 서울: 팔복원, 2000, p.26.

〈도표 3-4〉 국가기획체계와 위기관리과정

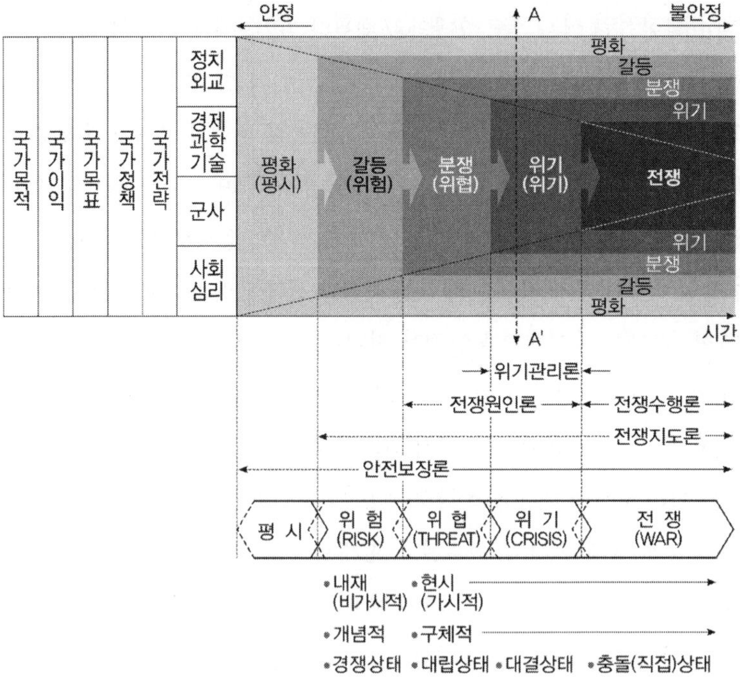

정(도표 3-4)을 거치는 본질을 갖고 있다.

위기의 변화과정에 대한 본질을 잘 이해하고 대응할 수 있는 위기관리전략을 수립하여 위기를 극복하기 위해서는 갈등(위험)-분쟁(위협)-위기(위기)-전쟁(충돌)으로의 진행과정을 체계적으로 연구하여 대응해야 한다.

그러나 전쟁긴박기가 된 위기관리가 실패했을 때는 위기관리 단계에서 전쟁 억제력이 상실되고 전시단계로 전환되어 전쟁에서 승리하기 위해 군사작전계획을 시행하게 된다.

제3절 | 위기관리의 개념

1. 위기관리의 정의

지금까지 대부분의 학자들은 어떻게 위기가 격화되어 전쟁으로 발전해 가는가 하는 문제만을 깊게 연구한 반면, 어떻게 위기가 수습되는지, 어떻게 위기를 관리하여 전쟁의 길보다는 평화의 길로 갈 수 있게 되는지에 대해서는 연구가 미흡하였다.

그러나 현대국가에서 위기는 확대의 문제보다 위기의 관리와 수습의 문제 쪽이 그 실제적인 주요과제가 되고 있다. 예컨대 아무리 강대국이라 할지라도 전쟁이라는 무력을 행사하지 않고 위기관리를 잘하여 평화적 방법으로 국가의 이익과 목적을 달성할 수 있다면, 그 이상의 좋은 일은 없지만, 위기관리가 실패할 경우에는 핵무기에 의한 핵전쟁이나 일반무기에 의한 재래전쟁 또는 테러 및 대량살상무기 같은 새로운 형태의 전쟁이 일어나게 된다.

이와 같은 파멸적인 극한상황을 극복하고 국가와 국가, 조직과 조직, 개인과 개인의 관계와 이해 속에서 표출된 위기를 슬기롭게 관리할 수 있는 연구가 많이 이루어져야 한다.

위기는 평화와 전쟁의 중간상태라고 할 수 있다. 왜냐하면 위기관리가 잘되면 전쟁은 일어나지 않지만 그것이 실패했을 때는 전쟁이 일어나게 되는데, 이때 거의 모든 전쟁은 어떤 종류의 위기가 이에 앞서 일어나고 있기 때문이다.

그렇다면 위기관리(crisis management)란 무엇인가?

위기관리란 양 국가(개인 · 기업 · 국가) 간 또는 다수 국가(개인 · 기업 · 국가) 간의 국가(개인 · 기업 · 국가) 이익이 상충되는 것에서 발생하는 갈등과 분쟁상태가 더욱 커져 전쟁(파멸)으로 돌입하느냐 아니면 평화(번영)로 회복하느냐를 결정하는 분수령에서, 이때에 위기에 처한 당사국가(개인 · 기업 · 국가)들이 국가(개인 · 기업 · 국가) 존립이나 체제를 위협하는 위기가 전쟁으로 확대되는 것을 방지하려는 모든 노력이라고 정의할 수 있다.

이렇게 위기와 위기관리의 정의가 중요시되는 이유는 어떠한 급변사태를 놓고 이것을 위기사태로 보느냐, 아니면 위기사태로 보지 않느냐에 따라 그에 대처하는 전략을 둘러싸고 정책결정자들 간에 가끔 심한 가치갈등을 일으켜 국가를 더욱 혼란에 빠뜨리는 상황이 있기 때문이다.

2. 위기관리의 대응 활동

위기관리 대응 활동은 사전적 대응 활동으로써 예방 활동, 대비 활동이 있으며 사후적 대응 활동으로는 대처 활동, 복구 활동으로 구분(도표 3-5)한다.

(1) 예방 활동

위기 요인을 사전에 제거하거나 감소시킴으로서 위기 발생 자체를 억제하거나 방지하

〈도표 3-5〉 위기관리 대응 활동

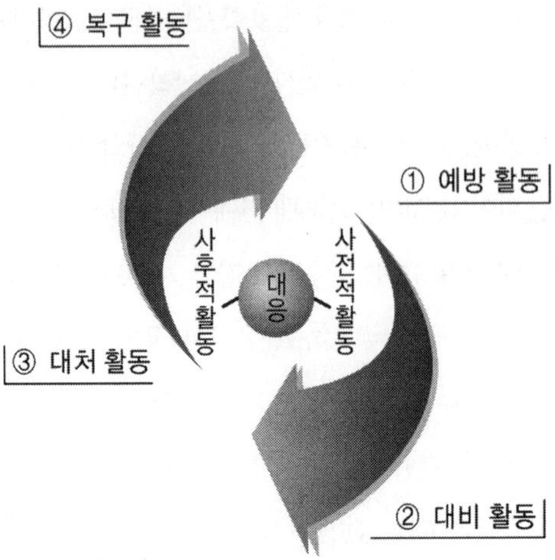

기 위한 일련의 활동이 있는데, 그것은 위기가 실제로 발생하기 전에 위기 촉발 요인을 제거하거나 위기 요인이 표출되지 않도록 억제 또는 예방하는 활동을 의미한다.

따라서 예방 활동은 위기 피해 감소 계획을 결정 및 집행하고, 각종 재해 및 재난으로부터 인간의 생명과 재산에 대한 위기 피해의 정도를 감소시키려는 장기적인 활동 등을 포함해야 한다.

(2) 대비 활동

위기 상황에서 수행해야 할 제반 사항을 사전에 계획, 준비, 교육, 훈련함으로써 위기 대응 능력을 향상시키고, 위기 발생 시 즉각적으로 대처할 수 있도록 태세를 강화시켜 나가는 일련의 활동인 것이다.

대비 활동 업무는 위기 발생 시 대처 활동을 사전에 마련하기 위한 대처능력 개발활동을 의미한다. 여기에는 사회적 갈등 및 위기에 대한 조정 능력 배양, 위기관리 전문 인력의 양성, 평시 위기 유형별 시나리오 준비 · 교육 · 훈련, 위기 촉발 분야에 대한 체계적인 공공관계 및 전략 수립, 유관기관 간에 사전 조정 및 협조 확보, 대응 자원 확보 등이 포함된다.

그러나 전통적 안보 분야에 대한 위기는 이 분야의 특성을 고려하여 예방 및 대비를 하나의 활동으로 규정하여 관리할 수 있다.

(3) 대처 활동

위기 발생시 국가의 자원과 역량을 효율적으로 활용하고 신속하게 대처함으로써 피해를 최소화하고, 2차 위기 발생 가능성을 감소시키려는 일련의 활동인 것이다.

대처 활동은 위기가 발생한 경우에 위기관리 관계 기관들이 해당 분야에 대한 임무 및 역할을 실제로 수행하는 단계이며, 대비 활동과 연계하여 제2의 위기 가능성을 줄이고 위기 피해를 최소화시키기 위한 활동을 한다.

(4) 복구 활동

위기로 인해 발생한 피해를 위기 이전의 상태로 회복시키고, 제도 개선 및 운영체계보완 등을 통하여 재발을 방지하고, 위기관리 능력을 보완하는 일련의 사후관리 활동이다.

복구 활동은 피해지역 및 영영이 위기발생 직후부터 위기발생 이전상태로 회복될 때까지의 장기적인 활동인 것이다. 여기에는 중장기 복구지원 계획 수립, 복구 우선순위의 결정, 복구장비 및 복구예산 확보를 위한 방안 마련, 복구지원을 위한 관계기관들과의 협조, 피해 상황 집계, 피해자 보상 및 배상 관리, 위생발생 복구개선안 마련 및 유사위기 재발 방지책 마련 등이 포함된다.

제4절 | 위기관리의 단계와 전략

1. 위기관리의 단계

(1) 갈등단계

국가이익이 서로 상충되는 가운데 충돌이 발생하면 갈등단계, 분쟁단계, 위기단계의 과정으로 진행된다. 갈등이란 어떤 주장, 견해, 이해 등이 복잡하게 뒤엉킨 관계에서 손실이나 위해가 생길 우려가 있는 위험시기로서[12] 어떤 동기나 목표가 양립 또는 조화될 수 없는 경우에 내재적 · 비가시적 상태로 발생하게 된다. 따라서 갈등은 국가, 조직(기업) 그리고 개인과 같은 개념과 밀접한 연관성이 있으며, 인간의 사회생활을 이해함에 있어서 통합개념과 상대되는 내용이 된다.[13]

12) 이희승, 『국어대사전』, 서울: 민중서림, 2000, p.2892.

이러한 관점에서 볼 때 갈등은 당사자들이 서로 추구하는 목표들의 상호 양립이 불가능함을 인식함으로써 나타나게 되는데, 이때부터 갈등은 시작된다고 할 수 있다. 갈등이 시작되어 위기로 발전된 후에 종결될 때까지 긴장의 정도는 더욱 높아 간다.

그러나 갈등단계는 당사자들 간에 상충된 이익에서 발생하여 개념적 주장과 내재적 행위로 이루어지기 때문에 그 자체만으로는 위기를 유발시키는 데 충분하지 않은 것이다.

왜냐하면 A와 B 양자 간에 어느 한쪽이 이 같은 갈등을 표면화시키는 자극적인 행위를 시작해야만 하기 때문이다. 만일 A가 현재 이익의 갈등을 자기에게 유리하게 해결하려는 시도에서 현상타파를 위한 표출된 행위를 하게 되고, B는 이에 도전하며 A가 이에 저항함으로써 분쟁 또는 위기단계로 발전하기 때문이다.

예컨대 한반도는 1945년 8월 15일 해방과 더불어 남한에는 민주주의 정부가 수립되어 북한지역을 수복하여 민주국가체제를 건설하는 것을 국가목표로 삼고 있으며, 북한에는 공산주의 정권이 들어서 남한지역을 해방하여 적화통일하겠다는 야욕을 국가목표로 삼고 있다. 이처럼 남북한의 국가목표가 어떤 상황에서도 결코 양립할 수 없기 때문에 한반도는 평상시에도 항상 갈등단계에 있다.

또한 1949년 중국 본토에서 모택동주석에 의해 대만으로 쫓겨난 장개석 총통의 대만 정부는 중국대륙을 수복하여 민주국가 건설을 국가목표로 삼고 있는 반면에, 중국본토의 중국 정부는 대만 및 대륙 연안에 있는 여러 섬을 해방하여 통일된 공산국가건설을 국가목표로 삼고 경쟁하고 있는데, 이 둘의 국가목표가 결코 양립할 수 없기 때문에 평상시에도 항상 갈등관계에 있다.[14]

(2) 분쟁단계

분쟁단계는 위력으로 윽박지르고 협박하는 위협시기로서[15] 상대적인 둘의 관계가 저항과 도전 속에서 자극적인 대립으로 행위가 표출되는 단계인 것이다. 분쟁이란 일반적으로 특정한 입장이나 주장을 유지 · 관철시키려는 행위자, 또한 이를 저지하겠다는 행위자 사이에서 발생하는 대립상태로서, 제한된 행동으로 표출된 가시적인 행위상태를 말한다.

이때에 나타나는 저항은 즉각적이고 공공연하게 거절하는 경우도 있고, 공식적으로는

---

13) 구영록, 『인간과 전쟁』, 서울: 법문사, 1983, pp.21-74.
14) 조영갑, 『한국위기관리론』, 서울: 팔복원, 2002, pp.247-252.
15) 이희승, 전게서, p.2892.

반응이 없어도 여론이나 경계태세 증가, 또는 묵시적인 방법 등으로 도전자의 위협요구를 철회시킬 수 있다.

이 단계에서 서로 상대방의 위협을 어떻게 인지했느냐 하는 문제와 그 인지된 위협에 대해 어떻게 대처할 것이냐 하는 대안의 선택문제를 놓고, 초기단계에서는 정책결정 단위내부에서 개인 및 단체 간에, 그리고 마지막 정책결정단계에서는 최고정책결정자의 심리적 갈등이 일어나게 된다.

이와 같은 분쟁단계는 서로 밀고 당기는 마찰로 수일 또는 수개월 간 계속되기도 하고, 때로는 분쟁이 고조되어 단기간에 위기단계로까지 이르기도 하며, 분쟁이 다시 평화의 길이나 갈등단계로 완화되기도 한다.

이때에 양측은 위기로의 확대를 피하면서 최대의 이익을 얻든가 또는 어떻게 하여 손실을 최소화할 것인가에 주안을 두고 분쟁관리전략을 진행시키게 된다.

분쟁단계 또는 위기단계로까지 상황이 진전되었던 사례를 알아보면 다음과 같다. 북한의 테러분자 및 군대가 납치한 DC-항공기 납치사건, 해군함정 피격사건, 울진 · 삼척 무장공비 침투사건, 국립묘지 폭파기도사건, 8 · 15 대통령저격사건, 미얀마 · 아웅산 폭파사건, KAL 858여객기 폭파사건 등이 있다.

(3) 위기단계

위기단계는 대결상태가 더욱 치열화된 위급한 전쟁긴박기기로서[16] 위기관리가 실패하여 전쟁으로 돌입하든가 아니면 평화적으로 위기를 종결짓든가를 결정하는 전환점이 된다. 위기는 위기관리 전략을 통해 전쟁보다는 평화적인 수단과 방법으로 해결하는 것이 중요하기 때문에 위기단계에서 군사력은 직접적 · 물리적 사용이 아니라 간접적 · 심리적 수단으로 이용한다.

군사력의 간접적 · 심리적 사용이란 핵위협, 지상군 이동 및 예비군동원, 전투기나 함대를 위기발생지 근처로 급파하는 무력시위 행동을 말하며, 또는 상대국가에서 별로 중요하게 여기지 않는 곳(주민 밀집도시, 산업 및 공업시설, 군사시설 등 제외)에 정탐목적이나 상대에게 정치적 · 경제적 · 사회적 · 심리적 충격을 가할 목적으로 제한된 군사력을 이용하는 어떤 한계가 있는 통제된 압박을 가하는 것을 말한다.

---

16) 이희승, 전게서, p.2881.

위기단계에서 먼저 위기가 전쟁으로 돌입하는 경우는 1914년 제1차 세계대전의 위기에서처럼 이미 시작된 군사동원을 취소하기에는 너무 늦은 경우와 1941년에 태평양전쟁의 위기에서처럼 쌍방의 이해가 너무 커서 양립할 수 없어 평화적으로 해결이 불가능한 경우에는 전쟁으로밖에 해결할 수 없게 된다. 위기가 전쟁으로 전환되면 지금까지와는 양상이 전혀 다른 상황으로 돌입하게 되며 위기관리 단계는 일단 끝나게 되는 것이다.

그러나 극한 대립 속의 위기단계에서 결의가 이미 정해졌다면 상대편은 조건부 항복을 할 것이며, 만일 쌍방의 어느 편도 우세하지 못하다고 생각한다면 쌍방 모두 대결이 너무 위험하다는 것을 인식하고, 더 큰 불행을 피하면서 서로 공통이익을 추구하기 위한 양보 및 타협전략을 수행하게 될 것이다. 우선 급한 위기를 종식시키기 위해 정책결정자들은 위기발생의 근본적인 문제는 차차 외교적으로 해결하도록 하고, 서로의 체면을 세우는 잠정적인 수습책을 세우는 편이 위기관리의 요체임을 인식하고, 그와 같은 전략을 구사하기도 한다.

이렇게 위기가 해결된 후의 수습단계에서 승자가 패자에게 대하는 태도에 따라 쌍방 간의 관계개선이 이루어질 수도 있고, 오히려 악화될 수도 있다. 승자가 패자에게 불필요한 굴욕감을 주지 않고 명예로운 후퇴를 위한 길을 터주고 국가위신을 세워주는 전략을 구사하기 위해 아량을 베풀어 주어야만 한다.

예컨대 쿠바위기 때 케네디 대통령은 쿠바를 해상봉쇄한 후에 구소련함대가 기수를 돌리게 되어 미국과 구소련간의 위기가 사라지자 케네디 대통령은 흐루시초프 수상에게 패배의식을 주지 않고 명예로운 후퇴와 체면을 세워주기 위해 예하참모들에게 "뽐내지 말라(Not to gloat)"는 지시를 하고, 흐루시초프 수상은 세계와 인류의 평화를 위해 위대한 결단을 내렸다고 칭송하여 흐루시초프와 군부세력, 구소련국민들의 자존심을 세워주었는데, 이것은 위기관리전략의 좋은 예가 된다. 반드시 이것 때문만은 아니었지만 그 후로 미국과 구소련은 데탕트에 들어갔고, 10년 후에는 닉슨 대통령과 브레즈네프 수상 간의 평화협정에까지 발전하는 계기가 되었다.

이와 같은 위기발생과 위기관리단계에서 정책결정자들이 위기관리전략을 수립할 때 그리고 최고정책결정자가 건의된 정책이나 전략 대안 중에서 최종안을 선택할 때 정보의 역할과 그 대안을 실천할 때는 지휘 및 통제를 위한 C4I체계는 매우 중요하다.

예컨대 미국 케네디 대통령은 구소련 흐루시초프 수상에게 '이쪽은 물러설 수 없으며 확고부동하다'는 여러 가지 신호를 보내면서 상대방의 확고부동한 태도를 누그러뜨리고 양보를 강요하기 위해 효과적인 C4I를 통하여 '전쟁을 피하려거든 네가 물러서야 한다'고 상대방을 공갈 · 협박 및 설득하는 비겁자게임(chicken game)이론도 적용했다.

이 같은 비겁자게임은 국제관계에서 위기충돌과 군사적 강제에 아직도 적용되고 있으며, 1962년 10월 쿠바 미사일위기에서 미국측이 취한 해안봉쇄작전도 이를 단순화시키면 동일한 이론으로 설명할 수 있다.17)

한반도의 위기사태로 1950년 6.25전쟁은 위기관리전략 실패의 대표적인 사례가 될 수 있으며, 1968년 1.21사태의 청와대 기습사건과 그 이틀 후 푸에블로호 납치사건, 1974년 남침땅굴 발견사건, 1976년 판문점 도끼만행사건 등은 국가 위기의식을 갖기에 충분한 사건들이었다.

21세기 한국의 통일전략이라는 국제학술회의에서 1996년 5월 23일 러시아 외무부 아주국장 발레리 데니소프의 증언에 의하면, 북한 김일성 주석은 1975년 4월에 중국과 구소련을 방문하여 남한과 전쟁할 준비가 다 되었으니 지원하여 줄 것을 요청하였으나 양국가로부터 거절당하여 남침계획이 좌절되었다고 하였는데, 이와 같은 증언은 당시 한반도의 위기상황을 확인할 수 있다. 그리고 2000년대 현재 북한은 북핵 및 미사일 발사, 제1 연평해전 및 제2 연평해전, 연평도 포격사건 및 천안함 폭침사건 등 다양한 정치적 · 군사적 도발로 계속 위기를 조성하고 있어, 이에 대한 위기관리 대응전략을 발전시켜 평화통일을 달성해 나가야 한다.

2. 위기관리의 원칙과 전략

(1) 위기관리의 원칙

위기가 발생했을 때 어떻게 효과적으로 관리하고, 실행할 수 있을 것인가에 대한 위기관리원칙이 있으며, 그 원칙은 위기관리전략을 선택하는데 기준을 제공한다. 오늘날 위기관리원칙은 위기가 발생했을 때 어떻게 효과적으로 적용하여 전쟁을 방지할 수 있느냐 하는 것이다.

위기관리 원칙들을 리처드슨(J. K Richardson)의 정책결정이론을 중심으로 알아보면 다음

17) Graham T. Allison, "*Essence of Decision: Explaining the Cuban Missile Crisis*," (Boston: Little Brown and Company, 1971), p.216.

과 같다.[18)]

첫째, 최고정책결정자는 정책결정과정에서 다양한 건의, 또는 상이한 제안 간의 토론을 통해서 보다 정확한 판단을 할 수 있어야 한다.

둘째, 결정된 정책을 실행에 옮길 때 시행착오가 발생하지 않도록 면밀한 정치적 통제가 있어야 한다.

셋째, 최고 정책결정자는 달성 가능한 목표를 어느 정도 제한해야 한다.

넷째, 위기관리를 위해서 유연한 선택과 점진적인 선택을 할 수 있어야 한다.

다섯째, 시간이 많을수록 더욱 신중한 선택을 할 수 있게 된다.

여섯째, 상대방을 상대방의 시각에서 인지 및 이해하고 노력하여 공통의 이익을 얻을 수 있도록 한다.

일곱째, 성공적인 위기관리를 위해서 C41체제 및 정확한 의사소통이 요구된다.

이 밖에도 상대방의 영향권이나 고유이익의 인정, 위험한 전략 및 행위의 회피, 유사한 위기사례에 대한 깊은 연구, 국제법의 중요성 인식, 위기의 형태에 알맞은 전략수립, 미래지향적인 결정 등이 위기관리의 원칙으로 제시되고 있다.

그러나 이러한 위기관리의 원칙은 ① 너무 일반화되고 단순화되었으며, ② 현실적인 제약점들을 충분히 감안하지 않고 너무 단기적 시각에서 제한적인 목표달성에만 집착하여 위기 후의 생존기회 개선에 소홀하기 쉬우며, ③ 정책결정자들에 대한 심리적 · 정치적 제약요소가 제대로 반영되지 않았기 때문에 무분별하게 적용하면 잘못될 수도 있다는 적용한계의 비판도 있다.

(2) 위기관리의 전략

위기관리 전략은 갈등 · 분쟁 · 위기상황에 따라 다양한 전략을 구상 · 검토 · 대비했다가 최상의 전략을 채택하여 대응해야 한다. 또한 상대국이 예상하지 못한 수단과 방법으로 대응 · 변경할 것에 대비하여 정책결정자들은 위기관리 진행 중에도 기존의 전략을 신속히 수정 · 변경할 수 있도록 준비해야 한다. 이와 같은 위기관리 전략은 공세적 위기관리전략과 수세적 위기관리전략으로 구분한다.[19)]

---

18) James L. Richardson, *"Crisis Management: A Critical Appraisal"* in Winham(ed), op. cit, p.15.

19) Alexander L. George, *"A Provisional Theory of Crisis Management"* in Avoiding War: Problem of Crisis Management(Boulder: Westview Press, 1991), pp.22-27, 이은득 역, "위기관리의 실패와 성공: 그리고 위기관

1 공세적 위기관리전략

공세적 위기관리전략은 위기상황에서 상대적으로 우위에 있는 쪽이 다양한 공세적 전략을 구사하여 순응을 강요하고, 위기확대를 촉발하지 않고 유리한 상황을 조성하면서 위기상황을 해결하는 것이다.

이러한 위기관리전략에는 공갈전략, 제한적이고 전환가능한 탐색전략, 통제된 압박전략, 기정사실화전략, 완만한 소모전략이 있다.

첫째, 공갈전략이다.

공갈전략은 방자가 공자의 요구를 거절하거나 회피했을 때는 심각한 불이익이나 응징을 받게 될 것이라는 협박을 통하여 위기행위를 포기시키는 전략이다. 이 전략은 무력의 사용 없이 목적을 달성할 수 있으며 성공 시에는 원하지 않는 위기확대의 가능성을 축소시킬 수 있다.

그러나 공갈전략은 공갈자에 대한 손해와 자신의 위신을 희생하면서 굴복하는 것을 두려워하여 적당한 요구조건조차 수용을 거부하려고 하기 때문에 공자는 방자의 체면을 고려하여 ① 일정한 외교적 절차를 따른 체면유지, ② 공갈에 대한 항복표시를 완화시키는 협정형태 수락, ③ 적 스스로가 양보를 하도록 하는 방안을 제시해야 한다.

둘째, 제한적이고 전환가능한 탐색전략이다.

제한적이고 전환가능한 탐색전략은 공자가 현재의 상태를 유리한 상황으로 전환시키면서 원하지 않은 위기확대를 회피하는 방향으로 탐색행위를 시도하여 위기를 타개하려는 전략이다. 이 전략은 적이 현재 상태를 변화시키려는 노력이 불확실할 때 시도하는 전략으로서 적의 모호한 의지를 명확하게 파악할 수 있게 하는데, 이때의 성공요건은 공자의 탐색행위노력이 명확하고 충분히 위협적이어야 한다.

그러나 제한사항은 정책결정자들의 통신상 오해와 정보부족으로 상황의 오산, 정책결정자의 가치관이나 신념체계 때문에 객관적 정보를 개인의 소망적 사고에 입각하여 해석함으로써 발생하는 오판으로 공자 또는 방자의 행위의도에 대한 파악을 하지 못하고, 이에 대응할 필요가 없는 것으로 생각할 수 있다.

셋째, 통제된 압박전략이다.

통제된 압박전략은 공자가 방자의 현 상황을 유지하려고 노력하는 사실을 알면서도 방

리 측면에서 서해교전", 『국방연구』, 제45권 제2호, 서울: 국방대학교, 2002 참조.

자의 노력을 잠식하는 방안을 채택하여 현 상황을 변경시키려는 전략이다. 갈등·분쟁·위기상황구조가 공자에게 유리하고 방자에게는 불리한 불균형구조에서 압박을 가하는 것인데, 이 전략은 공자가 방자와 어떤 포괄적인 합의를 해놓고, 이를 사안별로 공자가 바라는 대로 하나씩 하나씩 먹어 들어가는 전략이다.

예컨대 논쟁이 되고 있는 영토에 대한 방자의 접근봉쇄, 간섭 등 비군사적인 침해와 일련의 온건한 행동에 의한 방자의 권리를 서서히 먹어 들어가는 전략이며, 방자가 대응한다면 통제불가능한 위기확대를 촉발시킬 수 있다고 엄중한 경고를 발령하는 것 등이 이 전략에 속한다.

넷째, 기정사실화 전략이다.

기정사실화 전략은 상대방이 현 상황을 고수하려고 노력하지 않는다고 믿고 있을 때에 위기고조의 위험성을 무시하고, 현 상황을 변경시키기 위해 신속하고 결정적인 행위로 얻어진 이익을 기정사실화하려는 전략이다. 이때 공자는 현상타파를 위해 도발을 행동화했을 때 잃을 수 있는 손실보다는 얻을 수 있는 이익이 더 크다고 믿으며, 이때에 야기된 상황은 충분히 통제할 수 있다는 계산에서 이루어진다.

예컨대 1962년 구소련 흐루시초프 수상은 쿠바에 은밀하게 미국을 겨냥한 미사일을 배치하면 미국 케네디 대통령은 핵전쟁의 위기상황으로 확대하지 않을 것이라는 오산 아래 쿠바의 미사일배치를 기정사실화하려는 전략을 구사했다.

또한 북한의 김일성은 1950년 6·25전쟁에서 미국이 전투병력을 증파하기 전에 한국군을 섬멸하고 남한을 속전속결전략으로 해방시켜 공산화되면 미국은 남한을 포기할 것이라는 오판된 기정사실화전략을 시도했지만 북한의 기대와는 반대로 미국은 신속히 전략을 변경하여 남북한의 현 상태를 고수하려고 노력함으로써 실패로 돌아갔다.

다섯째, 소모전략이다.

소모전략은 동기는 강력하지만 상대적으로 약한 행위자가 자신보다 강하기는 하나 동기가 약한 적으로부터 양보를 얻어내기 위해 장기적인 행동으로 적의 유리한 상황을 거부하는 전투제한요소의 창출을 위한 행위전략으로서 테러 및 게릴라활동 등이 있다.

2 수세적 위기관리 전략

위기상황시에 방자는 공자의 유리한 상황조성 노력을 방해하기 위한 대응이 원하지 않는 위기고조를 유발하는 가능성에 민감할 수 있는데, 이러한 상황에서 위협받는 이익을 보호하면서 동시에 위기확대를 원하지 않을 때는 수세적 위기관리전략을 선택한다.

수세적 위기관리전략은 강압외교전략, 대항적 확대저지를 동반한 제한적 확대전략, 적의 확대저지를 동반한 동일보복전략, 적의 확대저지를 동반한 능력시험전략, 한계설정전략, 적의 오판을 피하기 위한 공약과 결의 전달전략, 협상타결을 타진하기 위한 시간벌기전략 등이 있다.

첫째, 강압외교전략이다.

강압외교전략은 위기상황에서 전쟁으로 발전하는 것을 방지하면서 적의 행동을 강제적으로 중지시키거나 물리적으로 대응하는 것이 아니라 설득과 위협(당근과 채찍)의 적절한 배합을 통해 상대에게 이미 한 행동을 중지시키거나 원상회복시키는 전략이다.

강압외교전략은 적의 의도대로 현 상황을 변화시키려는 노력에 관한 대응전략으로서 적의 도발행위에 무력사용보다는 설득에 의하여 적의 행동을 중지시키고 무력위협과 제한된 군사력의 시위적 사용 등을 통하여 행동을 포기시키는 수세적 전략이다. 따라서 강압외교는 적의 행동을 목표로 한 공갈과 적이 어떤 행위를 하도록 강요하는 강제 등의 공세전략과 구별되며,[20] 강압외교전략은 협상과 교섭, 절충을 요구하며, 군사력의 간접적 · 심리적 도구로 사용이 필요하다.

예컨대 이라크 사담 후세인 대통령은 1990년 쿠웨이트를 침공하게 됨에 따라 미국은 처음에는 이라크에 대한 경제제재 및 해안봉쇄 등 군사력의 간접적 · 심리적 사용인 강압외교전략을 구사했으나 이라크의 경제제재 효과와 해상봉쇄 효과의 미흡으로 강압외교가 실패함에 따라 군사력의 직접적 · 물리적 사용으로 1991년 걸프전쟁을 통해 쿠웨이트를 구원했다.

둘째, 대항적 확대저지를 동반한 제한적 확대전략이다.

대항적 확대저지를 동반한 제한적 확대전략은 방자가 위기관리교섭을 위한 보다 유리한 상황을 조성하기 위하여 공자에게 유리한 기본규칙을 변경시키고자 하는 시도로서 더욱 새롭고 보다 유리한 기본규칙을 만들거나 적의 대항적 확대를 저지하여 이 규칙을 공고히 하려는 제한적 · 선별적인 확대를 시도하는 전략이다. 따라서 이 전략은 양측이 수용가능한

---

20) Peter Viggot Jakobson, "Western Use of Coercive Diplomacy after Cold War," 최종철 역, 『탈 냉전시기의 강압외교』, 서울: 국방대학교, 2001, pp.25-27 참조.

요구제안 및 설득적인 노력 등으로써 위기가 발생한 지역이나 그 밖의 지역에서도 전국에 피해를 입히거나 위협을 조성하고, 보상하여 국지적인 상황변경과 봉쇄하는 것 등이 있다.

셋째, 적의 확대저지를 동반한 동일보복전략이다.

적의 확대저지를 동반한 동일보복전략은 처음에는 협조를 하고, 그 다음부터는 상대방의 움직임에 따라 상응하는 행위를 한다는 전략이다.

이 전략은 협력하면 보상하고 그렇지 않으면 동일수준의 보복이 적의 위기확대를 저지할 수 있다는 전략이다.

그 예로 1948년 이스라엘 독립전쟁 때부터 시작된 아랍국가들과 이스라엘의 관계에서 팔레스타인 자살특공대의 민간테러와 이스라엘의 군사보복이 반복되는 중동사태를 볼 때 "눈에는 눈, 이에는 이로써"라는 대응방식의 동일보복 전략이 적용되었다.

넷째, 적의 확대저지를 동반한 능력시험전략이다.

적의 확대저지를 동반한 능력시험전략은 방자가 보다 유리한 기본규칙을 유지하기 위해 제한된 확대전략을 사용하는 것이 너무 위험하거나 정치적으로 용인될 수 없을 때 기본규칙과 제한요소의 기본틀 내에서 상대방의 능력을 시험하는 전략이다.

예컨대 1948년 베를린 봉쇄위기시 구소련의 베를린봉쇄에 대한 미국의 공수작전과 1958년 대만해협위기시에 금문도, 마조도에 중국의 봉쇄전략에 대한 미국의 대응전략 등이 있었다.

즉 중국의 대만해협위기시에 군사력 위력시위는 미국의 의도를 시험해 보기 위한 시도로부터 시작되었다. 중국은 미국의 단호한 군사적 대응결의와 능력을 알아차린 후 대만해협위기를 완화시켰으며, 금문도, 마조도를 중국통제하에 두기 위한 봉쇄작전을 단념하고, 그 목적달성도 포기하였다.

미국은 중국의 제한된 군사력 강압에 대하여 중국본토를 공격하는 방법이 아닌 금문도 연안 3마일 이내에 대만 정부의 보급수송선을 엄호함으로써 중국과의 직접 충돌을 회피하면서 중국의 도서폭격을 포기하도록 했다.

다섯째, 한계설정전략이다.

한계설정전략은 공자의 추가적인 행동이 방자의 강력한 대응을 야기 시킬 것이라는 의지를 표시하기 위해 한계를 설정하여 반응하는 전략이다. 이 전략의 효과를 위해서 방자는 반드시 지켜야 할 이익과 덜 중요한 이익을 구별해서 공자에게 전달하는 것이다.

여섯째, 적의 오판을 피하기 위한 공약과 결의전달전략이다.

적의 오판을 피하기 위한 공약과 결의전달전략은 공자가 현재 상황을 변화시키기 위해 위기확대를 시도할 경우가 있다고 판단될 때 수세적인 방자는 그러한 도발에 대해서 반대한다는 공약과 의지를 전달하는 경고전략이다. 어떠한 도발이나 공격에 대해서도 반대할 것이라는 공약과 의지를 전달하는 경고활용은 방자가 억제정책을 우선적으로 표시하였을 경우에 경고를 보강하기 위해 사용하며, 억제정책을 채택하지 않았을 경우에는 억제정책의 채택기회를 제공한다.

일곱째, 협상타결을 타진하기 위한 시간벌기전략이다.

협상타결을 타진하기 위한 시간벌기전략은 공자의 도전가능성에 직면하거나 이미 완만한 속도로 도전해 올 때에 위기확대를 방지하고, 어느 한편의 이익을 보호하거나 위험을 극소화시키기 위하여 공자의 요구를 부분적으로 충족시킬 만한 협상기회를 제공하는 시간벌기전략이다.

방자는 정치외교적 · 군사적으로 불리하고 적이 협상유지에 대한 불만족을 지니고 있음을 인식하고 있으며, 군사적인 전략을 시도하기 전에 협상을 통해 안전을 도모하는 것이 가장 중요한 이익임을 인식하는 경우에 사용한다.

이 전략은 다른 수세전략에 비하여 ① 위기에 대하여 방자의 준비가 미흡하거나 다른 전략을 효과적으로 사용할 수 없는 결점이 있을 때, ② 다른 전략이 전쟁을 촉발할 위험성이 크다고 판단될 때, ③ 이익과 동기가 적에게 유리한 방향으로 현저한 불균형을 이룰 때, ④ 현안문제를 적과의 전반적인 관계개선을 향한 방안이라고 생각할 때 선호하게 된다.

3. 위기관리전략 결정의 고려요소

위기관리전략은 국가의 매우 중요한 이익에 위협을 주는 문제에 행동을 취하여, 그것을 중지 또는 철회시키고 원래상태로 회복시키는 일이 된다. 이와 같은 목적을 위해 군사력의 직접적 · 물리적 사용에 의해 강제적으로 달성하려는 것이 아니라 비군사적 수단과 군사적 수단의 간접적 · 심리적 사용으로 상대의 의지에 작용하여 납득시키는 형태로 달성하려고 하는 점에서 위기관리의 전략다운 근거가 있다.

이를 위해서는 ① 위기관리목표의 명확한 선택, ② 통제된 압박과 단계적인 실천, ③ 상대방의 위기확산억제를 위한 계산된 행동, ④ 정치지도자의 군사력통제와 지도, ⑤ 커뮤니케이션 이용과 협상, ⑥ 비대칭이용과 인식, ⑦ 공통이익 탐구의 노력, ⑧ 대내외 여론의 호소와 상대의 지각작용 이용, ⑨ 효과적인 위기관리종결 노력, ⑩ 위기관리전략 한계의 요인 인식, ⑪ 그리고 위기관리시의 정신적 · 육체적 스트레스의 영향 등이 고려된 위기관리전략을 결정해야 한다.

4 9·11테러와의 전쟁

제1절 | 9·11테러와의 전쟁과 위기상황

1. 십자군전쟁

십자군전쟁은 11~13세기 사이에 유럽의 그리스도교도들이 성지 팔레스타인과 성도 예루살렘을 이슬람교도들로부터 탈환하기 위해 그리스도교도와 이슬람교도 사이에 일어난 전쟁이었다.[21]

> …… 유대교, 기독교, 이슬람교는 한 뿌리에서 나왔으나 교리와 구원관의 차이로 갈등 · 분쟁 · 위기 · 전쟁을 계속하고 있다. ……

예루살렘(Jerusalem)은 역사적으로 유대인들의 유대교, 유럽인들의 그리스도교, 아랍인들의 이슬람교도가 성지로 받들고 있는 지역이며, 성지적 기념물로서는 유대교의 통곡의 벽, 그리스도교의 성묘교회, 이슬람교의 오마르사원이 있어 국가 간 · 민족 간 · 종교 간 · 문화 간의 충돌지점으로서 갈등 · 분쟁 · 위기 그리고 전쟁의 씨앗이 되었다.

고대 로마제국이 395년 테오도시우스 1세(379~395)의 사망으로 동로마와 서로마로 양분된 후에 시리아지역은 동로마의 속주가 되었으나, 638년에는 시리아지역과 예루살렘이 이슬람교도인 아랍인들에게 정복되었다.

한편 유럽에서는 그리스도교의 전파와 더불어 예루살렘을 성도로 숭배하고 11세기 중엽부터는 많은 그리스도교도가 개인 또는 집단으로 성지순례를 시작하였다. 이 무렵에 동방의 이슬람세계에서는 셀주크터키가 시리아, 아르메니아, 소아시아를 지배하고 동로마제

---

21) 동아출판사, 『대백과사전』, 2001 참조.

국의 콘스타티노플까지 위협하며, 그 세력을 확장시켰다. 동로마제국의 알렉시우스 1세(Alexius I : 1081~1118)는 위협해오는 이슬람교국인 셀주크터키의 진출을 막기 위해 로마교황 우르바누스 2세(Urbanus II: 1042~1099)에게 십자군파견을 요청함으로써 8차에 걸쳐 십자군 전쟁이 일어났다. 로마교황 우르바누스 2세는 동로마 황제 알렉시우스 1세가 이슬람교도와 싸우는 데는 원조가 필요하며, 특히 성지 예루살렘 탈환을 위하여 원정군을 보내야 한다고 유럽 그리스도교인들에게 촉구하였다.

그러나 십자군을 파견한 목적에는 ① 예루살렘을 이슬람세력의 지배로부터의 탈환 이외에도, ② 그리스 정교회를 로마교회에 통합하여 로마교회 지배지역의 확대, ③ 유럽국가들의 강력한 왕권으로부터 교황권의 강화, ④ 봉건영주인 왕들의 새로운 영토 및 전리품 획득, ⑤ 상인들은 지중해의 무역권 장악, ⑥ 농민들은 봉건영주인 왕들의 압박으로부터 벗어날 수 있다는 기대도 있었다.

그 결과로 "모든 세계를 십자가 아래로"라는 기치 아래 십자군을 편성하여 파견함으로써 유럽에서 신성로마 교황권을 확립하고, 그리스도교를 전 세계에 전파하려 했던 것이다.

제1차 십자군전쟁은 1095년 11월 27일 교황 우르바누스 2세가 예루살렘 성도 해방전쟁을 성전이라고 명명하고 종군하는 모든 군사들에게 신의 구원을 약속했다. 십자군은 유럽 국가들의 기사들을 중심으로 해서 농민・상인 등을 비롯한 다양한 시민으로 구성된 민중기사단이었다. 유럽 국가들의 그리스도 교인으로 구성된 십자군은 1096년 봄에 4개부대로 나뉘어 육로와 해로로 1097년 봄 동로마의 콘스탄티노플에 도착하여 이슬람교의 셀주크터키와 전쟁을 하여 1098년 시리아지역을 정복하고 1099년 7월 팔레스타인지역과 예루살렘을 해방시켰다.

처음에는 십자군이 그리스도를 십자가에 매달았다는 이유와 부유한 유대인에 대한 경제적 시기심으로 유대인도 박해했다. 그리고 십자군의 광신적인 신앙과 이슬람교도에 대한 격한 증오심으로 잔혹스럽고 무차별적인 학살과 약탈을 자행함으로써 그리스도교의 평화주의적인 가르침을 묵살하였다.

> 어느 십자군은 고향에 보낸 편지에서 '솔로몬궁과 이슬람 성전에서 우리 군대는 말을 타고 달렸는데 말의 무릎까지 이슬람 셀주크터키인들의 피가 젖었다'고 자랑하였다. …… 십자군은 정복자로서 이슬람교도에 대해 야만스러운 행동과 잔혹한 학살을 자행함으로써 이슬람국가와 민족들을 분노하게 했다.

…… 그리고 이슬람교도들을 단결시켜 십자군전쟁을 승리로 이끌 수 있는 계기를 만들어 주었다. ……

제1차 십자군전쟁에서 승리한 십자군은 시리아 정복지역에 십자군 중 가장 덕망이 높았던 고드프르와드를 국왕으로 하는 예루살렘왕국을 세우고, 예루살렘 이외의 지방은 안티오키아후령 · 드리플리백령 · 에데사백령 등 3개의 봉건령으로 삼아 유럽의 정치 · 경제 · 사회 · 문화 · 종교제도를 정립함으로써 그리스도교 문명을 이식시켰다.

예컨대 이슬람국가지역에 그리스도교 문화에 기반을 둔 정치 · 경제 · 사회 · 문화와 학문, 사상, 예술, 생활방식을 이식하고, 군사제도에서도 예루살렘왕국은 유럽의 봉건제도를 본떠 십자군 기사의 잔류자를 영주로 임명하고 땅을 나누어 주면서 국토방위를 담당하도록 하였다.

그러나 이슬람교도에 포위되어 고립된 위치에서 내분과 부패로 세력이 약화되고 1144년 예루살렘왕국의 요충지인 에데사지역을 이슬람군이 점령하게 됨에 따라 그 구원을 목적으로 제2차 십자군이 파견되었다.

제2차 십자군전쟁은 프랑스왕 루이 7세와 독일왕 콘라트 3세가 지휘하였으나 이슬람군의 심리전으로 십자군 병사들이 전선을 이탈함으로써 전쟁을 치러 보지도 못하고 성과 없이 두 국왕은 귀국하였다.

그리고 이슬람군으로서 이집트의 술탄살라디아장군이 하틴전투에서 예루살렘왕국의 그리스도군에게 승리를 거두자 그 여세를 몰아 각 지역의 도시와 요새지를 점령하고 예루살렘을 함락함으로써 예루살렘왕국은 멸망하였다.

그 후 예루살렘왕국을 회복하기 위하여 신성 로마황제 프리드리히 1세를 중심으로 프랑스왕 필리프 2세와 영국왕 리처드 1세가 제3차 십자군전쟁을 일으켜 이슬람국가의 몇몇 도시를 탈환하였지만 예루살렘 해방은 끝내 이루지 못하고 그리스도 교인의 성도순례와 안전을 보장 받고 화해함으로써 성지는 유럽의 기독교인들의 손에서 떠나게 되었다.

제4차 및 제5차 십자군전쟁은 로마교황인 노켄티우스 3세가 출동하여 이슬람군의 거점이 된 이집트를 공격하였으나 실패하였으며, 제6차 십자군전쟁은 신성 로마황제 프리드리히2세에 의해 전쟁이 아닌 외교정책을 통해 이슬람국가를 설득하여 예루살렘과 영토일부를 양보 받았으나 시리아지역 주둔 십자군의 내분이 격화되어 다시 빼앗기게 되었다.

제7차 및 제8차 십자군전쟁은 프랑스왕 루이9세가 일으켜 이슬람국가인 이집트를 공격하여 일부지역을 점령하는 데 성공하였으나 도중에 전사함으로써 1291년 유럽지역의 그리스도국가와 아랍지역의 이슬람국가 사이에 200여 년 간 계속되었던 십자군전쟁은 끝났다.

요컨대 십자군전쟁은 유럽에서 로마교황이 제창하였으나 십자군전쟁의 실패로 로마 교황권은 더욱 쇠퇴하고, 유럽 국가들의 왕권력강화와 중앙집권화, 도시와 상업발달에 기여하기도 하였으나 이슬람교 문화와 그리스도교 문화의 접촉과 대립을 깊게 하였다.

제1차 십자군전쟁에서만 그리스도 교인으로 구성된 십자군이 승리하게 되었는데, 그 이유는 이슬람국가들이 정치적 내부분열로 단합을 하지 못했기 때문이었으나 기독교국가의 십자군침공으로 이슬람국가 세력이 다시 단합하여 반격했던 상황이 되었다.

이슬람국가들은 십자군 공격으로 이슬람교 성지를 위협받게 되고, 그리스도교인의 이슬람교도에 대한 탄압으로 민족의식이 고취되었으며, 그리스도교 문화와 이슬람교 문화의 이질성 등으로 성전에 대한 정열이 높아짐에 따라 십자군전쟁에서 승리할 수 있었다.

그러나 예루살렘왕국은 그리스도교의 소수정복자로서 많은 이슬람교도들의 피정복민을 지배하고 다스리기 위해서는 무자비한 탄압이 필요했었으며, 그리스도교의 유럽인들은 잘못된 신앙과 이교도 문화에 대한 이해부족 등 편협을 극복하지 못함으로써 이슬람교도들의 증오심만 더욱 크게 하였다.

십자군전쟁에서 유럽의 그리스도교국가 및 민족과 중동의 이슬람교국가 및 민족의 접촉과 충돌은 많은 역사적 의미를 갖게 하였으며, 그 영향은 2000년대 현재 국제사회까지도 미치고 있다.

2. 이스라엘과 아랍국가의 대립

B.C. 11세기 유대민족은 사울을 왕으로 하여 팔레스타인지역에 이스라엘 국가를 세우고 예루살렘을 수도로 하여 민족이 크게 번창 하였다.

그 후 이스라엘왕국은 솔로몬왕이 죽게 되자 북쪽의 이스라엘왕국과 남쪽의 유대왕국으로 나뉘어 있다가 멸망하였다.

B.C. 1세기에는 팔레스타인지역과 유대민족이 로마의 지배하에 속주로 편입됨에 따라 유대민족은 이스라엘왕국을 재건하기 위하여 로마제국에 저항하였다.

그러나 로마 티투스황제 시대에 와서는 혹독한 탄압과 핍박으로 유대 민족은 세계 각지로 흩어져 2,000년 동안 표류하며 박해받는 유랑생활을 하였고, 팔레스타인지역에는 아랍 민족이 이주하여 살아왔다.

19세기에 들어서 세계는 민족주의가 발흥하는 가운데 유럽 및 러시아 등에서 유대인에 대한 민족 억압이 다시 노골화되었다. 유대인들은 조상이 하나님으로부터 약속받은 성지 팔레스타인으로 돌아가 조국을 세워야 유대인에 대한 박해가 끝난다고 믿는 시오니즘운동을 전개하여 세계 각 지역에서 유랑하던 유대인들이 팔레스타인으로의 이민이 시작되었다.

그러던 중에 제1차 세계대전이 한창이던 1915년 10월 이집트 주재 영국 고등판무관 맥마흔(A. H. McMahon)은 전후에 팔레스타인에 아랍인의 독립국가를 건설하는 것을 지지하기로 약속한 맥마흔 선언(McMahon Declaration)을 하였다.

그 반면에 영국은 다시 1917년 11월 외무장관 밸푸어(A. J. Balfour)가 중동의 작전지역인 팔레스타인을 지키기 위해 유대인의 협력을 얻을 필요가 발생하게 되자 밸푸어 선언(Balfour Declaration)을 발표하여, 전후에 유대인이 팔레스타인에서 이스라엘 국가건설을 지지하겠다고 약속하였다. 이와 같이 영국이 팔레스타인 지역에서 모순된 정책을 선언한 것은 그 당시 전쟁상황을 자국에 유리하게 전개시키면서, 전 후 중동지역을 지배하려는 의도였지만 아랍인과 유대인간의 갈등을 증폭시키는 중요한 요인이 되었다.

팔레스타인은 1918년 영국의 군정 하에 있었고, 1920년에는 영국의 위임통치하에 있었으나, 팔레스타인으로의 유대인 이민이 격증함에 따라 아랍인과의 대립을 가져왔다.

지금까지 팔레스타인에서 살아왔던 아랍인들은 유대인에 대한 소수파로의 전락과 토지상실을 두려워해 1919년부터 반영국 · 반유대인에 대한 게릴라전을 전개하였다.

제2차 세계대전 중에는 두 민족 간에 대립이 소강상태가 되었으나 대전 말기에는 유대인들이 이스라엘 독립을 억제하려는 영국에 반발하여 반 영국 · 반아랍투쟁이 한층 격화되었다.

영국은 두 민족의 대립을 진압하여 전략적 요충지인 팔레스타인에 대한 지배권을 계속 유지하기 위해 노력하였으나 실패하고, 이 문제처리를 유엔에 이관하고 철수하게 되었다. 이스라엘은 1948년 5월 14일, 영국이 팔레스타인 위임통치를 끝내고 영국군의 철수완료와 동시에 유대인국가 건국위원회의장 벤구리온이 텔아비브에서 이스라엘 건국을 선포하였다.

이에 반해 아랍연맹에 가입한 아랍국가들은 이스라엘국가를 인정하지 않고 팔레스타인 지역에서 살아온 아랍인들의 영유권을 지키기 위해 제1차 중동전쟁인 팔레스타인전쟁을 일으켰다. 이스라엘은 개전초기에는 열세였으나 마침내 아랍국가와의 전쟁에서 승리하여 1949년 이스라엘국가에 매우 유리한 정전협정을 실현시켰다.

그러나 아랍국가들은 이스라엘국가 존재를 부정하고 제거하기 위하여, 이스라엘은 국가와 민족의 생존권확보를 위한 대립으로 1956년 10월에 제2차 중동전쟁인 수에즈전쟁, 1967년 6월에 제3차 중동전쟁인 6일전쟁, 1973년 10월에 제4차 중동전쟁인 10월 전쟁 등을 비롯하여 21세기에서도 수많은 전쟁과 테러전이 계속되었다.

예컨대 팔레스타인과 예루살렘은 이슬람교도에게도 성지가 되며, 이슬람교도들이 점령하여 지금까지 살아온 땅이었지만 유대인의 이스라엘국가 건설로 팔레스타인지역의 아랍인들은 주변 아랍국가들로 흩어져 난민생활을 했다.

그 반면에 기원전 팔레스타인 땅에 이스라엘왕국을 세웠던 유대인은 망국 후에 유랑민족으로 전전하다가 조상의 땅이라고 믿는 곳에 이스라엘국가를 다시 건설하였다. 또한 영국의 외교정책과 안보전략에 따라 아랍인에게는 맥마흔 선언, 유대인에 대해서는 밸푸어 선언의 상호 모순된 약속은 두 민족에게 갈등의 직접적인 원인이 되게 했다.

팔레스타인지역을 아랍인과 유대인에게 주겠다는 상반된 약속을 함으로써 팔레스타인의 아랍인들은 내쫓기고, 유대인은 정착함으로써 충돌은 생기고 민족적 · 종교적 분쟁은 계속되었다.

다른 한편으로 이스라엘국가 건설과 국제관계에서 볼 때 미국과 영국을 비롯한 서방국가들의 이스라엘에 대한 일방적 지지와 편협된 이해관계는 아랍국가와 민족들에게는 상대적인 원망과 박탈감을 갖게 만들었다.
그 결과로 1948년 제1차 중동전쟁이었던 팔레스타인전쟁으로 발생한 아랍민족의 난민이 모체가 되어 테러집단 또는 게릴라세력으로 등장하였다.

그 세력들은 팔레스타인 해방기구(PLO)와 같이 이스라엘 국가와의 공존을 용인하면서 화해와 협력을 통하여 목표를 달성하려는 세력과 팔레스타인 해방인민전선과 하마스 및 헤즈볼라 등과 같이 이스라엘의 국가적 존재를 인정하지 않고 무력을 통하여 단일 팔레스타인 국가를 수립하고, 그 안에서 아랍인과 유대인의 동등권을 실현하려는 주장들이 있다.

그러나 팔레스타인의 아랍인들은 단순한 난민이 아니라 자결권을 가진 민족이며 팔레스타인 국가건설을 지향한다는 점에서는 일치하고 있다. 이와 같은 이상을 실현하기 위해 아랍민족과 이슬람국가들의 과격한 세력들은 빈 라덴과 알 카에다 조직등과 연계하여, 그들의 이상과 신념을 이슬람국가와 아랍민족의 전체문제로 더욱 확대하고 재생산하여 극단주의적인 목표를 실현하기 위해 그리스도교국가인 서방세계, 특히 미국에 대해 초국가적 테러조직으로 새로운 형태의 위협과 전쟁을 잉태시키는 계기가 되었다.

3. 테러위협의 등장과 미국의 위기상황

20세기는 제1차 세계대전, 제2차 세계대전, 6·25전쟁, 베트남전쟁이 있었고, 그 후에는 동서냉전 속에서 구소련(현재 러시아)이 붕괴됨으로써, 21세기에는 미국이 세계 강대국으로 존재하게 되었다. 21세기는 초국가적 테러집단과 대량살상무기에 의한 새로운 위협 등장으로 미국은 테러와의 전쟁이란 또 다른 형태의 전쟁을 치르게 되었는데, 그 원인은 다음과 같다.

첫째, 미국은 미·구소의 양극체제에서 1990년 구소련의 붕괴로 냉전시대가 종식되고 정치·경제·문화·군사·과학기술 등의 힘에 의존하여 국제정치에서 일방주의정책으로 세계국가들로부터 시기와 질시를 받게 되었다.

둘째, 세계 인구 중 1/4이 절대빈곤층에 있으며, 그 대부분이 이슬람국가에 속하고 있는데, 이렇게 사회적·경제적으로 빈곤하게 된 것은 미국이 이슬람국가 및 아랍민족들의 이익에 반대되는 쪽으로 치우치는 잘못된 정책이라고 믿고 있다.

셋째, 미국을 비롯한 서방국가들이 팔레스타인과 예루살렘지역에서 이스라엘국가 건설에서부터 이스라엘국가에 대한 무조건적 지원정책까지 일방적·편협적인 지지에 대한 불만은 미국을 원망의 대상으로 삼게 만들었다.

넷째, 중세시대 십자군전쟁에서 그리스도교도와 이슬람교도 간에 종교전쟁과 민족적 갈등, 또한 그리스도교문화와 이슬람교문화의 전통적 가치차이 및 이해부족은 갈등과 대립관계를 더욱 뿌리 깊게 하였다.

이슬람 원리주의 가치와 목표는 엄격한 이슬람공동체(움마)의 건설을 목표로 한 것을 비롯하여 비이슬람적인 모든 것(정치, 경제)을 타파하고 온전한 이슬람을 추구하는 정부수립, 이슬람공동체 구성을 위해 필요하면 폭력도 불사, 이슬람 국가 내에서 유대교인과 기독교인 제거, 이스라엘과의 타협은 불가하며 이스라엘은 지구상에 없는 나라로 인정한 것이다.

다섯째, 아랍지역과 이슬람국가들은 정치적 · 경제적으로 낙후된 지역으로서 소수의 왕족과 정치지도자들이 전제적 정치체제로 권력과 경제력을 독점하고 있다.

아랍국가의 내부갈등형태는 세속주의 대 이슬람주의, 지배엘리트층 대 이슬람주의 투사, 경제엘리트 대 이슬람 과격급진파, 국가별 민족주의 대 이슬람 통일, 점진주의적 이슬람 국가건설 대 혁명적 이슬람 국가건설로서, 빈 라덴과 알 카에다는 이슬람지역에서 미국을 비롯한 서방세력, 비이슬람교도 및 사이비지도자를 제거하여 이슬람 근본주의에 충실한 국가를 건설하는 것이라고 믿고 있다.

세속적인 이슬람지도자들인 왕족과 정치지도자들이 명예와 권력과 경제를 지배하고 유지하기 위해 미국의 지원으로 체제를 보호받고 일반대중의 이슬람교도들을 탄압하며, 이슬람의 성지가 있는 사우디아라비아에 미군을 주둔시킴으로써 이슬람교를 치욕스럽게 하고 이슬람국가를 위기로 몰아가고 있다는 것이다. 따라서 아랍국가의 극단주의자들은 세속정권에 힘을 대주고 있는 멀리 있는 적인 미국을 공격하여 지원을 철회시킨다면 가까이 있는 세속적인 이슬람교정권은 무너질 것이며, 그때는 권력과 경제력을 재분배할 수 있고 미군을 물러가게 함으로써 이슬람교 근본원리에 충실한 국가를 건설할 수 있다는 주장이다.

이와 같은 원인들은 이슬람국가와 아랍민족들에게 미국을 비롯한 서방세계에 대해서 동경과 원망과 시기로 뒤섞인 분노를 조직화하여 테러로 투쟁하게 만들었다.

그 사례는 2001년 9월 11일 미국을 위기상황으로 몰았던 오사마 빈 라덴과 알 카에다 조직의 9 · 11테러 공격이었다.

예컨대 사우디아라비아 사업가의 아버지와 팔레스타인 출신 어머니 사이의 일곱 번째 아들로 태어나 베이루트 아메리칸대학에서 행정학과 경제학을 공부했던 오사마 빈 라덴과 그 비호세력으로 조직된 알 카에다가 폭력투쟁 수단으로서 테러를 이용하였다.

빈 라덴과 아프카니스탄 탈레반정권의 반미국에 대한 배경으로서 1979년 12월 아프가니스탄은 구소련의 침공 이래 국제테러주의와 관련을 갖게 되었으며, 대소항전은 이슬람국가로부터 다국적의 이슬람전사(무자히딘)의 유입을 촉발하는 계기가 되어 당시 이슬람의 저항세력은 구소련과의 전쟁을 범이슬람국가와 공산주의 무신론자간의 투쟁으로 간주했다. 그리고 미국과 파키스탄의 직접적 · 간접적인 지원으로 대소에 대한 반공전선을 구축했다.

…… 1989년 탈레반세력은 아프가니스탄에서 구소련군 철수 이후 계속된 저항세력간의 내전에서 주도권을 장악하면서 국제테러의 온상으로 등장했는데, 탈레반(Taliban)은 아랍어로 학생 또는 구도자로서 사우디아라비아 원리주의자에 의해 파키스탄 난민촌에 설립된 종교학교출신들로 구성되었다. 그리고 다양한 국적을 지닌 전사들을 배출한 아프가니스탄은 1990년대 초에 오사마 빈 라덴의 잠입을 전후하여 국제테러조직의 훈련기지로 전환되었으며, 파키스탄의 난민촌에도 상당수의 훈련기지가 있었다.

…… 1990년대는 수차례의 반미 국제테러가 빈 라덴과 알 카에다 조직이 연계된 사실이 드러나면서 아프가니스탄을 테러지원국으로 지목했다. 빈 라덴과 알 카에다 조직의 초기목표는 반미주의라기보다 이슬람권국가들의 정치적 · 경제적 부정과 부패를 척결하여 이슬람교근본에 충실한 국가를 건설하는 것이었으며, 아프가니스탄 내에서는 국제테러관련자를 영웅으로 간주하는 분위기가 조성되고, 아프가니스탄 탈레반정권은 국제테러 지원사실을 부인했으나, 국제테러조직과 탈레반은 반서방, 반미노선을 공유했다. 그리고 1998년 미국의 아프가니스탄 미사일 보복공격 이래 반미투쟁을 강화하고 오사마 빈 라덴은 알라신과 그의 예언자 무하마드를 신봉하는 모든 사람들은 어디에서든지 미국인들을 눈에 보이는 대로 죽여야 한다고 미국에 대한 전쟁을 선언했다. 탈레반은 이슬람 극단주의 단체들과 테러연합으로 유대인과 기독교 십자군 세력에 대한 성전을 위한 이슬람교도 전선을 구축하였다.

…… 2001년 빈 라덴과 알 카에다조직은 미국에 대한 9 · 11테러 공격을 실시함에 따라 미국은 국가적 위기에 처하게 되었으며, 아프가니스탄에 은거중인 빈 라덴과 알 카에다에 테러와의 전쟁을 수행했다. 따라서 테러전은 21세기의 새로운 위협으로 등장했다.

오사마 빈 라덴은 아프가니스탄 탈레반정권의 최고지도자 모하마드 오마르와 인연을 맺고, 빈 라덴이 조직한 알 카에다(AL-Quaeda)를 이용하여 1983년 레바논 미해병대 폭파사건, 1993년 미국 뉴욕의 세계무역센터 지하 폭탄테러사건, 1998년 케냐의 미대사관 폭파사건과 2000년 예멘항구에 정박하였던 미구축함을 공격하는 등 계속적인 테러를 자행하였다. 또한 2001년 9월 11일 빈 라덴과 알 카에다는 미국에 대해 9 · 11테러 공격을 감행했으며, 위기관리에 실패한 미국은 아프가니스탄전쟁을 일으켰다.[22)]

이와 같이 국가 간에나 민족 간에 또는 초국가적인 집단들의 이익과 목적을 달성하기 위한 정치적 · 경제적 · 사회적 · 종교적 · 민족적 · 영토적 문제의 해결전략이 원활하게 관리

22) Dan Balz and Bob Woodward 기자가 미국 정치지도자들의 테러와의 전쟁결정과정을 2002. 1. 27～2.3까지 Washington Post에 연재한 내용과 9 · 11테러에 관한 여러 참고문헌 내용을 위기관리이론에 적용하여 분석하였음.

되지 못했을 때는 갈등과 분쟁이 위기로 확대되어 전쟁이 일어나게 된다.

제2절 | 9·11테러와의 전쟁과 위기발생

위기란 국가 또는 집단 간의 이익상충에서 발생하는 갈등과 분쟁상태가 더욱 커져 전쟁으로 돌입하느냐, 아니면 평화로 해결하느냐를 결정하는 전환점이 된다. 미국은 아랍지역의 국가와 민족 간에 역사적·민족적·종교적으로 갈등단계가 존재하여 왔고, 아랍국가들과 국가이익 및 대외정책 이해로 크고 작은 분쟁단계가 지속되어 왔으나, 평화적 해결을 보지 못했다.

2001년 9월 11일은 초국가적인 얼굴 없는 집단에 의해 세계 최강대국 미국은 한 번도 경험해 보지 못한 전쟁수준의 테러공격(도표 3-6)을 당함으로써 위기에 처하게 되었다.

2001년 9월 11일 오사마 빈 라덴의 지휘를 받은 알 카에다 테러분자들 19명이 미국 여객기 4대를 납치하여 ① 세계 부의 상징이었던 세계무역센터 쌍둥이빌딩과 ② 세계 힘의 상징이었던 미국 국방부를 공격하고 ③ 세계 권력의 상징인 백악관 공격은 실패하였다.

첫번째 여객기는 08시 45분 뉴욕 세계무역센터의 북측건물에 충돌하고, 두번째 여객기는 09시 03분에 남측건물에 충돌하여 120층 쌍둥이빌딩을 붕괴시켰으며, 세 번째 여객기는 09시 43분 워싱턴의 국방부건물에 충돌하여 펜타곤 일부를 파괴시키고, 네 번째 여객기는 백악관을 목표로 하였으나 테러분자들에 대한 승객들의 저지노력으로 펜실베이니아의 섬미션 카운티에 추락하여 실패했다.

미사일처럼 날아든 피랍여객기에 심장을 꿰뚫린 미국은 두 시간 만에 뉴욕의 세계무역센터 쌍둥이빌딩이 붕괴되어 2,807명의 사상자가 발생한 것을 비롯하여 워싱턴 국방부청사의 189명, 펜실베이니아의 여객기 승객 44명 등 총 3,040명이 목숨을 잃었다.[23)]

오사마 빈 라덴과 알 카에다 테러분자들은 9·11테러를 위해 대단히 치밀한 작전계획을 수립하여 시행하였다.

첫째, 테러장소를 지상, 공중, 해상 중에서 공중에서 운행되고 있는 비행기를 선정하였다. 테러분자들은 1등석표를 구입하여 조종실 가까이 자리 잡았으며, 9월 11일은 여름철 성

---

23) 뉴욕타임스, 2002. 9. 2.

〈도표 3-6〉 오사마 빈 라덴(좌)과 세계무역센터 테러공격(우)

수기가 끝나 탑승객수가 급격히 줄어드는 시점이었고, 그중에서도 화요일은 1주일 중에 탑승객수가 가장 적은 날이었다.

둘째, 테러대상을 세계 부의 상징인 세계무역센터와 세계 힘의 상징인 국방부, 세계 권력의 상징인 백악관(실패)을 선정하여 파괴시킴으로써 미국의 국가위신과 미국 정부에 대한 불신 및 국민에게 심리적 공황을 갖게 하였다. 특히 오사마 빈 라덴은 세계무역센터를 파괴하기 위해서 세밀한 정보 분석을 통하여 충돌지점까지 계산했다.

> 우리는 세계무역센터의 높이에 따라 얼마나 많은 사상자들이 날 것인지를 사전에 계산했었다. 우리는 무역센터의 3분의 1, 또는 4분의 1지점을 타격하고자 했다. 나는 이 분야에서의 나의 경험을 통해 이 정도의 타격점이 가장 효과가 클 것으로 생각했다. 비행기가 충돌한 부분이 무너지고 비행기의 연료로 인한 화염이 빌딩의 철골구조를 녹일 것이며, 이는 다시 그 위에 있는 층 모두를 붕괴시키게 될 것이라 생각했다. 이러한 것이 우리가 희망했던 사항이었다고 오사마 빈 라덴은 말했다.

셋째, 테러무기 선정은 성능 좋은 폭탄이 될 수 있는 연료탱크가 가장 큰 비행기로서 미국 대륙횡단노선 기종인 보잉 757과 767을 택했고, 또한 작은 칼 등 빈약한 무기로 승객들을 제압하여 더 큰 무기를 손쉽게 탈취할 수 있도록 탑승객수가 가장 적은 날을 선정했다.

넷째, 국경 없는 세계화로 인적 · 물적 교류와 협력으로 테러분자들이 미국에 입국하여 자유스러운 정보획득 활동 및 항공기조작 교육을 받았고, 테러자금의 자유스러운 유통으로 풍족한 생활을 누리면서 완전한 테러를 추진할 수 있었다.

다섯째, 지식 · 정보화시대에서 오사마 빈 라덴은 아프가니스탄 오지에서 최첨단 통신 및 이 메일 등을 이용하여 말단 조직원에게 지시 및 보고체제를 확보할 수 있었다.

그 반면에 미국은 첨단기술과 민주적 개방성이란 강점을 테러에 역이용 당함으로써 미국의 정치 · 경제 · 사회 · 문화 그리고 기술 · 통신 · 교통의 생산적 · 효율적인 상호의존성에 심대한 악영향을 받게 되었다.

제1차 세계대전, 제2차 세계대전의 열전과 민주주의와 공산주의가 대립했던 냉전이 20세기의 성격을 자리매김한 대사건이었다면, 9 · 11테러 공격은 21세기의 새로운 변혁이 시작된 새로운 형태의 전쟁과 전략의 전환점이었다.

이와 같이 2001년 9 · 11테러는 미국이 테러라는 새로운 적에 대한 위협에 대응해야 하고, 기독교과 이슬람교간의 문명충돌로 비화할지도 모른다는 위기를 극복하기 위하여 종합적 · 체계적인 국가위기관리전략이 요구되었다.

제3절 | 9 · 11테러와의 전쟁 진행과정

1. 테러위기의 혼란스런 과정과 세계전략(9월 11일)

미국은 전혀 예상하지 못했던 9 · 11테러 공격을 당하여 국가안보에 중대한 위협을 받게 되었고, 이에 대한 위기관리전략을 가장 짧은 시간에 결정하여 대응해야 했다.

미국이 위기관리전략을 결정했던 2001년 9월 11~17일은 가장 긴박하고 피를 말리는 순간들이었다. 2001년 9월 11일 화요일 08시 30분, 조지 W. 부시 대통령은 플로리다주 사라소타지역의 부커초등학교 2학년 16명에게 책을 읽어주기 위해 학교로 가는 중에 보좌관 칼 로보로부터 "쌍발엔진으로 보이는 소형비행기가 세계무역센터 북쪽건물에 사고로 부닥친 것 같습니다"라는 보고를 받았다.

부시 대통령은 보좌관의 말을 듣고 그것은 조종사 잘못이며, 누군가 일부러 그런 짓을 했으리라고 믿지 않았다. 조종사는 심장마비에 걸린 것이 틀림없다면서 단순사고로 생각했다. 그러나 그 여객기는 보스턴에서 떠난 아메리칸 항공사 소속 보잉 767기로서 테러분자들에게 납치된 비행기였다.

오전 9시 5분에 또 다른 유나이티드 항공사 소속 보잉 767기가 세계무역센터 남쪽 빌딩에 부딪쳤다는 소식이 들어오자 백악관 비서실장 앤드루 카드가 교실 걸상에 앉아 책을 읽어주고 있는 부시 대통령에게 "두 번째 비행기가 남쪽 빌딩에 부딪쳤으며, 미국이 공격을 받았습니다"라고 보고하였다.

오전 9시 30분에 부시 대통령은 부커초등학교에서 간단한 성명을 TV카메라 앞에서 발표하였는데, "지금 벌어진 일들은 명백한 테러분자들에 의한 공격이며, 국가적 비극입니다. 이번 일을 저지른 자들을 끝까지 추적하여 용납하지 않을 것입니다. 우리나라를 공격한 테러는 오래가지 않을 것입니다"라고 했다. 그 말은 그의 아버지인 조지 H. 부시 전 대통령이 1990년 8월 이라크가 쿠웨이트를 공격한 며칠 뒤에 "이것은 오래가지 않을 것이다"라고 말했던 것을 떠올리는 표현이었으나, 부시 대통령은 떨고 있었으며 말도 비정상적으로 하고 있는 모습이었다.

오전 9시 32분 딕 체니 부통령의 백악관 사무실에 보안요원이 뛰어들어 레이더에 비행기 한 대가 백악관 쪽으로 빠르게 다가오고 있다면서 백악관 지하층을 통한 벙커로 안내했다. 그 사이에 아메리칸 항공사 소속 보잉 757기 한 대가 백악관을 비껴 포토맥강을 가로질러 9시 39분 국방부인 펜타곤에 충돌하였다.

도널드 럼스펠드 국방장관은 워싱턴 상공에 전투기를 출동시켰고 대통령 전용기를 호위하도록 했으며, 또 다른 테러공격에 대비해 미국 동해안을 따라 조기경보기(AWACS)를 띄워 경계하도록 하였다.

전 세계에 주둔하고 있는 미군은 가장 높은 등급의 위험경고인 델타상태에서 비상경계에 들어갔고, 미군의 출동태세를 데프콘-3단계로 올렸는데, 이것은 1973년 아랍-이스라엘 전쟁 이후 최고로 높은 방어준비태세였다.

오전 9시 55분, 부시 대통령은 플로리다 사라소타 브라덴턴 국제공항에서 전용기로 백악관을 향하여 오고 있는데, 이 시간에 테러분자들에게 납치된 것으로 보이는 비행기 한 대가 80마일쯤에서 비행 중이었다.

딕 체니 부통령은 전용기 안에 있는 부시 대통령에게 테러분자들에게 납치된 비행기가 80마일에서 다가오고 있는데 격추해야 한다고 말하면서 부시 대통령의 승인을 얻었다.

이때 "납치된 비행기가 60마일까지 접근하여 오고 있는데 격추해야 합니까?"라고 군사담당보좌관이 다시 물었다. 체니 부통령은 마음이 아팠지만 결론은 명확했다. 일단 납치된 비행기는 고성능 무기나 다름없기 때문에 격추시키라고 지시했다. 몇 분 후에 유나이티드 항공사 소속 보잉 757기가 펜실베이니아 남서부지역에 떨어졌으며, 이때 대부분의 사람들은 체니 부통령의 명령으로 민간항공기가 격추된 것으로 생각했다.

그러나 그 비행기는 일부승객이 공중 납치한 테러분자들과 격투하는 과정에서 추락했다는 사실이 나중에 확인되었다.

백악관 지하벙커에 소집된 놀먼 Y. 미네타 교통장관은 워싱턴을 향해 날아오는 항공기가 7초마다 나타나는 레이다 추적상황판을 보면서 연방항공국작전센타(FAA) 몬테 별저부국장에게 모든 항공기를 착륙시키라고 명령하였다. 이것은 미국역사상 유래가 없는 지시였으며 그 시간에 공중에는 4,546대의 항공기가 비행 중에 있었다. 테이블 반대편에 앉아 있던 체니 부통령은 미네타 교통장관의 지시에 동의로 고개를 끄덕였다.

오전 10시 41분, 체니 부통령은 워싱턴을 향하고 있는 부시 대통령에게 워싱턴은 여전히 위험하니 이곳으로 돌아오지 말라고 함에 따라 전용기는 방향을 바꾸어 11시 45분 루이지애나 박스테일 공군기지에 도착하였다. 부시 대통령은 국민들이 TV를 통해 미국이 부서지고 폭격당하는 모습을 보았기 때문에 미국 정부가 혼돈 속에 있지 않고 정상적으로 기능을 유지하고 있다는 사실을 국민들이 알려야 한다고 생각했다. 부시 대통령이 공군기지 회의장에 마련된 TV앞에 섰을 때, 그것은 국민들을 안심시키는 모습이 아니었다. 그는 말을 더듬거렸고, 몇 가지 단어발음을 잘못하였으며, 그때마다 연설문을 다시 들여다보곤 했으나 마지막 부분에 가서야 힘이 붙는 것처럼 보였다.

부시 대통령은 "여기에서 우리 위대한 국가의 결심이 시험받고 있다. 우리가 이 시험에서 통과하는 것을 전 세계에 보여 주겠다"고 말하고, 전군에 비상경계령을 내렸다.

그 후 부시 대통령은 오후 3시 30분, 워싱턴의 국가안보회의를 대형스크린을 통해 주재할 수 있는 네브래스카 오파트 공군기지에 도착하였다. 부시 대통령은 워싱턴과 연결된 국가안보회의 첫 번째 화상회의에서 조지 J. 테닛 중앙정보국장으로부터 오사마 빈 라덴과 알카에다 조직이 9·11테러 공격의 배후임이 거의 확실하다고 보고를 받았으며, 체니 부통령은 납치된 비행기가 더 있을 수 있다고 걱정했다.

부시 대통령은 회의를 마무리하면서 "우리는 그자들을 찾아낼 것이다. 그들에게 대가를

〈도표 3-7〉 9 · 11테러 직후 심각한 백악관

2001년 9월 11일 테러 발생 직후의 백악관 표정. 이날 백악관 상황실이 아닌 이스트윙 지하 대통령비상작전센터(PEOC)에서 당시 앤드류 카드(왼쪽부터) 백악관 비서실장과 심각한 표정의 조지 W 부시 대통령, 곤혹스러운 듯 머리를 긁고 있는 딕 체니 부통령, 콘돌리자 라이스 국가안보 보좌관이 대책을 논의하고 있다.

지불할 것이다. 당신들은 이 부분에 관해 조금의 의심도 품지 말기를 바란다"고 했다.

오후 6시 34분, 대통령전용기는 워싱턴 부근 앤드루 공군기지에 도착하였으며 백악관으로 가는 헬리콥터 1호기는 펜타곤의 피해상황을 부시에게 보여주기 위해 그 위로 날아갔다. 백악관에 도착한 부시 대통령은 집무실(도표 3-7)에서 7분 동안에 "위대한 국민은 위대한 국가를 지키도록 되어 있다. 우리는 누구나 결코 오늘을 잊지 않을 것이다"라고 결의에 찬 연설을 하였다.

오후 9시 30분, 미국 역사상 가장 치명적인 공격을 받은 지 13시간 만에 핵공격에도 견딜 수 있는 백악관 지하벙커에서 국가안보회의(NSC)를 열었다. 부시 대통령은 전시내각 각료들에게 "우리는 미국을 지킬 것이며, 우리는 직접적인 테러공격에 가담한자들뿐만 아니라 그들을 비호하는 어떤 세력도 응징할 것이다"라고 입을 열었다.

부시 대통령에게 테닛 중앙정보국장은 세계에서 이처럼 잘 협조된 공격을 감행할 수 있는 능력을 가진 조직은 알 카에다밖에 없다고 말하고, 아프가니스탄에 근거지를 둔 오사마 빈 라덴과 알 카에다 조직이 테러공격을 저지른 것으로 확신한다고 보고했다.

전시내각 각료들인 딕 체니 부통령, 도널드 H. 럼스펠드 국방장관, 콜린 L. 파월 국무장관, 콘돌리자 라이스 안보보좌관, 조지 J. 테닛 중앙정보국장 등은 빈 라덴과 알 카에다 조직을 어떻게 응징할 것인가에 대한 대응계획을 보고할 준비가 되어 있지 않았다.

그러나 국가안보회의에서는 국가위기를 극복하기 위하여 세계전략으로 택할 수 있는 것은 무엇이며, 미국의 위기를 잠재우기 위한 공격목표는 누구인가? 빈 라덴과 알 카에다를 공격하기에 앞서 얼마나 많은 증거가 필요하며 얼마나 빨리 대응해야 하는가 등이 논의되었다.

그 자리에서 럼스펠드 국방장관은 "신속한 대응이 바람직하지만 본격적인 군사작전을 벌이려면 60일 정도 걸릴 것이다"라고 말하고, 다른 각료들을 향해 질문을 던졌다. 공격목표는 무제한이며, 미국의 우방을 군사작전에 참여시킬 것인가? 미국이 효과적인 응징을 하기 위해서는 단순한 군사적 수단뿐만이 아니라 비군사적 수단으로서 외교 · 정보 · 경제 · 법률 등 모든 수단이 동원되어야 한다고 주장했다.

남미의 페루방문에서 워싱턴에 돌아온 콜린 파월 국무장관은 오사마 빈 라덴에게 은거지를 제공하고 비호해 온 아프가니스탄 최고지도자 모하마드 오마르의 탈레반정권 그리고 탈레반정권과 긴밀한 관계를 유지해 온 파키스탄을 다루는 것이 외교분야의 우선적 과업이라고 설명하고, 파키스탄과 아프가니스탄에게 미국의 의지를 분명히 밝혀야 한다고 했다.

이에 대해 부시 대통령은 "이것은 빈 라덴을 쓸어버릴 좋은 기회이고, 러시아 · 중국을 포함한 세계 국가들과 관계를 개선시킬 수 있는 기회"라고 말했다. 체니 부통령은 "알 카에다 세력을 군사적으로 보복하는 것이 어려울 수 있는데, 그것은 20년 동안 내전에 시달리는 아프가니스탄에서 공격목표를 찾아내기가 쉽지 않기 때문이다"라고 말했다.

테닛 중앙정보국장은 탈레반을 공격목표로 삼음으로써 탈레반이 테러분자들을 보호하지 못하게 해야 하고, 미국은 테러분자들만 잡으면 그만이라고 말해서 아프가니스탄 탈레반정권이 미국에 협조하도록 해야 한다는 의견도 제시되었다.

다시 럼스펠드 국방장관은 문제가 단지 빈 라덴과 알 카에다만이 아니라 더 넓은 목표를 잡아야한다고 주장했다. 부시 대통령은 "우리의 선과 악의 싸움에서 그 나라들에게 선택을 강요해야 한다"라고 말하면서 오후 11시 08분 회의를 끝냈다.

예컨대 미국대통령과 그의 참모들은 국가위기를 극복하기 위하여 위기관리전략의 목표와 방향을 어떻게 해야 할 것인가를 토의하기를 바랬다. 그러나 테러공격을 당한 첫날에는 지도 한 장 없이 미국을 전쟁에 이르는 길로 몰아가는 혼란스런 과정이었다.

전시각료들은 부시 대통령과 마찬가지로 국가위기를 극복하기 위해 보다 광범위한 군사적 · 비군사적 위기관리목표를 찾아야 하고, 다양한 위기관리전략으로 대응했어야 하나

단지 군사적 차원에서의 막연한 의견과 일반적 내용으로 토의를 진행했다.

그리고 국가위기 시에 국가지도자들의 상황조치 준비도 부족했다.

국가위기상황시 정부의 지속성을 유지하기 위한 비밀계획에 따르면 헌법상에 국가지도부를 보호하게 되어 있다. 이 계획은 누구를 백악관 지하벙커로, 어떤 각료가 다른 비밀장소로, 또 의회지도자들은 어디에 위치시켜야 할지가 명시되어 있다.

부시 대통령과 고위행정부 각료들은 대통령 취임 및 각료임명과 동시에 이 절차에 대한 브리핑을 받았으며, 백악관 벙커를 돌아보았다.

그러나 9 · 11테러가 발생한 후 어떤 인원이 어디로 가도록 되어 있는지, 그 인원들은 출입승인조치를 받았는지도 모르고 있었으며, 무엇을 해야 할지, 어떻게 서로 통화해야 할지, 또한 일부 부서에서는 그런 세부계획조차도 수립되어 있지 않았다. 백악관 지하벙커에는 국방부를 비롯한 주요부서가 군사시설 및 필요기관과 비상 화상회의 시스템이 갖추어 있었지만 운용이 미흡했으며, 벙커에서는 TV로 보도를 할 수 없어 정부와 국민을 연결시킬 방법이 없었으며, 누구도 TV의 음성스위치를 작동할 줄 몰랐다.

특히 의회는 비상사태에 대한 아무런 계획도 없었고, 훈련받은 적도 없었으며, 대피할 방호시설도 갖추어 있지 않았으며, 휴대전화기는 통화량 폭주로 불통되는 등 혼란스런 상황이 계속되었다.

조지 W. 부시 대통령은 그의 아버지 조지 H. 부시 전임대통령처럼 매일 일기를 쓰고 있었는데 9 · 11테러 공격을 당한 밤 일기에는 "오늘 21세기의 진주만 기습이 벌어졌다. 우리는 오사마 빈 라덴의 소행이라고 생각한다. 우리는 미국 내 다른 목표물이 더 있으리라고 생각하지만 나는 국민들에게 정상생활로 돌아가도록 권했다. 우리는 테러분자들이 우리를 인질로 잡도록 허용하지 않을 것이다. 나는 이 사태가 우리에게 테러에 대항하여 결속하는 기회가 되기를 희망한다"고 적었다.

2. 위기관리전략 목표설정의 논쟁(9월 12일)

2001년 9월 12일 수요일 오전 7시, 집무실에 도착한 부시 대통령은 상반된 충동에 사로잡혀 있었다. 세계무역센터와 국방부를 공격한 테러분자들에게 24시간 내에 반격을 가하고자 하는 욕구를 참을 수 없었다.

그러나 그 대응은 테러분자들에게 충분하게 고통을 줄 만큼 강력해야 하고, 미국의 정책이 근본적으로 바뀌었다는 점을 알려야 했다.

오전 7시 30분, 부시 대통령은 영국 토니 블레어총리에게 전화를 했다. 그는 블레어총리가 위안을 줄 것이며, 또 자신에게 어떻게 해야 할지 좋은 조언을 해 줄 수도 있다는 것을 기대했다.

토니 블레어 총리는 전화통화에서 충격과 공포심을 표현하면서 위로했고, 전폭적인 지원을 약속하면서 "신속한 공격이냐, 효과적인 공격이냐 중에서 선택해야 할 것"이라고 했다. 이에 대해 부시 대통령은 "수백만 달러의 무기로 모래더미를 공격하는 것은 원하지 않으며 크루즈미사일을 발사할 계획은 없다"고 했다. 따라서 효과적인 공격을 위해서는 사전준비와 세부계획 수립이 필요했다.

> 부시 대통령은 1998년 이래로 전임 대통령 빌 클린턴 행정부의 오사마 빈 라덴과 국제테러조직에 대한 대응조치가 미약하여 미국에 대한 공격을 다시 끌어 들였다고 믿었다. 부시 대통령을 비롯한 국가안보각료들은 클린턴 전 대통령이 대부분의 테러공격에 대해 미군을 위험에 빠뜨리지 않도록 원거리에서 미사일만을 발사하는 것으로 대응하였다고 주장하였다.
>
> …… 지난날 부시 대통령은 한 인터뷰에서 마치 방역하듯이 수백만 달러의 크루즈 미사일을 어떤 자의 텐트에 발사하는 것은 웃기는 이야기입니다. 사람들은 미국을 무기력하고 나약한 나라로 여길 것이라는 것입니다.
>
> …… 기술적인 경쟁력은 갖추었지만 터프하지는 않은 나라, 즉 잠수함으로부터 순항미사일이나 쏘아대는 그것으로 그친 나라로 여길 것입니다. 나는 미국국민들이 가치관도 없고 너무나 물질주의적이며 거의 향락주의적이어서 누가 공격해도 반격하지 않을 것이라는 이미지를 가진 사람도 있다고 생각합니다. …… 분명히 빈 라덴은 대담해졌을 것이고 미국에 대해 두려워할 것이 없다고 느꼈을 겁니다.
>
> …… 부시 대통령은 도널드 H. 럼스펠드 국방장관에게 미국의 군사력을 잘못 운용해 왔기 때문에 미국의 억제력이 약화되었다고 했다. 이에 대해 럼스펠드는 부시에게 "언제든 공격을 받거나 위협을

당하면 클린턴 정부에서는 반사적인 철수를 반복했습니다. 나는 어디에선가 상황이 벌어지면 물러나지 않고 앞으로 나가는 정책을 가지고 대통령께 갈 것입니다"라고 했다. 세계질서를 바로 잡는 데는 미국의 힘이 필요한 것으로 생각한다고 말한 일이 있었다.

…… 부시 대통령과 럼스펠드 국방장관은 새로운 방향에서 미국의 군사력운용에 대한 명확한 공통 인식을 갖고 있었다.

부시 대통령과 전시각료들은 9 · 11테러 첫날에는 미국에 추가적 위협을 평가하고, 모든 민간 항공기를 착륙시키고, 정부 관리들을 소개시키고, 긴급구조요원을 동원시키고, 뉴욕과 워싱턴의 피해상황을 확인하고, 누가 범인인가를 결정하는 등 현실적 위기에 대한 대략적인 의견을 나누었다.

그러나 하루가 지난 9월 12일 오전 9시 30분과 오후 4시의 국가안보회의에서는 9 · 11테러를 전쟁행위로 규정하고 국가비상사태를 선포하면서, 지금 미국 위기관리전략의 목표와 범위 그리고 대응전략을 보다 체계적으로 다루기 시작했다.

부시 대통령은 "미국의 적은 그늘 속에 숨어 있다. 미국은 지금까지와는 다른 전쟁을 일으키게 되었다"고 입을 열었다. 테닛 중앙정보국장은 9 · 11테러 공격에 대해 빈 라덴과 알카에다의 추적 정보 분석에서 9 · 11테러 공격이 2년 간 계획의 결실이고 백악관과 의사당도 목표로 지정되어 있었으며, 그 공격은 복수의 시작이라는 불길한 표현도 있었다.

오후 4시 국가안보회의에서는 테러와의 전쟁을 위해 우리의 생활방식을 위협하는 테러조직과 테러의 네트워크, 자금과 대량살상무기의 접근을 포함한 테러주의를 제거하는 것을 목적으로 한다는 초안을 검토하였다.

부시 대통령은 테러와의 전쟁에서 우리의 생활방식을 위협하는 표현이 적절하지 않다고 지적하고, 우리 미국을 위한 것뿐만 아니라 세계의 모든 우방국과 동맹국을 포함하는 것이 좋다고 말함으로써 그 내용을 채택했다.

다음은 테러와의 전쟁목표를 결정하는 데 전시내각 및 보좌관들의 많은 토의가 있었지만 아직 몇 가지 중요한 문제에 대한 해답을 찾지 못했다.

첫 번째는 임무를 얼마나 넓게 한정할 것이며, 테러와의 전쟁의 실제 목표는 무엇인가? 두 번째는 동맹국의 역할이었는데, 주로 참고한 것은 1991년에 조지 W. 부시 대통령의 아버지였던 조지 H. 부시 전 대통령이 벌인 걸프전쟁으로서 부시 대통령의 생각은 그 전쟁 때의 동맹과 이번에 결성될 동맹은 달라야 한다는 것이었다.

럼스펠드 국방장관은 “우리의 목표를 분명히 하는 것이 중요하다. 그래야 테러전쟁에 대한 국제연합이 이루어질 수 있고 다른 국가들은 명확한 정의를 내려주기를 원한다. 우리는 빈 라덴과 알 카에다에 초점을 맞출 것 인가 아니면 보다 광범위한 테러주의에 초점을 맞출 것인가?”라고 했다. 또 럼스펠드 국방장관은 빈 라덴과 알 카에다가 분쇄된 뒤 테러에 대한 국제연합이 와해되고, 그 밖의 곳에서 테러분자들과 싸우는 것이 더 어려워질 것이라는 논리로 테러를 지원하고 있는 이라크 사담 후세인과의 전쟁을 목표에 포함시켜야 한다고 했다.

그러나 부시 대통령은 빈 라덴과 알 카에다를 목표로 시작하는 것이 순서이며, 또한 모든 문제를 쉽게 풀어갈 수 있으리라고 말하고, 럼스펠드 국방장관에게 어떤 군사행동이 곧 가능한가를 물었다. 럼스펠드 국방장관은 지금 효과적으로 수행할 수 있는 군사행동은 거의 없다고 답변하자 부시 대통령은 미국에 대한 테러위협을 암이라 말하고, 군사작전 계획을 세우고 준비하는 데 시간이 걸리는 것은 이해하지만 자신의 인내심에는 한계가 있다고 했다.

파월 국무장관은 부시 대통령의 이 같은 말에서 초점은 빈 라덴과 알 카에다를 목표로 한 전쟁에서 이기는 것뿐이라고 명백한 결론을 내렸다.

그리고 파월 국무장관은 빈 라덴과 알 카에다라는 전쟁 목표를 설정하는 것이 세계를 결속시키는 데 훨씬 수월하고 유엔에서 결의안도 받아낼 수 있다고 말했다. 체니 부통령은 테러분자들에 대한 테러를 훈련시키고 수출하는 나라를 목표에 포함하는 것이 당연하다고 말하고, 어떤 면에서 국가는 불분명한 테러분자들보다는 쉬운 표적이 될 수 있다고 테러지원국에 초점을 맞추어 의견을 제시했다.

이에 대해 부시 대통령은 목표를 너무 산만하게 설정하거나 너무 광범위하게 정함으로써 초점을 잃고, 미국국민들의 지지를 얻는데 실패하지 않도록 하기 위해 목표를 너무 넓게 잡지 말자고 말하고, 또 이 목표가 성공하면 앞으로 더 나아갈 수 있다고 했다.

다음은 테러와의 전쟁을 수행할 수 있는 국제적 연맹구축을 위한 방안 토의가 진행되었다. 부시 대통령은 국제적 여론의 지지를 유지하고 동맹국 형성이 중요하다고 생각하지만, 만약 필요하다면 미국 단독으로도 전쟁을 치르겠다는 각오였다. 왜냐하면 그 이유가 정당하다면 다른 나라도 동참하리라 믿지만, 다른 한편으로는 미국은 다른 나라가 어떻게 생각하든지 지휘권을 행사할 절대적인 권한을 가지고 있다고 생각했기 때문이다.

체니 부통령은 국제적 동맹은 테러분자들을 제거하기 위한 수단이지 동맹 그 자체가 목적이 되어서는 안 된다는 생각이었다.

즉 테러와의 전쟁임무가 동맹을 한정해야지 동맹이 임무와 행동을 구속해서는 않된다는 것이다.

파월 국무장관은 국제관계의 가변구조학 논리에 기초한 동맹구축안으로서 동맹은 범위가 넓을수록 좋고, 참여를 위한 요구조건은 국가별로 달리해야 한다고 말했으나 럼스펠드 국방장관은 그렇게 하면 동맹속의 동맹이 될 것이라고 의견을 달리했다.

럼스펠드 국방장관은 미국은 전쟁에 진정으로 참가하는 동맹국을 원해야지 마지못해 참가하는 동맹국을 원하지 말아야 한다고 말하고, 국방부 부장관 폴 월포위츠의 견해였던 알 카에다뿐만 아니라 이라크를 공격해야 한다고 다시 주장하였다. 럼스펠드 국방장관은 테러분자들이 테러전쟁의 빌미를 제공한 이번 기회에 대량살상무기를 소유하고 있는 이라크의 사담 후세인 대통령을 즉각적으로 공격하여 제거하자는 것이었다.

그러나 파월 국무장관은 미국 국민은 빈 라덴과 알 카에다 조직에 초점을 두고 있기 때문에 알 카에다에 초점을 맞추어야 한다면서 반대하였고, 부시 대통령도 이에 동의하였다. 특히 헨리 H. 셸튼 합참의장도 이라크를 공격하는 것은 아프가니스탄전쟁뿐만이 아니라 중동평화협상을 위협에 빠뜨릴 수 있기 때문에 이라크 공격은 가치가 없다고 강력 반대했다.

부시 대통령은 "어떠한 행동도 국민의 지지를 필요로 합니다. 이것은 단지 동맹국들의 지원만이 아니고 미국 국민들이 지원하기를 원하는 것입니다. 지금 미국국민들은 알 카에다에 대해서 무엇인가를 해 주기를 원합니다"라고 말하고, 이라크 문제를 해결하기 위한 시간은 아니며 테러분자들에게 진정한 고통을 주고, 그들을 격멸하기 위한 군사작전계획을 수립하는 것이 회의 주요목적라고 매듭지었다.

9·11테러 둘째 날이 끝날 무렵에는 현재 미국의 위기관리를 위한 전략개념들이 구체화되었는데 그 내용은 전쟁은 포괄적이고 재래식 군사력만이 아니라 국력의 모든 수단을 사용하며, 동맹구축이 필수적이나 다른 국가가 전쟁조건을 주도하려 해서는 안 되며, 전쟁의 목적 혹은 목표는 테러분자와 테러지원국가이며, 아프가니스탄부터 시작하여 세계 각지에 뻗어 있는 알 카에다 조직을 격멸한다는 것이었다.

그러나 부시 대통령과 전시각료들은 많은 토론과 진전이 있었으나, 여전히 삐걱거렸고 행동으로 옮기기 위한 계획을 수립하는 데는 아직도 부족했다.

또한 미국에 대한 추가적인 테러공격을 염려하였고, 아프가니스탄을 강대국들의 전쟁에서 승리할 수 없는 수렁으로 보기도 하였고, 탈레반의 실제능력을 모르고 있으며, 테러와의 전쟁에서 국제적 연맹구축문제 등에 대해 해결을 우려했다. 그리고 부시 대통령을 비롯한 전시각료들은 미국의 위기를 극복하기 위한 결의와 선전에도 불구하고 조치해야 할 수많은 일과 결정해야 할 과제들이 남아 있었다.

3. 파키스탄 설득과 새로운 위기조치(9월 13일)

9월 13일 목요일 국가안보회의에서 부시 대통령은 미국은 전쟁 중이라고 선언하고, 테러주동자인 오사마 빈 라덴과 알 카에다 조직 그리고 아프가니스탄의 탈레반정권을 어떻게 처리할 것인가를 집중논의하였다.

조지 J. 테닛 중앙정보국장은 확대된 정보수집자산, 은밀공작, 정밀한 군사기술, 그리고 아프가니스탄의 반군들을 모두 통합운용하여 보이지 않는 테러조직을 격멸하기 위해 중앙정보국 정보요원과 미군사력 및 특전부대를 정밀하고 파괴력 있게 연계시켜 공격해야 한다고 보고했다.

테닛 중앙정보국장이 테러와의 전쟁에서 국방장관의 업무에 해당될 수 있는 내용까지 광범위하게 보고 할 수 있었던 것은 빌 클린턴 전 대통령이 중앙정보국 보고를 서면으로 보고하는 것을 선호한 반면 부시 대통령은 구두보고를 선호하여 테닛과 강한 인간관계를 형성·신뢰하고 있었기 때문이었다.

다른 한편으로 파월 국무장관과 그의 보좌관들은 테러에 대한 국제연합전선을 구축하기 위해 노력하고 있었으며, 특히 부시 대통령에게 파키스탄의 지원 없이는 성공할 수 없다고 보고했다.

1999년 군사쿠데타로 집권한 페르베즈 무샤라프장군은 그 동안 아프가니스탄의 탈레반정권을 지원해 왔기 때문에 미국과 사이가 좋지 않았지만 파키스탄 내 이슬람 근본주의자들의 영향력 때문에 무샤라프장군을 너무 압박하는 것은 위험스러운 일이었다.

부시 대통령은 파월 국무장관에게 “당신이 해야 할 일이라면 해야지요”라고 파키스탄과 국제연맹 구축을 위한 백지수표로 위임했다. 파월 국무장관과 리처드 아미타지 부장관은 파키스탄을 설득하고 요구할 사항을 작성했다.

첫째, 파키스탄 국경지역에서 알 카에다 요원들의 활동을 중지시키고 파키스탄을 통한 무기수입을 차단하며 빈 라덴에 대한 모든 군수지원을 중지할 것.

둘째, 파키스탄의 영공 통과 및 착륙을 허용할 것.

셋째, 파키스탄의 해군기지, 공군기지 사용 및 국경통과를 허용할 것.

넷째, 즉각적인 정보 및 주민이주에 대한 협조를 제공할 것.

다섯째, 9 · 11테러 공격을 비난하고 미국에 대한 파키스탄 국내의 비판여론을 자제시킬 것.

여섯째, 탈레반에 대한 에너지공급을 중단하고, 파키스탄의 탈레반 지지자들이 아프가니스탄국경을 넘지 못하도록 중단시킬 것.

일곱째, 탈레반정권이 계속 오사마 빈 라덴을 보호한다면 탈레반과의 외교관계를 단절하고, 미국이 오사마 빈 라덴과 알 카에다 조직을 격멸하는데 지원할 것.

이상의 일곱 가지 요구사항 문서를 아미티지 부장관은 전날 국무부를 방문해서 만났던 파키스탄 정보사령관 마무드 아마드장군을 불러 전달하면서 "이것은 협상이 아니라 받아들여야 합니다"라고 강요했다.

그리고 오후 1시 30분 파월 국무장관은 무샤라프 대통령에게 전화를 해서 "미국장군으로서 파키스탄장군에게 부탁드립니다. 미국은 우리와 함께 싸울 사람이 필요합니다. 솔직히 말해 파키스탄이 미국과 함께 싸우지 않는다면 미국인들은 왜 그래야 하는지 이해하지 못할 것입니다" 이에 무샤라프 대통령은 파키스탄이 미국의 일곱 가지 요구사항을 모두 지원할 것이라고 약속했다.

부시 대통령은 오후 12시 30분에 이틀 전 테러분자들에게 납치된 항공기가 펜타곤에 충돌했을 때 발생한 희생자들이 입원해 있는 워싱턴병원을 위문하고 백악관에 복귀하였다.

앤드루 H. 카드 백악관비서실장은 부시 대통령에게 중앙정보국에 의하면 파키스탄인 이슬람 극단주의자 지하드들이 백악관을 직접공격할 것이라는 첩보가 있으며 우리는 이를 심각하게 받아들이고 있다며 새로운 위기상황을 보고했다. 이때 옆에 있던 브라이언 L. 스테퍼드 경호실장은 위협은 믿을 만하고 다른 출처정보와 일치하고 있기 때문에 즉각적인 위협을 주는 것이라고 설명하고 대피해야 한다고 말했다.

부시 대통령은 '나는 가지 않겠다'고 말하고 '추가정보를 입수했다면 그것을 가져오라' 고 했다. 따라서 부시 대통령과 콘돌리자 라이스 안보보좌관 등은 그날 오후에 필수요원이 아닌 근무자들은 귀가하도록 허용하고 테러에 대한 추가정보를 전파하면서 백악관 주변의 경계반경을 확대하여 조치했다.

그러나 정부의 계속성을 위해 헌법상 대통령의 승계가 이루어지는 선상의 사람이 살아 남도록 하는 것은 필수적인 조치 우선순위가 되기 때문에 만일의 공격 시에 대통령과 부통령이 동시 피해를 당하지 않도록 예방하기 위해 체니 부통령을 미공개된 곳으로 이동시켜 근무하도록 했다.

체니 부통령을 이동시키도록 한 결정은 연방정부가 추가테러를 얼마만큼 심각한 위협으로 받아들였는지를 보여준 사례였다.

오후 2시에 백악관 상황실에서 국가안보회의가 다시 열렸으며 부시 대통령은 아프가니스탄 북부동맹에 대한 중앙정보국의 지원계획을 승인했다. 파월 국무장관은 파키스탄에 대한 일곱 가지 요구사항이 적힌 서류를 꺼내 보이면서 무샤라프 대통령이 이 요구사항들을 모두 받아들였다고 자랑스럽게 밝혔으며 부시 대통령은 "국무장관이 모두 해결한 것 같습니다"라고 칭찬했다.

다음은 폴 H. 오닐 재무장관이 테러분자의 재정추적에 대해 보고하였다. 9 · 11테러 발생 이전에 빈 라덴에 대한 재정추적과 제재를 가하는 데 법적인 논란이 있었다. 그러나 부시 대통령은 지금은 전쟁 중이지 평시가 아니며, 빈 라덴은 돈이 필요할 것이고, 우리는 누가 그에게 돈을 주는지 알 필요가 있으며, 그들도 처리해야 한다고 단호히 말했다.

헨리 H. 셸튼 합참의장은 현재 즉각적인 군사작전은 여전히 훈련캠프에 크루즈 미사일을 발사하여 그저 구덩이를 파는 것뿐이라고 비관적 의견을 제시했다.

부시 대통령은 위기상황에서 공적 · 사적 역할을 감당하도록 세부적으로 계획이 작성되고 있었으나, 그는 국가위기관리전략 의제를 충분히 토의하지 못하고 있음을 느끼고, 주말에 가족을 동반해서 캠프데이비드별장에 모이도록 지시했다. 부시 대통령은 참모들이 대통령별장에서 하루를 지내면서 참모들이 원하는 내용을 보다 장시간 세부적으로 토의할 수 있기를 기대했다.

4. 세계지도자들 접촉과 국제동맹 구축(9월 14일)

9월 14일 금요일 오전에 9 · 11테러발생 이후 처음으로 백악관 전체각료회의가 열렸다. 부시 대통령이 회의장에 들어설 때 모든 각료들은 기립하여 박수를 보냈으며 대통령은 놀라움에 잠시 목이 멨고 전체 각료들 앞에서 평정을 잃은 것이다.

그러나 파월 국무장관은 미국과 세계는 강한 대통령을 필요로 하고 있다고 생각했기 때문에 내각의 수장으로서 대통령 바로 옆에 앉아 그를 진정시켰다.

> 부시 대통령은 목이 메어 말문을 재대로 열지 못하고 머뭇거렸다. 대통령은 몇 시간 후에 워싱턴 국립성당에서 연설을 하고, 뉴욕 테러참사 현장을 방문할 계획이 되어 있었기 때문에 콜린 L. 파월 국무장관은 이러한 감정의 노출이 염려되었다. 파월 국무장관은 "대통령님, 저 같으면 이런 경우에 엄마, 아빠와 같이 눈물이 나게 하는 단어는 피하겠습니다"라고 써서 쪽지를 대통령에게 슬쩍 밀었다. 부시 대통령은 쪽지를 집어들어 읽고는 미소를 지으며 "국무장관이 나한테 뭐라고 이야기했는지 한번 들어보시오"라고 하면서 "대통령님, 눈물을 보이지 마십시오"라고 읽었다. 파월 국무장관과 부시 대통령의 행동으로 실내 모두가 웃음이 가득했다. "걱정 마십시오. 이제 나에게는 눈물은 없어졌습니다." 그러나 이런 상황은 부시 대통령 재임기간 중 가장 가슴 졸이던 위기상황 속에서 전시 지도자의 스트레스를 풀어주는 보기 드문 순간이었다.

부시 대통령은 전시내각이 국가위기관리를 위해 효과적인 군사적 · 비군사적 대응계획을 발전시키는 것을 확인하고, 이어서 참모들의 최신 상황보고를 받았다. 파월 국무장관은 이번 테러공격을 전 세계의 새로운 국제관계를 형성하는 동맹구축이라고 설명하였다.

동맹을 구축하여 테러분자의 재정동결이나 군사작전을 위한 정보공유 등 동맹국에 기대하는 것이 무엇인가를 정의해야 한다고 했다. 이것은 장기전이고 우리가 이겨야 할 전쟁이며 우리는 세계가 테러와의 전쟁에 함께 참여하기를 바라고 있다고 보고했다.

그날 아침까지 파월 국무장관은 전 세계 지도자 35명에게 전화를 했고, 오늘은 12명에게 전화를 걸 예정이어서 멀미가 날 지경이라고 농담을 했다. 부시 대통령도 9월 12~14일에 영국 토니 블레어총리에게 전화를 하여 테러전과 국제관계에서 미국의 위기극복을 위한 조언과 더불어 적극적인 협조를 얻어냈으며 러시아 블라디미르 푸틴 대통령에게도 전화를 했다.

블라디미르 푸틴 대통령은 미국이 테러공격을 받던 날 방어준비태세를 데프콘-3으로 변경하자 자국의 계획된 훈련을 취소시켰으며, 이 조치는 부시 대통령을 감동시켰을 뿐 아니라 테러공격이 미국과 러시아 관계를 개선시키는 기회를 준 것으로 확신하였다.

다음날 푸틴 대통령은 테러공격에 대한 분노의 표시로 러시아가 침묵의 시간을 갖는 지시에 서명했다고 했으며 두 정상은 테러전쟁에 협력하기로 합의했다.

또한 프랑스 자크 시라크 대통령, 독일 제랄드 슈레드 총리, 사우디 아라비아 압둘라 왕자, 이스라엘 샤론 총리, 캐나다 쟝 크레티앙 총리, 그리고 중국 장쩌민 주석과도 통화하여 테러에 대한 국제적 동맹구축을 위하여 노력하였다. 럼스펠드 국방장관은 펜타곤의 피해상황을 보고하고 미군의 경계태세를 한 단계 낮은 테프콘-4로 조정했다고 밝혔다.

존 D. 애시크로프트법무장관은 4대의 추락여객기에 탑승했던 19명의 공중납치테러분자의 신원을 확인하였으며, 미네타 교통장관은 오늘부터 통제되었던 항공기의 비행이 재개될 것이라고 했다.

부시 대통령은 현재 정부가 테러와의 전쟁에 초점을 맞추고 있지만 국내의 시급한 문제들을 무시할 수 없다면서 관심을 가져줄 것을 당부하고 결론을 맺었다. 오후 1시부터 시작된 부시 대통령의 워싱턴 대성당의 연설과 뉴욕 세계무역센터 피해현장 방문은 국가를 슬픔으로부터 전쟁으로 전환하는 시작점이 되었다.

> 부시 대통령은 국가의 주요 전 · 현직 인사들이 모인 가운데서 "우리는 지금 슬픔의 한가운데 있습니다. …… 국가를 단합시키는 진정한 용기가 슬픔에 찬 동족애와 우리의 적을 이겨 낼 수 있는 확고부동한 결심을 할 수 있습니다. …… 현재의 전쟁은 다른 사람이 정한 시간과 조건대로 시작되었습니다. 그러나 전쟁을 끝내는 것은 우리가 정한 방식대로 우리가 정한 시간에 할 것입니다"라고 했다.

대성당에서의 전쟁에 대한 연설은 어쩌면 무모하거나 동요를 가져올 수도 있는 것이었지만 부시 대통령이 원한 대로 전달되었다.

부시 대통령은 뉴욕 세계무역센터 피해현장에서도 거대한 검은 잔해로 가득한 폐허를 보았으며 "어떤 희생을 치르더라도 우리를 실망시키지 마십시오"라는 절규를 들을 수 있었다. 군중들은 대통령의 말을 듣기를 원한다고 아우성침으로써 부시 대통령은 연설을 시작하였으나 음향시설이 설치되지 않아 육성으로 했다. 그러나 모두들 들리지 않는다고 아우성이었지만 부시 대통령 연설을 이어 나갔다. "난 들립니다. 세계 모두가 당신들의 말을 듣고 있습니다. 그리고 이 빌딩을 이렇게 만든 사람들도 우리의 이야기를 곧 들을 수 있을 것입니다……."

피해현장이 부시 대통령에게 9 · 11테러 공격에 따른 물질적인 파괴를 보여줬다면 현재

이 광경은 그에게 테러분자가 사람들에게 어떤 정신적인 고통과 손상을 주었는지를 생생하게 보여주는 것이었다. 그리고 피해현장에서 노력하고 있는 연방비상관리국(FEMA)의 조 M. 알바우국장과 헌신적인 구조요원들을 격려하였다.

요컨대 이 날 부시 대통령의 대성당 연설과 뉴욕 세계무역센터 피해현장 방문에서는 국민에게 오만하게 보이지 않으면서 강력한 자신감과 결단력을 심어주는 미묘한 균형이 이루어진 위기관리지도자의 자세를 보여준 것이었다.

5. 캠프 데이비드에서 전쟁계획과 씨름(9월 15일)

9월 15일 토요일, 부시 대통령은 9 · 11테러 공격에 대해 어떤 위기관리전략으로 대응할지를 하루 동안 집중적으로 논의하기 위하여 전시내각 참모들을 캠프 데이비드 대통령별장에 모이게 하여 지난 4일 동안 씨름해온 주제를 놓고 오전에는 참모별로 발표하고 오후에는 자유토론을 하였다.

먼저 회의에 앞서 부시 대통령을 비롯한 각료들은 기도를 올리고, 파월 국무장관이 파키스탄을 포함한 테러공격에 대한 국제적 동맹구축에 대해 보고했고, 오닐 재무장관은 알 카에다에 대한 금융자산을 차단하려고 재무부가 어떻게 계획하고 있는지 말했다. 이어서 조지 J. 테닛 중앙정보국장은 지난 4년간에 걸쳐 완성된 오사마 빈 라덴과 알 카에다, 그리고 전 세계의 테러에 관련된 일급기밀문서를 부시 대통령과 전시각료들에게 나누어 주었으며, 그 자료표지에는 '전쟁으로 가는(Going to War)'이라고 씌어 있었다.

테닛 중앙정보국장은 알 카에다를 격멸하고 안전한 도피처인 아프가니스탄을 폐쇄하기 위한 계획은 아프가니스탄 내 6개의 중앙정보국 소규모 준군사조직을 이용하여 시작하고, 이들은 군 특수부대와 연결하여 아프가니스탄 반군이 지상군임무를 수행하도록 기술과 화력을 지원하는 것이다.

이 계획은 다른 동맹국들과 정보를 공유하고, 테러집단의 재정적 기반에 대해 총공격을 하면서, 전 세계에 걸쳐 비밀작전을 실시하는 것을 필요로 하였다.

그리고 미국은 이미 중앙정보국이 아프가니스탄 인접국가인 우즈베크스탄의 외곽에서 아프가니스탄에 대한 실시간 영상정보를 획득하고 있으며, 무인정찰기는 헬파이어 미사일로 무장하고 있다. 미국은 파키스탄 · 투르크메니스탄 및 우즈베크스탄 등과 긴밀히 협조하여 알 카에다가 넘을 수 있는 국경상의 통로를 봉쇄해야 할 것이라고 했다.

특히 테닛 중앙정보국장은 아프가니스탄내의 작전에서 중앙정보국의 비밀공작에 관한 부분과 북부동맹을 어떻게 활용할 것인가에 대해 상세히 설명하였다.

아프가니스탄의 탈레반정권에 반대해온 북부동맹은 느슨한 동맹형태의 부대로 이미 몇 해 동안 탈레반과 싸우고 있으며, 군사적인 잠재력이 강한 전력이지만 자금, 무기 및 정보 면에서 취약하다.

미 지상군은 북부동맹군과 합동으로 군사작전을 펼 수 있다. 알 카에다와 탈레반을 궤멸시키는 데는 매우 중요한 세력으로서 일단 전쟁이 터지면 그들은 돈과 식량 그리고 탄약을 지원받는 조건으로 미국을 도울 것이라고 보고했다.

그리고 테닛 중앙정보국장은 부시 대통령에게 아프가니스탄의 탈레반정권에 초점을 맞춘 범세계적인 테러와의 전쟁을 위하여 중앙정보국에 치명적 전력을 포함하여 은밀히 공작능력을 제약 없이 모두 사용할 수 있는 예외적 권한을 부여할 것을 건의하였다.

빈 라덴이 알 카에다 네트워크의 우두머리 역할을 하고 있는 것으로 단언하고 있지만, 실제 알 카에다는 느슨한 중앙통제로 이루어지는 우두머리가 여럿인 괴물이라고 표현하는 것이 보다 정확할 것이다. 조직은 어떤 특정국가로부터 직접적인 후원을 받는 것 같지는 않지만, 많은 이슬람국가들의 동정심을 유발할 수 있는 능력으로 인해 세력을 키우고, 재정적인 지원을 받으며, 지지자들을 유인하고 있는 것 같다. 서방국가들의 정보기관들은 알 카에다의 세포조직에 침투하여 추적하는 데 거의 성공을 거두지 못하고 있다. 알 카에다 조직의 성격때문에 침투하기가 여간 어렵지 않으며, 그들의 무역기술은 매우 창의적 · 효과적인 것으로 정평이 나있다. 알 카에다 네트워크는 십여 개 이상의 국가에 퍼져 있으며, 수천 명의 훈련되고 충성스런 요원들이 전 세계에 수백 개 이상의 세포조직의 일원으로 활동하고 있다. 알 카에다의 합법적 · 불법적인 상업활동에는 헤로인의 공급, 다이아몬드 판매, 꿀의 제조 및 판매, 제약공장의 운용, 어업선단의 운용, 그리고 기본적인 제조업 등이 포함되어 있다. 이 조직은 독자적인 회계계정을 유지하고 있으며, 스위스와 수단에서부터 싱가포르에 있는 은행 등을 통해 정교한 금융거래를 하고 있다.

비록 아프가니스탄의 알 카에다 조직을 파괴하거나 전복시킨다고 해서 전 세계에 퍼져 있는 알 카에다 집단의 세력을 반드시 제거할 수 있다고 할 수는 없다. 그러므로 알 카에다가 제기하는 위협은 현재 또는 과거에 다른 어떤 테러집단들 보다 근본적으로 다르며 훨씬 더 위험하다. 미국은 이 테러분자들의 파괴추구가 단지 그들의 능력에 의해서만 제한을 받는다는 점을 가정해야만 한다.

실제로 알 카에다 조직이 테러공격에서 사용하기 위한 화학작용제, 핵무기 원료, 그리고 어쩌면 생물학적인 병원체를 획득하기 위해 노력하였던 것을 시사하는 증거가 있다. 이와 같은 대량살상무기의 대대적인 사용은 9·11테러 공격보다 훨씬 더 재앙적인 결과를 초래할 수 있을 것이다.

테닛 중앙정보국장이 설명한 내용에 대해서 럼스펠드 국방장관은 군사작전 시 임무와 책임 등에 관한 국방부와 중앙정보국의 마찰가능성에도 불구하고 깊은 관심을 나타냈다.

럼스펠드 국방장관은 미군은 군사작전을 원활히 수행하는 데 필요한 정보를 획득하기 위해 누군가를 아프가니스탄 작전지역에 직접 보내야 한다고 생각했다. 그러나 "중앙정보국이 이미 그러한 관계를 개발하였기 때문에 군사작전을 용의하게 할 것이며, 이는 결정적으로 중요한 것이다"라고 했다. 테닛 중앙정보국장의 브리핑이 끝나자 부시 대통령은 아무런 의문도 제기하지 않고 대단히 잘했다고 칭찬했다.

이어서 로버트 S. 뮬러 3세 연방수사국장은 9·11테러 공격 시 항공기 4대의 납치사건에 대한 수사 진전사항을 설명하였는데, 연방수사국은 추가테러분자의 활동을 예방하는 것보다 9·11테러분자들을 기소하는 데 너무 초점을 맞추고 있다고 지적했다.

존 D. 애스크로프트 법무장관은 테러와의 전쟁을 위한 법집행기관의 권한 확대법안을 발전시키는 문제, 테러에 대한 2단계 전략을 보고했다.

단기적으로는 테러분자의 즉각적인 와해와 예방에 있으며 장기적으로는 테러집단을 전복시키는 것에 역점을 두고 법무행정을 수행하겠다고 했다.

오전 마지막 발표는 헨리 H. 셸튼 합참의장이 아프가니스탄에서 군사적 조치에 대해 준비하여 발표하였다. 셸튼 장군은 아프가니스탄을 공격하는 세 가지 방안(도표 3-8)에 대해 설명했다.

제1방안은 크루즈미사일로 공격하는 방안으로서, 대통령이 신속성을 최우선 순위로 한다면 가장 빠른 군사적 조치로 계획할 수 있는 것이었다. 미사일은 수백 마일 밖에서 해군함정이나 공군항공기에서 발사할 수 있고, 목표물에는 알 카에다의 훈련캠프도 포함되었다. 이 방안의 문제점은 현재 훈련캠프는 사실상 비어 있는 상태이므로 미사일공격이 별로 효과가 없을 것이라는 점이었으며, 부시 대통령을 비롯한 다른 각료들도 이 방안에 대해 호감을 보이지 않았다.

제2방안은 크루즈미사일과 유인폭격기를 동시에 투입하여 공격하는 것이다. 셸튼합참의장은 대통령이 초기 3~4일 또는 더 길게는 10일 정도까지 지속적인 공중공격을 선택할

〈도표 3-8〉 **아프가니스탄공격 방안**

대 안	장단점
① 목표물에 대해 크루즈 미사일공격	• 장점 : 신속한 공격가능 • 단점 : 대부분의 테러집단시설이 비어 있기 때문에 효과 불분명
② 크루즈미사일과 폭격기를 동시에 투입하여 표적공격	• 장점 : 공격목표물에 대한 보다 치명적인 공격(3~10일) 가능 • 단점 : 지난 20년간 전쟁으로 황폐화된 아프간에는 공격가치가 있는 표적이 거의 부재, 테러주의에 대한 위험부담이 없는 공격형태를 취하려 한다는 인식확산
③ 크루즈미사일, 폭격기, 지상군(특수전 병력과 육군 및 해병대)공격	• 장점 : 테러집단 제거를 위한 목표달성가능 • 단점 : 지상선발대 도착을 위해 시간소요, 지상군 투입에 따른 부담증대

수 있다고 했다. 공격목표는 알 카에다의 훈련캠프와 탈레반 관련목표물을 포함시킬 수 있지만, 이 방안의 제한사항은 지난 20년 간 전쟁으로 황폐화된 아프가니스탄에는 사실상 공격할 만한 고가치 표적이 거의 없다는 것이며, 또 하나는 미국이 테러분자에 대하여 위험부담이 없는 공격 형태를 다시 취하려 한다는 인식이 확산될 수 있다는 점이었다.

제3방안은 크루즈미사일, 폭격기 및 지상군을 투입하는 가장 강력한 방안을 설명하였다. 이 방안은 모든 전력에 추가하여 미국 특수전병력, 육군이나 해병대를 아프가니스탄 내륙에 전개하는 방안으로서, 실제 지상 전투부대 투입에서는 더 긴 시간이 소요되었다.

> 이미 전쟁으로 가야 한다는 공감대는 형성되어 있었지만, 그날 오전의 발표가 끝난 후 이어진 오후의 토의를 통해 참석자들은 그들이 맡은 임무의 복잡성과 불확실성에 대해 이해하였다. 부시 대통령과 참모들은 부시 대통령의 아버지 조지 H. 부시 전 대통령이 11년 전인 1990년 이라크가 쿠웨이트를 침공했던 당시 처했던 상황과는 매우 다른 상황에 직면하고 있었다. 1990. 8. 4. 토요일, 지금과 마찬가지로 캠프 데이비드의 같은 장소에서 중부군사령관이었던 노먼 스워츠코프 장군은 미리 준비된 군사작전을 자세히 발표하였다. 그것은 작전계획 90－1002인데, 이라크를 쿠웨이트에서 축출하기 위한 7개안의 작전수행을 위한 기본군사계획이었다. 그러나 아프가니스탄에서 테러와의 전쟁에서는 부시 대통령이 새로운 위기관리전략을 제시하거나, 전쟁형태, 중앙정보국과 국방부 간의 관계 등에 대해 결심을 하면 군에서는 신속하게 작전계획을 수립해야 했다.

오후 토의시간에 부시 대통령은 테러와의 전쟁에서 정치목적을 달성하기 위한 이상적인 전쟁의 목적 혹은 목표에 대해서 언급했다. 아프가니스탄에서 테러분자들을 쫓아내는 것뿐이 아니라 이러한 군사작전을 통해 지난날 테러분자들을 지원해 왔던 이라크, 이란, 시리아 같은 국가들이 정책을 바꾸도록 하는 것이다.

파월 국무장관은 테러와의 전쟁에 모든 나라들이 동참할 준비가 되어 있지만 테러와의 전쟁을 다른 나라 다른 조직으로 확대할 경우 일부국가들은 탈퇴할 수 있다는 사실을 덧붙였다. 이에 대해 부시 대통령은 "다른 나라에서 테러와의 전쟁을 주도하려 하거나 조건을 설정하는 것은 원하지 않으며, 어떤 경우에는 우리 혼자 남을 것입니다. 나는 그래도 괜찮다고 봅니다. 우리는 미국이니까요(We are America)"라고 강조했다.

이 같은 부시 대통령의 발언에 대해 파월 국무장관은 대꾸하지 않았다. 그러나 파월은 부시의 그 같은 말이 현실적이라고 여기지는 않았다. 테러와의 전쟁에서 군사적 · 비군사적 국제연대가 없다면 효과적인 테러와의 전쟁을 벌일 수 없다는 생각에서였다.

다음은 전시각료들이 테러와의 전쟁을 언제 시작할 것인가를 거론했으나, 부시 대통령은 전날 워싱턴 대성당에서의 연설에서도 밝혔듯이 "군사작전은 우리의 선택된 시간에 시작될 것이며, 또한 나는 탈레반정권에게 빈 라덴과 알 카에다를 넘길 수 있는 기회를 주고 싶다. 만일에 그들이 말을 듣지 않으면 미국이 농담을 하지 않는다는 것을 보여줘야 할 것이다"라고 했다.

그리고 부시 대통령은 파키스탄사람들은 테러와의 전쟁에서 미국을 지지하는 데 따를 위험을 충분히 생각하고 있느냐고 질문하였다. 파월 국무장관은 ① 파키스탄의 실권자 페리베즈 무샤라프 장군이 미국 정부가 테러주의를 얼마나 심각하게 여기고 있는지를 알고 있고, ② 무샤라프 장군은 자신의 파키스탄 장악력이 떨어지고 있다는 사실을 알고 있기 때문에 이번 기회에 이슬람 극단주의자들을 몰아낼 생각을 품고 있으며, 파키스탄이 불량국가로 전락하기보다는 보다 안정된 서구화된 국가로 남기를 바라고 있다고 보고했다.

부시 대통령은 이에 대해 무샤라프 대통령이 상당한 모험을 하고 있기 때문에 그 만한 보상을 해줘야 한다고 덧붙였다. 그러나 전시내각 참모들은 미국이 아프가니스탄에서 발이 묶이는 위험을 상정하고 염려도 하였다.

라이스 국가안보보좌관은 19세기에는 영국이 20세기에는 구소련이 아프가니스탄에서 이기지 못했으며, 21세기에는 미국이 똑같이 당한 것이 아닌가하고 염려하였다.

이러한 염려는 다른 사람들도 마찬가지였으며, 라이스 안보보좌관은 지속적인 국내외의 지지를 받기 위해서는 전쟁 초기에 성공을 거둘 필요가 있는데, 만약 아프가니스탄의 상황이 나쁘게 돌아갈 경우에 대비한 일종의 보험정책(Insurance Policy)으로 다른 지역에서 군사적 조치를 취하는 것에 대해 고려해야 된다는 의견을 제시했다. 만약 그렇다면 아프가니스탄 말고 다른 곳에서 군사작전을 성공리에 펼 수 있는가를 질문하였다.

폴 월포위츠 국방부 부장관은 대량살상무기 위협 및 테러분자 지원의 실제 배후는 이라크 후세인 대통령이라고 말하고 이라크 공격을 강력하게 다시 주장하였다.

럼스펠드 국방장관도 아프가니스탄에 적합한 목표가 별로 없는데 많은 전력이 결집될 것이며, 미국이 진정으로 테러문제를 다루려면 이번 기회에 이라크를 공격할 수 있다고 했으나 폴 월포위츠 국방부 부장관만큼 열정적이지는 않았다.

> 폴 월포위츠 국방부 부장관은 세계를 미국의 구상대로 재구성하기 위해 미국의 압도적인 군사적 · 경제적 · 정치적 힘을 사용하는 데 주저하지 말아야 한다고 주장한 것이다. …… 그는 미국이 후세인 대통령을 축출한 뒤 이라크에 민주주의 체제를 수립하도록 유도할 경우 다른 아랍국가에도 연쇄파급 효과를 미쳐 중동전체의 정치판도가 달라질 것이라고 믿고 있었다.

폴 월포위츠는 그의 상관 럼스펠드를 가로막고, 그가 토의 전반을 이끌고 있어 토의주변에는 잠시 어색한 분위기까지 조성되었다.

부시 대통령은 앤드루 H. 카드비서실장에게 의미 있는 시선을 보냈고, 카드는 회의 휴식시간에 럼스펠드와 월포위츠를 한쪽으로 불러내서 "대통령께서는 국방부에서 한 사람만이 의견을 말하기를 원하고 있습니다."라고 전했다.

파월 국무장관은 이라크를 공격할 경우에 ① 테러와의 전쟁에서 국제연대가 깨지며, ② 중동과 남부아시아 지역을 맡고 있는 중부사령부의 지휘관과 참모가 동시에 이라크와 아프가니스탄에 대한 두 개의 전쟁을 수행할 수 있는 능력의 과대평가, ③ 아직까지 이라크에 대한 군사적 공격계획이 작성되지 않았음을 지적하여 반대의사를 나타냈다. 파월 국무장관의 의견에 체니 부통령, 테닛 중앙정보국장, 비서실장 앤드루 카드도 고개를 끄덕였다.

마지막으로 미국본토의 방어문제로 돌아왔다.

미국에 대한 테러공격을 방지 · 와해 · 방어하기 위해 모든 수단과 방법을 찾아야 한다는 것이었는데, 이는 항공기문제, 국경문제뿐만 아니라 생화학 등 대량살상무기 공격, 기타 모든 위협을 포함하는 것이었다.

요컨대 캠프 데이비드에서 회의는 미국이 테러와의 전쟁에서 군사력의 물리적 · 직접적 사용으로 아프가니스탄 공격과 주변국가의 정치적 상황, 국제적인 동맹국 구축, 전쟁수행을 위해 이라크를 포함시켜야 하는지 등에 대한 문제였다. 그러나 이 날 토의에 참석한 각료들은 앞으로 일이 어떻게 결정될 것인지 알 수 없었다. 왜냐하면 부시 대통령은 백악관에 돌아가서 생각해 보고 결심한 사항을 알려주겠다고 했기 때문이다.

6. 테러와의 전쟁 결심(9월 16일)

부시 대통령은 9월 15일 토요일, 캠프 데이비드 별장에서 가진 국가안보회의에서 각료들로부터 제시된 여러 제안사항 가운데 명확하게 어떤 것으로 결정하지는 않았다.

그러나 9월 16일 일요일, 백악관에 돌아온 부시 대통령은 테러와의 전쟁을 아프가니스탄전쟁으로 결심하고 콘돌리자 라이스 안보보좌관에게 다음 날 국가안보회의 소집을 지시하였다.

부시 대통령은 오후 3시 30분 백악관에서 기자들과 간담회를 갖고 테러와의 전쟁을 십자군전쟁(Crusade)이라고 정의하였다. 즉 중세시대 그리스도교도로 구성된 십자군이 이슬람교도들이 점령하고 있던 예루살렘을 탈환하기 위하여 실시했었던 전쟁으로 의미를 부여했다. 부시 대통령의 십자군전쟁 발언은 이슬람세계에 대한 부정적인 의미를 갖고 있었고, 빈 라덴이 주장한 기독교와 이슬람교 간의 대립적 관계로 비화될 수 있었기 때문에 비판을 받기도 하였다.

한편 오사마 빈 라덴은 파키스탄에 주재하고 있는 아프가니스탄 대사를 통하여 9 · 11테러에 관련이 없다고 혐의를 강력히 부인하는 성명을 발표하였다. 미국은 빈 라덴과 알 카에다 조직이 이번 테러공격의 주범이라고 반박하고 미국에 즉각적으로 인도할 것을 다시 요구하였다.

7. 테러와의 전쟁 시작(9월 17일)

2001년 9월 17일 월요일, 오전 9시 35분에 부시 대통령은 전시내각회의를 열었다. 부시 대통령은 "이 회의목적은 테러와의 전쟁을 시작하면서 여러분 각자에게 임무를 부여하기 위한 것입니다. 전쟁은 오늘부터 시작합니다"라고 선언했다. 부시 대통령은 캠프 데이비드 회의에서 테닛 중앙정보국장이 건의했었던 아프가니스탄 비밀작전을 포함한 대통령의 일급비밀 정보명령인 고지각서(Memorandum of Notification : MON)인 중앙정보국의 테러에 대한 광범위하고 제한 없는 은밀한 범세계적인 전쟁을 승인하는 것이었다.

> 고지각서는 1986년 5월 12일 로널드 레이건 대통령이 대테러 비밀작전을 평가하기 위해 서명했던 문서의 수정본으로서 빈 라덴과 알 카에다 조직을 파괴하기 위한 것이다. 이로써 중앙정보국은 전 세계 테러조직을 대상으로 미국의 역할이 드러나지 않는 살인 · 암살 등의 치명적인 비밀작전을 펼칠 권한을 갖게 되었다. …… 이는 중앙정보국의 말대로 더러운 전쟁이 시작되는 순간이었다.

또한 중앙정보국의 특수공작팀을 침투시켜 아프가니스탄 북부동맹의 반 탈레반군과 연결하고 차후에 미 지상군 투입시 연결하는 임무를 승인했다.

국내안전을 위해 법집행기관이 업무우선순위를 바꾸자는 애시크로프트법무장관의 건의도 받아들여 부시 대통령은 "법무부, 중앙정보국 및 연방수사국은 미국에 대한 추가공격으로부터 미국을 방어하기 위한 지원을 우선적으로 긴밀히 협조하라"고 명령했다.

이 새로운 방침은 전통적인 수사증거의 수집 및 기소임무보다는 미국의 방호에 우선을 두고 추가공격에 대한 예방조치를 하는 것이다.

또한 애시크로프트 법무장관에게 테러행위를 막기 위한 조치의 일환으로 도청, 압수수색 등 연방수사국의 권한을 강화한 안을 만들도록 지시했다.

부시 대통령은 럼스펠드 국방장관에게 해외에 있는 미군과 군사시설에 대한 방호계획을 지시했으며, 파월 국무장관에게는 오늘날짜로 탈레반에게 최후통첩을 보내라고 지시하고, 만약 오사마 빈 라덴과 알 카에다 조직을 넘기지 않으면 공격받을 것이라는 경고를 보내기를 원했다.

우리 목표는 탈레반 전복이 아니지만, 그 결과가 그렇게 될 수도 있다고 덧붙였다.

군사문제로 들어가 셸튼 합참의장에게는 "우리는 미사일, 폭격기와 지상군을 투입하여 공격한다"라고 말함으로써 셸튼 합참의장이 제시한 내용 중 가장 확대된 제3방안을 선택했다. 그는 "적들을 강하게 공격하여 미국이 과거와 달라졌다는 신호를 보내야 한다. 우리는 이것들이 과거에 테러공격과 연계된 이라크, 시리아, 이란 같은 나라들이 그들의 시각을 변화시키도록 해야 하며, 가능한 빨리 공격을 시작해야 한다"고 지시했다.

또한 부시 대통령은 파키스탄이 미국에 적극 협력함으로써 생기는 부정적인 결과로부터 파키스탄정권을 보호하고 안정시킬 계획을 발전시킬 것을 지시했다. 그리고 이라크가 테러공격에 개입되었다고 믿고 있지만 확실한 증거가 없기 때문에 이번 전쟁에서 이라크는 공격하지 않지만 시간적 여유를 갖고 이라크에 대한 군사공격계획을 국방부에서 계속 발전시켜 주기 바란다고 했다. 부시 대통령은 마지막으로 "지금부터 전쟁을 시작하시오. 신속한 행동이 중요합니다. 그러나 이것은 새로운 방식이어야 합니다"라고 했다.

오후 4시 30분, 부시 대통령은 라이스 안보보좌관, 휴즈 특별보좌관, 플라이셔 대변인과 댄 바드렛 공보비서관을 2층 사무실로 불렀다. 부시 대통령은 '지금 우리는 아프가니스탄과 미국 내부라는 2개의 전선에서 싸우는 전쟁을 수행하고 있다'고 강조하고, 휴즈특별보좌관에게 공보문제를 책임지라고 지시했다.

그는 미국의 전쟁목적과 생각을 대외에 잘 알리는 것이 성공적인 전쟁수행에 결정적인 영향을 미치며, 적절한 의사소통은 전쟁지도본부와 군사지휘본부에 대한 국민의 지지를 유지하는데 핵심적인 요소가 된다는 것, 그리고 전쟁을 수행하는 과정에서 국내외에서 신뢰를 얻지 못한다면 동맹을 유지하는 데 문제가 발생할 수 있는 등 공보팀의 중요성을 이야기했다.

> 나는 길고도 어려운 과업을 위해 미국국민들을 결집시킬 수 있다면, 그 일은 무척 쉬워질 것이라는 점을 잘 알고 있습니다. 나는 베트남전 시대의 산물입니다. 나는 대통령이 국민적 지지를 받지 못하면서 전쟁을 수행하려 했고, 결국은 나라가 분열되었던 것을 기억합니다. 부시 대통령은 집무실에 걸려 있는 에이브러험 링컨의 초상화를 가리켰다. "링컨 대통령은 벽에 걸려 있습니다. 왜냐하면 대통령의 일이란 국가를 단합시키기 때문이지요. 그것이 대통령의 일입니다. 그리고 미국 국민들이 이해하도록 만드는 것이 나의 일이라고 생각합니다. 국민들은 대테러 공격의 심각성을 이해하고 있습니다. 그러나 이 전쟁이 얼마나 오래 걸릴지, 무슨 어려움이 있을지 국민들이 확실히 이해한다고는 생각하지 않습니다."
>
> 그래서 적극적인 대내외적 심리전과 공보활동으로 국민을 설득하고 이해시키는 것이 중요합니다.

그리고 국무부와 국방부를 비롯한 모든 기관이 동일한 계획에 의해 움직여야 하며, 오른팔이 하는 일을 왼팔이 알게 해야 한다. 정보가 외부로 새는 것은 용서할 수 없으며, 생방송은 위험할 것이다. 군사작전에 대해서는 럼스펠드 국방장관이나 펜타곤에서 말하도록 하고 백악관에서는 언급하지 말라고 말했다.

부시 대통령은 비재래식 측면의 전쟁에서 사법의 역할 · 정보공유 · 테러분자 및 자금조직의 와해, 중앙정보국의 역할, 전쟁의 대부분이 보이지 않을 전쟁이 될 것이란 점을 고려하여 말 할 수 없는 부분도 있을 것이며, 공보팀은 가시적인 군사작전 부분뿐만 아니라 특히 자금문제와 법적 문제 같은 전쟁요소의 모든 것을 어떻게 가시적으로 제시할 것인가에 대해 생각해야 할 것이라고 강조했다.

부시 대통령은 곧바로 라이스 안보보좌관과 프랭크 밀러 군사담당보좌관을 대동하고 국방부를 방문하여 특수전에 대한 보고를 받게 되었다.

밀러 군사담당보좌관은 대통령에게 보고하기 위해 준비된 비밀 슬라이드를 사전 검토하면서 크게 놀랐다.

아프가니스탄에서의 특수작전에 대한 내용에는 창의적으로 생각하라는 단어와 함께 식량에 독극물을 투여하라는 말이 있었다. 밀러 군사담당보좌관은 라이스 안보보좌관에게 보여주고 미국이 그런 일을 할 수도 없으며 승인하지도 않았다고 상기시켰다.

이것은 실질적으로 화학 및 생물학공격이었고 미국이 1972년에 서명한 생물학 무기회의를 포함한 각종 조약에 의해 금지된 사항이었다. 펜타곤담당자는 이 슬라이드는 내부에서 검토한 사항이었지 대통령이나 장관에게 보이려는 것이 아니었다고 해명했다. 펜타곤 브리핑에서 담당자는 특수전 부대의 편성, 임무, 이동 등 다양한 내용을 보고했으며, 합동참모본부에서는 군사작전과 전투부대 및 예비군 동원에 대해 보고를 받음으로써 전쟁은 소리 없이 진행되고 있었다.

제4절 | 9·11테러와의 전쟁 종결

국가위기상황에서 부시 대통령은 국정최고책임자이자 군통수권자로서 국가와 국민안보에 직접적인 영향을 미칠 9 · 11테러 위기관리 종결을 위한 결정을 내려야 했다.

부시 대통령은 미국 역사상 가장 잔인하고 파괴적인 테러공격을 당한 후에 어떤 형태이든 전쟁을 해야 한다는 것이 즉각적인 결심이었다고 럼스펠드 국방장관은 말했다.

콘돌리자 라이스 안보보좌관도 부시 대통령은 어떤 제한적인 대응은 이러한 테러분자들에게는 맞지 않는다는 것을 이해했고, 부시 대통령은 아프가니스탄전쟁 결정을 역사적 순간이며, 그 자신이 역사의 소용돌이에 던져졌음을 알았다고 했다. 9·11테러 공격의 규모로 볼 때 부시 대통령이 선택한 아프가니스탄 공격에 의한 보복전쟁 이외는 다른 대안이 없었냐는 것이다.

> 아프가니스탄 전장의 특성으로서 ……
>
> 민족구성 및 정권관련 요소로는 다민족 구성원 간의 갈등 및 분쟁상황을 정치·군사적 목적을 위해 활용이 가능하고, 탈레반정권과 내전 중에 있는 북부동맹군을 활용, 전쟁수행이 가능하며, 지도부에 만연되어 있는 부패를 활용한 매수 등 정치적 공작이 용이하고, 텔레반정권의 이슬람 교의적 강압정치에 대한 불만세력 활용이 가능하다는 것이다.
>
> 지형·지리적 측면을 보면, 국토전반이 산악지형으로 구성되어 자연적인 요새 역할을 수행하므로 게릴라전에 유리하고 지상기동전이 극히 제한되고 있으나 삼림이 거의 없는 산악지형과 사막지형은 항공력을 이용한 대규모 공중공격에 취약하다. 그리고 겨울철에는 여름보다 안개와 구름이 다소 많으나 대륙성 건조기후는 항공작전에 대체로 유리하고, 동계의 악기상 및 산악지대의 미확인 지뢰(1,000만 발 추정)로 인해 대규모 지상작전 수행이 제한되며, 아프가니스탄은 내륙국가로서 군사력 전개 및 항공작전을 위해서는 인접국가와의 사전협조(기지사용, 영공통과 등)가 긴요하다.
>
> 그러나 텔레반군은 구소련군과의 전쟁 및 오랜 기간의 내전 경험을 통해 체득한 테러·게릴라전과 장기전 수행능력이 탁월하다.

부시 대통령은 기자들과 인터뷰에서 전쟁으로의 결심에 대해 의심해 본 순간이 있느냐는 질문에서 "믿기 어렵겠지만 나는 아프가니스탄전쟁을 결정하는 것에 대해 의심해 본 적이 없습니다. 나는 생명을 잃은 사람들을 애도합니다. 다른 한편으로는 내 마음속에 올바른 일을 하고 있다는 데 대해 추호도 의심해 본 적이 없습니다. 나와 나의 정부에 대한 평가는 전쟁의 결과에 의해 평가될 것입니다"라고 신념에 대해 이야기했다.

부시 대통령은 9·11테러 공격으로 세계 유일의 초강대국인 미국이란 요새가 공격당하여 생각할 수 없는 엄청난 파괴와 인명피해로 미국의 국가위신에 심대한 손상을 받았기 때문에 미국은 필연적으로 전쟁에 나설 수밖에 없었으며, 또한 전시내각 참모들의 강성적인 성향이 응징보복적 전쟁으로 정책을 결정하는 데 크게 영향을 미친 것이다.

> 공화당의 조지 W. 부시 대통령 정부는 군사력에 기초한 강력한 안보정책을 추구했던 로널드 레이건 전 대통령 정부(1981~1988)와 그의 아버지인 조지 H. 부시 전 대통령 정부(1988~1992)의 정책을 지속해 가는 정부가 된다. 따라서 현재 조지 W. 부시 정부의 주요 안보정책을 담당하고 있는 참모들로서 딕 체니 부통령은 조지 H. 부시 전 대통령의 국방장관으로서, 파월 국무장관은 합참의장으로서 1991년 걸프전쟁을 주도했고, 도널드 럼스펠드 국방장관과 폴 월포워츠 국방부 부장관은 레이건 대통령 정부에서 주요 국방정책의 실무담당관이었으며, 콘돌리자 라이스 안보보좌관은 군비통제문제를 전공한 학자로서 전임 조지 H. 부시 대통령시절에 구소련 및 동유럽문제의 대통령보좌관을 지냈다.
>
> 특히 딕 체니 부통령, 도널드 럼스펠드 국방장관, 폴 월포워츠 국방부 부장관, 콘돌리자 라이스 안보보좌관 등은 기본적으로 미국의 적은 무조건 악의 축으로 인식하고 있는 강경론자로서 신보수주의자가 된다.
>
> 현재 공화당의 조지 W. 부시 정부는 지난 8년 동안의 민주당 클린턴 정부(1992~2000)의 안보정책은 유화정책이었다고 비난해 왔다. 이와 같은 강경론자들의 안보정책에 따라 9 · 11테러 위기관리 전략도 군사력의 간접적 · 심리적 사용이 아니라 군사력의 직접적 · 물리적 사용을 통한 전쟁으로 결정하였다.

그러나 부시 행정부의 어느 고위관리는 부시 대통령은 그가 알고자 하는 사항만 찾았지, 그것이 반드시 그가 알아야 할 사항을 찾았다고는 할 수 없다고 지적했다. 부시 대통령은 9 · 11테러 공격으로 발생한 국가위기를 극복하기 위한 전략에서 그가 원하는 군사적 사항만을 찾았지 비군사적 사항은 찾으려고 하지 않았다고 비판적 의견을 제시했다. 부시 대통령은 2001년 9 · 11테러 위기를 극복하기 위해 군사행동의 수순과 범위를 놓고 40년 전의 존 F. 케네디대통령 못지않게 고뇌했다.

존 F. 케네디 대통령은 취임 2년도 채 안되어 구소련과의 전면전으로 연결될 수 있는 절제절명의 핵전쟁위기를 맞이했다.

1962년 10월 구소련이 미국의 턱 밑인 쿠바에 중거리 핵미사일을 배치 중인 것이 확인되자 케네디 대통령은 쿠바에 대한 비군사적 수단인 정치외교력 · 경제력 · 해상봉쇄 단행 등 군사력의 간접적 · 심리적 이용으로 구소련 N. S 흐루시초프 수상으로부터 쿠바의 미사일 철수라는 항복을 받아냄으로써 핵전쟁의 위기를 무사히 넘김과 동시에 미국의 자존심을 방어했다. 따라서 케네디 대통령은 국가위기관리의 성공적인 사례로 세계사에 좋은 예를 남겼다.

다른 한편 2001년 9 · 11테러로 3,040명의 생명과 재산이 파괴되고 국가의 자존심이 무너지는 장면을 목격한 국민들은 부시 대통령에게 케네디 대통령에 비견될 만한 강력한 리더십과 화끈한 대응책을 원했다.

부시 대통령은 세계유일의 강대국으로서 국가와 국민을 보호하기 위한 방법을 정치외교력 · 경제력 · 군사력의 간접적 · 심리적 이용 등 비군사적 전략보다는 군사력의 직접적 · 물리적 사용을 통한 전쟁으로 결정함으로써 위기관리에서는 실패한 전략을 선택했다.[24)]

진정한 위기관리지도자는 전쟁까지 가지 않는 선에서 국가이익을 획득하고 국민을 지킬 수 있는 지혜와 용기 그리고 전략과 정책을 수행할 수 있어야 하기 때문이다.

24) 조영갑, 『국가위기관리론』, 서울: 선학사, 2009 참고.

5 9·11테러와의 전쟁 교훈

제1절 | 국가지도자의 위기관리능력

2001년 6월 28일부터 9월 9일까지, 조지 W. 부시 대통령은 연방수사국과 중앙정보국으로부터 항공기납치로 세계무역센터 충돌가능성을 6회에 걸쳐 보고받았으나 통상적인 정보로 흘렸다.

미국대통령과 행정부의 책임자들은 국가위기상황이 닥쳐오고 있었으나 위기를 위기로 인식하지 못했고, 또한 필요한 대응조치를 하지 않음으로써 국가위기를 초래케했다.

조지 W. 부시 대통령은 테러에 관련된 정보를 보고(도표 3-9)받았을 뿐만 아니라 백악관 대책회의까지 했다는 사실이 공개되면서 파문이 확산되었다.[25)]

부시 대통령은 미국정보기관들의 보고에 의해 2001년 7월 5일, 국가안보회의를 소집하여 테러위협에 대한 대응태세를 지시했다. 이에 따라 연방수사국 · 해양경비대 · 비밀경호국 · 이민귀화국 등 10개 테러관련기관 대책회의에서 리처드 클라크 사이버 안보담당특별

〈도표 3-9〉 부시 대통령 9 · 11테러 단서 보고

보고일자	보고 내용
2001. 6. 28	중앙정보국국장: 백악관에 알 카에다 공격가능성 보고
7. 5	부시 대통령: FBI관계자 등 소환하여 최고대응태세 지시(6주간 지속)
7. 17	중앙정보국국장: 이탈리아 G-8정상회담에서 알 카에다 테러가능성 보고
8. 6	중앙정보국국장: 빈 라덴의 미 여객기 납치 테러가능성 보고
9. 3	연방수사국국장: 빈 라덴의 세계무역센터 테러가능성 보고
9. 9	중앙정보국국장: 알 카에다의 대규모 공격계획 보고

25) 워싱턴포스트, 2002. 5. 18.

보좌관은 미국에서 깜짝 놀랄 일이 곧 발생한다고 긴급 경고함으로써 경계를 강화했다.

그러나 2001년 8월 6일 부시 대통령은 텍사스별장에서 6주 간 유지해 오던 경계태세강화조치를 아무런 대책도 없이 해제했다.

로널드 레이건 전 대통령, 조지 H. 부시 전 대통령, 빌 클린턴 전 대통령 그리고 조지 W. 부시 대통령 밑에서 2003년까지 테러 담당 보좌관을 지냈던 리처드 클라크는 2004년 3월 21일 자신이 쓴 『모든 적과 맞서』(*Against all Enemies*)라는 책과 동년 3월 25일 의회 증언에서 "W. 부시 대통령과 측근들은 알 카에다의 테러가 임박했다는 정보 보고를 여러 차례 묵살하다가 결국 9 · 11테러를 맞았다"고 주장했다. 2001년 1월 24일 리처드 클라크는 콘돌리자 라이스 국가안보보좌관에게 긴급히 국무회의를 열어 알 카에다의 임박한 공격을 다뤄야 한다고 말했지만 그 긴급한 메모는 무시됐다고 말했다.

> …… 그로부터 3개월이 지난 4월에 장관급이 아닌 각 부처 2인자들이 참석하는 회의가 열렸다. 이 자리에서 클라크 전 보좌관은 빈 라덴을 다뤄야 한다고 말했으나 국방부에서 참석한 폴 울포위츠 부장관은 알 카에다는 다룰 필요가 없다. 미국에 대한 이라크의 테러 분자들을 말해야 한다고 주장했다고 증언했으며, 또한 조지 테닛 중앙정보국(CIA) 국장은 매일 부시 대통령에게 브리핑하면서 6~8월에 알 카에다의 대규모 공격이 곧 세계 어딘가에서 일어날 것이라고 보고했다고 말했다.
>
> …… 또한 부시 대통령 측근들은 집권하자마자 이라크에만 매달렸다고 지적하였는데, 이것은 부시 대통령이 집권 직후부터 이라크전쟁을 계획했다는 폴 오닐 전 재무장관의 주장과 일치하는 것이다.
>
> …… 2001년 8월 6일 부시 대통령은 대통령일일정보보고서(President's Daily Briefing)에서 빈라덴의 미국공격계획을 보고 받았다는 사실이 2004년 4월 10일 중앙정보국의 공개된 비밀문서에서 확인됨으로써 대통령 자질론에 대한 많은 논란이 있었다.

이와 같이 부시 대통령은 오사마 빈 라덴과 알 카에다 테러분자들이 테러공격을 할 것이라는 정보를 보고 받았으나 왜 적절한 대응에 실패했는지에 대한 책임론이 제기되었다.

콘돌리자 라이스 백악관 안보보좌관, 놀먼 미네타교통장관, 애리 플라이셔 백악관대변인은 9 · 11테러 가능성 보고는 특정보고가 아니고 통상적인 우려수준의 보고였으며, 부시 대통령도 그것은 특정화된 정보가 아니었다고 해명하였다.

그러나 9 · 11테러의 희생자 유가족들과 의회에서는 국가 최고정치지도자와 정보기관들은 국가위기가 닥쳐왔으나 위기를 위기로 인지하지 못했다고 비판하고 책임론을 제기했다.

다음은 위기관리전략의 다양한 실현방안 적용이 미흡했다.

국가위기란 어느 한 순간에 갑자기 닥쳐오는 것이 아니라 갈등단계 · 분쟁단계 · 위기단계를 걸쳐 오는 것이 일반적 현상이며, 국가지도자는 국가목표를 달성하기 위해 전쟁이란 최후수단을 선택하기 전에 매우 다양한 위기단계별 관리전략을 구상하였다가 시기에 적절한 대응전략을 적용할 수 있어야 한다. 예컨대 1962년 쿠바위기사태에서 케네디 대통령은 군사력을 보조수단으로 하고 정치외교력 · 경제력 · 정보력 · 심리전 등의 비군사적 수단을 주 수단으로 하여 평화적으로 미국 이익에 충실한 국가목표를 달성하였다.

그러나 40년 후인 2001년 9 · 11테러 위기사태에서 부시 대통령은 비군사적 수단인 정치외교력 · 경제력 · 정보력 · 심리전을 보조수단으로 하고, 압도적 군사력을 주수단으로 한 전쟁을 통하여 미국이익을 지킴으로써 국가목표를 달성할 수 있었다.

9 · 11테러 위기를 맞아 국가지도자의 위기관리에 대한 전문적 지식 및 예방적 관리능력 미흡과 다양한 비군사적 대응전략 없이 군사전략에만 의존한 해결을 추구했다. 따라서 군사력의 간접적 · 심리적 이용에 실패하고, 미국의 압도적 군사력을 주저 없이 직접적 · 물리적으로 사용함으로써 국가목표를 달성하였기 때문에 실패한 위기관리전략이었다.

2002년 9월 24일, 미국의회는 9 · 11테러로 드러난 행정부와 정보기관들의 위기관리 실책과 문제에 대한 광범위한 조사권을 가진 9 · 11테러 진상조사위원회를 편성하여 조사한 후 2003년 7월 24일, 9 · 11테러 진상보고서를 발표했다.

9 · 11테러 진상조사위원회는 10명으로 구성되어 백악관의 보고문제 및 외교정책, 사법당국과 항공업계, 국경순찰대 및 정보담당기관들을 조사하여 최종보고서를 의회에 제출했다.

미국 의회 정보위원회와 합동으로 작성한 900쪽에 달하는 보고서에서 연방수사국과 중앙정보국은 테러조직 알 카에다의 9 · 11테러 기도를 미리 밝혀낼 수 있는 정보를 입수했음에도 불구하고, 이 정보들이 의미하는 내용을 제대로 분석하지 못했고 정보기관들 간의 정보교환이 적절하게 이뤄지지 않아 사전대응기회를 놓쳤다고 평가했다.[26)]

9 · 11테러 진상보고서의 주요내용은 다음과 같다. 연방수사국과 중앙정보국 등 정보기관들은 항공기 납치범이 된 인물들에 관한 일부정보를 확보했고, 2001년 6~8월에 정보관리들 사이에서 테러

26) 중앙일보, 2003. 7. 26.

공격 가능성이 있다는 경고가 돌았으나 정확한 시기와 장소, 방법 등을 알 수 있는 정보는 발견하지 못했으며, 정보기관들은 알 카에다를 지원하는 이슬람 과격단체의 네트워크가 미국 내에 존재할 가능성이 있음을 인지하고 있었다. 그러나 조지 테닛 중앙정보국장은 정보기관의 능력과 자원을 점증하는 위협에 대응하는 체제로 충분히 가동시키지 못했거나 그러기를 주저했으며, 미군지도부는 아프가니스탄에 있던 테러조직의 공격을 꺼렸으며, 알 카에다를 겨냥한 중앙정보국의 작전에 지원 · 참여하지 않으려 했다. 또한 세계를 대상으로 감청활동을 하는 국가안보국(NSA)은 미국 내에서의 정보수집에는 지나치게 조심스러웠고, 연방수사국과는 충분히 협조하지 않았으며, 국가지도자 및 행정부의 책임자들은 테러위협에 대한 위기 대응조치가 미흡했다.

결론적으로 2001년 9 · 11테러 위기는 사전에 충분히 예방할 수 있었으나 국가지도자의 위기관리 능력미흡, 국가정보기관들의 구조적 협력결함 및 정보통합기능의 부재로 실패했다고 결론을 내렸다. 국가지도자의 위기관리대처에 대한 인식과 관련책임자들의 위기대처 능력에 대한 자질은 지도자의 자질 중에서도 가장 중요한 요소가 된 것이다.

제2절 | 국가정보기관들의 협력체제 필요성

미국의 정보기관들은 2001년 9 · 11테러에 대한 정보를 소홀히 취급하였다고 공개했다.[27] 1996년 필리핀 경찰은 중동인 조종사가 비행기로 뉴욕건물에 돌진할 우려가 있다는 정보를 획득하여 미국 연방수사국에 제공하였으나 아무런 조치가 없었으며, 1999년 영국 해외정보국(MI6)이 오사마 빈 라덴과 알 카에다 조직이 지금까지는 한 번도 시도되지 않았던 방법인 민간항공기를 납치하여 공격하려는 계획이 있다는 정보를 입수하여 미국정보기관에 제공했다.

2000년 7월 미국 연방수사국 애리조나 지부는 상당수의 아랍인들이 미국 내의 비행학교에서 비행기조정 · 항공보안사항 · 공항관리에 관한 교육을 받고 있다고 경고하면서, 중동출신 학생들을 추가확인하기 위해 모든 비행학교에 대한 점검을 촉구했으나 연방수사국 본부는 아무런 조치도 취하지 않았다.

또한 동년 8월 중앙정보국은 빈 라덴과 알 카에다 조직이 미여객기를 납치하려 한다는

27) 영국 선데이타임스, 2002. 6. 9.

것을 부시 대통령에게 보고하였으나 구체적 공격일정 · 장소 등을 제시하지 않았다.

특히 연방수사국은 알 카에다 조직원으로서 19명의 자살테러분자들과 함께 9 · 11테러를 공모했던 자카리아스 무사위가 미네소타의 비행학교에서 비행훈련을 받으려다 연방수사국 요원에게 체포되었으며, 그때 얻은 첩보를 무시하고, 테러관련 용의자의 컴퓨터에 대한 압수수색 영장청구까지 기각하면서 백악관에 보고하지 않았다.

2000년 8월, 이탈리아경찰은 미국에서 비행기와 관련된 테러가 있을 것임을 시사하는 알 카에다 조직원 간의 대화를 도청하여 미국경찰정보기관에 제공했다.

> "…… 우리의 주된 목적은 비행기를 이용해 미국을 공격하는 거야. …… 기억해 둬, 구름이 덮인 하늘에서 불길이 치솟을 거야, 세계의 모든 신문들은 대서특필할 거야. …… 이번계획을 세운 사람은 제정신이 아니야. …… 하지만 그는 천재지……."라고 찬사를 보냈다.

2001년 1월 이탈리아 경찰은 알 카에다 조직의 "우리 형제들이 미국에 간다는 사실을 입 밖에 내지 말라. 이 계획들은 특급비밀"이란 말도 도청하여 미국경찰에 정보를 제공했다.[28]

그러나 미국경찰은 잡음이 많아 알아듣기 힘들다며 흐지부지 처리해 버렸다. 이에 대해 2002년 8월 29일, 미국 상원 청문회에서 로버트 뮬러 연방수사국장은 "우리가 입수한 모든 단서들을 적절히 분석했다면 사전에 9 · 11테러 계획을 발견할 수 있었을 것"이라고 인정하고, 연방수사국이 타성에 젖어 있었으며, 책임을 통감하지만 소 잃고 외양간 고치기였다고 증언했다.

또한 연방수사국 요원이었던 콜린 로울리는 상원 청문회에서 연방수사국요원들의 자발성을 질식시키는 관료주의가 팽배해 가고 있다고 주장하고, 조직 내에는 무려 7~9단계의 관료층이 존재해 신속정확한 정보처리에 부정적 기능을 한다고 했다.[29] 연방수사국은 중앙정보국과 비밀정보내용을 이메일로 송수신할 수 있는 통신 보안 시스템조차 갖추지 못하고 있었다.

---

28) 뉴욕타임스, 2002. 8. 30.
29) 워싱턴포스트, 2002. 8. 30.

2001년 9월 9일, 아프가니스탄 서부지역의 칸다하르 동굴에 숨어 있던 오사마 빈 라덴은 위성전화 스위치를 켰다. 그의 위성전화가 인도양 상공에 떠 있는 통신위성 인마셋(Inmarsat)을 통해 알 카에다에서 11,000km 떨어진 미국 메릴랜드주 포트미드에 있는 국가안보국(NSA) 컴퓨터에도 번쩍 불이 켜졌다. 국가안보국의 도청 · 감청용 컴퓨터는 흥분된 어조로 엄청난 사건이 곧 일어날 것이라는 테러분자들의 통화내용을 고스란히 테이프에 녹음했다. 그러나 9 · 11테러의 참변을 예고한 문제의 통화는 그로부터 48시간이 지나도록 중앙정보국장의 조지 테닛에게 보고조차도 되지 않았으며, 다른 정보기관에도 전달되지 않았다.

한편 테닛 중앙정보국장도 만약 중앙정보국 · 연방수사국 · 경찰 · 국방부 등 미국정보기관들의 유기적 협조를 통해 알 카에다의 9 · 11테러에 대비한 경계 · 예방업무를 강화하고, 빈 라덴의 체포에 심혈을 기울였다면 상황은 완전히 달라졌으며 막을 수 있는 위기사태였다고 증언했다.

즉 9 · 11테러 이후에 미국의 정보기관은 임무와 업무에 대한 우선순위, 구조적 · 기술적 · 전문인력 등과 관료화된 조직문화를 새롭게 변화시켰다.

미국 연방수사국은 지금까지 단순히 국내문제만을 다루는 수사기관이 아니라 세계를 무대로 하는 테러방지조직으로 개편하여 마약범죄분야, 기업 · 전문직 범죄분야, 일반범죄분야와 더불어 테러방지분야의 전문수사요원 보강을 비롯하여 중앙정보국과 경찰 등의 정보기관들과 정보공유 및 테러방지 공조체제로 재확립하였다.

그리고 미국 국가정보국(DNI)를 비롯해서 16개 정보기관(도표 3-10)인 중앙정보국, 정보조사국, 연방수사국, 정보지원국, 정보국, 정보분석국, 해안경비정보국, 국방정보국, 국가안보국, 국가정찰국, 국가지리정보국, 육군정보국, 해군정보국, 공군정보국, 해병정보국의 정보를 통합하여 조정하는 책임을 갖게 했다.

〈도표 3-10〉 미국의 정보체계[30]

제3절 | 국력의 통합관리체계

2001년 9 · 11테러에 대한 부시 대통령의 책임론과 더불어 미국 행정부 관료들은 이슬람의 테러조직인 알 카에다가 항공기를 납치해 건물에 충돌할 가능성은 아무도 상상할 수 없었다.

미국 행정부는 남북전쟁 이후 미국 내에서 전쟁이 발생하지 않았고, 지금까지의 모든 전쟁은 ① 미국 영토 밖에서 수행되고 있다는 역사적 사실, ② 세계유일의 최강대국인 미국을 감히 누가 침공하겠느냐는 방심, ③ 지금까지 전혀 예상하지 못했던 항공테러는 일어나지

30) 마크 로웬탈, 『정보: 비밀에서 정책으로』, CQ프레스, 2002 참조.

〈도표 3-11〉 **국토안보부**

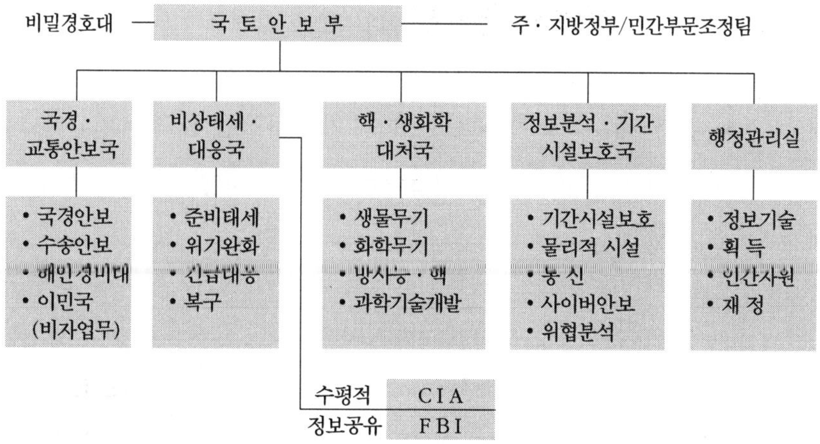

않을 것이라는 오판, ④ 그리고 미국의 본토방어를 책임질 수 있는 조직의 결여 등 치명적인 실수가 9 · 11테러를 가져왔다고 분석했다.[31]

조지 W. 부시 대통령은 2002년 9월 9일, 9 · 11테러와 같은 대규모 공격에 대비하기 위하여 각료급 부처인 국토안보부(도표 3-11)와 군사개편을 내용으로 하는 국토방어 전면개혁안을 발표했다.

첫째, 미국은 본토방어를 위하여 국토안보부(Homeland Security Department)를 탄생시켰다. 1947년 제2차 세계대전 중 트루먼 행정부의 국방부 설치를 위한 정부조직개편 이후 최대개편으로서 17만 명의 인력과 400억 달러의 예산을 보유하는 조직으로 연방행정부서 중 세 번째로 큰 국토안보부를 탄생시켰으며, 초대 국토안보부장관은 2001년 9 · 11테러 직후 백악관에 임시신설조직으로 운영했던 국토안보국 톰 리지국장을 임명했다.

미국은 본토방어를 위하여 미 상원에서 2002년 11월 19일 국토안보부 설치를 승인했고 부시 대통령은 2002년 11월 25일, 서명했다. 국토안보부는 그 예하에 국경 · 교통안전국, 비상태세 대응국, 핵 · 생화학대처국, 정보분석 · 기간시설보호국 그리고 행정관리실을 두어 현재 22부처에 분산되어 있는 본토방어 및 재해 · 재난업무를 한 곳으로 통합 · 조정하여 관리하도록 하였으며, 연방수사국과 중앙정보국의 대테러기능을 대폭 강화하고 긴밀한 협조체제를 유지하도록 했다.

---

31) 뉴욕타임스, 2002. 5. 27.

국경 및 교통안전국(Border and Transportation Security)은 재무부의 관세국, 법무부의 이민국, 교통부의 해안경비대와 교통안전국, 총무처의 연방보호서비스 등으로 구성하였으며, 그 주요임무는 ① 테러분자 입국과 테러도구의 유입을 예방하고, 국경 · 영해 · 영공 · 영토 · 해상교통체제의 안전을 확보, ② 비시민권자의 미국 내 출입허가와 비자관련사항 정비 등 이민관련사항을 관리하고 관세업무를 효율적으로 시행, ③ 합법적인 운송과 상업활동의 효율성 등 업무를 수행한다.

비상태세 및 대응국(Emergency Preparedness and Response)은 비상관리처(FEMA)의 조직과 연방수사국의 국내 긴급대응실, 법무부의 국내 비상사태지원팀 및 국내 대응실, 보건부의 공공보건 비상대응실을 통합하여 구성하였으며, 그 주요임무는 ① 테러공격과 대규모 재해 · 재난 등 긴급상황에 대비한 준비태세를 확보하고, 기준마련과 교육훈련 및 업무수행평가 등을 실시, ② 테러공격과 대규모 재해 · 재난에 대한 전반적인 대응체제 조정, 비상지원팀 지휘, 의료대응체제 감독, ③ 포괄적인 국가비상관리체제 구성을 위한 연방정부 및 비정부기구간 협력을 긴밀화하고, 기존의 연방위기 대응계획을 통합하며 상호운용이 가능한 통신기술 프로그램을 개발한 것이다.

핵 · 생화학 대처국(Chemical, Biological, Radiological and Nuclear Countermeasures)은 보건부의 특별등록단속업무, 에너지부의 관련부서 및 관련업무, 국방부의 생물무기방어 분석센터, 농무부의 동물분석센터 등으로 구성하고, 그 주요임무는 ① 생화학 · 방사능 · 핵무기 등을 사용하는 테러공격이나 미국유입을 막기 위해 탐지 · 예방을 위한 기술시스템 조달과 국가적 연구개발을 지원하고 정책의 우선순위 결정, ② 국토안보부장관은 보건부의 합의로 민간보건 후생관련 생물학 및 전염병의 대처 · 개발책임을 수행하며, 정책우선 순위설정 등 연구개발, ③ 지방정부가 이러한 대응조치를 이행하도록 행동지침을 제공한다.

정보분석 및 기간시설보호국(Information Analysis and Infrastructure Protection)은 연방수사국의 국가기간 시설보호센터, 국방부 국가통신시스템, 상무부핵심기간시설, 국가표준기술연구소, 컴퓨터 보안시설, 에너지부 기간시설 분석센터 등으로 구성하였으며, 그 주요임무는 ① 정보기관, 사법당국 등의 정보를 통합 · 분석하고, 미국 내 테러위협을 평가하고 잠재적인 테러범들의 색출, ② 핵심기간시설의 취약성을 총체적으로 평가하고 관련정보를 종합분석하여 보호우선순위와 방법모색, ③ 주요기간 시설과 자원들에 대한 국가차원의 보호계획을 수립하고 효율적인 보호방안의 강구, ④ 국토안보자문시스템을 감독하고 공공위협에 1

차적 책임을 지며 지방정부에 위협 · 경고 · 정보 및 적절한 대응책을 제공하고, 모든 행정기관은 테러 위협이나 미국 내 테러 취약부문 및 기간시설과 관련된 정보를 국토안보부장관에게 제공한다.[32]

행정관리실(Management)은 ① 예산관련사항, 인적 자원관리 및 인사, 물자조달, 정보기술 및 통신시스템, 시설 · 자산 · 장비관리 기타 물자관련 안전, 이행조치 확인 및 추적 등의 업무수행, ② 주 · 지방정부 및 민간부문과의 업무를 조정하고 의사소통을 원활히 하며 지방정부의 비상대비조직에 대한 지원을 총지휘하고 테러경고 시달 및 관련정보 제공, ③ 재무부 산하 비밀경호실(SS)을 국토안보부로 이관하고 국토안보부내 별개의 조직으로 운용하며, 국토안보부장관은 자문위원회 위원을 임명하고 현대적이며 유연한 인적 자원관리시스템을 도입할 수 있도록 허용되며 국토안보부내 권한의 배분 및 조직의 신설 · 통합 · 개편 등의 임무를 수행한다.

즉, 미국을 비롯한 선진 국가들의 위기관리체제는 국가적 차원에서 전 · 평시에 군사적 · 비군사적 위기를 총체적으로 극복하기 위해 국가의 최고정치지도자가 직접 주재하고 있다.

또한 전쟁 · 테러 · 재해 및 재난 등의 군사적 · 비군사적 비상사태에 대한 전반적인 상황파악과 신속한 위기대응을 위해 국가위기관리기구를 범정부적 통합체제로 정립하여 비상관리전문기관으로서 일관성 있는 정책을 발전시켜 나가고 있다.

둘째, 국방정책을 수정하여 군사지휘체제를 재편하고 본토방어력을 강화하였다.

미국은 영토 밖에서 전쟁을 수행했었던 역사적 경험을 반영하여 미국의 본토방어를 위한 독립사령부를 두지 않았다. 그러나 21세기 미군은 다양한 위협 도전에 대비하기 위해 새로운 국방정책 수립과 본토방어를 위한 북부사령부의 설치, 군사전략 발전추진, 각 사령부의 관할구역 재조정 등 세 가지를 주요내용으로 개편하였다.

미국은 국토안보부가 신설됨에 따라 국방정책을 대외적 · 대내적으로 구분하였다. 대외적 국방정책은 국방부에서 담당함으로써 대통령과 국방장관선에서 이루어지고, 대내적 국방정책은 국토안보부가 담당함으로써 대통령과 국토안보장관선에서 이루어지게 하여 권한과 책임을 이원화시켰다.

2002년 10월 1일 본토방어임무를 담당할 북부사령부(도표 3-12)를 콜로라도주 피터슨 공

---

32) 최재경, "세계의 비상대비 변화추세 분석과 대응", 『비상기획보』, 2002 여름호, p.35.

〈도표 3-11〉 미국군의 지휘체계

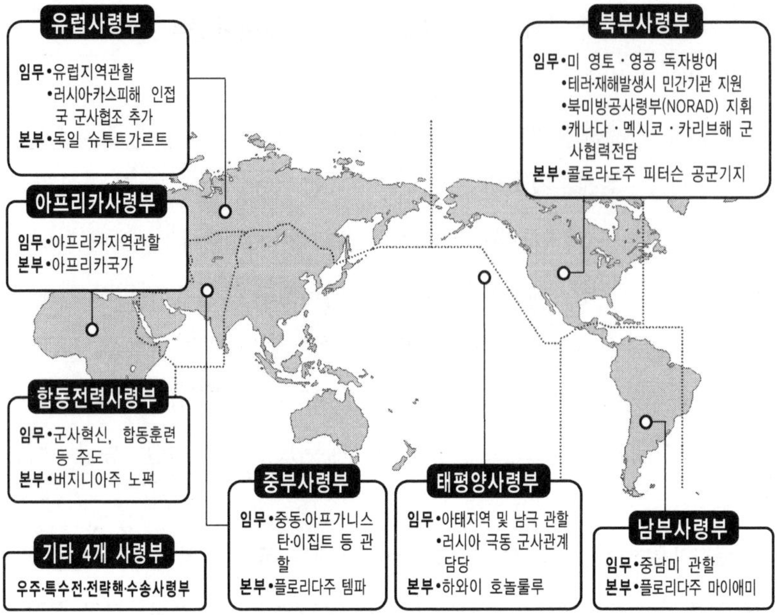

군기지에 신설하고, 미국본토가 공격당하는 경우 민간당국과 협조하여 국가안보를 책임지게 되며, 캐나다, 멕시코, 카리브해와 군사협력을 담당하게 했다.

북부사령부는 비밀기지에서 발진하는 러시아의 적기를 감시하는 전통적 임무와 9 · 11 테러와 같은 여객기 납치사태에 대처할 수 있는 납치항공기 격추를 명령할 권한을 갖게 했다.

또한 유럽사령부는 유럽지역, 중부사령부는 중동지역, 태평양사령부는 아태지역, 남부사령부는 중남미지역, 아프리카사령부는 아프리카 지역을 책임지고 지휘하도록 조정했다. 그리고 4개의 기능별 사령부로서 합동전력사령부는 군사혁신과 합동훈련 주도를 비롯해 특수전사령부 · 전략사령부 · 수송사령부는 기본임무를 계속해서 수행하도록 했다.

셋째, 미국의 안보정책 및 안보전략도 지금까지 정치외교력 · 경제력 등 비군사력에 기반한 봉쇄 및 억제전략으로 일관했던 수세적인 자세로는 이길 수 없으며 우리의 자유와 생명을 지키기 위해서는 세계국가와의 논의와 협력보다는 군사력을 기반으로 한 일방주의 선제저지전략(선제공격전략)으로 전환하였다.

넷째, 국가안보패러다임의 변화와 위기관리 범위를 확대시켰다.

〈도표 3-13〉 **재해 · 재난분류**

구 분	분 류	재해의 종류
자연재해	기후성 재해	태풍, 수해, 가뭄, 전염병, 기타
	지진성 재해	지진, 화산폭발, 해일
인위재난	사고성 재난	• 교통사고(자동차 · 철도 · 항공 · 선박사고) • 산업사고(건축물 붕괴, 산업 장비파괴 등) • 폭발사고(갱도, 가스, 화학, 폭발물) • 화재사고 • 생화학적 재해(독극물, 박테리아, 바이러스, 유행병) • 방사능재해
	계획적 재난	테러, 폭동, 전쟁

위기관리란 양국간 또는 다수 국가간의 국가이익이 상충되고 대결하는 상태가 전쟁상태로 돌입하느냐 아니면 평화회복으로 향하느냐를 결정하는 전환점에서 분쟁당사국들이 전쟁으로의 확대를 방지하고, 그 사태를 수습하는 노력이다.

지금까지 위기관리의 개념은 국가의 이익과 목표를 달성하는 과정에서 전통적인 군사적 문제로 한정된 인식을 가져왔다. 그러나 국가안보패러다임의 변화면에서 볼 때 현대국가의 위기는 군사적 분야에 한정되지 않고 비군사적 분야로서 정치적 · 경제적 · 사회적 · 문화적 · 환경적 · 자원적 영역 등으로 확대됨에 따라 갈등과 분쟁요인이 다양해지고 있다.

또한 기상변화와 산업화 · 정보화 · 고층화 등 급속한 사회환경의 발달은 자연적 · 인위적인 재해 및 재난(도표 3-13)이 전쟁피해 이상으로 대형화되어 국가적 위기상황이 되고 있다.[33)]

요컨대 9 · 11테러 이후 전쟁패러다임의 변화로 현대국가의 안보와 위기영역이 군사적 영역으로부터 비군사적 영역으로 확대된 포괄적 안보개념으로 변화되었다. 따라서 국가위기관리의 개념도 군사적 · 비군사적 분야가 포괄된 개념으로 범위가 확대되었다.

왜냐하면 현대국가는 군사적 · 비군사적 위기상황이 더욱 악화되어 파멸로 치닫게 되는 것을 방지하기 위해 가용한 국가의 모든 수단을 동원하여 그 사태를 수습 또는 원상회복하려는 노력을 위한 대응정책과 대응전략을 발전시켜 나가야 하기 때문이다.

---

33) 윤은주, 『테러리즘과 문명의 공존』, 서울: 한국국방연구원, 2002. p.81.

제4절 | 국가이익과 전쟁의 정당성

9·11테러와의 전쟁은 미국의 국가이익과 국가정책을 세계화하여 세계에서 미국의 패권을 굳히는 데 기여했다.

부시 대통령은 9·11테러와의 전쟁에서 국제사회에 문명의 편인지 야만의 편인지 선택을 분명히 하라고 강요함으로써 패권국가의 오만이 엿보이는 발언이기도 했지만 테러를 뿌리 뽑기 위해 국제사회가 힘을 합쳐야 한다는 명분이 있었기 때문에 러시아, 중국, 프랑스, 영국 등을 비롯한 세계 대부분의 국가들이 반테러주의 연합에 협력토록 하였다.

미국은 러시아의 묵인 하에 구소련연방에 속했던 탄지키스탄·키르기스탄·우즈베키스탄 그리고 아프가니스탄 등에 미군을 주둔시키게 되었고, 그것은 21세기에 미국이 러시아·중국·중동을 동시에 견제할 수 있는 국가안보전략의 초석이 되었다.

예일대학의 폴 케네디 교수는 독수리가 지구에 내려앉았다는 한 마디로 이 같은 상황을 요약하고 있다.

그러나 미국은 테러에 대한 위협이 지속될 수밖에 없는 특성을 갖고 있으며 전쟁에 대한 적을 정의하지 못한 데서 테러와의 전쟁에 대한 정당성에 많은 논란이 있었고, 미국의 패권이 확고해지고 일방주의 선제저지전략 추진이 강해질수록 반미증오와 테러의 가능성도 더욱 커질 수 있다는 우려된 주장들이 많이 제기되었다.

미국의 심장부를 강타한 야만적인 9·11테러 공격으로 많은 인적·물적 피해와 세계유일의 초강대국을 자랑하는 미국의 국가위신을 여지없이 짓밟아 버린 테러분자들로부터 미국을 보호하고 미국의 실추된 자존심을 회복하기 위해서는 국민들에게 국가안보와 애국심에 부채질하여 미국은 무슨 일이라도 할 수 있다는 의식을 갖게 했다.

…… 그 반면에 군사력에 의존한 전쟁은 전쟁의 보복을 초래할 따름이지 이를 통해서 테러분자들을 응징하거나 테러를 근절시킬 수 없다. ……

2002년 11월 15일, 미국 톰 대슐 상원 민주당 원내총무는 9·11테러가 발생한 지 1년이 지나도록 오사마 빈 라덴을 체포하지 못하고 있으며, 알 카에다 조직이 1년 전이나 지금이나 여전히 위협으로 남아 있기 때문에 테러와의 전쟁이 성공했다고 하는데, 무엇을 기준으로 테러와의 전쟁에서 성공했다고 평가할 수 있겠느냐고 부시 대통령의 일방주의 선제저지전략을 비판했다.

…… 미국의 자존심을 지키는 것 못지 않게 다른 국가에 대해서 교만하지 않고 무례하지 않으면서, 협력하고 공존하면서 미국의 이미지를 지켜나가는 일이 더욱 중요할 수 있다.

…… 테러와의 전쟁에서 부시 행정부는 적을 정의하지 못한 데서 테러전 성과를 둘러싸고 대내외적으로 많은 논란을 불러일으키고 있다. 테러란 특정목적을 달성하기 위해 폭력을 조직적으로 응용하는 행위로 정치지도자의 암살부터 무차별적인 폭탄테러까지 그 형태가 다양하다.

…… 중동지역 팔레스타인 분쟁에서 이스라엘군에 의해 희생된 아랍민간인들이 아랍테러분자들에 의해 희생된 이스라엘국민들보다 훨씬 많다는 사실은 어떻게 해석할 수 있으며, 러시아와 체첸의 분쟁에서 체첸분리주의자들이 체첸독립을 위해 2002년 10월 러시아 극장에서 700여 명에 대한 인질극을 벌였는데, 러시아 푸틴 대통령은 자신의 정치적 입지와 테러는 무조건 악이란 이유만으로 체첸의 테러분자들과 인질로 잡힌 일반 민간인에게 무차별적인 살인가스를 살포하여 테러분자들과 시민들을 살인하여 진압하는 행위는 어느 쪽이 도덕적 · 윤리적 우월성이 있고 정당성의 명분이 있을 수 있는 것인가는 미국 부시 대통령의 테러와의 전쟁평가를 더욱 어렵게 했다.

그리고 21세기 현재도 테러는 계속되고 있다.

미국이 세계유일의 강대국가라는 이유로 자국중심의 테러와의 전쟁을 일으켜 미래에 대한 희망 대신 응징으로 보복함으로써, 이슬람국가와 아랍민족에게 절망과 무기력을 폭넓게 만연시켜 일어난 배타적 감정들은 무조건 폭력으로 분출시키고 있는데, 이러한 상황에서는 현재의 빈 라덴이 사라져도 새로운 빈 라덴과 알 카에다 같은 과격주의 단체가 계속 나올 수밖에 없다는 비판이 있다.

요컨대 캐나다 맥길대학의 세계적 정치철학자 찰스 테일러교수는 미국은 동맹국과의 협력을 통한 비군사적인 소프트 파워(Soft Power)를 내던지고 군사력의 압도적 우세를 바탕으로 한 하드 파워(Hard Power)인 군사 만능주의, 미국전능주의로 치달으며 세계를 매우 위태로운 상황에 빠뜨리고 있다고 비판했다.

제5절 | 심리전으로서 홍보활동

부시 대통령은 플로리다주 초등학교에서 테러공격의 보고를 받은 뒤 전용기를 타고 루이지애나주와 네브라스카주의 공군기지에 머물다 무려 13시간 만에 백악관에 복귀하는 바람에 겁쟁이 대통령이라는 비난까지 받았다. 그러나 부시 대통령은 곧 바로 설득력 있는 대국민연설과 전 세계의 테러조직에 대한 최후통첩성 연설을 통해 전시지도자로서의 면목을 새삼 과시했다. 미국 정부는 적시적인 홍보(공보)활동으로 국민의 마음을 안정시키고 새로운 희망을 갖게 함으로써 국민을 단결시킬 수 있는 대외적 · 대내적 · 대적 심리전을 시행했다.

첫째, 미국 정부는 국민의 알 권리를 충족시키는 적시적인 홍보(공보) 실시로 국민을 안정시키는 심리전을 수행했다.

미국 정부는 전문성 있는 각료들이 관련책임자를 대동하고 자신 있게 직접 언론에 설명하고, 현재의 진행사항과 앞으로 추진할 내용들을 지연하지 않고 적시에 발표함으로써 각종 유언비어의 단속 및 국민들의 신뢰를 획득했다.

둘째, 신문사 및 방송사 등의 매스컴들은 국가이익과 국민을 단결시킬 수 있는 저널리즘 정신을 발휘했다.

기자들은 단 한 가지 목적이 있다면 국민을 위해 우리의 이익을 희생한다는 소명의식을 갖고 취재를 하였다. 따라서 기자들은 뉴욕의 국제무역센터 구조작업에 차질을 주지 않도록 지나친 접근을 자제했으며, 언론방향에 대해서도 자체합의를 통해 과당경쟁, 추측기사, 흥미위주의 감정적 기사자제, 안보와 행정당국의 대처미흡 분야의 보도를 자제하고, 각 분야에서 재기노력, 단결과 사기진작에 필요한 내용위주로 보도하였다.

셋째, 미국은 테러와의 전쟁을 선과 악의 대결로 묘사하여 계속 국민들의 생각을 세뇌시킴으로써 전쟁의 정당성을 선전하고 국민의 적극적인 참여와 지지를 획득하고, 적에게는 패전 의식을 고취시켰다.

이와 같은 정부의 진실을 무기로 하는 홍보(공보)활동과 각종 매스컴들의 보도태도는 국가적 차원에서 국가위기 상황에서도 참사혼란을 애국심으로 승화시키고, 성숙한 민주시민 의식을 고취시켜 냉정한 질서를 유지시키며, 국가의 미래에 대한 사명감과 희망을 갖게 하는 데 심리전이 크게 기여했다.

제6절 | 전쟁지도와 국민통합 능력

조지 W. 부시 대통령은 국가위기를 극복하는 과정에서 테러에 굴복하지 않고, 미국이 이기는 전쟁을 수행할 수 있도록 국민통합의식을 고취시킨 전쟁지도를 했다.

첫째, 국가지도자는 국가위기 속에서 국민을 단결시키고 사기를 진작시켜 싸워 이길 수 있다는 자신감을 갖게 하였고, 신속하고 효과적인 국제연합을 구축하여 미국의 정책을 세계화하는 데 성공했다.

둘째, 어떤 사고가 크게 나면 책임 장관부터 문책하여 해임하는 식과는 달리 행정부 책임자들은 테러방지책의 허술했던 것에 대한 책임을 따지는데 관심을 두지 않고 오로지 대응책을 세우는 데 최선의 노력을 다하게 했으며, 9 · 11테러 당시 미국의 교통장관, 법무장관, 국방장관, 정보책임자들은 해임되지 않고 현직에서 사명감을 갖고 근무하게 했다.

셋째, 의회에서도 국가안보에는 여야가 구분 없이 국론통일을 이룩하여 신속히 대통령에게 위기극복의 권한부여 및 예산을 지원하고 반테러관련법을 제정하는 등 개인 및 집단이익보다는 국가이익을 최우선시하였다.

넷째, 국민들의 공포와 슬픔은 나라사랑으로 승화되어 군모병의 입대자 지원증가, 희생적인 소방관들의 구조 활동, 자발적인 헌혈운동 등 국가정책에 헌신적인 호응과 지지로 국가위기를 극복해 나갈 수 있게 했다.

요컨대 국가가 위기에 처했을 때 강력한 국가지도자의 리더십이 필요하고, 국민들은 국가위기가 높을수록 강력한 리더십을 중심으로 단결하여 위기를 탈출하기 위해 노력했다.

제7절 | 비상관리 전문교육

미국 국토안보부의 비상태세 · 대응국에서는 국내에서 발생가능한 모든 위협으로부터 국민의 생명과 재산을 보호하기 위해 테러 · 재해 · 재난관리 등에 중점을 두고 응급대처와 복구활동 및 사후평가까지 연방차원의 활동을 총괄한다. 통합된 위기관리계획을 발전시키기 위해서는 테러 · 재해 · 재난에 관련된 모든 기관을 조정 · 통제하여 종합적이고 전문화된 재해 · 재난구조활동이 요구된다.

국토안보부 비상태세 · 대응국에 흡수된 재난관리처(FEMA)는 9 · 11테러시에 조직적 · 체계적으로 사고현장에서 교통통제, 실종자접수, 생존자탐색 및 구조작업, 무너진 빌딩 정리작업, 연방재난지원자금의 요청 및 모금활동, 추가테러 가능성애 대비한 국민행동요령 교육 등을 실시했다.

또한 희생자탐색 및 구조단계에서 복구단계로 전환하여서도 전문적인 분야는 지속적으로 기술지원을 하였다. 이것은 평시부터 재난별 대비계획을 세부적으로 수립하지만 유사시에는 총체적 국가재난통제체제로 통합하여 즉각 임무를 수행할 수 있도록 시스템화된 것으로 그 기능은 국토안보부에서 더욱 강화하였다.

미국은 영국의 비상기획대학(Emergency Planning College)과 같은 비상관리전문학교(Emergency Management Institute)를 운영하여 비상대비 담당공무원 및 비상관리전문가들을 양성하기 위한 교육을 시키고, 재난관리훈련을 국가적으로 연구하여 발전시키고 있다.

이 교육훈련은 미연방 · 주 · 지방정부의 공무원들과 자원봉사자로 구성된 조직 그리고 미전역에 걸쳐 재난의 피해를 최소하고, 필요시 신속하고 체계적인 복구를 위한 대처능력을 향상시키고 있다.

비상관리전문학교의 교육과정은 ① 모의훈련과정, ② 재난대응 및 복구과정, ③ 손실경감교육과정, ④ 비상준비교육과정, ⑤ 관리 및 전문가개발과정, ⑥ 독립연구과정 등 6개 과정으로 구성되었다.

이와 같은 상시적 · 정규적인 비상관리교육은 긴급사태의 발생 시 각계 각층의 다양한 요소들이 협력해서 생명을 구하고 재산을 보호할 것에 중점을 두고 다양한 교육생들의 요구에 알맞게 구성되어 있다. 또한 비상관리교육에 입교 · 등록할 수 있는 사람은 미국국민으로만 한정되어 있으나 외국인들도 제한적으로 받고 있으며 성별 · 연령 · 인종 · 종교 등 어떤 차별도 받지 않는 특징이 있다.

21세기 한국도 국민의 안전생활화와 테러 · 재해 · 재난 등을 전문적으로 관리하는 전문가양성을 위해서는 국가적 차원의 비상관리 전문교육제도 신설과 국민안전교육이 상시 실시되도록 발전시켜야 한다.

또한 국가는 군사적 · 비군사적 위협에 대한 위기관리 전략을 개발하고, 특히 테러는 개인, 조직, 국가에게 소리 없이 다가올 수 있는 위협이기 때문에 민, 관, 군은 항상 대비하여야 한다.

오늘날 한반도에는 현재나 미래에 언제든지 국가 · 조직 · 개인에게 위기가 닥쳐올 수 있다. 따라서 국가 지도자 · 군사지휘자 · 어떤 조직이나 기업의 책임자, 각 개인들은 성공적인 위기관리를 위해서 위기관리에 대한 전문지식과 대응전략을 연구하고 발전시켜 나가야 한다.

제4부

아프가니스탄전쟁과 초국가적 위협

1 개 요

아프가니스탄전쟁은 9 · 11테러와의 전쟁 연장선상에서 시작되었다.

조지 W.부시 대통령은 2001년 9월 17일 테러와의 전쟁을 선포하면서 아프가니스탄 공격을 명령하였다. 그러나 아프가니스탄전쟁은 테러와의 전쟁으로써 전통적 전쟁인 보이는 적과의 전쟁이 아니라 보이지 않는 초국가적 위협집단에 대한 전쟁선언이었다.

초국가적 위협이란 다른 국가에 의한 위협이 아니라 비국가적 행위자나 요인에 의해 국경을 넘어 가해지는 위협으로써 테러, 범죄 및 마약, 대량살상무기, 재해 및 재난 등을 말한다.

즉, 현대국가에서 전통적인 전쟁, 테러와의 전쟁은 전쟁사에 중요한 교육 내용이 된다.

2 아프가니스탄전쟁의 원인

제1절 | 직접적인 원인

아프가니스탄전쟁의 직접적인 원인은 ① 오사마 빈 라덴이 조종하는 알 카에다 조직이 2001년 9 · 11테러로 미국의 세계무역센터 · 국방부(펜타콘) · 백악관(계획실패)을 공격하였다. ② 아프가니스탄 모하마드 오마르지도자의 탈레반 조직은 알 카에다 조직과의 상호공존 관계를 유지한 가운데 알 카에다 조직을 강력히 지원하고 비호하는데 있었다.

따라서 ③ 미국은 9 · 11테러 집단과 아프가니스탄 지원세력에 대해 강력한 응징보복을 위한 테러와의 전쟁이 요구되었다.

제2절 | 간접적인 원인

아프가니스탄전쟁의 간접적인 원인은 ① 탈레반 정권이 미국에 대한 게릴라전 수행의 자신감, ② 이스라엘과 팔레스타인 분쟁 등과 관련하여 이슬람권의 미국에 대한 강한 적대감, 그리고 ③ 이를 이용한 이슬람권 국가의 단결을 유도하여 미국과 이슬람 국가간의 대결상황으로 전환 가능할 수 있다는 오판으로 미국의 빈 라덴 인도 및 알 카에다 조직의 제거요구를 아프가니스탄 탈레반 정부가 거부함으로써 전쟁이 발발했다.

제3절 | 아프가니스탄 전장의 특성

아프가니스탄은 매우 다양한 특성(도표 4-1)을 가지고 있는 국가이고 지역으로써, 미국은 이 특성을 전쟁에 이용하였다.

〈도표 4-1〉 아프가니스탄전장 특성

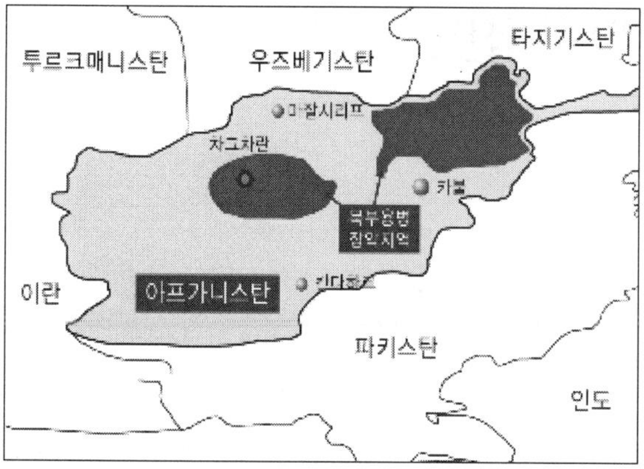

첫째, 아프가니스탄의 민족구성 및 정권관련 요소는 ① 다민족 구성원간의 갈등 및 분쟁상황을 정치 · 군사적 목적을 위해 활용 가능, ② 탈레반 정권과 내전 중에 있는 북부동맹군을 활용하여 전쟁수행 가능, ③ 지도부에 만연되어 있는 부패를 활용한 매수 등 정치적 공작이 용이, ④ 탈레반 정권의 이슬람 교리적 강압정치에 대한 불만세력 활용이 가능할 수 있었다.

둘째, 지형 · 지리적 요소는 ① 국토전반이 산악지형으로 구성되어 자연적인 요새 역할을 수행하므로 테러 · 게릴라전에 유리하고 지상 기동전이 극히 제한, ② 그러나 삼림이 거의 없는 산악지형과 사막지형은 항공력을 이용한 대규모 공중공격에 취약, ③ 겨울철은 여름보다 안개와 구름이 다소 많으나 대륙성 건조기후는 항공작전에 대체로 유리, ④ 동계 악기상 및 산악지대의 미확인 지뢰(1천만발 추정)로 인해 대규모 지상작전 수행제한, ⑤ 아프가니스탄은 대륙국가로서 군사력 전개 및 항공작전을 위해서는 인접국가와의 사전협조(기지사용, 영공통과 등)가 요구되었다. 그러나 탈레반군은 구소련군과의 전쟁에서 승리한 경험이 있고 또한 오랜 기간의 전투경험을 통해 체득한 테러 · 게릴라전과 장기전 수행능력이 탁월한 특성을 갖고 있다.

3 아프가니스탄전쟁의 진행과정

제1절 | 아프가니스탄전쟁 개시

2001년 9월 17일 부시 대통령은 테러와의 전쟁을 위한 아프가니스탄전쟁을 선언하면서 우리의 역사적 책임은 테러를 응징하고 악의 세계를 제거하는 것이라고 전쟁목적을 명확히 했다.

위기관리 단계에서 전시 단계로 전환하면서 미국은 9 · 11테러사건 발생 직후 전쟁지도본부의 이원화 방안을 강구하여 유사시 대비책을 강구하고, 항공기운항을 금지하는 등 추가테러 방지를 위한 방책을 강구하였으며, 미국 내 이슬람인에 대한 범죄행위 등 사회혼란을 방지하고 국력을 결집하기 위한 다양한 노력을 집중했다. 그리고 부시 대통령의 강력한 리더십에 국가안보회의와 전시내각회의를 통해 위기관리를 위한 중요한 정책을 결정하였으며, 1998년 이후 아프가니스탄에서 은밀공작을 실시해온 중앙정보국의 정보가 정책결정에 크게 기여했다. 또한 유리한 전쟁여건을 조성하기 위해 테러범죄와 관련된 정보를 수집하여 아프가니스탄전쟁에 대한 정당성을 확보하고 이슬람권과의 종교전쟁에 대한 우려를 불식시키면서 전쟁수행에 대한 국제적 지원과 협력을 획득하고, 중앙정보국의 전 세계적 대테러전 수행을 위한 은밀작전을 승인하였으며, 군사력을 전개하여 전쟁을 개시했다.

오전 9시 35분, 국가안보회의에서 조지 J. 테닛 중앙정보국장은 부시 대통령에게 빈 라덴의 핵심참모를 비롯한 알 카에다 요원들에 의해 수일 이내에 또다시 대규모 테러공격이 있을 것이라고 말하고, 중앙정보국의 특수팀과 영국 정보기관 MI6의 특수팀은 우즈베키스탄과 아프가니스탄 북부동맹지역에서 전쟁을 위한 작전이 개시되었다고 보고했다.

워싱턴 포스트 기자 밥 우드워드는 2002년 11월에 『전쟁 중인 부시』(*Bush at War*)란 책에서 아프가니스탄전쟁에서 승리를 자신하지 못했던 미국은 아프가니스탄 군벌들의 지지를 얻기 위해 무려 7,000만 달러를 뿌렸으며, 이들을 매수하기 위해 중앙정보국의 조브레이커(Jawberaker)란 익명의 특수팀은

9 · 11테러 직후부터 암약했으며, 이들은 10여 명으로 소형가방에 300만 달러씩 가지고 다니면서 아프가니스탄 군벌들과 거래하여 미국편의 지지를 획득했다고 증언했다.

도널드 H. 럼스펠드 국방장관은 부시 대통령이 결정한 크루즈미사일 · 폭격기 및 지상 군병력을 투입하는 군사계획의 시행을 보고했다. 콜린 파월 국무장관도 국제적 반테러연대를 구축하고 있으며, 테러와의 전쟁은 시작되었다고 보고했다.

부시 대통령은 9월 20일, 국토안보국(Office of HomeLand Security)을 대통령 직속기관의 임시조직으로 창설하여 테러에 대한 탐지업무에서 대응전략까지의 임무 등을 수행하고 연방정부부서, 연방수사국 및 중앙정보국의 정보기관과 사설기관들의 노력을 통합 조정하도록 했다.

부시 대통령은 테러와의 전쟁이 선언되어 진행되고 있는 가운데 대통령은 전쟁목적 혹은 목표에 대해 국내와 세계에 설명하는 것이 중요하다고 생각했다.

〈도표 4-2〉 미군의 지휘체계

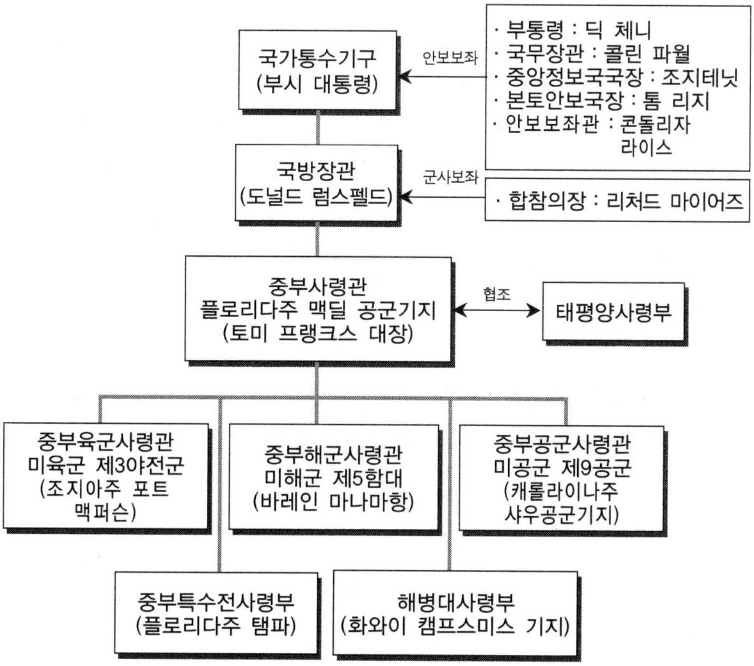

자료: 합동참모본부, 『아프간전쟁종합분석』 2002, p.34.

부시 대통령은 재임기간에 어떤 대가를 치르더라도 테러와의 전쟁을 승리로 이끌 것을 국민들에게 알리기를 원했다. 왜냐하면 대통령의 직책은 국가의 길고 어려운 전쟁을 지도(도표 4-2)해야 하는 것이며, 테러와의 전쟁은 길고 어려운 투쟁이 될 것이기 때문이었다.

또한 9월 20일, 상·하의원 합동회의에서 부시 대통령은 테러와의 전쟁으로 돌입하게 된 국가안보 정책과 전략을 발표하면서 미국 국민들과 세계국가에 야심찬 목표를 단순한 맹세형태로 제시하는 연설을 하였다.

> 오늘밤 우리는 국가 위기 때문에 깨어났고, 자유 지키기를 요구받고 있다. 부시 대통령은 의사당 상공에 전투기가 엄호하고 있다고 말하면서, "우리의 슬픔은 분노, 분노는 결의로 변했습니다. 우리는 우리의 적들을 정의로 데려오든가, 정의를 적에게 가져갈 것이며, 정의는 세워질 것입니다." ……
>
> 부시 대통령은 스스로 질문과 답변을 하였다. "누가 미국을 공격했습니까? 왜 그들이 미국을 싫어합니까? 어떻게 이 전쟁을 싸우고 이기겠습니까?" 그는 일반적인 용어로 그가 지난 아침에 국가안보회의에서 말한 순서대로 하나씩 설명해 나갔다. ……
>
> "우리는 우리에게 가용한 모든 자원, 모든 외교적 수단, 모든 정보수단, 모든 사법적 도구, 모든 재정적 영향력, 그리고 모든 전쟁무기를 지구상 테러망의 분쇄와 격멸에 사용할 것입니다." ……
>
> 그는 미국의 안보정책이 중요하게 변해가고 있음을 과시하기 위해 이 전쟁의 특이한 성격을 설명하였다. 우리의 대응은 단순한 일과성 응징보복과 단순한 폭격이 아닙니다. 미국인들은 한 번의 전투를 기대해서는 안 됩니다. 그것은 우리가 지금까지 보지 못한 장기간의 전쟁이 될 것입니다. 그것은 TV로 중계되는 희극 같은 공습은 물론, 성공한 사실조차도 비밀로 분류되는 은밀공작도 포함될 것입니다.
>
> 그는 미국인들에게 자신의 생명을 살리고, 자식들을 껴안을 것과 앞에 놓인 장기적인 투쟁에서 인내심을 가질 것을 요구했다. 그는 세계무역센터에서 순직한 항만관리위원회 경찰관 조지 하워드의 경찰 배지를 들어보였는데, 이것은 지난 금요일 뉴욕에서 하워드의 어머니가 대통령에게 증정한 것이었다. 그리고 부시는 연설문의 작성비서관들과 연설문 완성을 위해 그렇게 오랫동안 씨름해 왔던 맹세를 하였다.
>
> "나는 우리 국가의 상처와 또 그렇게 상처를 준 자들을 잊지 않을 것입니다. 나는 지지 않을 것입니다. 나는 미국국민들의 자유와 안보를 위한 이 투쟁에 마음을 굳건히 하겠습니다."

부시 대통령의 연설은 미국국민 8,000만 명이 시청했고, 필라델피아의 하키경기장에서는 관중들의 요구로 경기를 중단하고 연설을 경청하는 등 미국인들과 세계인들을 감명시켰다.

국가위기상황 속에서 대통령의 직설적이고 정곡을 찌르는 수사적 표현은 미국국민들을 감동시켜 테러와의 전쟁에서 승리할 수 있는 단결심을 고취시켰고, 세계에 지도력을 유지시켜 테러와의 전쟁에 국제적 연대를 발휘할 수 있는 힘을 갖게 하여 주었다.

10월 3일, 부시 대통령은 빈 라덴 및 알 카에다 조직과 이들에게 은거지를 제공하고 있는 아프가니스탄 최고지도자 모하마드 오마르의 탈레반정권에게 더 이상의 협상은 없으며 군사공격을 위한 시간표도 없다고 말해 언제든지 선제공격에 돌입할 수 있다고 선언했다.

이와 같이 미국이 테러와의 전쟁을 수행하는 과정에서 아프가니스탄 탈레반정권은 빈 라덴의 인도문제에 대해 정치적 · 심리적 제의도 했으나 전쟁으로 치닫는 미국의 선제 저지 전략에 의한 선제공격을 바꿀 수는 없었다.

> 9월 20일, 아프가니스탄 탈레반 성직자회의에서는 빈 라덴의 자진출국을 권고했다고 발표하였다. …… 얼마 후 다시 빈 라덴의 테러혐의 증거가 나올 경우, 신병 인도 대신 아프가니스탄 대법원의 재판과 이슬람회의 기구의 재판과정 참관을 미국에 제의하였다. 이에 대해 미국은 빈 라덴과 알 카에다 조직을 즉각 미국에 인도하라고 요구하고 만약 그것이 이행되지 않았을 때는 앞으로 그에 대한 책임을 져야 할 것이라고 말했다. …… 그러나 9월 21일, 탈레반은 빈 라덴은 도피하고 없으며, 인도할 수도 없다고 성명을 발표하면서 우리는 어떤 경우에도 성전에서 승리할 것이라고 주장했다. …… 또한 10월 7일, 미국 · 영국 연합군이 아프가니스탄 공격을 본격적으로 강행하자 10월 9일 빈 라덴과 알 카에다 조직이 미국에 대해 보복공격을 하겠다고 성명을 발표하며 정치적 · 심리적 저항을 하였다.

제2절 | 아프가니스탄전쟁을 위한 총체적 전쟁

미국 부시 대통령의 테러와의 전쟁 목적 혹은 목표는, 세계적인 차원에서 테러분자들의 위협을 파괴하고 미국본토와 해외에서 미국인들의 안전을 증진하는 것이었다.

즉, 테러와의 전쟁목표는 ① 세계적인 테러분자와 테러조직들의 네트워크를 공격하고 파괴하는 것, ② 테러주의를 후원하는 국가들에게는 이런 행위를 중단할 때까지 응징하는 것, ③ 테러주의와 싸우기 위해 보다 강력한 능력을 구축하고 미국의 본토를 안전하게 하는 것, ④ 테러주의에 반대하는 국제적인 규범과 행위들을 강화하는 것, ⑤ 장기적으로는 테러분자들에게 양분제공조건들을 개선하는 것이다.

이와 같은 목표를 달성하기 위한 테러와의 전쟁에서 승리하기 위해서는 미국과 세계국가들은 국제적인 연대를 구축하여 빈 라덴과 알 카에다 같은 테러분자들의 조직과 싸워야 하고, 이 전쟁에서 승리하는 데 필요한 국내적 · 국제적으로 정보공유, 법집행, 외교력, 금융, 군대, 긴급대응, 공공건강, 민간분야 등을 포함하는 공동체의 다양한 분야에서 과거에 찾아볼 수 없을 정도의 협력을 이룩하는 새로운 비전을 요구하고 실행했다.

1. 외교전쟁

테러주의는 국경을 불문하고 테러분자들이 공포를 불러일으키기 위해 공격하며, 자유를 사랑하는 사람들의 행동을 그들의 목적에 맞도록 변화시키기 위해 노력하기 때문에 모든 국가와 자유를 사랑하는 사람들은 테러와의 전쟁에 참여해야 한다.

부시 대통령은 테러와의 전쟁을 수행하면서 세계는 악의 축에 설 것이냐 아니면 선의 축에 서서 싸울 것이냐를 선택해야 한다고 강압했다. 9 · 11테러 이후에 조지 W. 부시 대통령은 영국, 프랑스, 러시아, 중국 등 51개국 국가지도자들을 직접 또는 간접적으로 만났으며, 테러와의 전쟁에 동참해 줄 것을 요청하였고, 콜린 파월 국무장관도 테러와의 전쟁에서 국제적인 공동연대 구축을 성공시켰다. 9 · 11테러 다음날인 9월 12일에는 제56차 유엔총회에서 테러를 규탄하는 결의안을 채택하여 미국의 테러와의 전쟁을 뒷받침했으며, 10월 7일에는 나토(NATO)동맹국들이 미군사 작전의 정당성을 인정하고 조기경보기 5대 지원, 지중해함대 일부를 중부지역으로 이동시켰다. 영국 · 프랑스 · 러시아 · 중국 등을 비롯한 136개 국가들이 직접적 · 간접적인 테러와의 전쟁을 지지(도표 4-3)한다는 지지를 확보했으며, 이 중에 89개 국가들이 미국군용기에 대한 영공비행을 허가했고, 23개 국가들이 미국에 기지제공을 인정했으며, 13개 국가들이 아프가니스탄 군사작전에 참가하였다.

〈도표 4-3〉 9 · 11테러와의 전쟁지원현황

구 분	국가/기구
• 직간접 대테러전 지원국가	136
• 직간접 대테러전 지원기구	46
• 미국 내 테러자금 봉쇄참여 국가	196
• 미국 내 테러자금 봉쇄시행 국가	142
• 군사작전 지원국가	13
• 영공통과 허용국가	89
• 기지제공 국가	23

이와 같이 미국은 외교전쟁을 통해 아프가니스탄에서 빈 라덴과 알 카에다 조직 그리고 탈레반정권의 고립화로 고사작전을 실시하여 테러와의 전쟁을 수

행하였다.

2. 경제전쟁

테러와의 전쟁에서 승리하기 위해서 첫번째 목표로는 총이나 미사일이 아니라 테러분자들이 움직이는 데 필요한 테러조직의 자금줄을 차단하는 것이었다. 부시 대통령은 만약 테러분자들을 지원하거나 후원하거나 테러조직들과 거래할 경우에 미국과는 더 이상 거래를 할 수 없다고 세계금융기관들에 경고했다.

2001년 9월 23일 테러에 관여된 개인과 기관들이 가지고 있는 미국 내 자산을 동결하는 행정명령에 서명하였으며, 9월 29일 유엔에서도 테러조직에 대한 자금지원금지 결의안을 채택했고, 196개 국가들이 테러와 금융전쟁을 하는 데 지지를 표명했다.

11월 7일, 미국과 동맹국가들은 오사마 빈 라덴과 알 카에다 조직의 수입원이자 자금을 이동시키는 도구로 사용되어 왔던 알-바라카트(Al-Barakat)와 알-타크(Al-Taqwa)를 폐쇄하였으며, 12월 4일 부시 대통령은 미국에 근거를 두고 있는 재단으로서 하마스 테러조직에 돈을 대주었던 구호 및 개발을 위한 성지재단(the Holy Land Foundation for Relief and Development)의 재산을 동결했다.

그리고 미국은 해외 테러분자의 재산추적센터(the Foreign Terrorist Asset Tracking Center), 녹색추구작전(Operation Green Quest), 테러분자 금융 테스크포스(the Terrorist Financing Task Force)라는 조직들을 만들어 경제전쟁을 더욱 강화시켰다.

이와 같은 새로운 조직들은 첩보 및 법률집행기관들 간의 정보공유를 촉진하고, 다른 국가들이 테러조직의 금융 네트워크를 식별하고, 붕괴·파괴시키는 활동을 지원하였다.

미국은 테러분자들이 임무를 수행하고 활동하는 데 필요한 자금줄을 차단시킴으로써 테러와의 전쟁을 승리로 이끄는 데 기여했다.

3. 정보전쟁

미국은 정보분야에서 정보수집, 정보분석, 정보전파에 관련된 약점들 때문에 9·11테러와 같은 기습적인 공격이 가능했다고 분석했다.

정보는 테러와의 전쟁을 성공시키기 위해서는 가장 중요한 요소가 되며, 훌륭한 정보로는 모든 것을 가능하게 할 수 있지만, 훌륭한 정보 없이는 어떤 것도 불가능하다는 사실을 알게 되었다.

그러나 불행하게도 테러조직들의 특성을 고려해 볼 때 상당한 정도의 작전변화와 정보기관들의 지속적인 노력 없이는 정보의 질을 보장할 수 없기 때문에 미국 정보기관들은 혁신적인 정보체제를 구축했다.

> 전 세계에 걸쳐 60개 이상의 국가 내에서 소규모 세포조직으로 구성된 알 카에다는 개인 간의 접촉을 통한 낮은 기술적인 수단에서부터 암호화된 메시지 같은 고급기술이 포함된 수단 같은 굉장히 넓은 영역의 통신매체를 이용할 수 있는 능력을 가지고 있다. 알 카에다 조직은 자기들의 통신이 감청되었다고 판단된 경우에는 서방국가의 첩보수집을 회피하기 위해 기존의 통신 방식을 매우 신속하게 변경하곤 한다.
>
> 알 카에다와 같은 테러조직들은 정보기관들이 침투목표로 삼을 만한 하부구조가 결여되어 있다. 더 나아가서, 테러조직원들을 끌어 모으고 이들의 느슨한 네트워크를 강력하게 결집시키는 접착제 구실을 하는 이데올로기는 서방첩보원들이 침투하기 매우 어렵게 하거나 거의 불가능하게 한다. 그들이 가지고 있는 확신의 강력한 힘 때문에 심지어는 상당한 인센티브를 준다고 하더라도 조직원들이 배반할 가능성은 대단히 낮다.
>
> 이와 같은 요소들을 고려해 볼 때 테러에 대한 캠페인은 냉전 이후 미국과 미국의 동맹국들이 정보를 획득하는 데 봉착하는 가장 큰 도전이라고 할 수 있다.

미국 법무부는 법의 강제를 위하여 오사마 빈 라덴을 체포하거나 재판에 회부할 수 있게 하는 데 직접적인 정보를 제공하는 경우 25만 달러의 현상금을 걸었으며, 또는 테러분자를 체포하거나 테러공격을 중단시키는 데 도움이 되는 정보를 제공하는 비시민권자들에게 이민혜택도 제공하였다.

연방수사국(FBI)은 국내에 들어와 있는 테러분자들의 위치를 식별하고 제거하기 위해 테러분자 추적 테스크포스(Foreign Terrorist Tracking Task Force)를 만들어 운영하였다. 미국은 다른 국가들의 정보기관들과 연합하여 테러의 사전감시능력을 강화하고 정보원에 의한 전화와 이메일(E-mail)도청, 요인체포 · 저격 · 암살 등 비도덕적인 방법을 적극 활용하는 더러운 전쟁(Ugly War)도 수행하게 하였다.

요컨대 미국은 테러분자들을 법정에 세우고 테러조직 행위들을 예방하는 정보를 획득하기 위해 세계적 차원에서 노력하였다.

4. 심리전쟁

아프가니스탄에서 국제적인 테러주의가 뿌리를 내리고 성장을 가능하게 했던 조건들을 차단하고, 가혹하면서 억압적인 빈 라덴과 알 카에다 조직, 그리고 탈레반정권에 반대하는 세력을 만들기 위해서 아프가니스탄 사람들에게 새로운 전략으로서의 심리전이 필요했다.

미국은 아프가니스탄어 · 파키스탄어 · 인도어 · 이란어 등으로 미국의 소리방송과 다른 방법을 통한 선무심리방송을 적극 실시하여 빈 라덴과 알 카에다 조직, 탈레반정권의 부도덕성을 선전하였다.

또한 아프가니스탄 국민들이 절실하게 필요로 하는 식량과 의료품을 수송하려는 국제적인 구호기구들의 노력을 알 카에다 조직과 탈레반정권이 좌절시키고 있으며, 그들은 인도적 구호품을 자신들을 위해 강점하고 약탈하고 있으며, 국제적인 원조요원들을 괴롭히고 있다고 선동하였다.

아프가니스탄은 수년간에 걸친 내전, 30년 만의 혹심한 가뭄, 그리고 탈레반정권의 가혹한 통치 등으로 국민의 70%가 영양실조 상태에 있으며, 국민 중 단지 13%만이 깨끗한 물을 마실 수 있다고 홍보했다.

2001년 10월 10일, 미국원조단(USAID)은 아프가니스탄에 5개 항목의 원조계획을 발표했으며, 그 내용은 ① 사망률을 낮추며, ② 인구이동의 최소화, ③ 식량 값을 낮춘 후 안정화, ④ 원조가 의도한 장소에 도착, ⑤ 발전구호계획을 시작하는 것이었다.

미국은 테러와의 전쟁을 치르면서도 식량 · 구호품 등을 공중투하하고, 전단을 살포하여 아프가니스탄 국민들에게 심리적 변화를 일으키게 하였으며, 특히 아프가니스탄 내의 구호활동을 지원하기 위해 1억 8,700만 달러 이상을 제공했다. 이러한 지원에는 농업지원, 수자원복구, 건강문제에 대한 자금지원, 수용소의 수리, 담요와 텐트, 주방기구, 피복 및 식량 등 중요한 물품이 포함되었다.

부시 대통령은 아프가니스탄의 어린이들을 위한 미국의 기금(Americ-a's Fund for Afghan Children)을 모금하기 위해 미국의 어린이들이 1달러씩을 보낼 것을 요구하여 150만 달러 이상을 모아 12월 9일에 인도적 물품을 구입하여 보냈다.

미국은 파키스탄 · 이란 · 기타 인접국가들로 피난한 아프가니스탄 사람들을 지원하기 위한 구호기관들에게 323만 달러를 제공하고, 또한 아프가니스탄의 고향으로 귀향하려는 난민들을 돕기 위해 추가보조금도 제공했다.

다음은 기독교문화와 이슬람교문화의 충돌이란 인식을 주지 않기 위하여 부시 대통령은 미국의 이슬람지도자들을 만나 미국은 이슬람교의 풍성한 전통을 이해하고 있음을 강조하였으며, 또한 연대감을 전달하기 위해 워싱턴의 이슬람센터를 방문했다.

부시 대통령은 11월 19일, 라마단을 맞이하여 백악관에서 사상 최초로 이슬람교국가의 대사들을 초대하여 만찬을 개최했으며, 세계의 이슬람교도들에게 특별한 라마단 메시지와 함께 따뜻한 축하인사를 보냈다. 파월 국무장관은 이슬람국가들에 상주하고 있는 미국대사들에게 라마단 만찬을 개최할 것을 지시하여 미국과 우호를 과시하도록 했다.

12월 17일, 부시 대통령은 교육을 통한 우정(Friendship through Education)계획을 실시하여 미국의 청소년들과 이슬람국가의 청소년들이 이메일보내기, 편지쓰기, 그리고 상호간 우정의 이해를 위한 프로젝트를 통해 연결할 것을 주창했다.

이러한 구상과 실천은 서로 다른 사회의 젊은이들이 상대방의 전통과 견해에 대해 이해를 깊게 해 주는 것을 돕기 위한 것이었으며, 이슬람교와 기독교, 이슬람교문화와 기독교문화, 이슬람국가와 미국 간의 적대간격을 좁히고 테러와의 전쟁을 승리로 이끌기 위한 고도의 심리전쟁이었다.

이와 같이 미국은 심리전을 통하여 빈 라덴과 알 카에다 조직, 탈레반정권의 내부분열을 조장하고, 이슬람국가들의 연대를 차단하며, 테러조직과 국민을 분리시켜 민간인 피해를 최소화함으로써 군사작전의 명분과 국제적 지원을 확보하는 데 크게 기여했다.

제3절 | 아프가니스탄전쟁에서 군사작전

1. 군사작전의 목표와 단계

아프가니스탄전쟁은 제1단계 여건 조성단계를 거쳐 2001년 10월 7일부터 제2단계인 본격적인 군사적 공격작전이 시작되었다. 테러와의 전쟁은 21세기의 첫 번째 전쟁으로 아프가니스탄 공격작전이 시작되었다.

지금까지의 전쟁개념은 상호대립하는 국가간의 전쟁주체에서 비국가단체(Non-State Actor)가 전쟁행위자로 부상함에 따라 개념제시에만 그쳤던 초국가적 위협이 현실적 위협으로 대두되어 테러와의 전쟁에서 승리하기 위하여 군사작전을 실시한 것이다.

전쟁목적, 군사목표와 군사작전 3단계 ……

아프가니스탄전쟁의 목적은 광범위하고 지속적인 군사작전을 통해 테러분자 및 비호국가(탈레반정권)에 대한 군사적 응징보복이었으며, 군사목표는 탈레반 정권의 축출과 빈 라덴의 알 카에다 조직 등 테러세력의 제거로 설정하고, 이를 달성하기 위해 국제적 협력하에 모든 수단을 동원하였다.

지휘관계는 중부사령관이 태평양사령관의 전투근무지원 협조하에 작전을 수행하였으며, 다국적군부대는 중부사 예하의 각군 구성군사령관 예하에 편성되어 임무를 수행했다.

전력은 미군의 중동 및 남부유럽지역의 기존 배치전력 및 증원전력과 영국, 프랑스 등 다국적군 지원전력, 그리고 아프가니스탄 북부동맹전력으로 구성함으로써 탈레반 및 알 카에다 조직의 전력에 비해 압도적인 우세로 전쟁을 수행했다.

군사작전은 3단계로 구분하여 실시하였다.

- 제1단계: 여건조성단계
  - 미군사력 전개를 위한 전개기지협조
  - 동맹국가와 군사협력
  - CIA에 의한 북부동맹군 포섭 및 전장정보 획득
- 제2단계: 결정적 작전단계
  - 알 카에다와 탈레반 지도부의 주요도시 및 거점에 공중폭격 실시
  - 주요 지휘소 · 통신시설 · 군사시설 · 테러훈련기지 등에 폭격
  - 북부동맹군의 지상공격지원과 카불입성
  - 탈레반 통치붕괴와 알 카에다 산악지역으로 은거

  ※ 알 카에다의 빈 라덴과 탈레반의 수반 오마르 도피 및 은거
- 제3단계: 민군작전단계
  - 아프가니스탄은 북부동맹군 중심으로 과도정부수립
  - 민군작전으로 안정화 작전을 실시했으나 탈레반 및 알 카에다 저항은 계속되었음

  ※ 미국은 군사적 승리를 정치적 승리로 완결시키지 못한 미완성 상황으로 많은 인적 · 물적 피해를 당함

군사작전은 항공전력 및 특수부대중심으로 북부동맹군의 공세작전 지원, 해병대 등을 직접 투입하여 탈레반군의 저항지를 탈환하였던 결정적 작전, 알 카에다 잔당을 소탕하고 과도정부를 지원하는 민군작전으로 실시하였다.

군사작전의 주요 특징은 C4ISR 전력 및 정밀타격체계를 결합한 복합전력체계에 의해 테러 · 게릴라전과 장기전을 수행하고자 하는 적의 의도를 효과적으로 분쇄하였으며, 걸프전과 마찬가지로 토마

호크 순항미사일과 공중정밀타격에 의해 적의 전쟁수행 능력을 마비시킨 가운데 전쟁을 수행하였고, 탈레반정권과 국민을 분리시키기 위한 심리전과 인도주의적 구호를 위한 민군작전이 강조되었다.

다국적군은 대부분 해상, 수송작전, 인도적 구호작전 등을 주로 수행하였고, 유럽국가와 호주, 캐나다, 뉴질랜드 등은 특수부대, 전투기 등을 파견하고 또 북부동맹군은 미군과 함께 지상작전을 수행했다.[1)]

그럼에도 불구하고 빈 라덴 및 모하마드 오마르 체포라는 군사목표는 달성하지 못한 채 탈레반정권만 붕괴시키고 친미정권을 수립했으나 저항은 계속되었다.

즉 재래식 전력 · 핵 및 미사일 등 전통적 위협수단에 대비하던 전쟁에서 테러, 사이버공간, 환경파괴, 마약밀매, 대량살상무기 등 위협수단의 다양화와 위협의 예측불가능이 변화됨에 따라 전통적 전쟁규범과 규칙이 파괴되었다.

테러와의 전쟁은 전쟁목표에서도 테러집단이라는 전쟁상대는 있으나 보이지 않는 적이며, 전 세계에 산재한 광범위한 테러네트워크망이라는 무한공간지역에서 실시해야 하고, 기간은 시작과 끝이 없는 무한기간이 소요되는 전쟁으로서 목표, 공간, 시간의 3무한 전쟁의 특성을 갖고 있다.

럼스펠드 국방장관은 테러와의 전쟁을 지금까지와는 다른 종류의 적에 대한 새로운 형태의 전쟁이며, 평화를 사랑하는 모든 사람들의 삶의 방식을 위협하는 테러분자들의 네트워크에 필요한 새로운 군사작전이라고 했다.

9 · 11테러와의 전쟁에서 군사목표의 세부내용은 ① 9 · 11테러 참사의 주범인 오사마 빈 라덴 제거, ② 미국의 인도요구를 거부하고 있는 탈레반정권과 지도자 모하마드 오마르 축출, ③ 아프가니스탄 내의 알 카에다 조직을 포함한 모든 테러세력 및 훈련기지의 폐쇄, ④ 아프가니스탄 내의 친미정부를 수립하는 것이다.

미국은 빈 라덴이 아프가니스탄에 은거하여 작전을 지휘하고 있는 곳을 공격하기 위한 군사작전명을 무한정의(Infinite Justice)라고 명명하여 테러세력을 섬멸할 때까지 의로운 전쟁을 수행할 것이라는 의지를 표현하였고, 테러로부터 미국본토를 지키기 위한 방어작전명은 고상한 독수리(Noble Eagle)라고 명명하여 미국을 상징하는 국장인 독수리의 매서운 눈과 날카로운 발톱으로 미국을 지켜내겠다는 것이며, 테러사건의 전모를 규명하기 위한 수사명은 펜톰(Penttom)이라고 명명했는데, 이것은 피해를 당한 펜타곤(Pentagon)의 Pen과 세계무역센

---

1) 합동참모본부, 아프간전쟁 종합분석, 2000, pp.31-33.

터 쌍둥이빌딩(Twin Towers of the World Trade Center)의 tt에 폭탄(Bomb)의 om을 합성한 것이다.

미국은 아프가니스탄 북부도시 마자르 이 샤리프(Mazar I Sharef)를 중심으로 아프가니스탄의 10%를 지배하여 탈레반정권에 끝까지 저항하고 있는 소수종교 및 민족집단으로 구성된 북부동맹(Northern Alliance) 지지 세력에게 무기, 정보, 자금을 제공함으로써 대리전을 수행하게 하여 탈레반정권을 전복시켰다.

또한 아프가니스탄 인접국가들인 파키스탄을 비롯한 러시아의 협력으로 우즈베키스탄, 타지키스탄, 투르크메니스탄 등 이슬람권의 구소련공화국들에 미군의 전진기지를 확보하고 미국의 공군 및 지상병력 전진기지로 사용하였다.

이에 반해 아프가니스탄 최고지도자 모하마드 오마르는 미국의 군사적 공격에 대해 용기와 인내력, 자존심을 갖고 성전을 수행하겠다는 결사항전을 선언했다.

탈레반군(도표 4-4)은 테러 · 게릴라식 전투로 단련된 45,000명의 정예군대와 50만 명의 민병대로 구성되어 있었으며, 보유무기는 대부분 구소련제인 T-60과 T-55전차 650여 대를 비롯한 수백 문의 야전포병과 이동식 다련장 로켓발사대를 보유하고 있지만 미국의 1개 사단화력에도 못 미친 전력이었다.

아프가니스탄의 탈레반군은 산악의 게릴라전에 익숙해 있고, 구소련군대가 10년에 걸

〈도표 4-4〉 탈레반과 북부동맹군의 전력비교

구 분	탈레반군	북부동맹군
지도자	오마르	파힘칸
병력	45,000명	12,000~15,000 명
항공무기	• 수호이-22 지상공격기 10대 • 미그-21 전투기 5대 • 수송기 45대 • L-39C 화물기 5대 • M-35 공격헬기 5대 • M-8/17 수송헬기 6대 • 스팅어 미사일, SA-7/14 • SA-2/3	• 수호이-22 지상공격기 12대 • 미그-21 전투기 18대 • An-24/32 수송기 6대 • M-35 공격헬기 2대 • Mi-24 수송헬기 6대 • M-8/17 수송헬기 6대 • 스팅어 미사일, 스커드 B, 프로그-7
전차 · 장갑차	650대	60~70대
지상장비(공통)	소총류, 전차, 장갑차, 야포, 곡사포, 박격포, 다련장포, 대공포, 중화기 등 장비	

친 전쟁 끝에 65,000명의 사상자만 내고 퇴각했었던 요인으로서 웬만한 공격으로 무너지지 않은 동굴로 된 전국토의 요새화였다.

빈 라덴과 알 카에다조직, 모하마드 오마르의 탈레반군은 미국의 정치외교전쟁, 경제전쟁, 심리전쟁 등으로 주변 아랍 형제국가들로부터 정치적 · 경제적 · 군사적 지원이 끊어지고 4년간의 혹독한 가뭄으로 인한 식량부족, 결국에는 전쟁에 질 것이라는 심리적 불안 등의 약점도 있었다.

미국은 테러와의 전쟁을 계획했던 육군대장 헨리 H. 셸튼 합참의장이 임기가 완료되어 퇴임하고, 9월 29일 공군대장 리처드 B. 마이러스가 합참의장에 취임하였으나 군사작전은 기본계획대로 진행되었다.

미군은 아프가니스탄의 주요군사목표에 공중공습을 실시하면서 영국군과 연합으로 특수전부대을 투입했다. 특수전부대는 테러전문 비밀특수부대인 델타포스(Delta Force), 게릴라전에 능한 육군 레인저부대(Ranger), 상륙작전 시 정찰 및 수중장애물 제거 등을 수행하는 해군특수부대(NSAL), 공군특수부대(AFSU) 등이 있다. 이 중 미국의 델타포스부대, 해병대와 영국의 특수부대(SAS) 등 지상군이 참가하였다.

테러와의 전쟁계획단계에서 셸튼 전임합참의장이 군사작전을 수행하는데 중요한 문제점으로 제기했던 아프가니스탄 인접지역에 미군기지가 없다는 것과 알 카에다 조직원 및 탈레반군이 동굴 속에 숨어 있으며, 노새와 조악한 운송기구들을 사용하고 있으므로 적절한 표적 찾기가 어렵다는 문제점을 해결하였다.

미국은 북부동맹군과 연합군의 지상군을 투입하여 공군폭격기와 긴밀한 협조로 알 카에다 조직과 탈레반을 공격하여 괴멸시켰다. 미국은 21세기의 기술과 19세기의 전술을 혼합하여 사용함으로써 알 카에다 요원과 탈레반군에 대해 효과적으로 전투를 수행했다.

지상부대는 휴대전화기로 공군에게 필요한 목표를 지정하고 파괴하기 위해 위치추적시스템(GPS)를 이용하는 한편, 19세기 전쟁식으로 말을 타고 높은 산악으로 알 카에다 요원과 탈레반군을 추적하기도 했다.

미국 뉴욕 세계무역센터(WTC) 쌍둥이빌딩이 알 카에다의 테러공격에 사라지고 한 달 뒤인 2001년 10월 7일 이슬람 순례객 차림의 말을 탄 한 무리가 아프가니스탄 북부의 산맥을 넘어 마자르 이샤리프로 접근했다. 변장한 미 특수부대원인 이들이 위성장비로 신호를 보내자 곧 인근 탈레반군기지와 알 카에다 캠프로 합동직격탄(JDAM)과 토마호크미사일이 내리꽂혔다.

…… 그 후 도널드 럼스펠드 국방장관이 "21세기 첫 전쟁은 기마전으로 시작되었다"고 농담했던 아프가니스탄전쟁의 장면이었다. ……

공군폭격기들은 최첨단 무인정찰기로 목표를 찾아내고, 테러분자들이 사용하였던 수백 년 된 동굴을 포함한 특수목표를 파괴시키기 위해 첨단 유도무기를 사용하여 파괴시켰다.

그리고 9 · 11테러를 총지휘한 빈 라덴과 알 카에다 요원, 아프가니스탄의 최고정치지도자 모하마드 오마르와 탈레반군들의 탈출을 막기 위하여 주요국경통로를 봉쇄하는 등 군사행동은 많은 국가들의 연합적인 노력으로 이루어졌다.

미국은 아프가니스탄전쟁을 통하여 최첨단 디지털 통신장비로 연결된 소규모 지상군 및 특수부대와 무인정찰기, 그리고 폭격기 및 정밀유도무기 등 3요소가 협조된 새로운 전쟁공식이 성공함에 따라 중요 신군사전략전술(이라크전쟁에서 충격과 공포 군사전략과 신속결정적 작전술 적용)로 발전하게 되었다.

미군은 아프가니스탄전쟁에서 처음 실전에 투입된 무인정찰기의 24시간 연속비행으로 탈레반군 및 알 카에다 요원들의 움직임을 감시하였고, 인공위성을 이용한 최첨단 위치추적시스템을 통해 지상특수부대원은 폭격기와 실시간으로 정보를 교환하여 공격함으로써 합동작전이 가능하였다.

결과적으로 미군은 최첨단 무인정찰기가 산악지대에 숨어 있는 알 카에다 요원 및 탈레반군의 위치를 정확하게 파악하여 소규모 지상군 · 폭격기 · 정밀유도무기에 연결하여 공격하는 네트워크 중심작전을 수행함으로써, 테러와의 전쟁개시 2개월만인 2001년 11월 13일, 연합군과 북부동맹군이 아프가니스탄의 수도 카불에 입성하였다.

2001년 12월 7일에는 탈레반 최후거점인 칸다하르가 함락되고 빈 라덴과 알 카에다요원, 탈레반 지도자 모하마드 오마르와 탈레반군이 도주하고, 12월 11일에는 알 카에다 조직과 탈레반정권이 붕괴됨으로써 미국은 아프가니스탄에서의 테러와의 전쟁에서 군사적 승리를 하게 되었다.

2. 아프가니스탄전쟁의 종전

테러와의 전쟁은 처음에 정밀유도무기와 폭격기가 아프가니스탄을 공습하는 것은 다른 전쟁과 유사했지만 대부분의 다른 군사작전은 보이지 않게 실시되었다.

미국은 아프가니스탄의 탈레반정권과 대항하고 있는 북부동맹군을 대신 싸우도록 하고 항공기 및 정밀유도무기로 공습을 실시하였다. 또한 특수부대와 항공기 그리고 북부동맹군을 연결하는 네트워크 중심작전으로 전쟁을 수행함으로써 오사마 빈 라덴과 알 카에다 조직을 파괴하고 모하마드 오마르 탈레반정권을 붕괴시켰다.

> 탈레반군의 패전요인은 지속적인 항공기 및 정밀유도무기에 의한 공습으로 탈레반군의 방공망과 비행장 등 군사기반시설이 초토화되고 지휘통제시스템이 조기마비되었으며, 주된 보급원이자 동맹국이었던 파키스탄마저 등을 돌림으로써 사기가 저하되고 전투근무지원의 근원이 차단된 데 있다.
>
> …… 아프가니스탄은 구소련과의 전쟁시(1979년 11월~1988년 5월)에는 군사력은 비교되지 않을 정도로 열세하였지만 인접국인 파키스탄, 중국, 아랍권 특히 미국으로부터 지원받은 무기, 자금, 식량 등을 기초로 게릴라전을 수행하여 구 소련을 격퇴할 수 있었다. 그러나 미 중앙정보국의 고도의 심리전 수행결과로 탈레반의 거점인 남부 파슈툰지역을 주대상으로 다양한 종족 간 갈등을 유발시켜 반탈레반 세력을 규합했는데, 매수에 의해 포섭된 군벌 · 토착세력들이 도처에서 반탈레반 전선을 구축하면서 탈레반군의 입지를 크게 약화시켰다.
>
> …… 산악지역을 무대로 한 게릴라전에서 최고의 전력을 발휘할 수 있는 탈레반군이 마자르 이 샤리프, 쿤두즈 등 거점도시에 전력을 집중배치함으로써 미 공군의 집중공격을 자초했으며, 강권통치에 따른 파슈툰족 내부의 지지기반 상실, 대중으로부터의 탈레반정권 고립 등이 크게 영향을 미쳤다.

미국은 21세기 첫 전쟁에서 미군 전사자 16명, 기타 사고사망자 23명이라는 미미한 대가만을 치른 채 탈레반정권을 붕괴시키고, 알 카에다 테러분자 564명의 포로를 쿠바에 있는 관타나모로 수용소로 이송하여 수감했다.

2001년 12월 5일, 미국은 아프가니스탄에 북부동맹지지 세력을 토대로 하여 유엔의 감독을 받은 과도정부를 수립하였는데, 아프가니스탄 4개정파가 독일 본에서 파슈툰족 지도자 하미드 카르지아이를 수반으로 하는 과도정부 구성안에 합의하였다.

12월 6일, 탈레반의 최고사령부가 위치한 심장부로서 마지막 거점도시인 칸다하르를 점령했다. 12월 22일, 다국적 평화유지군의 선발대가 카불에 도착하고 온건파 파슈툰 족 출

〈도표 4-5〉 **아프가니스탄 국제안보지원군 깃발 내리고**

아프가니스탄 주둔 북대서양조약기구(NATO) 국제안보지원군(ISAF) 사령관인 존캠벨(왼쪽) 미국 육군 대장이 아프간 전쟁 공식종전일인 2014년 12월 28일 아프간 수도 카불의 ISAF본부에서 열린 종전 행사 중 ISAF 깃발을 내리고 있다.

신 하미드 카르자이 수반이 이끄는 아프가니스탄 과도정부가 출범했다.

12월 28일, 다국적 평화유지군 본진이 카불에 입성함으로써 미국은 테러와의 전쟁을 승리로 이끌었다. 그러나 아프가니스탄에서 9·11테러와의 전쟁에서 군사작전은 끝났지만 전쟁목표의 하나였던 9·11테러의 총지휘자인 오사마 빈 라덴과 탈레반 최고지도자 모하마드 오마르를 체포하거나 살상하지 못했고, 행방도 알 수 없었다.

미국은 군사작전에서 승리를 선언하고 제3단계인 민군작전으로써 안정화작전을 수행하였다. 즉, 아프가니스탄의 민주정부수립과 국가건설을 지원하기 위해 여러 국가들의 비군사적 지원이 이루어졌었다. 그러나 미국은 테러와의 전쟁에서 군사작전의 승리를 정치적 승리로 완결시키지 못하고, 새로운 탈레반과 알 카에다의 저항에 부딪쳐 국가적으로 인적·물적 많은 피해를 입게 되었다.

이 같은 아프가니스탄 상황은 2009년 1월 20일 출범한 버락 오바마 정부에서 정치적·군사적으로 해결해야할 과제가 되었으며, 또한 그 해결을 위해 노력하였다.

그 결과 2014년 12월 28일 버락 오바마 대통령은 미국 역사상 가장 긴 전쟁(13년간)인 아프가니스탄전쟁의 공식 종료를 선언했다. 미국은 미군의 전투임무를 끝내고 주둔군 규모를 대폭 줄이면서, 민군작전의 일부인 안정화작전을 수행했다. 미국은 아프가니스탄전쟁에서 탈레반 정권축출과 오사마 빈라덴 사살(2011년 5월)등의 성과를 거뒀으나 1조 달러(1,100조 원) 전비가 투입되고 미군 2,346명이 사망했다.

요컨대 미국이 지키기 위해 싸웠던 가치와 자유는 20세기 베트남전쟁에서 공산주의자들이 요구하는 가치와 자유에 부딪쳤으나 패배했고, 21세기 테러와의 전쟁은 '우리를 알라의 뜻대로 살도록 내 버려두라'는 아랍 근본주의자들의 가치와 자유가 미국의 보편적 가치와 자유에 다시 충돌하여 일어난 전쟁이었다.

4 아프가니스탄전쟁 교훈

제1절 | 탈레반군의 패전요인

아프가니스탄 탈레반군의 패전요인은 ① 미군의 지속적인 공습으로 탈레반군의 방공망과 비행장 등 군사기반시설 초토화 및 지휘통제시스템 조기마비, ② 주된 보급원이자 동맹국이었던 파키스탄마저 등을 돌림으로써 사기가 저하되고 전투근무지원의 근원 차단이 요인이 되었다.

> …… 구소련과의 전쟁시(1979년 11월~1988년 5월)에는 군사력은 비교되지 않을 정도로 열세하였지만 인접국인 파키스탄, 중국, 아랍국가 특히 미국으로부터 지원받은 무기, 자금, 식량 등을 기초로 테러 및 게릴라전을 수행하여 구소련을 격퇴할 수 있었다. ……

③ 미 CIA의 고도의 심리전 수행결과, 탈레반의 거점인 남부 파슈툰지역을 주 대상으로 다양한 종족간 갈등을 유발시켜 반탈레반 세력을 규합하기 위해 포섭된 군벌 · 토착 세력들이 도처에서 반탈레반 전선을 구축하면서 탈레반군의 입지를 크게 약화, ④ 산악지역을 무대로 한 게릴라전에서 최고의 전력을 발휘할 수 있는 탈레반군이 '마자르 이 샤리프', '쿤두즈' 등 거점도시에 전력을 집중 배치함으로써 미 공군의 집중공격을 자초, ⑤ 강권통치에 따른 타슈툰족 내부 지지 기반 상실, 대중으로부터 고립 등이다.

제2절 | 미군의 군사적 승리와 정치적 승리 관계

첫째, 정치적 측면으로 미국은 탈레반 정권과 알 카에다 조직의 제거를 전쟁 목표로 국력을 결집하고, 전 세계적 지지와 우방국의 지원을 획득한 가운데, CIA 은밀공작 · 북부동맹군활용 · 심리전 · 인도주의적 구호작전 등을 정치적으로 활용하여 탈레반정권을 국민과 분리시키고 대 테러전 · 게릴라전을 효과적으로 수행하였다.

둘째, 전략적 측면으로는 탈레반 정권 및 알 카에다 시설로 공격목표를 한정하고, 북부동맹군을 군사작전의 주체로 최대한 활용하는 등 전방위 전쟁수단을 동원하였으며, 특히 CIA 및 특수부대 전력과 첨단 정보기술 전력을 효과적으로 결합하여 전쟁을 수행함으로써 최소의 손실로 단기간에 전승을 달성하였다.

셋째, 작전적 측면에서는 테러집단과의 전쟁으로 합동작전 · 연합작전 · 심리전 · 원거리 지휘 · 작전 보안유지를 효과적으로 실시하고, 신속하고 유연한 군수지원체제를 유지하여 성공적인 작전을 수행하였으며, 다국적군 작전수행을 위한 무기체계의 상호운용성, 통신의 중요성이 확인되었다.

넷째, 무기체계 측면에서 미국은 정보화시대의 새로운 전쟁형태인 유 · 무형 정보전력을 정밀타격전력과 결합시켜 효과적으로 운용하였으며, 탈레반 및 알 카에다 조직이 산악지형과 동굴을 활용한 비대칭적 테러전 · 게릴라전 수행을 불가능하게 하였고, 특히 지하에 숨어있는 적을 타격하기 위한 신종 첨단무기가 발전하였다.

오사마 빈 라덴은 어느 곳에 숨어서 미국에 대한 아프가니스탄의 저항은 성전만이 승리의 길이라고 계속 독려했다. 조지 W. 부시 대통령이 일으켰던 아프가니스탄전쟁은 종결되지 못하고 2009년 1월 20일 버락 오바마 대통령에게 인계되어 새로운 방향의 종전을 위한 노력이 있었다.

그 결과 오사마 빈 라덴은 사살되고, 일정한 군사적 승리로 2014년 12월 28일 버락 오바마 대통령은 아프가니스탄 전쟁의 공식 종료를 선언했지만, 탈레반 조직과 알카에다는 계속 항전했다. 미국은 군사적 승리를 정치적 승리로 완결시키지 못한 미완성의 전쟁종결이었다.

오늘날 세계는 테러와의 전쟁을 수행하고 있지만 주요 테러조직들은 지역적 · 종교적 · 전략 전술적인 태생적 차이로 하마스 테러조직, 알카에다 테러조직, 이슬람국가(IS) 테러조직 등으로 분열되고, 또 파생된 새로운 테러조직들이 계속 등장하고 있다.

제3절 | 한국군과 민군작전

아프가니스탄전쟁에서 군사적 승리를 정치적 승리로 이끌기 위해 민군작전에 한국군도 유엔 평화유지군으로 참여하였다.

한국군은 의료지원단으로 구성된 동의부대(2002년 2월 파병)와 건설공병으로 구성된 다산부대(2003년 2월 파병)를 파병하여 임무를 수행한 후에 2007년 12월에 철수하였다. 그러나 2007년 2월 27일 바그람 미공군기지 정문에서 통역병 임무를 수행하던 한국군 1명이 아프가니스탄 저항세력의 테러에 의해 희생되었다.

그 후 미국은 아프가니스탄에 한국군 공병부대 파병을 다시 요청하여 왔다.

한국은 2010년 6월 30일 아프가니스탄에 특전사 · 해병대 · 경찰 · 의료팀 · 지방재건 민간요원팀 등으로 편성된 아프가니스탄 재건지원단 오쉬노 부대를 파병하여 국제평화유지와 재건사업을 지원했다.

그리고 21세기 한국군은 세계평화유지를 위해 다양한 형태의 평화유지군(PKO) 및 다국적군으로서, 임무와 역할을 담당하여 국가위신 및 국력 확대에 기여하고 있다.

제5부
이라크전쟁과 국가이익

1 개 요

2 국가이익과 이라크전쟁 목표

3 이라크전쟁과 국가전략 변화

4 이라크전쟁과 합동작전술 변화

5 이라크전쟁이 한반도에 미친 영향

6 이라크전쟁 교훈

1 개 요

인간이 무력을 행사하기 시작한 뒤 전쟁과 과학기술은 줄곧 함께 발전되어 왔다.

1415년 프랑스 정예군은 지리멸렬해 보이는 영국군과 전쟁을 치르게 되었는데, 이때 200야드 앞에 멈춘 프랑스군은 경멸의 뜻으로 영국군에게 엉덩이를 까보였다. 그 순간 영국군 진영에서 무수한 화살이 날아들었는데, 이것은 프랑스군이 듣지도 보지도 못한 신무기 장궁이었다. 두 시간도 되지 않아 갑옷 입은 프랑스 기사들이 이끈 1000년의 군사체계는 궤멸되었다.

그 후 35년 만인 1450년에 프랑스군은 영국군과 전쟁을 다시 하게 되었는데, 이때 프랑스군은 쇠단지 안에 검은 가루와 돌을 쑤셔 넣은 폭탄을 쏘아댔다.

곧 귀를 찢는 폭음과 함께 수백 개의 돌덩이가 영국군을 향해 날아왔는데, 이 전쟁으로 화약시대가 개막되었다.

이와 같이 과학기술의 발달로 소총 · 기관총 · 전차 · 전투기 · 핵무기 그리고 정밀유도무기 등이 발전하고 있지만, 기존의 무기체계는 새로운 무기체계에게 역사의 주인공 자리를 내주어야만 했고, 이러한 무기체계의 변화는 걸프전쟁과 아프가니스탄전쟁에서 실험된 후, 이라크전쟁은 현대전쟁의 패러다임을 완전히 바꾸어 놓았다.

미국은 9 · 11테러에 대한 아프가니스탄전쟁을 결정하면서 미국의 또 다른 공격목표가 사담 후세인과 이라크라는 것을 논의했었고, 아프가니스탄전쟁이 끝나면 공격할 것을 조지 W. 부시 대통령이 국방부에 지시했기 때문에 이라크전쟁은 예정된 전쟁이었다.

미국은 국내외의 많은 반대에도 불구하고 국가이익과 국가목표를 달성하기 위하여 2003년 3월 20일 이라크전쟁을 시작해서, 동년 5월 1일에는 전쟁승리와 종전을 선언했다.

어떠한 전략개념과 무기체계들이 미국에게 이라크전쟁에서 짧은 기간에 승리를 안겨주는 요인이 되게 했는가?

미국은 9 · 11테러 공격을 당한 이후 국제안보환경 변화에 따라 신전략개념인 선제저지

안보전략지침, 그리고 충격과 공포 군사전략목표를 실현하기 위한 신속결정적 작전술로 싸워 승리할 수 있었다.

이라크전쟁에서 최첨단 정보과학군의 신전략개념을 전략적 · 작전적 차원에서 분석 · 평가하여 한반도에 미칠 수 있는 교훈을 알아보는 것은 매우 중요한 일이 된다.

2 국가이익과 이라크전쟁 목표

제1절 | 국가이익의 개념과 유형

1. 국가이익의 개념

전쟁은 국가이익을 보호하고 획득하기 위해 일어난다. 국가이익이란 국가의 존립과 발전을 위한 국가목표를 달성하기 위하여 국가의지를 결정할 때 기준이 되는 것을 말한다.[1) 허츠(F. Hertz)교수는 국가이익의 구성은 ① 물질적인 경제적 번영과 정신적인 문화적 번영이 포함된 국가적 번영(National Prosperity), ② 주권국가로서 독립과 자유가 보장된 국가안전보장(National security), ③ 국가적 번영과 국가안전보장이라는 국가이익을 의식의 형태에서 완성하는 명예 · 위엄 및 세력을 과시하는 국가품격으로써 국가위신(National Prestige)의 3대 요소로 되어 있다고 했다.[2)]

2. 국가이익의 유형

오늘날 미국도 자위 · 독립 · 영토보존 · 경제번영 · 국가품격(국가위신) 및 기타 보편화된 민주적 가치들이 내재되어 있는 국가이익을 보호하고 증진시키기 위해 노력하고 있으며, 국가이익을 네 가지로 분류하고 있다.

첫째, 사활적 이익(Vital interests)은 국가의 생존과 안전으로서 영토의 물리적 안보, 국민의 안전, 경제의 안녕, 주요기간시설의 보호 등 국가존립과 흥망에 직접적 위협이 되는 사안

---

1) 국방대학교, 『안보관계용어집』, 2004, p.39.

2) The White House, *A National Security Strategy for a New Century*, 1998.10, pp.5-9; 김영준, 『국가이익과 국가정책』, 서울: 신명문화사. 1962, pp.5-7.

과 우방국의 안보공약 준수, 그리고 주요경제시장 및 전략물자에 대한 접근 등 경제적 복지를 증진시키는 데 직접적인 결과를 미친 국가이익이 된다. 사활적 이익에서 국가는 협상과 타협의 여지는 거의 없으며, 필요시에는 군사력을 독단적으로 사용하게 된다.

둘째, 중요한 이익(Important interests)은 국가생존에는 직접적인 손실을 주지 않지만 국가 안녕과 세계질서에 위태로운 상황을 가져올 사안들로서, 국가이익을 증진시키기 위해 비용과 위험성이 위기에 처한 국가이익과 균형을 이루는 정도까지 국가의 힘과 자원을 사용한다.

셋째, 인도주의적 이익(Humanitarian interests)은 국가가 방지책을 사용하지 않는다면 해가 예상되는 경우로서 국가의 가치관이 요구된다면 행동할 수 있는 인도주의적 이익 및 지원 등이 해당된다. 즉, 재해 및 재난에 대한 대응, 인권침해에 대한 대응, 인도주의적 사태에 대한 대응 등을 지원한 것이다.

넷째, 지엽적 이익(peripheral interest)은 시기적으로 급박하지 않을 뿐만 아니라 아주 작은 손해가 예상되는 경우로서 기타 사안들이 된다.[3] 국가가 전쟁을 수행하는 데는 국가이익에 기초한 정치적인 목적이나 목표를 갖게 되는데, 정치적인 목적이나 목표는 보통 전쟁의 목적이나 목표로 동의어적 표현을 사용한다.

따라서 미국은 이라크전쟁에서 사활적 이익을 위한 정치적인 목적 및 목표를 달성하기 위해 전쟁의 목적 및 목표를 설정하였는데, 그 목표는 공식적인 대외적 목표와 비공식적인 대내적 목표로 구분할 수 있다.

제2절 | 이라크전쟁 목표

1. 대외적 목표

이라크전쟁의 공식적인 대외적 목표(목적)로서 미국은 이라크가 과거 16회에 걸쳐 유엔 무기사찰 결의안을 묵살하면서 대량살상무기를 개발하여 보유하고, 국제테러집단을 지원해 왔기 때문에 불량국가 위협확산을 차단하는 것이며, 그 위협의 현실화에 대해서는 과거

3) Donald E. Nuechterlein, America over Committed, Lexington: The University Press of Kentucky, 1985, p.19, The White House U.S.A, A National Security Strategy For A New Century, October 1998, pp.5-8.

〈도표 5-1〉 미국 조지 부시 대통령(왼쪽)과 이라크 사담 후세인 대통령(오른쪽)

와 같은 사후대응태세에만 의존할 수 없다는 것이다.

그러나 국제사회에서 전쟁이 아닌 평화적 방법의 해결을 주장하는 반전여론이 확산되고, 유엔무기사찰단의 조사에서도 이라크 사담 후세인 대통령은 9 · 11테러집단인 알 카에다와 공범관계가 아니라 오히려 서로 경계하고 견제하는 관계라는 것이 확인되고, 대량살상무기의 보유증거를 찾아내지 못했다. 그러나 미국은 다시 사담 후세인이 장기 철권통치

〈도표 5-2〉 바그다드 후세인 대통령궁 진입(미군)

로 국민을 억압하고 인권을 침해하는 무법정권이기 때문에 사담후세인 정권(도표 5-2)을 축출하여 이라크를 해방시키겠다는 전쟁명분을 추가하면서 이라크전쟁의 대외적 공식목표를 정당화하였다.

즉, 부시대통령은 2003년 3월 20일 테러와의 전쟁 연장선에서 '모기떼를 없애기 위해서는 늪을 말려야 한다'고 말하면서 전쟁의 칼끝을 이라크로 지향시켰다.

> 2003년 3월 20일, 부시 대통령은 개전 대국민성명을 발표했다. 현시간, 미군 및 동맹군은 이라크 정부의 무장해제, 이라크국민의 해방 그리고 테러차단 및 대량살상무기의 확산위협으로부터 세계를 보호하기 위한 군사작전이 시작되었다.
>
> …… 미국이 대이라크전 수행에서 부각시킨 전쟁목표는 최초 개전동기인 대량살상무기 및 테러지원 차단이었으나 '이라크국민의 해방'을 추가하였다. 그 이유는 대량살상무기와 관련된 사안들은 전쟁종결 후 다시 전쟁명분에 대한 부작용을 초래할 가능성이 있으며 또한 전쟁의 명분이 석유와 관련된 것이라는 불편한 시각을 갖지 않기 위해서였다. 그리고 합법적 전쟁의 명분(유엔동의 등)을 확보하지 못한 미국으로서는 이라크국민의 해방이라는 보편적 인류가치를 전면에 내세워야 할 필요성이 긴요했기 때문이었다.

2. 대내적 목표

이라크전쟁에는 미국의 국가이익을 고려한 보이지 않은 비공식적인 대내적 목표(목적)가 있었다.

첫째는 장기적·안정적 석유자원 확보를 위한 목표이다.

사담 후세인대통령은 1972년 중동국가에서 석유국유화를 선언하여 석유를 민족자원화·무기화함으로써, 2차에 걸친 국제석유파동을 일으켜 세계경제에 악영향을 미치게 한 반면에 산유국가에게는 커다란 부를 축적하게 했다.

또한 사담 후세인 대통령은 세계 2위의 매장량인 이라크 석유 개발권을 프랑스, 러시아, 중국, 독일 등의 석유회사에게는 주고 미국과 영국의 석유회사는 제외시켰다. 미국 국가에너지 정책보고서는 2003년 미국에서 소비된 석유의 2분의 1이 수입석유이고, 2020년에는 수입석유비율이 3분의 2로 늘어날 것이라고 경고하면서, 미국의 장기적·안정적 석유공급처 확보의 중요성을 제안했다.[4] 따라서 미국의 이라크전쟁은 대외 의존도가 높아지는 석유의 장기적 · 안정적 공급처를 확보하고, 국제에너지시장에서 군림하려는 미국의 손익계산이 자리 잡고 있었다.

둘째는 아랍지역의 민주주의 체제 확산의 목표이다.

조지 W. 부시 대통령은 2003년 4월 3일, 이라크전쟁은 아랍국가의 미래가 걸린 전쟁이며, 민주주의 정치체제, 자유시장 경제체제, 인류의 보편적 가치와 문화가 통용되는 국가로 탄생하여 아랍전역에 민주화운동의 전진기지가 될 것이며, 아랍민족은 자유의 힘이 얼마나 위대한지 알게 될 것이라고 했다.

서구문명을 근본부터 부정하고 파괴하려는 체제가 회교광신주의 전제정치체제이고, 세속화된 왕정독재체제이기 때문에 그 체제들을 무너뜨린 후에는 반드시 민주주의 체제를 세워 맹신적인 폭력주의로부터 해방, 독재로부터 해방과 인간의 보편적 가치를 확산시킴으로써 극단적 파괴주의를 무력화시킬 목적으로 전쟁을 수행했다.

셋째는 경제번영을 위한 목표이다.

전쟁이 국가경제에 도움이 될지 해가 될지를 놓고 학자들 간에 논쟁이 있다. 전쟁이 경제를 발전시키고 경기활성화에 기여한다는 것은 20세기 전에는 상상할 수 없는 발상이었으나 서구사회가 산업혁명에 성공하면서 상황이 바뀌었다. 생산된 상품은 넘쳐나는데, 소비자들은 돈이 없어 구매하지 못하고, 실업자가 증가되는 풍요 속의 빈곤이라는 새로운 현상이 나타나면서 전쟁이 거론되기 시작했다.

예컨대 독일제국 총통 아돌프 히틀러는 제2차 세계대전을 위한 군수산업을 발전시키는 과정에서 국가경제를 일으켜 세울 수 있음을 처음으로 보여준 사례였는데, 대대적인 군비증강과 징병제를 통해 넘쳐나는 실업자를 흡수하여 굶주림에 시달리던 독일국민에게 빵을 주는 데 성공했다.

또한 미국의 프랭클린 루스벨트대통령도 제2차 세계대전 참전을 통해 경제 대공황의 흔적을 말끔히 씻어내고 경기회복에 성공하게 됨으로써 전쟁이 경제를 회복시킬 수 있다는 이론으로 인정받기 시작했다.

미국경제는 금융자본과 군수자본으로 구성되어 있다. 미국이 전쟁을 치렀을 때 뉴욕증시는 개전 초기에 대부분이 하락세를 보였지만 6개월이 지난 후부터는 대부분이 상승세로 나타났다는 분석이 있다.

---

4) 워싱턴타임스, 2003. 1. 10.

군수자본은 전쟁을 통하여 고가무기가 많이 소비되고, 필요량의 신무기를 생산하려면 많은 기업과 인력이 소요됨으로써 금융자본과 순환적 관계로 경제회복에 기여하게 된다.

이라크전쟁에서 고가 포탄은 바그다드에 떨어지지만 포탄을 만드는 돈은 미국에 떨어지게 되며, 특히 전쟁에서 승리하면 미국의 잠재적 적과 경제적 불확실성이 제거되기 때문에 미국인들은 안심하고 경제활동을 할 수 있고, 미국의 금융시장은 국제자본의 안정된 투자처로서의 기능이 강화된다.

그리고 이라크는 미국과의 관계악화로 미국의 무기수입을 거부하고 러시아, 프랑스, 중국 등으로부터 무기를 수입하여 전력을 증강했다. 미국은 세계최대의 무기수출국가로서 이라크전쟁에서 승리함으로써 이라크를 비롯한 중동국가들에 막대한 무기수출시장을 확보하게 된다.

넷째는 정치지도자의 정치적 이해가 포함되었다.

2002년 9월 11일 미국 뉴욕타임은 9 · 11테러사건은 대통령선거에서 전국득표수에서 민주당 앨 고어 후보에게 뒤지고도 대법원판결에 의한 선거인단수에서 승리하는 우여곡절 끝에 공화당의 조지 W. 부시 대통령을 살려냈다고 평가했다. 캘럽여론조사에 따르면 취임초 57%에 지나지 않았던 조지 W. 부시 대통령에 대한 업무지지율은 테러직후에는 92%를 기록했다.[5] 테러와의 전쟁승리는 캘럽이 프랭클린 루스벨트대통령 이래 실시해 온 여론조사 사상 최고인기였다. 2003년 이라크전쟁 지지도에서도 개전시에는 51%에 불과했으나 전쟁승리선언 직후에는 75%로 높아졌다.

조지 W. 부시 대통령은 2003년 4월 15일 이라크전쟁에서 승리를 자신하고, 백악관 장미원으로 초청된 경제인 연설에서 그 동안 안보문제에 총력을 기울여 오던 정책방향을 전환하여 국가번영과 모든 사람들이 필요로 하는 일자리를 창출하여 전쟁과 경제의 두 마리 토끼를 동시에 잡겠다고 의지를 밝혔다.[6]

이에 대해 미국 주요언론들은 공화당의 부시 대선진영이 2004년 11월에 실시하게 될 대통령 선거의 승패가 전쟁승리의 인기유지와 경제문제로 판가름 날 것으로 보고, 이라크전

---

5) 뉴욕타임스, 2002. 9. 11.

6) 워싱턴포스트, 2003. 4. 15.

※ 이라크전쟁이 끝난 후에 확인된 사실로써, 이라크는 대량살상무기를 보유하지 않았지만 후세인 정부에 반감을 가진 정보원이 독일로 망명하여 대량살상무기를 보유한 것처럼 거짓 정보를 흘렸던 것이 이라크전쟁의 한 원인이 되었다.

쟁에서 승전을 계기로 경제문제에 초점을 맞춰 대선기반을 다지기에 나섰다고 했다.

요컨대 이라크전쟁은 미국의 사활적 이익과 정치지도자의 이해에 따라 선언적 · 명분적인 대외적 목표와 비선언적 · 실질적인 대내적 목표들을 동시에 만족시킬 수 있는 합목적 목표를 갖게 된 것을 알 수 있다. 또한 미국군대는 국가안보와 국가이익을 보호하고 발전시키기 위한 합목적적인 전쟁목표를 달성하기 위해 이라크전쟁에서 싸워 이겼다.

3 이라크전쟁과 국가전략 변화

제1절 | 이라크전쟁과 선제저지안보전략

20세기 냉전시대에 미국은 자국의 안보가 다른 국가들의 안보와 직접적으로 연계되어 있으며, 미국의 번영은 다른 국가의 번영에 의존되어 있다고 믿었다. 따라서 미국은 동맹국과 우방국가들이 상호긴밀한 협조체제 속에서 현재와 미래의 번영을 보장할 수 있는 항구적인 틀을 구축하기 위해 힘을 사용했다. 그러나 21세기에 들어서 세계유일의 최강대국 미국이 9 · 11테러 공격을 받은 후 테러와의 전쟁이란 새로운 형태의 전쟁을 치렀다. 2001년 9 · 11테러는 모든 국가들이 미국의 목적과 가치를 수용하거나 공유하지 않고 있다는 사실을 알게 했다.

미국은 전통적 전쟁은 물론 불량국가들의 대량살상무기 보유확대 및 테러를 비롯한 보이지 않는 초국가적 위협 등 잠재적 군사위협의 근원, 미래전쟁의 양상이 미국을 위협하는 매우 불확실한 요소들로 작용한다고 분석하고 새로운 방향에서의 접근으로 해결책을 찾았다.

첫째, 미국은 지정학적 차원에 의해 제공된 보호의미가 감소되었다.

냉전시대는 미국본토와 해외주둔 미군이 구소련의 미사일 위협에만 취약했지만 지식정보화시대에 와서는 ① 많은 국가들이 유효사거리가 확대된 탄도미사일 및 생화학무기 보유, ② 세계화로 인한 자유로운 출입국 활동으로 다양한 형태의 위협가능성 증대, ③ 미국의 사활적 이익이 걸린 지역의 안정을 위협할 수 있는 충분한 능력을 가진 지역세력이 등장할 가능성, ④ 국가에서 능력 또는 책임있는 정부의 부재는 비국가세력들에게 테러주의, 마약밀매, 무기안전관리 등의 실패로 위협증대, ⑤ 주요분쟁지역이 명확히 규정되어 있던 냉전시대와는 달리, 현재는 분쟁원인의 다양성 증대 및 분쟁지역의 예측을 불가능하게 만들고 있다.[7)]

둘째, 군사기술의 급속한 발전은 미군에게 최첨단과학군으로 역할과 기능을 하게 만들었다.

과학기술 발전으로 이루어진 군사혁신은 ① 미국에 엄청난 이익을 가져다주면서 군사우위를 지속시킬 수 있고 군사조직과 전력변화를 위한 훈련 및 시험의 운용개념 발전요구, ② 생화학 · 핵 · 고폭무기 및 탄도미사일의 빠른 확산에 의한 새로운 전쟁위협에 대비, ③ 기술진보로 인한 우주 또는 사이버공간에서 진행될 새로운 군사경쟁의 영역 등장, ④ 빠른 군사기술의 발전추세에 따른 오판과 기습에 대응하기 위해서는 새로운 전쟁차원에서의 첨단정보과학군으로 발전을 촉진시켰다.

셋째, 국가안보환경변화에 직접적인 영향을 미친 도전에서 미국의 이익과 목표를 효과적으로 지키고 확보하기 위해서는 새로운 안보정책 및 전략 · 국방정책 및 군사전략 · 작전술의 변화가 요구되었다.

미국은 동서냉전이 시작된 1945년부터 동맹국 · 우방국과 긴밀한 협조를 통해 봉쇄 및 억제전략이란 안보의 틀을 유지해 왔으나, 2001년 9 · 11테러 이후부터는 대량살상무기를 보유한 불량국가와 테러위협에 대해 단독으로도 전쟁을 수행할 수 있다는 일방주의 선제저지전략(도표 5-3)으로 변환시켰다.

봉쇄 및 억제전략은 국제사회에서 다자간 협력에 의한 외교적 협상이나 유엔 같은 국제

〈도표 5-3〉 국가안보전략 변화

구분	걸프전(1991)	이라크전(2003)
전쟁 목표	• 쿠웨이트 실지회복	• 핵 및 대량살상무기와 테러진원지 제거 • 사담 후세인 제거로 이라크국민 해방 • 이라크에 자유민주정부 수립
안보 전략	• 봉쇄/억제전략 -국제제도 중시(UN/국가간 조약) -다자간협력주의/정치 · 외교적 수단으로 해결 -방어전쟁 기조 ※ 조지 케넌 주창	• 일방주의/선제저지(선제공격)전략 -미국의 독자적 판단 -일방주의/무력수단으로 해결 -선제공격 기조 ※ 폴 월포위츠 주창

7) US. Department of Defense, *Quadrennial Defense Review Report*, September 30, 2001, pp.2-10.

제도를 통하여 국제적인 갈등 · 분쟁 · 위기 · 전쟁을 억제하고 봉쇄하여 해결하는 전략인 것이다. 따라서 봉쇄 및 억제전략의 힘은 대결과 일방적 행동보다는 협상과 다자간 외교를 중시하여 국가목표를 달성하는 데 있다. 구소련에서 미국대사로 근무했던 조지 케넌이 주창했던 냉전시대의 봉쇄 및 억제전략은 구소련을 중심으로 한 공산권이 붕괴됨으로써 그 전략의 옳음이 증명되었다.

1946년 구소련(현재 러시아) 미국대사로 재직하면서 국무부에 긴 전문(Long Telegram)으로 알려진 외교전문을 보내 구소련에 대해 봉쇄/억제전략을 펴도록 역설했다.

미국 정부는 조지 케넌의 주장을 받아 들여 트루먼독트린으로 알려진 봉쇄/억제전략을 추진하여 한국을 비롯한 아 · 태지역과 서남아, 유럽지역, 지중해에서 거대한 구소련에 대한 반공전선을 구축했다. 그 결과로 구 소련을 비롯한 공산권은 붕괴되었다.

그 후 미국은 역대 대통령들에 의해 여러 가지 용어로 국가안보정책 및 전략을 표현했지만 그 내용들은 봉쇄 및 억제정책과 전략의 틀 속에서 선언되고 수행했다.

그 반면에 2001년 9 · 11테러 공격을 당한 미국은 폴 월포위츠 국방부 부장관이 주창한 일방주의 선제저지전략을 선택했다. 탈냉전시대의 세계는 냉전시대와는 전혀 다르며 미국은 어떤 면에서 구소련과 대결시대보다 더 큰 위협에 직면하고 있다. 불량국가들의 대량살상무기와 초국가집단인 테러분자들의 위협이 미국과 세계에 엄청난 해를 가할 수 있기 때문에 당할 때까지 기다리고만 있을 수 없다는 것이다.

냉전시대에 통했던 대량응징보복에만 의존하는 억제와 정치 · 외교적, 경제적 봉쇄전략은 위험부담을 감수하면서 선량한 시민의 생명과 재산을 볼모로 도박을 벌이려는 불량국가의 지도자들에게는 통하지 않는다는 판단에서 나온 개념이다.

미국의 이익과 세계의 위협을 사전에 제거하기 위해서는 국제적 지지 없이도 미국의 일방적인 판단과 단독으로 이라크를 선제공격했다.

미국의 선제저지전략은 선제공격에 예방공격까지 포함하는 개념으로 확대적용하고 있다. 선제공격은 임박한 적국의 공격에 직면했을 경우에 한해 앞서서 가하는 공격을 의미하며, 예방공격은 자국에 대한 위협이 시간을 두고 확대되거나, 증대되는 것을 막기 위해 임박한 공격의 증대가 없더라도 장래의 위협을 제거하기 위해 무력을 사용할 수 있다는 개념이 통합된 것이다.

조지 W. 부시 대통령은 2002년 9월 17일 국가안보전략 발표에서 미국은 미국의 이익추구뿐만 아니라 민주주의와 자유시장, 자유무역을 전 세계에 보급하기 위해 미국의 힘을 평화와 번영, 자유를 위해 쓰겠다고 하면서 일방주의 선제저지전략을 선언했다.[8)]

이와 같은 국가 안보전략변화는 미국의 적은 악한 존재라는 도덕적 판단에서 출발한 것이다.

봉쇄 및 억제전략 지지자들은 미국의 적이었던 구소련을 비이성적 · 자살적 행동도 불사하는 미친 위험한 존재로까지는 보지 않았다.

그러나 일방주의 선제저지전략 지지자들은 미국의 적은 미친자들로서 극히 비이성적이고 무모성 · 잔인성 · 야만성 등 자살적 충동에 사로잡힌 존재라는 인식의 차이가 안보전략을 변화하게 했다.

이런 인식에서 미국의 조지 W. 부시 대통령을 비롯한 딕 체니 부통령, 도널드 럼스펠드 국방장관, 폴 월포위츠 국방부부장관 등은 미국과 세계의 위협이 된다고 악의 축으로 지명한 이라크 사담 후세인 대통령을 제거하기 위해 유엔 상임이사국 5개국 중 프랑스 · 러시아 · 중국의 반대와 유엔의 전쟁승인 없이 일방주의로 선제저지전략에 의한 선제공격을 실시했다.

이라크전쟁의 시작은 2001년 10월 7일 아프가니스탄전쟁에서 군사작전이 시작된 지 17개월 뒤인 2003년 3월 20일 새벽에 이라크 바그다드의 대통령궁에 두 발의 벙커파괴탄이 떨어지면서 시작되었다. 사담 후세인 대통령과 두 아들의 목숨을 노린 이른바 '참수공격'이었다.

두 전쟁의 막후에는 럼스펠드 국방장관 · 폴 월포위츠 국방부 부장관 등 조지 W. 부시 행정부가 출범하면서 안보 · 외교분야의 실세로 급부상한 신보수주의자들이다. 약칭 네오콘(Neocon)이라는 이들은 1980년대 로널드 레이건 행정부 이후 10여 년 간 미국기업연구소(AEI) 등 싱크탱크와 학계 · 언론계 등에서 은둔해 있다가 행정부로 입성한 뒤 9 · 11테러 이후 초강대국 미국의 힘을 마음껏 휘두르며 세계질서를 변화시켰다.

이라크 같은 독재국가들을 민주국가로 재편, 미국에 대한 잠재적 위협과 도전을 사전에 제거함으로

---

8) US. White House, *The National Security Strategy of USA*, September 2002. pp.3-7.
합동참모본부, 「이라크 전쟁 종합분석」, 2003, pp.47-49; 조지 W. 부시 대통령은 2002년 12월 10일 NPR(핵태세검토보고서) 및 NSS(국가안보전략)에서 선제저지를 위한 선제공격 독트린을 천명하고, 선제공격의 당위성과 무력수단의 일방적 사용 개념을 논리화하여 국가전략으로 명문화하였음.
즉 최선의 방어는 예방공격 · 선제공격(preventive and pre-emptive strike)이 통합된 선제저지를 위한 선제행동이 필요하다는 선제저지 안보전략임.

써 세계평화와 번영을 보장한다는 것이 네오콘의 이상이기 때문이다. 미국은 네오콘의 주장대로 유엔과 전통적 동맹인 유럽의 반대에도 불구하고 대량살상무기(WMD)의 위협을 사전에 제거한다는 '예방전쟁'과 '선제공격론'이 통합된 선제저지전략으로 이라크전쟁을 강행했다.

폴 월포위츠 국방부 부장관은 1991년 걸프전 당시 조지 H. 부시 대통령에게 "중동의 민주화를 위해 이라크의 독재정권을 즉시 교체해야 한다"고 주장했다가 거부당한 이래 12년만에 꿈을 실현한 것이다. 그는 나아가 "시리아 · 이란도 민주화되어야 중동의 민주주의가 뿌리내린다"고 공공연히 주장하는 초강경파로 분류된다.

존 볼턴 국무차관은 미국 · 일본 등 11개국이 참여하는 '대량살상무기 확산방지구상(PSI)'을 이끌었다. 이 구상에 따르면 북한, 시리아, 이란, 리비아 등 불량국가의 대량살상무기 확산 위협을 제거하기 위해서는 민간항공기와 선박의 자유운항 등을 보장하는 국제법적 한계도 뛰어넘을 수 있다고 보고 있다. 이러한 네오콘의 세계재편구상은 전 세계 군비의 절반을 지출하고 있는 미국의 압도적인 군사력에 의지하고 있다.

럼스펠드 국방장관은 현재의 세계최강 미군을 앞으로 수십 년 간 도전자가 나올 수 없도록 더욱 강력하게 변화시킨다는 '군사혁신'작업의 총지휘자이다. 전 세계에 배치된 미군을 기동 · 첨단군 등 신속대응군체제로 재편하는 것이다.

부시 대통령은 제2차 세계대전 이래 최대규모인 4,013억 달러(약 480조 원)의 2004 회계년도 국방예산을 승인했다.

영국의 제프 훈 국방장관은 2003년 4월 3일, 덴마크 국제문제연구소 연설에서 국제사회에서 이라크전쟁을 계기로 테러를 지원하거나 대량살상무기를 소유한 국가들에 대한 잠재적 위협제거를 위해 선제저지를 위한 선제공격이 더욱 일반화될 것이라고 밝혔다.[9)]

선제저지전략에 의한 선제공격은 이라크전쟁에서 미국과 영국이 적용하였고 이스라엘은 이미 중동전쟁에서 아랍국가들에 대해 적용하여 왔다.

특히 2003년 11월 2일 시라크 대통령은 프랑스도 불량국가들과 테러분자들을 선제공격할 수 있도록 안보전략수정을 확인했으며, 11월 5일 블라디미르 푸틴 러시아대통령도 최근 예방적 무력사용인 선제공격을 기본적으로 반대하지만 그것이 국제관행으로 지속되고 있기 때문에 러시아도 유엔의 승인 없이도 국익수호를 위해 선제저지전략에 의한 선제공격을 행동할 권리가 있다고 사실화하였다. ……

또한 2004년 1월 일본도 선제저지전략으로서 선제공격을 지지하고, 적용을 고려하겠다고 했다.

이와 같이 국제사회에서 선제저지전략에 의한 선제공격이 일반화되어 정당한 이유 없이 공격하면

---

9) 중앙일보, 2003. 4. 4.

세계를 격렬한 소용돌이 속에 빠뜨릴 수 있다고 코피 아난 전 유엔 사무총장은 비난하고 있으나 그것은 강대국가의 안보전략으로서 굳어졌다.

미국 조지 W. 부시 대통령은 2003년 5월 1일, 이라크전쟁 승리의 종전을 선언하면서 미국은 적이 공격해 오기 전에 적을 쫓아 무너뜨리는 일을 계속할 것이며, 테러주의 · 대량살상무기 등 미국안보의 위협대상에 대한 선제저지전략을 거듭 천명했다. 미국은 이라크전쟁이 끝났으나 이라크가 테러집단들에게 테러지원과 핵 및 생화학무기 등 대량살상무기를 생산 보유했다는 증거를 찾아내지 못했다.

미국이 대외적 전쟁 목표로 내세웠던 증거를 확보하지 못했기 때문에 이라크전쟁의 정당성에 의문을 갖게 했고, 선제저지전략에 의한 예방적 차원의 선제공격론이 비난받게 되었다.

그러나 미국의 선제저지전략 논리에 의한 선제공격은 적대국가의 테러주의나 대량살상무기를 보유하고 있지 않아도, 이를 개발할 능력과 의지만 있어도 예방적 차원의 선제공격을 할 수 있다는 이론으로 재정립되었다.

21세기 미국의 일방주의 평가가 적대국가에 대한 선제공격 여부를 결정하는 유일한 기준의 틀이 되었기 때문에, 이에 대한 국제적 · 국내적 찬반논쟁이 많이 있었다.

제2절 | 이라크전쟁의 충격과 공포군사전략

미국은 이라크전쟁에 대한 명분이 미약하고 평화적 해결을 바라는 유엔기구 및 세계시민들의 격렬한 반전시위와 부당한 전쟁이라는 여론에도 불구하고, 이라크 자유작전이란 작전명으로 이라크를 선제공격했다.

이라크전쟁은 정당성이 결여된 명분없는 전쟁이라는 국제적 여론이 병존하고 있는데, 먼저 대이라크 유엔결의 관련내용을 알아보면 다음과 같다.

이 결의안 제678호는 다국적군이 1991년 이라크공격을 감행하여 쿠웨이트 영토를 회복한 것으로 그 효력은 종료되었고, 또한 결의안 제1441호는 경고의 의미를 가질 뿐 직접적 무력사용의 근거가 될 수 없다. 그리고 2003년 초 미국이 이라크공격을 승인하는 두 번째 유엔안보리 결의안 채택을 위해 외교적 총력전을 펼쳤으나 다수표 확보의 실패로 포기한 제반상황을 감안시 과거의 유엔안보리 결의안을 적법성의 근거로 제시하는 것은 설득력이 미흡한 것이다.

다음은 정당방위 관련사항으로서, 이라크의 미국에 대한 무력공격 위협이 현존하고도 급박한 것으로 그 인정이 곤란한 상황에서 이라크에 대한 무력행사는 정당한 전쟁이 아닌 부당한 침략전쟁이라는 것이다.

미국은 이라크전쟁에서 안보전략인 선제저지전략 목적을 달성하기 위해 충격과 공포전략이란 새로운 군사전략을 구사했다.

충격과 공포 군사전략은 첨단과학무기에 의한 압도적이고 정밀한 공습, 뛰어난 정보전·심리전·첩보능력을 바탕으로 적의 전쟁의지를 꺾어 적을 붕괴·자멸·투항으로 유도함으로써 최소한의 피해로 전쟁을 조기에 끝내는 개념이다.

2003년 3월 22일, 중부사령관 토미 프랭크스 장군은 이라크전쟁은 지금까지 어떤 전쟁에서도 없었던 충격과 공포(shock and awe) 군사전략에 의한 전쟁이 되며, 정밀유도무기, 뛰어난 정보과학 군대가 동원된 신속결정적 작전술에 의한 전쟁이라고 했다. 따라서 압도적인 정밀유도무기의 공습과 동시에 지상군부대·특수부대를 투입하였다.

충격과 공포전략의 최초창안자는 해군구축함장으로 걸프전에 참전했던 할란 우먼과 국방부차관이었던 제임스 웨이드가 1996년 발간한 『충격과 공포』란 저서에서 주장한 내용을 국방장관 도널드 럼스펠드 독트린으로 채택하여 적용한 것이다.[10] 그리고 작전명은 이라크 자유작전이라고 명칭하여 군사작전을 실시했다.

이라크전쟁과 군사작전명은 어떠했을까? 미국은 전쟁을 수행할 때 자국의 안보전략, 군사전략 그리고 작전술을 적용하여 군사작전을 수행하게 되는데, 그때는 반드시 군사작전명칭을 부여한다. 군사작전명칭은 대부분 전쟁목적, 군사목표, 작전시기 및 지명 등 여러 가지 변수를 고려해서 강렬한 이미지가 부각되도록 하여 대부분 국방부 고위관계자들의 주도면밀한 논의과정을 거쳐 결정된다.

예를 들어, 베트남전 때의 '나이아가라작전'은 나이아가라 폭포수처럼 폭탄을 쏟아 부어 베트콩들을 싹쓸이하겠다는 의도를 표현한 것이었다. 1991년 걸프전 당시 '사막의 방패', '사막의 폭풍' 등의 작전명은 광활한 사막의 모래바람 이미지를 연상시켰고, 9·11테러 이후 미국본토 수호작전은 '고상한

10) 해군대학, 『이라크 자유작전 대해부』, 2003, pp.215-220.

독수리(Noble Eagle)'란 이름으로 미국이 곧 고고하고 당당한 독수리임을 스스로 강조했다.

물론 작전명을 잘못 붙였다가 구설수에 오른 적도 적지 않다. 부시 행정부는 아프간전 작전명을 '무한정의'라고 했다가 아랍권의 거센 반발에 부딪혀 '인내하는 자유작전'으로 바꾸는 해프닝을 벌이기도 했다.

이라크전에서도 미국국방부는 다양한 군사작전명을 통해 화려한 수사력을 과시해 왔다. 미국은 이라크국민의 자유를 지켜준다는 명분을 내세워 '이라크 자유작전'이란 이름으로 시작했고 종전이 선언된 후에는 미군주도하의 군정에서 이라크 저항세력의 테러가 빈발하자 '쇠망치작전'까지 등장했다. 그리고 사담 후세인 체포작전에서는 '붉은 새벽'이란 명칭으로 작전을 실시하여 숨어 있는 사담 후세인을 생포하였다.

요컨대 작전명만 보면, 이라크전에 대한 미국의 입장과 심리변화가 대충 그려진다.

첫째는 이라크전쟁에서 충격과 공포군사전략을 적용하였다.

도널드 럼스펠드 국방장관은 충격과 공포군사전략(도표 5-4)의 실현을 위해 ① 최첨단 정찰자산 및 특수부대 활용, ② 압도적인 정밀유도무기 동원, ③ 소규모 신속배치군으로 전쟁을 치름으로써 걸프전쟁시 합참의장이었던 콜린 파월장군이 미국은 전쟁에서 승리를 보장하기 위해 적을 압도하는 무력을 동원해야 한다는 중무장 지상군 중심의 방어전략인 파월 독트린을 백지화했다.

예컨대 1991년 걸프전쟁시 콜린 파월합참의장은 오먼 슈워츠코프 중부사령관의 요청보다 두 배가 많은 미군 54만 명과 다국적군 파병을 포함한 82만 명을 동원하여 걸프전을 승리로 이끌었는데, 콜린 파월 독트린은 적을 압도할 수 있는 중무장 지상군을 동원해야 한다는 원칙이었다.

그 반면에 2003년 이라크전쟁에서 도널드 럼스펠드 국방장관은 병력 50만 명을 동원한 장기전이 필요하다는 중부사령관 토미 프랭크스장군의 요청을 거부하고, 미 · 영 연합군의 신속배치군 32만 명의 소규모 병력으로 단기전쟁을 요구했다. 즉 걸프전쟁에서 전쟁목표는 쿠웨이트 실지회복을 위해 최첨단 정밀무기 9 %, 재래식무기 91 %에 의한 38일간 대규모공습을 실시한 후에 미군을 포함한 33개국 다국적 지상군 37만 5,000명이 5일 간 대규모 작전실시로 승리했다.

이라크전쟁에서 전쟁목표는 이라크의 대량살상무기 해체 및 사담 후세인대통령 제거를 위해 최첨단 정밀무기 77%, 재래식무기 23%에 의한 대규모 정밀공습으로 충격과 공포를 갖

〈도표 5-4〉 **군사전략 변화**

구 분	걸프전(1991)	이라크전(2003)
군사목표	쿠웨이트지역의 이라크군 격퇴	• 이라크군의 완전무장해제 • 후세인 제거 • 미국에 유리한 종전처리
군사전략	• 콜린 파월 독트린 ※ 중무장지상군중심의 방어전략 (압도적인 지상군 배치 +극히 한정된 정밀유도무기+대량화력전) –대규모 공습 후(38일간) 지상작전 실시(5일간) –무기사용 비율 : 첨단무기 9%, 재래식 무기 91% –동원병력 : 82만 명 (지상군 투입 : 37만 5,000명)	• 도널드 럼스펠드 독트린 ※ 충격과 공포전략(소규모 신속대응군 배치+대량정밀유도무기+특수부대 운용) –첨단무기 공습과 동시에 지상군 부대 작전 실시 –무기사용 비율 : 첨단무기 77%, 재래식 무기 23% –동원병력 : 32만 명 (지상군 투입 : 17만 1,000명)

주: 이라크전쟁은 지상군의 병력수와 무기배치 및 거리가 압도적 · 결정적인 군사력척도가 되지 못함을 확인함.

게 함과 동시에 지상군 17만 1,000명으로 공격을 실시했으며, 그 지상군은 걸프전쟁에 대비 2분의 1에 해당된 소규모 지상군 작전으로 승리했다.

둘째는 충격과 공포전략에 중앙정보국의 특수작전그룹(SOG)이 큰 역할을 담당했다.

이라크전쟁에서 충격과 공포전략으로 미 · 영연합군이 빠른 시간에 승리하고 희생자를 최소화할 수 있었던 것은 절대우위의 정밀유도무기와 더불어 치밀하게 계획된 정보전 · 심리전 · 첩보전으로 이루어진 특수작전그룹이 크게 기여했다.

냉전시대에 미 중앙정보국의 특수작전그룹은 외국에서의 쿠데타와 정치지도자 암살 등에 관여한 전력으로 집중적인 비판을 받았으며, 1990년대에 들어와 사실상 활동을 중지했던 준비밀군사조직이었는데, 1997년 조지 테닛 중앙정보국장의 취임으로 다시 부활되었다. 특수작전그룹은 2001년 9 · 11테러 이후 아프가니스탄전쟁 등에서 비밀작전을 성공적으로 수행하면서 수백 명의 특수전부대 출신요원들로 구성된 조직으로 발전되어 파키스탄, 중앙아시아, 북아프리카, 동아시아 등에서 새로운 형태의 비밀활동을 하고 있다.

미 중앙정보국이 이라크전쟁 개전을 전후해 인간방패를 자처하며 바그다드로 들어간 평화운동가들 사이에 특수작전그룹 3개 팀을 침투시켜 두 가지 임무를 수행하도록 했다.

먼저 접촉하게 되는 이라크 정부의 고위정치지도자들과 공화국수비대 및 페다인민병대

지휘관들에게 비밀리에 신변보장과 막대한 보상을 제시해 회유하는 심리전을 실시하는 것이다.

다음은 인간방패들을 이라크전략 시설과 무기저장소 등 가장 중요한 시설에 배치한다는 점을 역 이용해 적발이 어려운 최첨단 소형 통신장비로 미군측에 정확한 폭격지점을 알려 준 것이다.

미 · 영연합군이 이라크전쟁 개전 직전인 2003년 3월 20일, 사담 후세인대통령궁에 참수형 토마호크 정밀공격과 4월 7일 밤 두 차례에 걸쳐 사담 후세인과 참모들이 은신한 벙커표적에 정밀폭격을 가한 것은 이라크전쟁의 지도부에 심리적 공포로 충격을 주었고, 또한 효과적인 전략시설 파괴는 이라크군과 일반시민들에게 전쟁공황을 일으켜 전의를 상실하게 했는데, 이것은 미리 잠입해 있던 중앙정보국의 특수작전그룹이 입수한 첩보에 따른 것이었다.[11)]

2002년 5월 조지 W. 부시 대통령은 중앙정보국에 대해 핵무기입수에 근접한 불량국가들을 공격할 수 있도록 권한을 부여하는 비밀명령에 서명하였기 때문에 특수작전그룹의 역할은 더욱 확대되었다.

그리고 미국 정부 에너지부의 핵무기 전문가들이 특수작전그룹 요원들에게 적국의 핵시설을 공격하는 방법도 훈련시켰는데, 미국이 북한의 핵문제에 관해 정치 · 외교적 해결책을 모색하다가 평화적 방법으로 해결하지 못하고, 북한이 끝내 핵개발을 포기하지 않을 경우 특수작전그룹이 나서게 될지도 모른다는 예견도 했다.

셋째는 충격과 공포전략 실현에 특수전부대의 적극적 작전효과도 기여했다.

2001년 아프가니스탄전쟁에서 지상전과 빈 라덴 추적작전을 벌였던 미 · 영 특수전부대가 중앙정보국의 특수작전그룹과 함께 이라크전쟁에서도 지상전을 선두에서 이끌면서 사담 후세인의 체포 및 대량살상무기 수색활동 등 이라크가 예상할 수 없는 작전으로 공포심을 갖게 하는 비밀임무를 수행했다.

예컨대 2003년 3월 19일 이라크 남부 바스라지역에서 이라크군과 첫 교전을 했던 영국해병대특수부대를 비롯해서 미국의 특수전부대 델타포스와 레인저부대 · 그린베레특전단 · 공군특수전부대 · 해군특수전부대 등 9,000명이 작전을 수행했다. 이와 같이 이라크전쟁에서 특수전부대는 정규군으로는 수행하기 어려운 갖가지 보이지 않는 임무를, 보이지

---

11) Cordesman, *Instant Lessons of Iraq War: Main Report*, 2nd eds. Washington D.C.: DSIS, April 10, 2003.

않는 곳에서, 보이지 않게 수행하여 충격과 공포전략 구현을 확대했다.

요컨대 이라크전쟁에서 충격과 공포군사전략이 성공할 수 있었던 것은 미 · 영연합군의 뛰어난 지식 · 정보력에 기반한 첨단정보과학군의 정밀유도무기 효과와 신속결정적작전 그리고 특수비밀부대의 비밀스런 작전이 결합된 새로운 전쟁패러다임의 결과라고 분석 · 평가할 수 있다.

제3절 | 이라크전쟁과 국가체계별 타격 군사목표

미 · 영연합군은 전략적 중심인 바그다드를 점령해서 전략적 목표였던 사담 후세인대통령을 제거시킨 후에 그 전력을 다시 티크리트를 비롯한 지방도시들로 재확대하여 이라크전역을 점령했는데, 이것은 존 워든(John Warden)의 국가체계별 타격목표(도표 5-5)이론을 적용한 공격이었다.[12]

산업시대의 전쟁에서는 전선이 주로 지상에 형성되어 있기 때문에 지상 · 해상 · 공중작전들은 적국의 전략적 목표를 공격하기 위해 축차적 · 점진적 · 소모전적 · 병력중심적으로 외부에 배치된 적의 야전군부터 격멸한 다음에 인구집중지역 · 산업중심지 등을 공격하고, 내부의 최종적인 전략적 목표인 국가지휘구조를 파괴해 들어갔다.

〈도표 5-5〉 현대전 / 미래전 수행을 위한 국가체계별 타격 군사목표

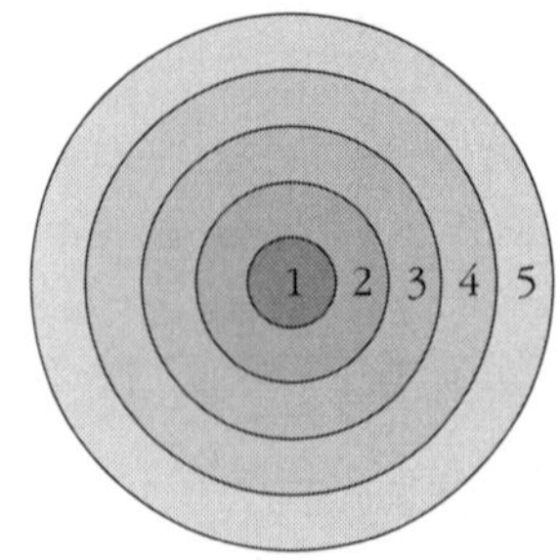

1. Leadership : 지휘구조(C4I)
2. Essential Industry : 주요생산시설
3. Transportation System : 병참선
4. Population and Food Source : 도시주민 및 식량원
5. Field Military : 야전군

---

12) John A. Warden, Lelad A. Russell, *Winning in Fast Time,* 권영근 · 이은수 역, 『프로메테우스 경영전략』 참조.

그러나 지식정보화시대의 이라크전쟁에서 미 · 영연합군은 지상 · 해상 · 공중 · 우주 · 사이버의 5차원에서 장거리 첨단정밀유도무기를 작전특성에 맞게 연계하고 통합하여 동시적 · 병행적 · 효과기반적 · 핵심지향적으로 내부의 전략적 목표인 사담 후세인과 국가지휘구조를 먼저 타격하여 붕괴시키고, 그 효과가 외부로 퍼져나가 이라크의 국가체제 전체에 변화를 유발시킴으로써 단기간 내에 전쟁목표를 달성할 수 있게 했으며, 이 같은 국가체계별 타격은 충격과 공포군사력의 핵심적 수단이 되었다.

> 미국은 걸프전쟁에서 이라크군대를 섬멸시키고 군사시설을 철저히 파괴하였으나 사담 후세인대통령을 제거하지 못하고 전쟁을 종전시켰으며, 걸프전쟁 후에는 이라크의 남부지역과 북부지역에 비행금지선을 설정하여 지속적인 감시와 간헐적인 폭격으로 정치적 · 경제적 · 심리적 · 군사적으로 봉쇄하고 억제하였다.
>
> 그러나 이라크 사담 후세인 대통령은 건재했고, 사담 후세인 정치체제는 강화되어 세계에 미친 영향력이 더욱 확대됨으로써 봉쇄 및 억제전략으로는 한계가 있었다. ……
>
> 또한 미국은 전통적인 전쟁 수행방법인 외곽지역에 배치된 야전군 섬멸만으로 전쟁목적과 군사목표를 달성할 수가 없다는 것을 인식함으로써 이라크전쟁에서는 내부의 전략적 중심인 바그다드를 신속 결정적 기동작전(RDM)으로 점령하고, 전략적 목표인 사담 후세인을 효과기반작전(EBO)으로 정밀공격하여 제거하기 위한 참수형공격을 하는 등 전혀 새로운 전쟁 수행방식을 적용했는데, 이것은 충격과 공포군사력의 실현이었다.

요컨대 산업시대의 전쟁은 외곽부터 안쪽으로 접근해가는 축차적인 접근방법이었으나 지식정보시대의 전쟁은 가장 안쪽에서 바깥쪽으로 또는 전 동심원을 동시에 접근해가는 병행적인 접근방법이다. 적의 급소가 된 중심인 전략적 지휘구조를 제거하거나 타격함으로써 적의 전투력이 지휘가 없는 상태 또는 명령흐름이 단절된 상태가 되게 하여 제기능을 발휘할 수 없도록 하는 새로운 중심마비전이 되는 것이다. 여기에서 마비전이란 물리적인 것보다는 심리적인 것으로서, 연이은 누적적인 타격으로 적을 섬멸하는 것이 아니라 적의 중추신경을 찌름으로써 모든 근육을 동시에 마비시키는 것을 말한다.

이것은 모든 시스템에는 중심이 있는데, 그 핵심적 중심이 변하게 되면 다른 시스템도 따라서 변하게 된다는 국가체계별 타격의 5개 동심원 모형을 적용한 작전으로써 충격과 공포군사전략의 중요성을 입증한 전쟁이었다.

4 이라크전쟁과 합동작전술 변화

제1절 | 신속결정적 작전 개념

이라크전쟁에서 미군은 충격과 공포군사전략을 구현하기 위해 국가체계별 타격 동심원 모형에 따른 신속결정적작전(Rapid Decisive Operations : RDO)이란 작전술을 적용했다. 신속결정적작전은 전쟁에서 정치적·군사적 요망효과를 달성하기 위해 지식·정보를 기반으로 신속하고 결정적인 기동(RDM), 정밀무기 화력운용으로 효과기반작전(EBO), 적시적인 지휘통제를 위한 네트워크중심작전(NCW)으로 전력을 통합·운용하는 합동작전의 개념이다.[13)]

즉 군대는 국력의 모든 수단을 이용하여 적의 행동을 강요 또는 억제시키고, 일단 억제가 실패했을 때는 단기간에 신속하고 결정적으로 적을 강압하거나 패배시켜 전략적 목표를 달성하는 작전술(도표 5-6)을 말한다.

이라크전쟁에서 미군은 ① 전투지휘의 기본지식으로서 상황인식·상황이해·전장지배를 위한 우수한 지식·정보를 기반(도표 5-7)으로 해서,[14)] ② 신속하고 결정적인 기동으로 전략적 중심인 바그다드를 공격하고, ③ 전통적인 전쟁에서의 파괴전과는 달리 사담 후세인대통령을 직접목표로 하여 군통제력을 마비시키고, 싸울 수 있는 적의 능력을 무력화시킬 수 있는 전략목표에 대한 정밀공격으로 요망효과를 달성할 수 있도록 효과기반작전을 실시했고, ④ 완전한 네트워크 중심작전으로 모든 구성군을 지휘통제하여 동시통합함으로써 합동성을 극대화시켰다.

13) USJFCOM, *Coordinating Draft: A Concept for Rapid Decisive Operations White Paper Version*, 2002, pp.3-5.
14) 한미연합군사령부, 『미국의 신전략개념』, 2003, pp.3-5.

〈도표 5-6〉 **신속결정적 작전술의 개념**

구 분	걸프전(1991)	이라크전(2003)
작전술 기본요건	• 공지협동작전술(Airland Operation) -ALO 기본요건 적/지형상황 중심 + 수적우위/세파식 기동작전 + 대량화력전 + 종심성 전장확대 C3I ※ 군조직은 합동성 반영, 작전은 각군 중심 실시	• 신속결정적 작전술(Rapid Decisive Operation) -RDO 기본요건 지식 · 정보 중심 (전투지휘의 기본지식) + 신속결정적 기동작전(RDM) (기동) + 효과 기반작전(EBO) (화력) + 네트워크 중심작전(NCW) (지휘/통제) C4ISR ※ 각 군은 실질적인 합동성 작전 발휘
작전술의 적 용	ALO 개념 • 축차적 • 점진적 • 선형적 • 소모전적 • 대칭적 • 병력중심적 • IPB와 상황전개의 의존 ※ 수적우세/적 군사력 공격 ※ 기존 적용해 온 합동/연합작전 개념	RDO 개념 • 동시적 • 병행적 • 분권적 • 효과에 기초 • 비대칭적 • 핵심 지향적 • 가변적 전장 이해와 활용 ※ 질적 우세/적 능력공격 ※ 장차 적용할 합동/연합작전의 개념

※ USJFCOM, Coordinating draft: A Comcept for Rapid Decisive Operations. 2003.

※ Combined War Fighting in The Korean Theater of operations A Presentation to The Republic of Korea Armed Forces Staff College 17 April 2003.

〈도표 5-7〉 **전투지휘의 기본지식**

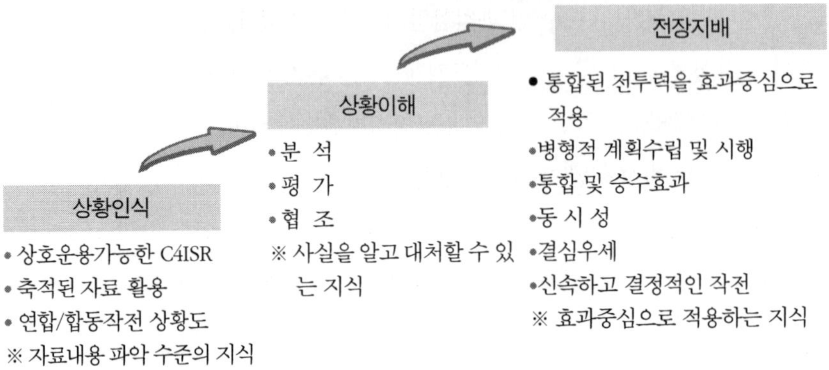

이라크전쟁에서 신속결정적작전은 합동성을 구현하였는데, 그 합동성은 어느 특정한 군이 전쟁의 핵심이 아니라 지상군 · 해군 · 공군의 균형과 조화로운 협동으로 전투력극대화를 실현하는 것이다.

다음은 신속결정적작전을 위한 전쟁지도와 군사지휘기구간의 효과적인 지휘체계(도표 5-8)이다. 1991년 걸프전쟁에서 미국의 전쟁지도체계는 미국본토의 조지 H. 부시 대통령에서 콜린 파월합참의장을 통해 중부사령부 전방작전지휘소의 오먼 슈워츠코프사령관으로 연결된 군사지도자에 의한 전쟁지도였다.

〈도표 5-8〉 **전쟁지도/군사지휘체계**

구 분	걸프전(1991)	이라크전(2003)
전쟁지도 본부	조지 H. 부시 대통령 ↓	조지 W. 부시 대통령 ↓
군사지휘 본부	콜린 파월 합참의장 ↓	도널드 럼스펠드 국방장관 ↓
전방작전 사령부	노먼 슈워츠코프 중부사령관	토미 프랭크스 중부사령관
	* 전문직업군인에 의한 전쟁지도	* 민간지도자에 의한 전쟁지도

주 1) 중부사령부는 플로리다에, 작전지휘소는 카타르에 위치.
2) 합동작전센터(Joint Operation Center)가 작전지휘 두뇌기능을 수행하면서 실시간에 전장을 볼 수 있는 대형스크린 설치 · 운용.

이때에 딕 체니 국방장관은 조지 H.부시 대통령을 보좌하는 전쟁지도본부에서 역할을 많이 했고, 군사지휘본부 운용은 콜린 파월합참의장에게 맡겼다.

그러나 이라크전쟁에서 미국의 전쟁지도체계는 미국본토의 조지 W. 부시 대통령에서 도널드 럼스펠드 국방장관을 통해 중부사령부 전방작전지휘소의 토미 프랭크스사령관으로 연결됨으로써 민간정치지도자에 의한 전쟁지도였다.

이라크전쟁을 지휘했던 중부사령부는 미국 플로리다 탬파에 있고, 전방작전사령부는 중동 카타르에 위치하여 토미 프랭크스 중부사령관이 지휘했으며, 지상군구성군사령부는 쿠웨이트, 공군구성군사령부는 사우디아라비아, 해군구성군사령부는 바레인에 위치하여 지역적으로 분산되었으나 전력은 C4ISR 네트워크의 합동지휘통제체계로 공동작전상황도를 작성하여 각 지휘제대 간에 실시간대의 모든 전장을 같이 보고, 같이 생각하면서, 합동작전을 수행할 수 있도록 통합 · 운용했다.

이와 같이 지식정보화시대의 이라크전쟁은 산업시대전쟁의 공지협동작전과는 다른 차원의 신속결정적작전이란 작전술을 적용하여 전쟁목표를 달성했다.

제2절 | 신속결정적 기동작전과 지상군

신속결정적 기동작전(Rapid Decisive Maneuver : RDM)이란 적의 방어가 없는 곳이나 적이 미처 대응할 수 없는 방향으로 신속한 기동을 실시하여 작전의 조건과 속도를 강요하고, 수개 방향 또는 다차원의 비대칭공격으로 결정적인 주도권을 확보하는 것이다.[15] 이라크전쟁에서 지상군 · 해군 · 공군은 효과적인 신속결정적작전(도표 5-9)의 성공을 위해 신속결정적 기동을 실시했다. 예컨대 이라크전쟁에서 미 · 영연합군 지상군은 첫째로 전략적이고 결정적인 목표를 직접공격하였다.

지상군은 이라크의 정치적 · 경제적 · 문화적 · 군사적으로 결정적인 영향을 미칠 전략적 중심인 바그다드에서 사담 후세인 대통령을 제거하고 대량살상무기를 찾아내는 것을 전략적 목표로 공격했다. 바그다드에 있는 사담 후세인 대통령이 제거되면 후세인정권을 유지시켜주는 이라크의 핵심구조가 균형을 잃게 되고, 응집력과 통제성이 파괴되어 전쟁을

15) 한미연합사, "미국의 신전략개념 자료", 2003. p.5.

〈도표 5-9〉 이라크전쟁의 신속결정적 작전술(RDO)

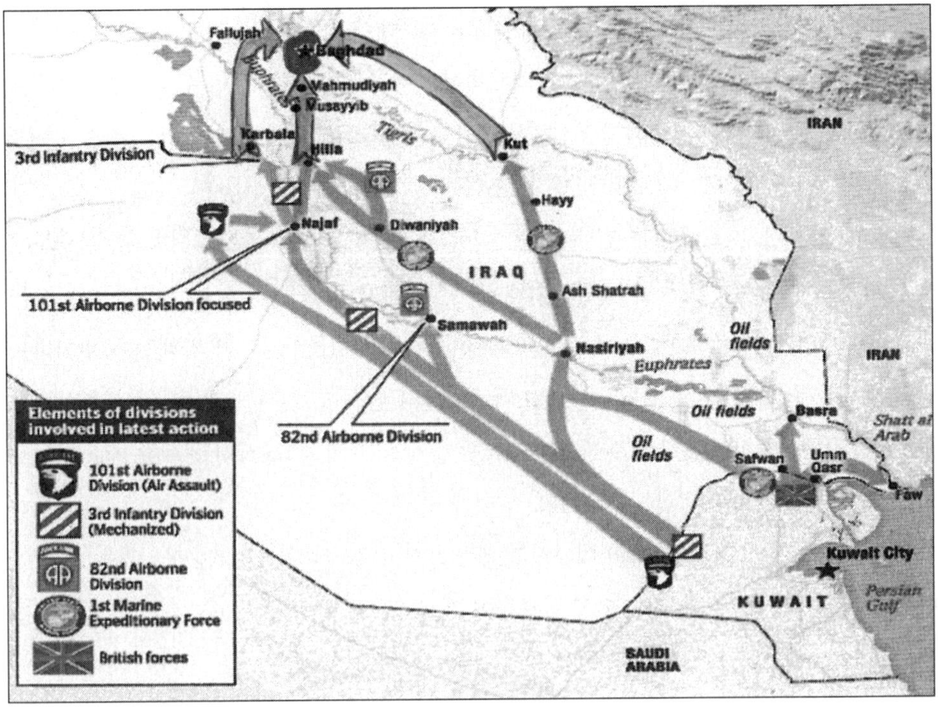

승리로 이끄는 데 가장 확실한 작전이 되기 때문이다.

즉 이라크전쟁은 걸프전과는 달리 지상군의 다련장 로켓 · 육군전술미사일 · 자주포 등 지상군의 화력과 공군 및 해군의 정밀유도무기 공습과 동시에 지상군은 바그다드를 공격하여 대담한 전격전 효과를 극대화했다.

둘째는 전격전에 의한 주공 · 조공의 임무와 역할이다.

남부지역 쿠웨이트를 출발한 연합군 지상군은 강력한 기갑전력을 앞세워 신속하고 결정적인 공격을 했다. 주공으로서 전차를 중심으로 구성된 미 지상군은 충격과 공포군사전략개념을 충족시키기 위해 티그리스 · 유프라테스강 주변에 형성된 거점도시의 고속도로를 따라 전략적 중심인 바그다드에 있는 사담 후세인 대통령에 대한 전략적 목표만을 향해 평균시속 80~100km 이상의 신속한 기동에 의한 전격전을 수행했다. 새로운 전격전개념의 기동은 걸프전쟁의 40km 대비해 2배의 진격속도였으며, 주공의 속도로 노출된 이라크군은 공군전력으로 공격함으로써 새로운 합동작전개념을 창출했다.

〈도표 5-10〉 미군의 바그다드 전격전

주공의 전격전은 충격력을 갖춘 전차 중심의 충격과 공포로 심리적 마비전을 실시했다. 전차는 1914년 영국군의 어니스트 스윈턴이 발명하여 제1차 세계대전시 진지전 · 참호전에서 기관총을 막을 수 있는 장갑과 참호에 빠지지 않고 적진으로 돌진할 수 있는 개터필러를 달고 보병의 걷는 속도에 맞춰 기동했다. 그러나 제2차 세계대전에서 프랑스군은 전차를 방어무기로 이용했지만 독일군은 전차군단을 창설하여 공격무기로서 전격전을 수행하여 적의 정신적 · 군사적 마비효과를 초래하게 했다. 독일 전차군단의 명장 사막의 여우 롬멜장군은 전차로 공격할 때는 적이 눈부신 태양을 마주한 상황에서 먼지와 모래바람을 일으키며 돌진하도록 하여 적에게 심리적 공포감을 갖게 하고, 효과적 대응을 할 수 없도록 공격했다.

이와 같이 이라크전쟁에서도 지상군은 최신예 MIA1 에이브럼스 전차로 편성하여 신속한 고속도로 기동으로 전격전(도표 5-10)의 충격효과를 갖게 했다.

그리고 지상군은 2003년 4월 3일, 바그다드 외곽에서 공격을 준비하다가 4월 7일, 바그다드에 대한 여러 방향에서 공격하여 대통령궁을 비롯한 전략적 시설물들을 장악하고, 4월 9일에는 바그다드를 완전점령하였다.

영국 지상군은 조공으로서 작전적 중심인 옴 카스르 및 바스라 등에서 방어하고 있는 이라크군 및 민병대를 작전적 목표로 공격하여 견제함으로써 주공을 지원하였다.

다른 한편으로 이라크 북부지역에서 조공임무를 수행했던 미 지상군은 터키가 영토사용을 거부함에 따라 이라크 북부지역에 공수로 공중강습된 병력이 비행장을 점령하고 쿠르드족 반군과 함께 모술 및 키르쿠크 등을 공격하여 고착시킴으로써 이라크군의 바그다드 지원을 거부했다. 그리고 국가전략시설인 유전과 송유관, 저수지 댐, 중요 비행장을 점령하면서 사담 후세인 제거를 위해 바그다드로 진격하는 주공을 지원했다.

셋째는 지상화력과 항공화력의 효율적인 통합운용이다.

전통적인 전장에서의 화력운용은 적의 배치된 지상군에 지상군화력과 공중화력으로 무력화시킨 후 지상군 공격을 실시한 것이다. 이라크전쟁에서는 전통적인 전쟁관념을 역이용하여 지상군을 공격준비사격과 동시에 투입하였다.

그리고 지상군의 진격속도를 보장하기 위해 과감하게 야전포병지원을 최소화하였는데, 이는 기상이 양호할 때는 공격헬기와 전투기로 지상군을 지원하도록 했으며, 모래폭풍 등으로 기상이 불량할 때는 장거리 155밀리 야포 및 다련장 포병으로 정밀사격과 탄막사격을 실시했다.

이라크전쟁에서 포병은 자주화, 장거리 표적처리시스템 및 정밀유도포탄 사용으로 정밀타격이 필수적 요소가 되었고, 포병, 공격헬기 및 전투기의 통합화력 운용으로 무기체계 사용의 합동성을 향상시켰다.[16)]

> 이라크의 미사일 · 항공기 · 특수부대 · 기갑부대 · 친위대가 패배한 이유를 들면 다음과 같다.
>
> 걸프전과 비교 시 무기체계발전의 주요특징은 정밀성과 파괴력이 획기적으로 증가했고, 이와 동시에 정확한 표적획득 능력이 획기적으로 향상되었으며, 이라크의 미사일 · 항공기 · 지상군은 본격적인 전쟁 개시와 함께 무력화된 것으로 판단된다.
>
> 그리고 미국이 걸프전시 수주 동안 폭격단계를 거쳤던 것과는 달리 최소한의 공격준비사격과 동시에 지상전을 개시하였으며, 더구나 미 · 영국군은 남부 바스라 일대를 견제한 후 신속결정적 기동으로 바그다드를 압박하고 포위하여 이라크군을 남북으로 분리시키는 데 성공함으로써 이라크 기갑부대는 정상적인 방어작전을 구사할 수 없었다.
>
> 또한 바그다드 포위단계에서 이라크 공화국수비대 기갑사단이 계속 존재하였으나 A-10/공격헬기 등으로 완전 궤멸시킴으로써 전투에 투입되지 못했다.

요컨대 미 · 영 연합군 지상군은 신속결정적 기동으로 이라크군의 전투준비와 대응능력을 박탈하고, 싸울 의지를 꺾어 신속히 주도권을 확보하여 전략적 중심인 바그다드를 공격함으로써 전략적 목표였던 사담 후세인을 짧은 기간에 붕괴시킬 수 있었다.

---

16) 국방대학교 합동참모대학, 『이라크전쟁분석: 합동작전을 위한 합동성 강화』, 2003, pp.29-39.

제3절 | 효과기반작전과 공군

효과기반작전(Effects Based Operations: EBO)은 베트남전쟁에서 공군력의 비효과적 사용경험에 의해 미 공군장교들을 중심으로 주창되기 시작하였으며, 걸프전쟁에서는 일부적용으로 병행전(Parallel Warfare)을 추구한 수준이었다.

효과기반작전이란 전략적 · 작전적 · 전술적 수준에서 아군의 군사적 역량과 비군사적 역량을 모두 활용한 정보작전(information operations), 압도적인 기동(dominant maneuver), 정밀공격(precision engagement)으로 적의 전쟁수단이나 의지를 단순히 파괴하기보다는 핵심적 기능 마비를 통제할 수 있는 효과성과 경제성에 초점을 맞춰 목표를 타격하는 것이다.17) 공군은 지상 · 해상 · 공중 및 우주공간에서 적의 군사역량을 파괴 및 무력화시켜 전쟁승리의 결정적인 역할을 담당한다.

이라크전쟁에서 미 · 영연합군 공군은 지상 · 해상전력에 비하여 공중 및 우주공간에서 자유롭게 작전을 수행할 수 있는 감시성 · 신속대응성 · 이동성 · 침투성 · 치명성 · 생존성 · 정밀성의 특성활용으로 효과기반작전을 실시하여 신속결정적작전의 성공에 중추적 역할을 했다.

효과기반작전을 위한 이라크의 중심표적 선정 및 공격에 대해 알아보면 다음과 같다.

먼저, 마비를 위한 중심표적으로 ① 전략적 중심표적은 후세인, 핵심지휘부 및 지휘체계가 되며, ② 작전적 중심표적은 공화국수비대이고, ③ 전술적 중심 표적은 정규지상군 및 바트당원이 된다.

표적선정 대상으로써 ① 이라크 방공체계는 방공체계 무력화를 통한 제공권 확보로 이라크군의 항공작전 수행을 방지하고 이라크 전국 내 연합군 헬기 기동 및 공수작전 등과 같은 종심공격을 보장하며, ② 통신시설 및 통신망은 이라크 정권과 군사지휘통제의 마비를 위한 핵심표적이 되며, ③ 지휘부는 후세인 대통령궁 등의 단일표적이 아닌 다수의 분산된 전쟁시설이 포함되며, ④ 후세인체제의 권력수호기구는 공화국수비대, 지휘센터, 특수정보기구, 바트당사 등이며, ⑤ 산업기반시설은 군 시설에 공급되는 전력시설을 포함한 발전시설 및 수리시설 등이고, ⑥ 병참선, 재보급은 이라크군 전쟁지속능력 무력화를 위한 기동재보급 및 생산활동시설이다.

즉 적의 공격대상을 단순히 적의 진지 · 부대 또는 수량에 두지 않고 적의 중심 · 결정적

---

17) USJFCOM, Coordinating Draft, A Concept for Rapid Decisive Operations White paper, 2001, pp.3-10. 합동참모본부, 「이라크전쟁종합분석」, 2003, pp.128-131.

〈도표 5-11〉 **표적처리시간 단축/타격오차 최소화**

구 분	걸프전(1991)	이라크전(2003)
표적탐지율	15%	70%
표적처리 시간	1시간~하루 이상	수분~1시간 이내
정밀유도 무기사용 비율	9%	77%
타격오차 범위	일부 정밀유도무기만 10피트 이내 * 토마호크 명중률: 65%	대다수 정밀유도무기 10피트 이내 * 토마호크 명중률: 98.7%

※ GPS위치 파악→ 통신위성→ 레이저유도체계로 폭격유도

인 취약점, 전투력 발휘의 연결고리 등과 같이 아군의 목표달성에 실질적인 효과를 달성할 수 있는 대상을 공격한 것이다.

전통적 전쟁에서는 적의 전투력에 대한 각 표적에 무차별타격으로 전부를 파괴하여 사용하지 못하도록 했으나, 무기체계의 발달은 이라크전쟁에서 폭탄의 양과 무게보다는 정보자산에 의한 정확한 표적획득과 표적화, 정밀폭격 등으로 효과기반작전을 가능하게 했다.

예컨대 이라크전쟁에서 미·영연합군 공군은 첫째로 전장의 표적탐지율 향상과 표적처리 신속화(도표 5-11)로 효과기반작전을 실시했다.[18]

공군은 다양한 정보획득을 위해 감시위성·통신위성·항법위성 등 우주위성과 E-2C·U-2·AWACS·무인정찰기 등 공중전력을 이용하여 표적탐지율도 걸프전쟁에서는 15%였으나 이라크전쟁에서는 70% 이상으로 향상된 표적정보를 획득하였다. 또한 신속한 표적처리시간도 걸프전쟁시에는 1시간에서 수일이 소요되었으나 이라크전쟁에서는 수분에서 1시간 이내로 단축 되었다.

둘째는 첨단유도무기의 외과수술적 정밀공격으로 효과기반작전을 일반화시켰다.

이라크군이 전투력발휘를 위해 절대필요한 시스템들을 찾아내서, 그 시스템 중 핵심적인 기능에 특정한 타격을 실시해 전체 전투력 발휘시스템이 효과적이지 못하도록 통제하는 정밀공격을 했다.

제2차 세계대전에서는 하나의 표적을 파괴하여 사용하지 못하도록 하기 위해 1,000대

18) Cordesman, *Understanding the New "Effects-based" Air War in Iraq*, Washington D.C.: CSIS, May 15, 2003.

의 항공기가 9,000파운드의 폭탄을 투하하였으나, 이라크전쟁에서는 단 한대의 F-117 스텔스기 또는 하나의 정밀유도무기가 동일한 효과를 달성할 수 있었으며, 공중공격시 이라크에 의한 공군피해도 전혀 없었다.

예컨대 전략적 중심인 바그다드의 공중방어시스템에 전기를 공급하는 발전소의 전원을 차단할 수 있는 변전소기능만 공격함으로써 적의 공중방어시스템의 각각 요소들을 파괴하는 것보다 훨씬 적은 힘으로도 적의 공중방어시스템 전체를 무력화시킬 수 있었다.

셋째는 효과기반작전을 위해 공중공격에 취약한 핵심표적 분별작업을 하여 표적별 순차적 공격보다 핵심표적 동시공격을 실시했다.

공군은 핵심표적 동시공격으로 신속한 지배라는 목표를 달성하기 위해 시간 · 공간 · 전쟁의 수준이라는 세 가지 요소를 고려하여 적용했다. 공군은 표적분별작업에 의한 핵심목표를 이라크 전지역에 지정하여 가장 짧고 필요한 시간에 동시공격하였는데, 후세인 대통령궁을 비롯한 전쟁지도시설 및 C4ISR체계, 핵 및 생화학무기 예상시설 등의 전략적 수준, 이라크의 스커드미사일 기지를 비롯한 공중방어망과 군작전지휘소 등의 작전적 수준, 지상에 전개되어 있는 공화국수비대, 병참기지, 도로파괴 등의 전술적 수준에 제한을 받지 않고 핵심표적에 대한 동시공격을 실시했다.

이와 같이 이라크전쟁은 전략적 · 작전적 · 전술적 수준의 목표가 효과기반작전으로 각 수준 간의 구분이 기술발전과 더불어 애매해지고 무의미해지는 경향을 갖게 했다.

넷째로 공군은 효과기반작전을 확대하기 위해 소티 수가 아니라 특정한 효과들을 달성할 수 있는 첨단무기(도표 5-12)를 선별하여 사용했다.

과학기술의 발달은 새로운 무기체계를 출현시켰으며, 그 위력은 이라크전쟁을 통해 실험 · 검증되었다.[19] 특히 공군의 무인정찰기, 전투기, 스텔스기를 포함한 B-1, B-2, B-52 폭격기 등을 목표성질에 따라 공습하도록 하고, 토마호크(Tomahawk)를 비롯한 통합직접공격탄(JDAM), 전자폭탄(E-Bomb), 벙커파괴폭탄(GBU-28), 슈퍼폭탄(MOAB), 폭약 없는 폭탄(CBU-107) 등으로 고부가 가치표적들을 차별화로 공격하여 효과를 극대화했다.

즉 최첨단 무기들은 공군을 비롯한 지상군 · 해군으로 하여금 적을 단순히 무차별 파괴하는 것보다는 적의 핵심부분만 효과적으로 제거하여 통제하는 효과기반작전을 가능하게 했다.

전쟁에서 지정된 표적은 그 시스템이 정상적으로 작동될 때만 표적으로서의 의미와 중

---

19) 국방대학교 합동참모대학, 『무기체계 발전과 군사력 건설』, 2003, pp.12-19.

〈도표 5-12〉 **첨단무기의 선별적 사용**

전투기	폭격기	정밀유도폭탄
무인정찰기 전투기(F-15, 18) 스텔스기(F-117)	B-1, B-2, B-52	토마호크(Tomahawk) 통합직접공격탄(JDAM) 전자폭탄(E-Bomb) 벙커파괴폭탄(GBU-28) 수퍼폭탄(MOAB) 폭약없는 폭탄(CBU-107)
전쟁상황/표적성질에 따라 기종선정	표적크기/특성에 따라 선별타격	고부가 가치표적 특성에 따라 폭탄선별

주 1) 최첨단 무기체계는 적을 무차별 파괴하는 것보다는 적의 핵심부분만 효과적으로 제거하여 통제하는 효과기반작전 실시.
2) 걸프전쟁은 표적파괴를 위해 얼마나 많은 소티 수가 필요한가였으나 이라크전쟁에서는 한 소티에 얼마나 많은 표적을 파괴할 것인가 였음.

요성을 갖기 때문에 그 시스템에 대하여 원하는 효과가 달성되었을 때, 그 표적이 파괴되었는지의 여부는 중요하지 않다.

즉 미 · 영연합군 공군은 이라크 공군이 전투기를 모래사장 밑에 숨기거나, 또는 위장하여 전투를 위한 출격을 포기함으로써 비행장 및 전투기를 파괴하지 않았다.

전통적 전쟁에서는 위협표적작동에 관계없이 무차별 대량파괴시켰으나 효과기반작전에서는 위협표적으로서 효과가 상실되고 기능이 억제되었을 때는 파괴하지 않는 것이다. 또한 정밀유도무기는 그 동안 성공적인 공격을 위해 대량의 항공기들이 필요로 하던 약점을 극복하고, 항공기 소티 수를 감소시키면서 그 효과 달성은 더욱 확대되었다.

요컨대 이라크전쟁에서 미군은 전략적 · 작전적 · 전술적 중심이 된 목표들에 효과기반작전을 실시하여, 적을 효과적으로 통제함으로써 많은 희생자를 내지 않고 보다 신속하게 전쟁목표를 달성할 수 있게 했다.

또한 효과에 초점을 맞춘 공격은 전통적 공격보다는 소규모의 자산으로도 동일한 목적을 달성할 수 있었기 때문에 전통적인 공군작전과는 매우 다른 효과적인 공군작전이 되었다.

제4절 | 네트워크 중심작전과 해군

해군은 기지를 떠나 해상에서 작전하는 것이 기본임무이며, 항시 이동하여 필요한 곳에 가장 쉽게 접근할 수 있는 전력이다. 이라크전쟁에서 미 · 영연합군 해군은 준비된 세력으로서 신속결정적 작전을 위해 매우 효과적인 네트워크 중심작전(Network Centric Warfare: NCW)을 수행했다. 네트워크 중심작전이란, 전쟁목표를 달성하기 위해 고도의 지식 · 정보능력을 바탕으로 자동화된 네트워크를 통해 신속한 지휘통제로 분산된 전력을 강력하고도 효율적으로 연결시켜 전력통합을 보장하는 전투개념이다.[20]

> 해군은 해상에서 네트워크 중심작전을 성공적으로 수행하였으며, 또한 해군의 MMS(Marine Mammal System) 파견대는 돌고래, 바다사자 등 포유동물들의 생물학적 음향탐지능력을 활용하여 움카스르항과 걸프해역 간 기뢰를 탐지하며, 넓은 해역탐색 및 해저의 바위, 쓰레기 등을 분별하여 원하는 물체만 탐색하는 소해작전을 수행했다. ……

즉 지형적 · 전력적으로 분산된 자산들을 지휘관이 의도한 목표로 집중하기 위해 C4ISR 네트워크 체계구축으로 정보를 동시통합하여 실행할 수 있는 능력을 제공하는 고도의 공유된 전투공간인식도를 갖는 것이다.

예컨대 이라크전쟁에서 해군은 첫째로 네트워크 중심작전을 실시하여 해상별 · 함대별 분산된 전력을 지상군 및 공군전력과 효과적으로 통합(도표 5-13)하여 사용하였다.

미 · 영연합군 해군은 전지구적 해양에 전진배치되어 활동하는 세계해군으로서 이라크전쟁에서는 지중해 · 홍해 · 걸프해에 분산배치된 항공모함, 수상함, 잠수함 등에서 이라크

〈도표 5-13〉 해상별/함대별 분산된 전력통합 운용

통합 유형	분산 내용
• 지역적 통합 • 전력적 통합	• 지중해, 홍해, 걸프해 전력의 분산 • 항공모함, 수상함, 잠수함전력의 분산

※ C4ISR의 네트워크 연결로 정보의 공유화 및 전력통합운용

20) VADM Arhur K. Cebrowski, and Jone J. Garstka, *Network Centric Warfare: It's Origin and Future*, USNI, 2004, pp.37-45.

의 상이한 지역과 전략적 · 작전적 · 전술적 표적에 병력이나 부대의 집중없이 토마호크미사일 802기로 공격할 수 있었다.

이와 같은 해군의 네트워크 중심작전실시는 해상별 · 전력별로 분산된 미 · 영연합군 해군전력을 공유된 이라크의 전략적 · 작전적 · 전술적 표적에 지역적 · 전력적 통합으로 타격함으로써 신속결정적 작전의 진행촉진, 전장상황변화에 신속한 대응, 저하된 위험부담, 감소된 비용 그리고 증대된 전투효율성을 확대시켰다.

둘째는 신속한 대규모 해상수송작전으로 이라크전쟁의 진행속도를 보장했다.

해군은 이라크전쟁을 위해 미국본토 및 유럽지역에서 병력과 장비를 수송하여 이라크전쟁 지역에 사전배치하는 신속배치군개념을 현실화시켰다. 또한 대량공습 및 인도주의적 민군작전이 가능하도록 막대한 군수소요 물자를 적기에 수송하여 지원하는 등 이라크전쟁에서 전쟁물자수송의 85%을 담당함으로써 가장 효율적 · 경제적인 전략적 해상수송작전을 수행했다.

셋째는 항공강습작전과 바다기지역할을 극대화했다.

미 · 영연합군은 터키를 통해 이라크의 북부지역으로 지상군을 진격시키려는 최초계획이 터키로부터 거부당하자 미 보병 3사단과 4사단을 지중해에서 다시 걸프해로 전략적 해상수송을 실시했다. 그리고 이 부대들이 쿠웨이트지역을 통해 지상군 공격작전에 합류할 수 있도록 항공강습작전을 실시하고, 항공모함에 탑재된 항공기로 전략적표적타격, 지상군지원, 자체방호를 위해 7,000소티를 지원함으로써 시간적 · 공간적 · 경제적인 바다기지 역할을 확대했다.

요컨대 해군은 효과적인 네트워크 중심작전으로 함대지 순항유도탄공격을 비롯해서 육상에 대한 항공강습작전, 이라크 주변국가들의 기지제공 거부에 대한 바다기지 역할, 지상고정 작전기지에 대한 스커드미사일 및 테러공격의 위협성 제거, 함재전폭기 공격 등은 바다로부터의 전투력 투사로 이라크전쟁의 승리에 크게 기여했다.

제5절 | 도시작전에서의 새로운 시가전

이라크는 1991년 걸프전쟁에서 최정예 공화국수비대의 참담한 패배로 인해 사막지형에서는 최첨단장비로 무장한 미군의 적수가 될 수 없다는 사실을 잘 알고 있었기 때문에 사막

〈도표 5-14〉 이라크의 시가전

참호 전투를 회피하고 주요시가지를 거점으로 방어전을 실시하였다.

그 반면에 미 · 영연합군은 전통적인 시가전(도표 5-14)에서 건물 대 건물의 확보전투, 거리와 거리간의 전투로 많은 희생자가 발생할 수 있다는 역사적 전훈을 알고 있었기 때문에 시가전 회피를 고려했다. 그러나 연합군은 전통적인 도시작전 교리를 탈피한 새로운 개념의 시가전을 수행했다.

> 이라크군의 시가전은 지역사령관 중심의 분권화 작전체제를 유지하면서 페다인 및 바트당 요원주축의 전투조직을 구성하고 도시게릴라전을 시도하여 다수의 인명피해를 강요했다.
>
> …… 연합군의 시가전은 이스라엘이 팔레스타인 작전에서처럼 전차 · 장갑차 · 공격헬기 복합투입방식을 사용하여 주공축선 병참선 확보에 긴요한 도시는 신속하게 점령하여 확보하고, 기타 도시는 우회통과 후 후속부대가 소탕하며, 도시주변 포위망 구축시 일방향 개방(열린 포위 실시)으로 민간인 피난 및 도주로로 활용하도록 유도하고 심리적으로 도주할 수 있도록 충동시키면서 피해 최소화작전을 실시했다.

첫째는 도시 주변 포위망구축 시 일방향을 개방하여 놓고 피난 및 도주로로 활용하도록 하고, 기갑부대가 위력수색을 실시하여 적의 배치확인 및 공포심을 조장하였다.

미군의 최첨단 정찰자산으로 발달된 시가지를 세부단위로 분할하여 지역정보를 획득하고, 그 지역에 대한 대응책을 사전에 마련할 수 있었기 때문에 이라크군에게 지형적인 유리한 점을 상쇄시킬 수 있었다.

예컨대 2003년 4월 3~5일에 전차로 일방향의 열린 포위를 실시했었던 바그다드 시내의 3차례 치고빠지는(Hit and Run) 위력수색은 공화국수비대와 민병대의 방어상태 파악과 전투의지를 포기하게 하여 일방향으로 탈출할 수 있도록 한 후에 사담 후세인 대통령궁을 기습 · 점령했는데, 이것은 완전히 새로운 시가전이었다. 또한 시가전에서 최신형 에이브럼스(M1A1) 전차의 장갑효과와 강렬한 폭음소리, 신속한 대응사격은 이라크군과 민병대원들에게 전율을 느끼게 했고, 효과적인 대전차 무기사용을 통제할 수 있었다.

둘째로 광범위한 시가지를 점령하기보다는 핵심건물과 중심도로지역을 확보했다.

전차부대는 시가지 수색시 보병의 엄호를 받으며 전진한 것이 아니라 보병의 엄호 없이 전진하다가 일단 교전이 발생하면 하차한 보병을 지원하고 좁은 지역은 우회하였으며, 주요건물 옥상에 헬기를 이용하여 특수전 병력을 배치하였다가 필요시 벌떼전술(Swarm Tactic)로 건물을 덮쳐서 수색 · 점령했다.[21)]

그리고 바그다드 시가지를 전부 점령하기보다는 후세인 대통령궁과 국방부 및 바트당 건물 등 힘의 중심지를 통제하거나 확보하고, 이라크군과 민병대가 원했던 게릴라전 · 자살폭탄공격 · 화공작전을 효과적으로 통제하면서 도시를 함락하였는데, 이러한 시가전의 개념은 전통적인 시가전의 개념과는 다른 것이었다.

셋째는 시가전에서도 다양한 근접항공 지원을 실시했다.

바그다드를 방어하기 위해 배치된 대공화기를 조기제압하고, 고층건물을 효과적으로 통제함으로써 근접항공지원이 가능했다. 즉 도시상공에 상이한 항공기, 다양한 무기를 장착한 전투기를 대기 시켜 상황에 따라 적시적인 항공지원을 하였다.

2003년 4월 10일, 미5군단장 윌리엄 월리스중장은 바그다드가 조기 함락된 이유를 다음과 같이 증언했다.

"나는 아주 중요한 요인이 다음 세 가지였다고 생각하다. 첫 번째는 우리를 바그다드로 진입하기 용이한 지역으로 전개할 수 있도록 해준 속도(신속기동력)이다. 제3보병사단의 신속한 기동력이 사막을 건너 바그다드 진입을 위한 지역으로 전개할 수 있도록 하였고, 신속하게 유프라테스 강을 도하하여 이라크 영역 깊숙한 곳까지 전진할 수 있게 하였다.

두 번째는 이라크정권이 쉽게 무너지지 않을 것이라고 예상될 때부터 82공중강습사단을 나의 작전통

21) 국방대학교 합동참모대학, 『이라크전쟁 분석: 합동작전을 위한 합동성 강화』, 2003. pp.39-48.

제하에 두도록 허용해 준 것이다. 그로 인해 우리는 우리가 점령한 지역을 통제하면서 우리의 작전영역을 바그다드까지 연장하는 것이 가능하였다.

세 번째는 우리의 바그다드에 대한 세 방향(동 · 북 · 서쪽)으로부터의 동시공격이다. 이 동시공격은 우리의 바그다드 진입의지를 보여주기 위해 계획되었는데, 적은 우리의 이와 같은 공격에 대응하기 위해 최종방어선과 전력재배치에 대한 정보를 우리 공군에 노출시켰고, 우리의 공군이 그들에게 심각한 타격을 입힐 수 있었다. 이틀 동안(실제로는 그보다 짧은 약 36시간)에 걸쳐 이루어진 이 세 가지가 바그다드를 향한 우리의 결정적 기동을 가능하게 한 요인이었으며, 시가전은 새로운 작전형태를 실시하여 성공적으로 바그다드를 점령할 수 있었다."

요컨대 이라크전쟁에서의 시가전은 전차와 보병, 근접항공지원, 특수전부대의 합동성이 강조된 작전으로서, 21세기 전쟁에서 시가전의 새로운 도시작전형태로 발전하게 되었다.

5 이라크전쟁이 한반도에 미친 영향

이라크의 사담 후세인 대통령이 조국수호전쟁의 기둥으로 믿었던 공화국수비대와 페다인민병대는 미·영연합군에 조직적·체계적인 전투 한번 제대로 해보지 못하고 산발적인 저항만 하다 패배하고, 사담 후세인과 그 정권은 제거되었다.

미국이 사막의 모래폭풍과 살인적인 더위의 이라크전쟁에서 승리할 수 있었던 요인을 종합하여 보면 대량살상무기 및 테러관련국가에 대한 선제저지 안보전략, 최첨단 정밀유도무기에 의한 충격과 공포군사전략, 그리고 우수한 지식·정보력에 기초한 신속결정적 기동작전, 효과기반작전, 네트워크중심작전이 통합된 신속결정적작전술에 의한 첨단정보과학군의 합동작전과 치열한 심리전의 결과였으며, 그 결과는 한반도 군사작전에도 영향을 미치게 되었다.

제1절 | 선제저지전략에 의한 선제공격

한반도 주변국가들은 국제안보환경의 변화와 미래전쟁에 대비하여 군사혁신을 추구하면서 첨단과학무기로 군비를 증강하고 있다. 한국도 미국의 세계안보전략 변화와 새로운 전쟁개념에 따라 주한미군의 재조정이 불가피한 상황에 있기 때문에 새로운 방향에서의 국가안보전략과 국방정책 및 군사전략으로 변환되었다.

예컨대 국제적 관심사가 된 북한의 핵문제(도표 5-15)가 한반도위기를 조성했다.

2003년 9월 23일, 미국 브루킹스연구소는 한반도위기라는 연구보고서에서 북한의 변화와 관련해 네 가지 시나리오를 제시했는데 ① 북한은 미국이 제시한 북핵사태의 해결조건을 받아들여 핵을 폐기하고 미국과 외교 및 경제관계를 정상화하여 경제난을 극복하기 위해 경제계획을 추진하는 장기적 가능성을 제시했다. 또한, ② 북한의 권력투쟁 확산, 권력내부의

〈도표 5-15〉 북한의 핵개발

구 분	내 용
핵개발 시인	• 2002년 10월 미국 켈리 차관보에게 북한 핵개발 시인 • 2005년 2월 북한 외무성 핵무기 보유 공식선언 • 2012년 4월 17일 헌법전문에 핵보유 공식 명시하고 선언
국제사회의 요구	• NPT 복귀, 핵사찰수용 • 장거리 미사일개발 중단
북한의 반응	• UN감시단추방 • NPT탈퇴 • 핵 억지력 보유주장
국제사회의 해법	• 6자회담에서 해결(미국 · 북한 · 한국 · 일본 · 중국 · 러시아) • 다자협상으로 핵 포기와 경협 · 체제보장 일괄타결 모색
북한의 요구	• 미국과의 불가침협정 요구 • 전력 등 에너지공급과 경제원조
북한의 핵개발 강행시 파장	• 주변국의 핵보유 경쟁유발 • 일본 · 한국 등에 MD체제 강화로 중국의 안보불안 가중 • 한반도 대립구조 고착화

주) 북한에 핵기술을 제공했던 파키스탄 압둘 카디르 칸 박사는 1999년 방북 시에 핵폭발 장치 3개를 보았다고 증언했음 (2004. 4. 13)

이해득실과 분배를 둘러싼 알력심화 등의 요인에 경제난이 가중되고 국제사회의 대북 봉쇄 및 경제제재 등의 요인이 겹쳐 체제가 붕괴되는 상황이며, ③ 미국이 주도한 북핵사태의 해결을 위한 6자회담(한 · 미 · 일 · 북 · 중 · 러)에서 핵무기개발 중단 의사를 밝히지만 향후 이행과정에서 차질이 빚어져 2002년 10월 이전의 핵대치상황으로 복귀하는 현상유지 시나리오이다. 북한은 2012년 헌법전문에 핵보유를 공식 명시하고 핵보유국가임을 선언했다.

북한이 핵을 보유할 경우 한국 · 일본 · 대만도 핵개발을 시도하여 동북아시아의 핵 도미노 가능성을 배제할 수 없다. 한반도 위기상황이 되고 있는 북한의 핵문제가 정치 · 외교적이고 평화적 방법으로 해결되지 못했을 때는 어떻게 될 것인가?

김정일 국방위원장은 2004년 4월 19일부터 4월 21일까지 중국을 방문하여 중국 후진타워 국가주석과 회담에서 북한 핵문제 해결을 위해 인내심과 함께 융통성을 발휘해 6자회담이 성과를 거둘 수 있도록 노력하겠다고 약속했다.

즉 북한과 중국의 최고지도자가 만나 북한 핵문제를 평화적으로 해결한다는 의견을 함께 했으며, 6자회담을 지속적으로 추진해 한반도 비핵화와 북한 핵문제 해결을 대화를 통한 평화적 해결 원칙에 합의한 것이다.

그러나 북한 핵 문제가 평화적 해결이 실패하거나 정세의 오판으로 미국의 대량살상무기 통제전략과 인내심에 한계가 왔을 때 한반도에는 새로운 위기가 발생할 수 있다. 특히 김정은 국방위원회 제1위원장은 핵무장과 경제개발이란 병진정책을 계속 추진했다. ……

미국의 지미 카터 전 대통령은 북한의 핵문제가 잘못되었을 때는 한반도에서 전쟁이 일어날 수 있다고 했다.[22] 미국이 이라크를 불량국가로 선제공격했던 신전략이 한반도에 적용될 수 있고, 국제적 지지도 더욱 많이 확보할 수 있는 요인이 되고 있다.

첫째, 북한의 핵개발은 한반도를 국제적 위기관리지대화 했다. 북한이 핵개발을 시인함에 따라 미국 · 북한 · 한국 · 중국 · 일본 · 러시아는 북한 핵문제의 평화적 해결을 위해 노력했다.

그러나 북한 핵문제가 6자회담에서 해결되지 못하고, 북한이 핵개발 포기대신에 핵개발을 강행했을 때는 한반도에 또 다른 위기가 발생할 수 있게 되었다.

즉, 북한은 스스로 핵무기 소유국가임을 확인했고, 생화학무기를 보유하고 있는 불량국가로서 미국은 이라크보다 더욱 확실한 선제저지 안보전략을 적용하여 북한을 선제공격할 수 있는 명분을 갖게 되었다.

미국 도널드 럼스펠드 국방장관과 한국 조영길 국방장관은 2003년 11월 17일 서울에서 한미연례안보협의회의(SCM)를 열었다.

한 · 미양국은 한미연례안보협의회의를 마친 공동성명을 통해 ① 주한 미군을 한강 이남 평택 · 오산지역으로 2단계에 걸쳐 재배치 · 통합한다는 원칙을 재확인하고, ② 한 · 미동맹을 변화하는 세계안보환경에 적응시키고 발전된 군사기술을 활용하는 것이 중요하다는 데 동의하며, ③ 한국에 핵우산을 지속적으로 제공할 것이라는 공약을 재확인했다.

이와 같은 주한미군의 장래에 대한 미국 정부의 전략구상을 분명히 한 것은 지금까지 중무장 지상군 중심의 방어전략을 폐기하고, 해군력 및 공군력을 활용한 선제공격 전략개념으로 해외주둔 미군의 대비태세로 변환시키고 있음을 확인한 것이다.

…… 이에 대해 2003년 11월 18일 북한의 로동당 기관지 로동신문 논설에서 이라크전쟁에서 보여

22) 문화일보, 2003. 9. 2.

주듯이 미국은 손실을 줄이면서 침략목적을 달성하기 위해 먼 지역에서 항공력 등으로 강력하고도 집중적인 타격을 실시하여 상대방의 역량을 약화시킨 후 지상전을 하는 전쟁수행방법을 바꿨다면서, 미군의 한강 이남 재배치에 의한 미군 조직편성의 변화는 미국의 전략적·작전술적 기도가 달라졌음을 의미하며, 이는 결국 북한을 침공하기 위한 군사적 조치라고 주장했다.

…… 도널드 럼스펠드 국방장관은 2003년 11월 19일 한미연례안보회의를 마치고 워싱턴으로 돌아가는 전용기에서 "지난 수십 년 동안 이곳저곳에서 나라들이 없어지는 극적인 변화를 우리는 보아왔다. 분명히 우리는 북한의 정권이 교체되기를 희망한다. 그리고 필요시에는 북한에 대해 모든 가능성을 열어놓고 있다"고 말했다.[23]

또한 그는 2004년 6월 북한을 겨냥한 극비 선제공격계획을 승인했다.

둘째, 미국은 이라크와는 상황이 다르다고 하지만 북한에 대해서도 정밀유도무기 및 핵무기사용에 의한 충격과 공포군사전략을 실현시킬 수 있는 가능성을 열어놓고 있다.

미국은 북한과 같은 신흥 핵보유 가능국가들을 억제하기 위해 미상원 군사위원회에서 2003년 5월 10일에 2004년 국방예산안과 스프래트-퍼스 수정안의 폐기안을 가결하여 소형 핵무기 개발을 추진하게 되었다.

제2차 세계대전시 일본 히로시마에 투하된 원자폭탄은 TNT 1만 5,000t에 해당되는데, 미국은 1993년 존 스프래트 상원의원과 엘리자베스 퍼스 하원의원의 발의로 입법화 되었던 TNT 5,000t 미만에 해당된 소형핵무기 연구개발 금지규정을 폐기하기로 결정했다.

소형 핵무기개발을 반대하는 군비통제 지지측은 군사기술의 발달로 재래식 무기가 소형 핵무기 못지않은 위력을 발휘할 수 있게 되는데 지금까지 10년간 유지해 온 소형 핵무기의 금지규정을 철폐한다면 불필요하게 핵무기확산을 자극할 우려가 있다고 주장했다.

그러나 소형 핵무기개발을 찬성하는 군비확산 지지측은 대량살상무기를 태워버리기에는 소형 핵무기가 적격이며, 대형 핵무기는 역설적으로 너무나 파괴력이 커 실제로 세계 국가지도자들은 미국이 작은 나라들에 대형 핵무기를 사용할 것으로 믿지 않는다는 점을 들어 소형 핵무기가 필요하다는 주장이다. 소형 핵무기의 파괴력이 대형 핵무기보다 덜하기 때문에 북한을 비롯한 작은 핵보유 국가들을 억제하고, 또한 이론적으로 사용가능성이 더욱 크기 때문에 충격과 공포군사전략 실현에 더욱 효과적이라는 것이다.

그리고 북한이 자랑하고 있는 포병과 전략무기들은 지하화·벙커화되어 오랫동안 고정

---

23) 워싱턴타임스 및 문화일보, 2003. 11. 20.

된 표적으로 존재해왔고, 또한 파괴할 수 있는 첨단정밀유도무기가 발달되어 있기 때문에 미국의 선제저지전략에 의한 선제공격은 더욱 효과적일 수 있다.

요컨대 한·미연합군의 전쟁계획은 먼저 적으로부터 공격을 받고, 방어 한 후에 공세이전하는 중무장 지상군 중심의 수세·공세적 방어전략을 적용하여 왔다.

그러나 현대전쟁에서 무기체계의 놀라운 정밀성과 결정적 파괴력은 공격을 당한 후에 공격하기에는 너무나도 피해가 크고, 잔존공격전력의 생존 가능성도 보장할 수 없는 상황이 되고 있기 때문에 선제저지전략에 의한 선제공격은 필요시 언제든지 적용할 수 있게 되었다.

제2절 | 신속결정적 작전술이 적용된 전쟁계획

지금까지 한반도에서의 전쟁계획은 산업시대전쟁의 작전개념인 공지합동작전술(ALO)을 발전시켜왔다. 그러나 지식정보화시대의 이라크전쟁에서는 공지합동작전술개념으로는 전쟁을 수행할 수 없게 되었기 때문에 새로운 신속결정적 작전술(RDO) 개념이 적용된 전쟁계획이 요구되었다.

> 미군 합동참모본부는 한반도 유사시 전쟁계획인 작전계획 5027을 포함한 중동·유럽·라틴아메리카 등 전 세계에서 운용중인 84개의 전쟁계획에 대한 수정작업을 했다.[24)]
>
> 이 같은 전쟁계획(O-plan) 수정작업은 이라크전쟁과 아프가니스탄전쟁에서 입증된 ① 정밀유도무기의 성능향상, ② 특수부대의 역할증대, ③ 지상군과 공군·해군력의 합동작전 성과 등을 반영한 충격과 공포군사전략 실현을 위한 신속결정적 작전술의 적용이다. 미 국방부의 전쟁계획 수정작업의 초점은 보다 적은 병력으로 더 빨리 승리한다는 것이다.
>
> 예컨대 이라크전쟁에서 당초 50만 명이 필요하다고 했지만 지상군 투입병력 17만 1천 명으로 승리했듯이 보다 빠르고, 보다 적은 수의 병력으로도 압도적인 전력을 만들 수 있다.
>
> …… 한반도 전쟁계획도 대규모 증원군의 도착을 기다리지 않고 야포 대신 공군력과 정밀유도무기를 동원한 효과기반작전 등으로 즉시 대응하는 방안을 포함하였다. 현재의 작계 5027에 따르면 개전 후 90일 이내에 69만 명의 병력과 함정 160척, 항공기 1,600대 규모의 증원군이 도착하도록 되어

24) 중앙일보, 2003. 11. 19.

있다.

그러나 수정된 계획은 개전 며칠 내 도착하는 신속배치군과 현주한미군 및 한국군 전력만으로 전쟁을 조기에 끝내는 방향으로 수정한 것이다.

…… 도널드 럼스펠드 국방장관의 지시로 미국방부와 합동참모본부는 아프가니스탄전쟁과 이라크전쟁 결과, 84개 전쟁계획에 맞춰 각각 워게임을 실시한 결과 승리까지 걸리는 기간이 계획보다 상당히 단축된다는 사실에서 미군의 지휘구조 개혁 및 해외미군 배치재편 등을 고려하여 대폭 바꾼 것이다.

따라서 도널드 럼스펠드 국방장관은 세계 어느 곳에서 위협이 발생할지 현재로서는 정확히 예측할 수 없기 때문에 우리는 정적인 방어에서 더욱 활동적인 동적인 단계로 옮겨가는 계획이라고 2003년 11월 18일 워싱턴 포스트는 보도했다.

• 미국이 운용중인 주요전쟁계획

작계 1002	아라비아반도 방어작전/대이란 전쟁계획	중부사령부
작계 1003	대이라크전쟁계획	중부사령부
작계 2370 작계 2380	라틴아메리카 민주주의 수호작전	남부사령부
작계 4102	유럽방어계획	유럽사령부
작계 5027	한반도 전면전시 방어계획	태평양사령부

미국은 첨단정보과학군의 신속결정적작전을 한반도 군사작전에 적용하여 주한미군을 재편성 · 재배치하고, 작전계획(도표 5-16)을 발전시켰다.

2003년 7월 14일, 미국 시사주간지 유에스 뉴스와 글로벌 시큐리티에 의하면 미국국방부와 태평양사령부가 한반도 전쟁계획인 작계 5026~5029를 개정했고, 북한군의 내부붕괴를 유도하는 새로운 작전계획 5030의 세부내용을 수정한 것이다. 이 같은 계획은 아프가니스탄전쟁과 이라크전쟁에서 신속한 승리로 이끈 새로운 군사전략과 신속결정적작전술 개념을 한반도에 적용한 것이다. 한반도를 관할하는 태평양사령부 예하 주한 미7공군은 2003년 5월 22~23일에 한국 오산기지에서 이라크전쟁 전훈을 적용하기 위한 전략회의를 열었다.

예컨대 북한의 남침에 의한 전면전을 대비한 작계 5027에 한국의 동의 없이 북한의 대량살상무기 관련목표를 선제공격한다는 내용을 포함시켰다.[25]

그리고 2000년대 현재 수정된 작계 5027도 이라크전쟁처럼 정밀타격기술을 활용해 특

〈도표 5-16〉 미국 태평양사령부(PACOM)의 한반도 전쟁계획(O-Plan)

구분	OP5026	OP5027	OP5028	OP5029	OP5030
작성 연도	1994년	1974년 첫 입안 2년마다 수정	1996년 계획	1999년 계획	2003년 계획
작전 개념	• 영변 핵시설 정밀폭격계획 –1994년 클린턴 행정부 당시 입안 –F-117스텔스 전폭기, 토마호크 크루즈 미사일 및 항모 사전배치	• 북한 침공 시 대응계획 –5027-기본내용: 전쟁 발발 시 미군 69만 명 증원, 남침 격퇴 –5027-1998년: 북한의 확실한 전쟁도발징후에 선제공격 –5027-2002년: 김정일 제거, 한국 정부와 협의 없이 북한 대량살상무기 공격 –5027-2004년: 북한 미사일 공격 대비 MD 가동	• 북한 우발사태가 전쟁으로 확대를 막는 계획	• 난민 유입 사태 등 –북한 급변사태 발생으로 붕괴시 돌발상황 대비 계획	• 북한 내부 붕괴 유도 계획 –예고 없이 대규모 기동연습 등 무력시위 –근접정찰, 심리전 · 민군작전 등 비정규전 포함

정목표를 공격하는 방안과 북한의 미사일공격을 요격미사일로 저지하는 미사일방어(MD) 체제 배치를 반영했다. 또한 작계 5030은 심리전과 민군작전을 대단히 중요한 분야로 발전시킨 것을 비롯해서 다양한 작전계획들을 포함하고 있다.

21세기 한국군도 한반도 전쟁환경에서 효과적인 작전을 수행하기 위해서는 C4ISR체계에 의한 공통작전 상황도를 발전시켜 실시간 상황파악 및 동시타격으로 신속결정적 작전을 가능하도록 하는 것이다.

이를 위해 적의 전략적 중심과 표적을 무력화시키기 위해서는 산악지형인 동부지역에서는 첨단정밀유도무기에 의한 효과기반작전을 수행하고, 평야지형인 서부지역에서는 신속결정적 기동작전과 효과기반작전을 실시할 수 있으며, 동해 · 서해 · 남해에 분산된 전력은 네트워크 중심작전으로 통합하여 합동성이 강화된 합동작전술을 발전시켜야 한다.

25) 중앙일보, 2003. 7. 15.

제3절 | 새로운 형태의 전쟁수행을 위한 정보과학군 건설

한국의 국방력건설은 지식정보화시대의 전력구조를 갖춘 첨단정보과학군으로 건설해야 한다. 이라크전쟁에서 확인할 수 있듯이 산업시대의 지상 · 해상 · 공중에서 이루어진 3차원적 전쟁수행을 위한 전력구조를 가지고는 싸울 수 없는 전장환경이 되었다.

21세기 한반도에서 한 · 미연합군이 효과적인 연합합동작전을 수행하기 위해서는 지식정보화시대의 지상 · 해상 · 공중 · 우주 · 사이버에서 실시될 5차원적 전쟁공간으로 확대됨에 따라 네트워크에 의한 통합된 정보체계를 추진하고, 새로운 군조직과 무기체계 전력구조에 의한 첨단정보과학군을 건설해야 한다.

제4절 | 실전적인 심리전 · 민군작전 수행

이라크전쟁에서 심리전 · 민군작전은 전쟁 중에나 전쟁 후에 군사작전과 더불어 중요한 전력으로 확인되었다. 특히 이라크전쟁 중에서도 심리전 · 민군작전은 중요했지만 미군이 이라크전쟁 종전을 선언하고 이라크군정(도표 5-17)을 실시하면서 안전확보 · 안정화달성 · 이라크 정부 수립으로 권한 전환단계에서는 더욱 중요한 역할을 한다.

그러나 이라크의 저항세력들은 미군을 비롯한 동맹군과 외국인들을 테러전과 게릴라전으로 공격하여 인적 · 물적 피해를 주었으며, 이라크 민주정부수립에 장애적 요소가 되게 했다. 이에 대해 2003년 11월 15일 조지 W. 부시 대통령은 "결코 미국은 이라크의 저항세력에 의해 도망치지 않을 것이며, 테러와의 전쟁 연속선상에 있는 이라크와 아프가니스탄에서의 민주정권 수립을 포기한다는 것은 생각할 수 없다. 반드시 이 지역에 민주정치 확산이라는 당초의 전쟁목적이며 목표를 완수하고야 말겠다"고 확언했다.

그리고 조지 W. 부시 대통령은 역사는 평화와 가치수호를 위해 때로는 무력을 사용해야 한다는 사실을 입증했으며, 전 세계를 대상으로 민주주의 가치를 전파해야 한다고 하면서 다시 이라크전쟁의 정당성을 옹호했다.

이와 같이 전쟁 중에 심리전 · 민군작전이 전쟁승리에 결정적 역할을 하지만 종전처리 과정에서도 안전확보 및 안정화에 중요한 요소임을 알 수 있다. 그렇다면 한반도에서의 심리전 · 민군작전은 어떻게 적용해야 할 것인가?

〈도표 5-17〉 이라크의 군정기구도

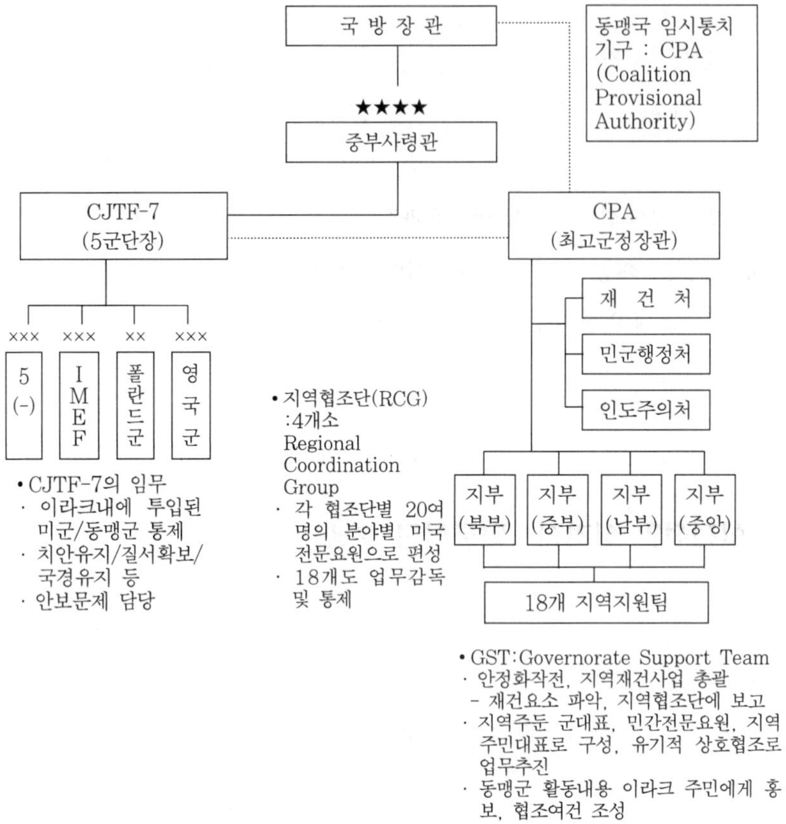

※ 자료: 합동참모본부 「이라크전쟁종합분석」 2003, p.74.

앞으로 북한지역에서 행정 · 치안 · 구호 · 자원관리 · 선무심리전을 통한 심리전 · 민군작전은 응전자유화계획을 성공시키는 데 가장 주요한 역할을 할 것이다.[26]

한국군은 단독으로 미래전을 위한 합동작전에서, 또는 미군과 효과적인 연합작전을 수행하는 과정에서 한반도 작전환경에 적용할 수 있는 심리전 · 민군작전을 위한 조직을 강화하고, 과학적 · 체계적인 내용을 발전시켜 전쟁 중에나 전쟁 후의 지역안정화와 민주국가체제를 조기에 확립할 수 있도록 해야 한다.

요컨대 한반도에 대한 미국의 안보정책 및 안보전략 · 국방정책 및 군사전략 · 작전술 변화, 그리고 전략적 유연성확보에 의한 전쟁환경 변화와 한국군이 고도의 전투능력을 가

26) 조영갑, 『심리전 · 민군작전과 전쟁』, 서울: 국방대학교, 2003, pp.14-17.

지고 있다는 판단에서 미군을 재배치하고 역할을 조정하고 있다.

21세기 한국군은 한반도 안보변화를 고려하고, 현존 위협 및 미래 불특정 위협에 대비하여 새로운 방향에서의 안보정책 및 안보전략 · 국방정책 및 군사전략을 고려하여 정보작전 · 군사작전 · 심리전 및 민군작전이 통합된 합동작전을 수행할 수 있도록 발전시켜 나가야 한다.

6 이라크전쟁 교훈

미국은 9 · 11테러 이후 테러 및 대량살상 무기의 확산에 대한 안보정책 및 안보전략 변화가 가시화되면서 이라크전쟁은 예견되어 왔다. 미국의 주도적인 국제질서 재편과정에 위협을 느낀 국제사회의 우려 및 반대에도 불구하고 미국은 일방주의 선제저지전략에 의한 선제공격을 결행하여 단기전으로 이라크전쟁을 종전시켰다.

또한 미국은 걸프전 이후 끊임없는 군사혁신을 통해 새로운 군사전략 발전과 군사력건설로 새로운 형태의 전쟁에 대비해 왔으며, 이라크전쟁에서는 충격과 공포군사전략 및 신속결정적 작전술로 승리함으로써 미래전 양상을 보다 극명히 보여주었다.

이라크전쟁을 지휘했던 토미 프랭크스 미 중부사령관은 2003년 5월 19일 뉴스위크의 인터뷰에서 "나는 단기간에 이라크전쟁에서 승리한 것에 대해 놀랐다. 원래는 지상군 50만명을 동원한 장기전으로서 120일은 걸릴 것으로 예상했다."

이와 같은 전광석화 같은 승전요인은 ① 조지 W. 부시 대통령의 선제저지전략에 대한 전폭적인 신뢰와 지지, ② 도널드 럼스펠드 국방장관의 충격과 공포군사전략, ③ 이라크 사담 후세인군대의 허를 찌른 신속결정적 작전술, ④ 치밀하고 효과적인 대외적 · 대내적 · 대적 심리전의 결과였다고 증언했다. 그러나 전쟁지도자 조지 W. 부시 대통령의 정치적 목적이고 목표였던 이라크전쟁 목표달성에 대한 평가는 여러 가지로 생각할 수 있다.

첫째, 이라크전쟁의 목표로서 ① 미국은 이라크 종전후 이라크 서베이그룹(ISG) 1,400명을 투입하여 이라크에서 핵 및 대량살상 무기증거를 찾을려고 조사하였으나 찾아내지 못함으로써 이라크전쟁을 위한 정보조작으로 비판받았고, 2004년 1월 10일, 조지 W. 부시 대통령은 이라크에서 핵 및 대량살상무기의 정보가 과장되고 조작되었음을 시인함으로써 이라크전쟁의 정당성에 부정적 영향을 미쳤다고 볼 수 있으나, ② 이라크에서 사담 후세인정권은 제거되고, 독재자였던 사담 후세인 대통령은 2003년 12월 14일 생포되어 2006년 12월 30일 교수형에 처해졌다.

"…… 사담 후세인 전 이라크 대통령을 생포했다." 조지 W. 부시 대통령이 2003년 3월 20일, 이라크전쟁을 개전하여 동년 5월 1일 전쟁승리와 종전을 선언한 후 8개월 만인 2003년 12월 14일에 사담 후세인 이라크 대통령을 그의 고향 티크리트 근처 아드다와르 지역의 한 농가 앞 마당의 구덩이에서 생포했다.

…… 미군 제4사단 제1연대 소속 특수부대 지휘관 짐 히키대령은 사담 후세인을 사살하거나 생포하라는 '붉은 새벽'이란 작전명을 받고 600여 명의 병력을 동원하여 얻은 첩보로 농가를 수색하여 작은 구덩이에 숨어 있던 사담 후세인과 AK-47 소총 두 정 및 75만 달러를 찾아냈다.

…… 사담 후세인은 저항하지 않았으며, 얼굴의 반을 덮고 목이 안 보일 정도로 거칠게 자란 구레나루와 헝클어진 머리카락은 전혀 다른 사람처럼 보였다.

…… 체포 직후에 이라크 과도통치위원인 아흐마트 찰라비는 사담 후세인이 진짜인지를 확인하였으며, 미국 폴 브레머 이라크 최고행정관과 리카르도 산체스 이라크 주둔미군 지상군사령관이 심문하는 자리에 함께 있었다.

…… 조지 W. 부시 대통령은 사담 후세인이 생포되자 다음날인 12월 15일 백악관에서 "후세인 생포는 자유 이라크 수립에 긴요하며, 약자를 괴롭히고 살해했던 모든 사람에게 이제 후세인시대가 종식되었음을 의미한다"고 선언했다.

…… 사담 후세인은 1991년 쿠웨이트침공에 대한 질문을 받고는 그 곳은 이라크 땅이라고 믿는다고 주장했으며, 대량살상무기에 대해서도 이라크는 결코 보유하지 않았다고 주장했다.

…… 2003년 12월 10일 이라크의 미군정과 과도통치위원회가 설립한 이라크 전범 특별재판소는 대량살상무기 사용과 반정부세력 학살과 같은 반인도주의 범죄 등 사담 후세인정권하의 모든 범죄를 단죄하기 위해 만들어졌다.

…… 지금까지 언급된 후세인의 범죄행위는 다양하다. 1983년 쿠르드족 8,000여 명 학살, 1988년 화학무기로 쿠르드족 5,000여 명 학살, 1991년 걸프전 이후 시아파 회교도 30만 명 학살, 불만세력에 대한 고문 등 반인륜범죄가 그의 주요 죄목이었으며 그는 특별전범재판소에서 사형판결로 처형되었다.

둘째는 이라크에 민주주의 정치체제를 세우는 것이다.

전쟁 중에는 이라크인들이 미군을 해방군으로 환영했으나 종전후 미군정에서는 점령군으로 인식되어 이라크 저항세력에 의한 끝나지 않은 게릴라전과 테러전으로 미국의 이라크 민주정부수립추진을 더디게 했으나 2004년 3월 8일 이라크과도통치위원회의에서는 과도헌법이 통과되어 주권이양, 정부수립 등 새로운 이라크 건설을 위해 노력했다.

셋째, 미국은 에너지확보를 외교안보정책의 최우선순위에 두었다.

미국은 중동지역에서 석유접근권을 확대하기 위해 군사적 개입이 필요하다고 강조해왔기 때문에 이라크전쟁을 석유전쟁이라고 주장했다.

1970년대 이후 중동국가들이 석유를 장악했던 자원민족주의시대가 끝나고 이라크전쟁 종전 후에는 미국과 영국을 비롯한 다국적 기업들이 에너지 시장을 다시 장악하게 되었다. 석유자본의 이해를 대변해온 미국은 소극적 제재에 국한했던 전략을 바꿔 2003년에 이라크전쟁이라는 칼날을 빼들어 자원민족주의와 OPEC 체제를 무력화하고 석유자본시대를 여는 결정적 계기가 되었다.

예컨대 조지 W. 부시 대통령은 텍사스에서 스펙트럼 7이라는 석유회사를 운영했던 사실을 비롯해서, 딕 체니 부통령이 경영했던 핼리버튼회사는 이라크의 석유산업 재건과 개발권을 획득하여 독점권에 대한 많은 비난을 받기도 했다. 또한 미국은 이라크전쟁 당시에 미군의 임시기지를 이라크에 건설하면서 엑손, 모빌 등 특정 석유회사 이름을 붙여 사용하기까지 했다.[27)]

넷째, 미국경제의 활성화 및 정치지도자의 정치이해에서 조지 W. 부시 대통령은 2003년 11월 3일 미국 경영자와 근로자들이 모인 연설에서 우리는 경기회복을 위해 적절한 시기에 효과적인 전략을 구사했고, 그래서 경제회복에 진전을 이루어냈다고 했다.

2003년 3분기 국내총생산(GDP)이 8.2% 증가했으며, 앞으로 더욱 많은 일자리를 창출하겠다고 경제활성화를 낙관했다. 그리고 조지 W. 부시 대통령에 대한 미국민의 정치적 지지도가 상승했다.

> 2003년 11월 25일 미국 상무부는 3분기(7~9월) 경제성장률이 1984년 1분기 이래 20년 만에 최대성장률인 8.2%를 기록했다고 발표했다.
>
> 이 같은 성장률은 이라크전쟁이 승리로 종전된 후에 3분기 민간소비가 2분기의 두 배에 가깝게 기록했으며, 이 성장률은 전문가들의 예상을 뛰어넘는 수치였으며, 2004년에도 미국경제는 성장되었다.
>
> 미국 민간경제분석기관인 이코노믹스는 미국의 기업들이 자신감을 회복해 향후 기업소비 및 투자에도 가속도가 붙고 있다고 했다.[28)]

---

27) 중앙일보, 2003. 10. 23.
28) 중앙일보, 2003. 11. 26.

이라크전쟁은 미국의 국가이익과 전쟁지도자인 조지 W. 부시 대통령의 정치목적이었던 전쟁목표를 달성하기 위해 정하는 시간과 장소에서 개시되고, 또한 종전을 선언했지만 이라크는 많은 혼란과 갈등 속에서 더디게 미군정체제로부터 벗어나 이라크 사람들의 가치와 체제로 전환되었다.

미국의 이라크전쟁 승리는 2004년 11월 조지 W. 부시 대통령의 재선에 중대한 영향을 미쳐 재선 성공과 함께 2005년 1월 20일 다시 취임했다.

조지 W. 부시 대통령은 2005년 3월 20일 이라크전쟁 2주년 기념식에서 9 · 11테러 공격을 통해 우리는 달리 생각하게 되었다면서 미국에 대한 위협이 현실화하기 전에 선제저지전략에 의한 선제공격(pre-emption)을 계속하겠다고 강조했다.

즉 선제공격전략이 얼마나 많은 긍정적인 효과를 보게 됐는지 자랑하고, 미국이 선제행동을 했기 때문에 이라크는 더 이상 세계와 다른 나라에 위협이 아니라고 평가하면서, 우리가 행동한 덕분에 이라크에서 자유는 뿌리를 내리고 미국은 더욱 안전해졌다고 강조했다.

그러나 미국은 아프가니스탄전쟁과 이라크전쟁을 치르는 과정에서 무력의 한계를 경험했다. 지난 군사적 승리로 정권을 바꾸면 문제가 해결되리라 기대했지만 막상 전쟁을 끝낸 후에도 아프가니스탄과 이라크에서 테러와의 전쟁은 계속 되었다.

조지 W. 부시 정부에서 과제로 넘겨진 이라크 문제는 2009년 1월 20일 버락 오바마 정부에서 군사적 승리를 정치적 승리로 완결하기 위해 노력을 하였다.

그 결과로 버락 오바마 대통령은 2010년 8월 31일 미국군의 이라크 전투 임무종료를 선언하고 전투부대를 완전히 철수시켰다.

이라크전쟁은 미국군 19만 명이 투입되어 11년 동안 군사작전과 민군작전을 동시에 실시한 전쟁으로써, 미국군인 4416명이 사망했다.

그러나 이라크전쟁은 아프가니스탄전쟁 또는 베트남전쟁과 더불어 미국의 완전승리라고 말할 수 없는 미완의 전쟁이 되었다.

그리고 이라크전쟁은 한반도에도 영향을 미쳤다.

이라크전쟁에서 나타난 미국의 안보전략 및 군사전략은 한반도에서의 전쟁계획에도 적용되었다.

국가지도자나 군사지휘자들은 미래전쟁을 연구하고, 구상하여 항상 새로운 안보환경과 전쟁상황에 적용할 수 있는 전쟁지도 능력과 전쟁수행을 위한 정책적 · 전략적 전문지식을 갖추어야 한다.

오늘날 국가안보환경을 위한 안보정책 및 안보전략, 국방정책과 군사전략에 대한 전문 지식이 부족하거나 합동성이 강화된 새로운 군사작전개념에 대한 이해가 없는 전쟁지도자나 군사지휘자들은 전쟁에서 승리를 보장받을 수 없게 되는데, 그것은 곧 국가와 국민을 위태롭게 할 수 있기 때문이다.

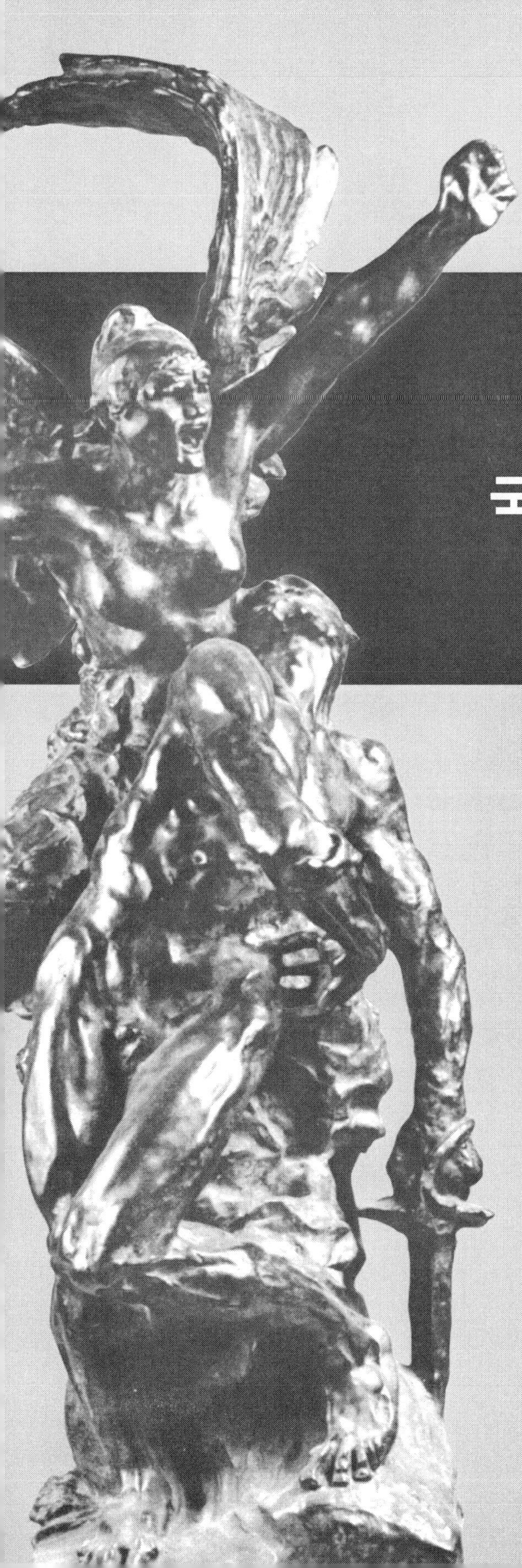

제6부

국제테러와의 전쟁과 인간안보

1 개 요

현대 국제사회에서 테러와의 전쟁을 선포하는 것은 영원히 전쟁을 지속하겠다는 뜻이 되고 있다. 왜야하면 테러는 인간과 가장 오랫동안 함께 진화되어 왔고, 앞으로도 테러는 계속될 것이기 때문이다.

지금 이 순간에도 지구촌 어느 곳에서 인가는 국경 · 시간 · 공간 · 방법을 초월한 다양한 위협들이 인간을 괴롭히고 고통을 주며 죽이는 행위들이 계속되고 있다. 또한 테러와의 전쟁은 국가의 최고수준에 첨단무기로 무장하고 잘 교육 훈련된 정예군대와 단순수준에 무기로 무장하고 어느 곳에도 보이지 않지만, 없는 곳이 없는 초국가적 위협집단인 테러분자와의 전쟁인 것이다.

예컨대 2009년 팔레스타인 가자지구에서 무장정파인 하마스와 이스라엘 간에 전쟁을 했으며, 2008년 인도 뭄바이에서 테러발생으로 개인 · 기업 · 국가적으로 큰 피해를 입었다.

그 뿐만이 아니라 2007년 7월 19일 아프가니스탄 가즈니주에서 탈레반 테러집단에 의해 한국인 선교봉사단이 납치되어 2명이 살해되고, 21명이 한국 정부의 협상력과 관련국가 및 적신월사(이슬람국가의 적십자) 등 국제기구의 적극적인 협력으로 석방되었다.

이와 같이 테러란 테러분자들이 조직적 폭력사용이나 폭력사용에 대한 협박으로 광범위한 공포분위기를 조성하여 특정한 목적을 달성하기 위한 상징적 · 심리적 폭력행위가 되며, 특히 다양한 테러형태는 국가안보는 물론 안보의 개인화를 촉진시켜 인간안보의 책임과 한계에 대한 새로운 개념 이해와 실천을 요구하고 있다.

2 국제안보환경과 인간안보

제1절 | 국제안보환경 변화

현대국가에서 안보환경은 군사적 차원의 전통적 국가안보에서 테러 · 대량살상무기 · 마약 및 범죄 · 재해 및 재난 · 심각한 경제적 가난과 인권침해 등의 비군사적 차원의 인간안보로 확대 변환되었다.

예컨대 전통적 국가안보 측면에서 보면 미국은 1941년 12월 제2차 세계대전에서 일본제국의 진주만 기습공격으로 군인 2,335명이 전사하고, 많은 비행기 및 함선 등이 파괴되었다.

그 반면에 개인적 인간안보 측면에서 보면 미국은 전시가 아닌 평시에 빈 라덴의 알 카에다 초국가적 위협집단에 의한 2001년 9 · 11테러 공격으로 세계 부의 상징인 세계무역센터, 세계 힘의 상징인 펜타곤, 세계 권력의 상징인 백악관(계획되었으나 실패) 민간시설이 공격당하여 3040명의 민간인이 아무런 이유도 없이 죽음을 당했으며, 국가적 손실은 더욱 큰 것이었다.

미국 조지 W. 부시 대통령은 테러와의 전쟁을 선포하고 아프가니스탄전쟁 · 이라크전쟁에서 현란하게 군사력을 과시하면서 군사적 승리를 했지만, 그 군사적 승리를 정치적 승리로 완성시키지 못하고, 테러와의 전쟁은 끝나지 않은 전쟁으로 계속되어 많은 인적, 물적 피해로 값비싼 대가를 치르게 되었다.

2008년 1월 7일 조지 W. 부시 대통령의 백악관 전략기획국장 윌리엄 인보덴은 아프가니스탄전쟁과 이라크전쟁을 시작할 때는 우리가 하는 일을 역사가 인정해 줄 것이라고 생각했지만, 이제는 잘못된 정책결정으로써 엄청난 대가를 치루는 현실이 되었고, 그것은 우리가 평생 짊어지고 가야 할 멍에가 됐다고 말했다.

2009년 1월 20일 버락 오바마 대통령은 끝나지 않은 아프가니스탄전쟁과 이라크전쟁을 전임 부시 대통령으로 부터 인수받고 새로운 해결책을 위해 노력하였다.

…… 2009년 1월 15일 대통령임기의 마지막 기자회견에서 부시 대통령은 아프가니스탄전쟁과 이라크전쟁은 잘못된 정보에 의한 잘못된 결정에 의한 전쟁이었다고 잘못을 인정하였지만, 그러나 미국의 국가안전은 더욱 튼튼하고 안전해졌다고 주장했다.

미국은 2001년 9 · 11테러로 시작된 아프가니스탄전쟁에서 군사적 승리를 하고, 2003년 이라크전쟁에서 군사적 승리를 선언했지만, 결코 군사적 승리를 정치적 승리로 완결시키지 못하고, 아프가니스탄전쟁과 이라크전쟁은 테러와의 전쟁 연장선에서 수많은 인적 · 물적 피해로 국가안보는 물론 인간안보에 대한 관심과 중요성을 더욱 크게 인식시키는 전쟁이 되었다.

마침내 2009년 1월 20일 버락 오바마 대통령에게 끝나지 않는 아프가니스탄전쟁과 이라크전쟁을 인계하고 전임 조지 W. 부시 대통령은 고향 택사스로 귀향했는데, 그의 실패한 테러와의 전쟁과 경제위기(2008년부터 시작된 금융위기를 극복하지 못하고 2009에는 세계경제위기로 확대된 상황에서 오바마 정부에게 인계되었음)에 대한 평가로 국민적 정책지지율은 34%로 미국 역대 대통령 중에서 꼴찌가 되었다.

이 같은 국제안보환경 변화에서 유엔을 비롯한 많은 국가들은 군사적 위협과 비군사적 위협에 대응하기 위해 국가안보와 함께 인간안보의 중요성을 강조하고 있다.

제2절 | 인간안보 개념

현대국제사회는 어느 누구도 어떤 국가도 자유로울 수 가 없다는 안보상황이 되었다. 왜냐하면 인간은 전쟁 혹은 내전이란 군사적 · 국가적 위협은 물론 테러, 대량살상무기, 재해 및 재난, 심각한 경제적 가난과 인권탄압, 환경파괴 등으로 비군사적 · 초국가적 위협으로부터 자유로울 수가 없기 때문이다.[1)]

특히 군사적 · 국가적 위협이나 비군사적 · 초국가적 위협에서 그 최대의 피해자는 전쟁을 수행하고 있는 전방지역의 군인이 아니라 후방지역의 민간인이란 문제 때문에 인간안보는 대두되었다.

1994년 국제연합개발계획(UNDP)은 인간개발보고서에서 새로운 인간안보란 개념을 제시하였다.

지금까지 국가안보의 개념은 군사적 · 국가적 위협에 대응하여 영토중심의 전통적 안보

---

1) 국방대학교, 『안보관계용어집』, 2008, pp.71-72.

개념이었지만, 세계화로 급변하는 국제질서는 기존의 군사력 중심의 국가안보만을 통해서 국민의 안전 · 복지 · 인권 · 평화 · 환경을 보장해 주지 못하는 상황이 되었다. 그래서 인간의 안전한 삶에 대한 다양한 위협에 대응하여 인간중심의 새로운 안보개념으로 확장되었다.

그동안 안보를 국가안보 혹은 영토안보로 해석해왔던 것에서 한걸음 나아가 안전 · 복지 · 환경 · 경제 · 인권 · 평화 등 인간의 삶에 질을 높이는 인간안보(human security)로 강조점이 전환되었다.

인간안보의 정의는 인간에게 끼칠 다양한 위협으로부터 스스로 자신을 방호하기 위한 제반조치 및 수단이 된다. 그 주요위협내용은 개인안보 · 경제안보 · 식량안보 · 건강안보 · 환경안보 · 공동체안보 · 정치안보를 스스로 지키고 보호받을 수 있어야 한다는 포괄적 개념이다.

인간안보의 의미는 ① 국가보다 개인과 그들의 공동체를 안보의 기본대상으로 고려하고, ② 국가의 안보는 필수적이지만 그것만으로는 충분하지 않고, ③ 군사적 · 비군사적 위협으로부터 개인의 안보를 보호하고, ④ 개인의 안녕을 국제적 평화로 성취하는 것과 결합하고, ⑤ 기존의 국가안보를 대체하는 것이 아니라 보충하려는 노력인 것이다.

이와 같이 그동안 전통적인 안보는 집합적 의미에서 국민을 보호하는 것으로서 국가안보 혹은 영토안보로 해석해왔던 것에서 한 걸음 나아가 개별적 인간의 삶에 질을 높이는 인간안보로 확대해석하게 되었다.

제3절 | 인간안보 · 국가안보 · 국제안보의 관계

인간은 한 군데만 속해 있지 않는 가족의 일원이며 시장에서는 생산자이자 소비자이고, 시민사회에서는 시민이며, 국가에서는 국민이 된다. 인간은 가족의 일원, 생산자와 소비자, 시민과 국민으로서 생각하고 활동하며, 그 안에서 권리와 의무를 다 할 때 가족과 시장, 시민사회와 국가는 서로 다른 개체이면서 동시에 전체로서의 조화를 이룬 하나의 유기체가 된다. 따라서 현대 안보도 개인안보, 국가안보, 국제안보가 서로 밀접하게 연결되어 있는데, 그것은 국경을 초월하여 전 세계가 동일한 위험에 처할 수 있으므로 국제안보는 인류가 공동으로

〈도표 6-1〉 청해부대 해적소탕작전

책임져야할 과제가 되고 있다. 이런 관계로 인해서 현대국가는 군사력, 경제력의 우위에 의해 국가안보가 확보된다고 보는 과거의 안보 개념만으로는 충분하지 못한 시대가 되었기 때문에 국가안보는 개인안보, 국제안보에 밀접한 관계로의 안보목표를 달성하게 되었다.

> …… 아프리카 소말리아 해역에서 해적들에 의한 어선 · 상선 · 유조선 등이 해상납치테러를 당하여 선원 및 선박에 대한 인간안보－국민보호 및 국가이익보호를 위한 국가안보－국제적 공동위협과 공동이익보호를 위한 국제안보의 필요성이 요구되었다.
>
> 따라서 유엔을 중심으로 미국 · 영국 · 프랑스 · 러시아 · 독일 · 중국 등은 해군을 파병하여 국제적 공동 대응을 하였다.
>
> 한국도 2009년 3월, 장보고 대사가 완도에 설치한 군사무역기지인 청해진의 명칭을 딴 해군 청해부대(도표 6-1)(문무대왕 함을 중심으로 편성)를 파병하여 주기적으로 임무 교대하며, 소말리아 해상에서 해적차단과 선박보호 임무를 수행하였다.

이와 같이 현대는 군사적 · 국가적 차원의 강력한 위협(violent threats)에 따른 피해도 크지만 비군사적 · 초국가적 차원에 따른 일상의 부드러운 위협(non-violent threats)에 의한 피해도 크다는 사실에 인간안보 · 국가안보 · 국제안보의 관계는 더욱 밀접한 관계가 되고 있다.

3 팔레스타인 가자지구전쟁과 인간안보

제1절 | 배경

팔레스타인 가자지구는 1948년 이스라엘의 건국과 더불어 갈등 · 분쟁 · 위기 · 전쟁이 반복되어 왔다.

이스라엘은 그 동안 국가안보를 위해 막강한 군사력을 키워 중동전쟁에서 승리함으로써, 평화적인 방법에 의한 문제해결보다는 무력적인 방법에 의존한 문제해결로 많이 사용하여 왔다.

팔레스타인 가자지구전쟁에서도 이스라엘은 2008년 12월 27일 오전 11시 30분 공군 전투기 60대가 가자지구 공습으로 시작하였다. 이스라엘은 무장정파인 하마스를 테러집단으로 규정하고 하마스 자치정부를 무너뜨리기 위해 육군 · 해군 · 공군의 무차별 공격은 민간인 사상자만을 늘림으로써 평화적 해결을 원하는 국제사회와 이슬람세계에 분노 · 반대 · 증오를 불어 일으키고, 부당한 전쟁으로 인식케 하였다.

이 과정에서 9 · 11테러를 주도했던 알 카에다 지도자 오사마 빈라덴은 2009년 1월 14일 녹음된 방송을 통해 가자지구 침략을 저지하기 위해 이스라엘에 대한 성전을 촉구하고, 팔레스타인을 해방하기 위한 가장 강력한 방법은 성전(지하드) 뿐이라고 주장했다.

…… 하마스란 가자지구를 거점으로 한 팔레스타인 무장단체로써 1987년 아메드 야신이 창설했다. 팔레스타인 주민을 대상으로 교육 · 의료 등 사회활동을 펼치면서 이스라엘이 점령한 팔레스타인 영토를 되찾기 위해 무장투쟁을 하고 있다.

…… 가자지구는 이스라엘 서남부 지중해 연안을 따라 남북으로 길게 뻗은 띠 모양의 지역으로 팔레스타인인 150만 명이 거주하고 있다. 요르단 서안지역과 함께 팔레스타인 자치지역에 속해 있으며, 과격 무장단체의 거점 역할을 해 왔다.

이와 같이 이스라엘은 가자지구를 공격하여 군사적 목표를 달성하고 2009년 1월 18일

불안한 휴전을 선언하고 철수하였다.

제2절 | 가자지구전쟁의 원인

이슬람국가와 이스라엘이 국경을 맞대고 있는 중동은 민족 · 종교 · 석유 · 물 등의 문제로 첨예하게 대립하여 지구촌의 화약고가 되어 왔다.

특히 팔레스타인을 둘러싼 이슬람국가들과 이스라엘의 대립은 역사적 갈등이 더해져 한층 대립하고 대결하여 왔다.

> …… 로마의 유대인 강제 추방, 독일 나치스의 유대인 박해, 그리고 영국의 이중 계약으로 이어진 전쟁의 씨앗이 계속되고 있다. 예컨대 제1차 세계대전 이후에 팔레스타인 지역을 위임통치하던 영국이 이스라엘과 이슬람국가들과 이중 약속을 체결함으로써 전쟁의 불씨가 되어왔다. 1915년 영국은 이슬람민족에게 맥마흔선언을 통해 이슬람국가들이 영국 편에 선다면 종전 후에 팔레스타인에 이슬람국가를 세워주겠다고 약속을 했다. 그 후 2년 뒤에는 유대민족이 팔레스타인에 유대인 민족국가를 건설하는 것을 지지한다는 내용의 밸푸어선언을 함으로써 양진영에서 본격적인 충돌의 씨앗이 되었다.
>
> 영국이 해결하지 못한 이중 약속의 문제는 1947년 유엔 결의에 따라 팔레스타인 영토 51%를 이스라엘이 차지하여 독립국가를 건설하고 나머지 49%를 팔레스타인 사람들이 갖게 하는 것으로 일단락되었다. 그러나 곧 이슬람국가 연합군이 이스라엘에 전쟁을 선포함으로써 5차례나 전쟁이 있었으며, 이번 가자지구전쟁도 그 연장선에서 발발했다. ……

팔레스타인 전쟁이 발생할 때마다 오직 유대인교도만으로 나라를 세우려는 시오니즘은 팔레스타인 내의 이슬람주민을 철저히 배척하는 결과를 낳았다. 그 동안 자신의 삶의 터전에서 피지배자로 전락한 팔레스타인 사람들은 독립국가 건설을 위한 투쟁을 전개했고, 이스라엘과 유혈 충돌을 거듭하고 있다. 팔레스타인 해방기구(PLO)와 하마스는 이스라엘에 관련된 단체나 기관을 테러하는 강경한 태도로 팔레스타인의 입장을 세계에 알려 왔다.

이와 같은 역사적 배경으로 5차 중동전쟁(도표 6-2)이 있었으며, 그 연장선에서 6차 팔레스타인 가자지구전쟁이 발생하였다.

2008년 12월 27일에 시작된 팔레스타인 가자지구전쟁 원인은 다음과 같다.

2006년 팔레스타인 총선에서 강경 무장정파 하마스가 연립정부를 구성했던 마무드 압

〈도표 6-2〉 **6차 중동전쟁 원인과 결과**

구 분	전쟁의 원인과 결과
제1차 전쟁 (독립전쟁: 1948년)	• 유엔이 결의한 유대와 아랍의 분할령을 아랍이 거부하고 전쟁 선포 • 이스라엘의 승리로 유엔 분할 안에 할당된 1만4,900㎢보다 5,900㎢를 더 차지하게 됨. • 팔레스타인 난민 75만 명이 생겨남.
제2차 전쟁 (시나이 · 수에즈전쟁: 1956년)	• 이집트가 수에즈 운하 국영화 선언, 운하의 공동 소유자였던 영국과 프랑스가 이집트에 파병 • 수에즈 운하에 이스라엘 선박 운행이 금지되자 이스라엘도 수에즈 운하 되찾기 군사작전 • 이스라엘의 승리로 시나이 반도 점령
제3차 전쟁 (6일전쟁: 1967년)	• 이집트가 시나이 · 수에즈전쟁의 굴욕에 대한 보복으로 시작, 시리아 · 알제리 · 쿠웨이트 등 범이슬람권의 지원을 받아 "이것이 아랍의 힘"이라 강조 • 이스라엘의 승리로 이전보다 3.5배나 넓은 영토를 획득
제4차 전쟁 (욤 키프르전쟁: 1973년)	• 욤 키프르(속죄날)을 맞아 이스라엘군이 금식 등으로 병력동원에 어려움이 있을 것을 예상한 이슬람국가 연합군의 침입 • 이슬람국가 연합군의 우세 • 이스라엘은 패퇴의 경험으로 핵무기 개발의 근거를 마련
제5차 전쟁 (레바논전쟁: 2006년)	• 레바논 헤즈볼라가 국경지역에서 이스라엘 군인 2명을 납치테러함에 따른 보복으로 레바논 국경을 넘어 무차별 공격 실시. • 침공한지 한 달 만에 헤즈볼라는 건재한 반면에 2천여 명의 레바논 민간인 및 팔레스타인 주민 사상자 발생과 납치된 병사 구출 실패. • 이스라엘의 부당한 전쟁에 대한 국제적 비판과 이스라엘 내부의 전쟁 실패책임 문제로 국론이 분열되어 총리와 국방장관 및 참모총장 사퇴
제6차 전쟁 (가자지구전쟁: 2008~2009년)	• 이스라엘의 팔레스타인 가자지구 봉쇄 불만에 따라 하마스는 이스라엘에 로켓트 · 박격포 공격에 따른 응징보복공격 • 이스라엘군이 침공한지 3주 만에 하마스는 건재한 반면에 가자지구 주민의 막대한 인명피해와 유엔학교, 민간인 건물파괴 등으로 유엔과 국제사회에서 부당한 전쟁이란 비난. • 팔레스타인 가자지구의 하마스와 이스라엘은 불안한 휴전을 선언 후에 이스라엘군 철군

파스 팔레스타인 자치정부 수반이 이끄는 온건파 파타당(이스라엘과 협상파)을 축출하고 2007년 6월에 가자지구 자치정부를 장악하게 되자 이스라엘은 자신들이 테러집단으로 규정한 하마스를 제거하기 위해 가자지구를 봉쇄하였다.

이로 인해 가자지구는 지상은 물론 해상까지 봉쇄되어 하늘만 열린 교도소가 되면서

150만 명의 주민들은 식수나 연료, 전기 공급 등 생필품 반입이 중단되고, 국제사회의 구호품도 받지 못해 극도의 고통을 받음에 따라 하마스는 가자지구와 이집트 국경선으로 연결된 땅굴 통로를 구축하여 생활에 필요한 물품을 구입하였다. 이에 대해 하마스는 이스라엘에 대한 로켓트 · 박격포 공격으로 저항을 계속하다가 2008년 6월 19일 이집트의 중재로 6개월간 휴전을 합의하여 평온이 유지되었으나 이스라엘의 봉쇄작전은 계속되었다.

하마스는 12월 18일 휴전기간이 종료되자 이스라엘의 ① 팔레스타인 주민에 대한 모든 공격 중단, ② 가자지구 봉쇄를 풀어 왕래를 허용하겠다는 약속을 지키지 않았다는 불만 등으로 휴전연장을 거부하고 산발적인 로켓트 · 박격포 공격을 하게 되자 이스라엘은 즉각 국가동원령을 선포하고 육 · 해 · 공군으로 가자지구를 전면 공격하였다.

제3절 | 가자지구전쟁의 진행과정

이스라엘은 팔레스타인 가자지구전쟁 목적을 하마스 테러집단을 궤멸시켜 이스라엘 국민의 안전을 지키며, 가자지구에서 이집트 국경선에 연결된 땅굴통로로 주민 생필품 왕래 차단과 무기밀수 목적으로 사용하는 것을 방지하는데 있다고 했다.

가자지구전쟁(도표 6-3)에서 이스라엘군은 제1단계는 공중에서 무차별 공군폭격을 하여 가자지구의 중요 표적을 제압하고, 제2단계는 지상에서 병력, 전차, 대포 등으로 공격하며 시가전을 실시하면서, 해상에서는 지중해 해군으로 지상군 공격을 지원하였으며, 제3단계는 일방적인 휴전을 선언하고 철수하였다.

그리고 2009년 1월 3일 미국 조지 W. 부시 대통령은 하마스가 이스라엘을 로켓트 · 박격포로 공격하는 것은 중대한 테러행위라고 비난하였다.

미국의 외교적 지지를 받은 이스라엘군은 가자지구를 관통하여 전 지역으로 공격을 확대하고 시가전을 실시하여 하마스의 전투력에 한계가 있는 응전에 승리함으로써 1967년 중동전쟁 이래 최대 군사작전을 실시하였다.

가자지구전쟁에서 이스라엘군의 무차별 공격으로 전쟁과 관계없는 유엔에서 관리한 학교 및 건물과 민간인 가옥 및 공공시설이 파괴되고, 어린아이 및 부녀자를 비롯한 민간인의 대량살상 등으로 유엔을 비롯한 국제사회에서는 가자지구전쟁을 정당한 전쟁이 아닌 부당

〈도표 6-3〉 이스라엘군의 가자지구전쟁 상황

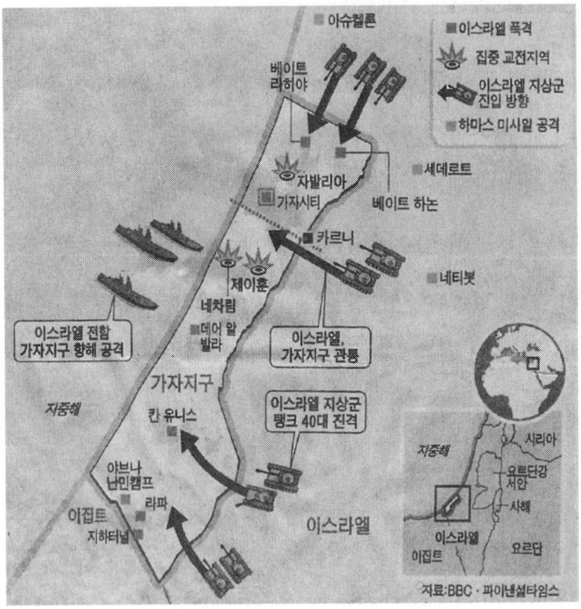

- 1948년 이스라엘 독립 선포, 1차 중동전쟁 발발
- 1956년 2차 중동전쟁 발발
- 1964년 팔레스타인해방기구(PLO)출점
- 1967년 3차 중동전쟁 발발
- 1973년 4차 중동전쟁 발발
- 1978년 이집트 · 이스라엘 간 캠프 데이비드 협정 체결
- 1987년 팔레스타인, 대이스라엘 투쟁인 '인티파다(봉기)' 개시
- 1989년 아라파트 PLO 의장, 4단계 해결방안 제시
- 1993년 이 · 팔 오슬로 중동평화협정 합의
- 1996년 팔레스타인 자치정부(PNA) 수립
- 1996년 – 아라파트, 99년 팔레스타인 독립국가 선언 – 이 · 팔 중동평화협상 타결
- 2005년 이스라엘, 가자지구에서 군 병력 철수
- 2006년 이스라엘, 레바논 헤즈볼라 공격
- 2006년 팔레스타인 하마스, 선거에서 승리한 뒤 가자지구 차지
- 2008년 이 · 팔 휴전 선언
- 2008년 12월 이스라엘, 가자지구 공격

한 전쟁으로 규정하고 인간안보에 소홀한 이스라엘을 규탄했다.

예컨대 미국 CNN TV방송은 가자지구전쟁에서 자행한 이스라엘군의 부당한 행위들을 전하였다.2)

> …… CNN은 이스라엘군이 점령지 가자지구 주민 100여 명을 한 건물에 몰아놓고 며칠 동안 물과 음식물을 지급하지 않았으며, 땔감과 먹을 것을 구하려고 나오는 주민들을 총으로 사살했다는 팔레스타인 주민의 증언을 보도했다. 심지어 주민을 몰아놓은 건물을 탱크가 포격한 일도 있었다고 CNN은 전했다.
>
> …… 모든 것이 폐허가 된 가자지구 주민들은 휴전으로 3주일 만에 집에 돌아와 무너진 집과 건물 벽돌 밑에서 가족 시신만이라도 찾기 위해 맨손으로 뒤지기도 하였다.
>
> …… 누가 내 아이를 죽였는가?
>
> 전쟁에서 사망한 아이를 안고 통곡한 어느 어머니의 절규도 있었다. ……

팔레스타인 가자지구에서는 이스라엘군이 지상 · 해상 · 공중의 전면공격으로 하마스

2) 한국일보, 2009. 1. 22.

〈도표 6-4〉 가자지구전쟁 참상과 기도

라는 무장세력 보다는 전쟁이 왜 일어났으며, 왜 자신이 죽어야할 이유도 모른 채 어린이, 학생, 부녀자를 비롯한 많은 일반주민 사상자가 발생하였다.

특히 국제법으로 금지된 민간인 거주지역, 유엔 학교 및 건물, 직업훈련시설, 피난민지원차량, 교육시설, 피난민 수용소, 이슬람사원, 민간인의 편의시설 등을 무차별 공격하여 1967년 제3차 중동전쟁 이후 최단기간에 최대 규모 인명피해가 발생하였다.

팔레스타인자치정부의 보건부 통계에 따르면 가자지구전쟁으로 1,284명(16세 이하 410명 포함)이 사망했고, 5,300명이 부상하는 등 큰 참상을 당했다고 발표했다.

> …… 유럽연합(EU)도 의장국 성명을 통해 "이스라엘이 아무리 자위권 발동이라는 명분을 내세우더라도 민간인에게 큰 피해를 주는 군사행동은 용납할 수 없다"며 즉각 휴전을 요구했다. EU는 또 이스라엘의 공격으로 위기에 처한 가자지구 주민을 돕기 위해 많은 지원금을 지원키로 했다. 이날 파리 · 런던 · 베를린 등 유럽 곳곳에서는 이스라엘을 규탄하는 집회와 시위가 잇따랐다. 이슬람국가들도 유엔안전보장이사회에 이스라엘의 가자지구 공격중단을 촉구하는 안보리 의장 성명을 요구했다.

이 같은 종합적인 영향으로 이스라엘 에후드 올메르트 총리는 우리는 하마스를 궤멸시켜 승리하여 전쟁목표가 달성되었다고 선언하고 2009년 1월 18일 가자지구에서 완전히 군대를 철수시켰다.

그 반면에 가자지구 이스마일 하마스 정부총리도 우리는 적의 공격을 막아냈고, 적은 어떤 목표도 달성하지 못했다며 위대한 승리를 거뒀다고 주장했다.

반기문 유엔 사무총장은 2009년 1월 21일 이스라엘군 폭격으로 파괴된 가자지구를 돌아보면서 절망과 분노를 느낀다고 말하고, 가자지구 복구를 위해 이스라엘은 즉각 국경봉쇄 해제와 영구적인 평화협정(도표 6-4)을 촉구하였다.

가자지구전쟁과 인간안보 관계에 대해 분석해 보면 다음과 같다.

첫째, 2006년 팔레스타인 총선에서 승리한 강경파 하마스가 온건파 파타당을 축출하고 가자지역을 장악하자 이스라엘은 자신들이 테러집단으로 규정한 하마스를 제거하려는 목표로 가자지역을 봉쇄하여 아무런 죄 없는 일반주민생활을 압박함으로써, 하마스로 하여금 로켓트 · 박격포 공격을 할 수 있는 요인을 제공했다고 볼 수 있다.

그러나 이스라엘은 국경선 주민들이 하마스의 로켓 · 박격포 사격으로 공포에 떨고 있다면서 전면전쟁의 정당성을 주장했다.

하마스의 로켓트 · 박격포 공격으로 수 명의 사상자에 대한 이스라엘의 최첨단 무기뿐만 아니라 국제적으로 금지된 열화우라늄탄과 백린탄을 사용하여 무차별 공격으로 수천여 명의 사상자를 내는 것은 명백한 비대칭 과잉보복으로써, 새총 공격에 대해 대포로 보복하는 부당한 전쟁이라는 국제적 비난이 격렬했다.

둘째, 이스라엘군이 2006년 7월 강경파 헤즈볼라를 소탕하겠다며 레바논으로 진격했다가 34일간 졸전만 치르다가 대량 민간인 피해만 남긴 체 철수하여 종이호랑이로 전락했다는 조롱을 받았다.

이스라엘은 당시 패전을 벗어나 우리를 건드리면 그 이상의 무자비한 대가를 치를 것이란 인식을 심기 위해 가자지구전쟁을 일으켰다는 분석이다.

셋째, 이스라엘은 현재 집권여당(카디마당의 연합정부)이 강경파 야당인 리쿠드당보다 지지율이 낮기 때문에 재집권을 위한 전쟁승리, 또한 미국 버락 오바마 정부 보다 더욱 우호적인 조지 W. 부시행정부 퇴임 전에 하마스를 공격하겠다는 요인들이 작용하였다.

이스라엘은 미국 버락 오바마 대통령이 취임한 2009년 1월 20일이 되기 전인 1월 18일 일방적인 철수를 하였으며, 2월 10일 총선거에서 승리, 국제사회의 압력 등을 고려하여 휴전협정을 했지만 이스라엘의 어떠한 대의명분도 무고한 민간인 생명을 무차별로 희생시키는 인간안보가 없는 전쟁은 정당화 될 수 없다.

미국 버락 오바마 대통령은 취임 이틀째인 1월 21일 첫 전화대상을 이스라엘보다 먼저 팔레스타인 자치정부 수반인 마무드 압바스와 통화를 하고 중동평화를 위해 할 수 있는 모든 일을 하겠으며, 이스라엘은 즉각 가자지구 봉쇄를 개방하라고 촉구했다.[3)]

이와 같은 상황은 이집트의 중재로 이스라엘과 하마스가 2009년 3월부터 불안한 한정된 휴전협정을 맺었다.

그리고 반기문 유엔 사무총장을 비롯한 미국 · 유럽연합국가 등 80개 국가지도자 및 국제기구대표가 참가하여 이스라엘의 군사작전으로 황폐화된 팔레스타인 가자지구 재건과 중동평화 진척을 위해 이집트에서 3월 2일 국제회의가 열렸다.

제4절 | 가자지구전쟁 교훈

현대 국제사회는 전통적 전쟁이나 내란 혹은 테러와의 전쟁에서 죄 없이 이유도 모른 체 절규하며 죽어가는 어린아이들, 부녀자들을 비롯한 각 개인 및 국민들에 대한 인간안보의 한계성을 극복할 수 있는 노력이 있어야 한다.

그러나 이스라엘은 탈무드에 명기된 하나의 생명을 구하는 것은 세상을 구하는 것이라는 경전을 실천하지 못했다.

첫째, 유엔, 국제인권단체, 이스라엘 인권활동단체 등이 가자지구전쟁을 일으켜 수많은 민간인을 숨지게 한 이스라엘 에후드 올메르트 총리, 치피 리브니 외무장관. 에후드 바라크 국방장관, 가비 아쉬케나지 참모총장 등을 국제재판소에 전범으로 고발해야 한다는 제안이 있었으나 가자지구전쟁을 일으킨 카디마당은 2월 10일 실시된 이스라엘 총선거에서 제1당이 됨으로써 다시 승리했다.

이와 같이 인간안보에 소홀한 이스라엘 정부는 이스라엘의 공격목표가 하마스의 무기창고 혹은 로켓트 · 박격포 발사지였다는 점을 증명하기 위해 법률 대응팀을 구성하여 국제재판에 대비하겠다고 주장하였다.

이에 대해 반기문 유엔 사무총장은 가자지구전쟁에서 이스라엘이 유엔의 교육 및 건물

---

3) 한국일보, 2009. 1. 23.

〈도표 6-5〉 가자지구전쟁 참상과 피해

"로마 제국의 유대인 강제 추방에서 시작된 비극의 역사가 영국의 이중 계약, 나치의 유대인 학살, 중동전쟁, 가자전쟁 등으로 이어지고 있다." 역사적으로 볼 때 강대국들이 책임이 있는 만큼 국제사회가 적극 나서 문제를 해결해야 한다.

등을 공격한 것에 대해 유엔조사위원회에서 조사할 것이라고 말했다.

둘째, 이스라엘은 무자비한 무력행사로 전쟁에서 이기고 정치에서는 지는 결과를 가져왔다.

프랑스 국제전략문제연구소 파스칼 보니파스 소장은 이스라엘이 전쟁을 일으키는 것은 강경파 하마스를 궤멸시키고 온건파인 파타당을 지원하기 위해서 였지만 오히려 그 세력을 약화시키는 결과가 되었다고 했다.

즉 이스라엘이 하마스의 기반을 무너뜨리기 위해 군사력을 동원하게 되면 좁은 지역인 가자지구의 특성상 그 곳에 사는 일반주민들도 폭격의 피해(도표 6-5)를 당할 수밖에 없는 것이다. 폭격 받은 피해자라면 이유를 불문하고 폭격하는 사람을 비난하는 것이 일반적인 마음이다. 또한 요르단강 서안의 팔레스타인 주민뿐만 아니라 부당한 전쟁에 실망한 국제사회의 개인이나 단체들도 폭격당한 가자지구주민들을 안타까워하고 같은 동정심을 발휘할 수밖에 없게 된다. 그러므로 온건파 파타당은 이스라엘에 우호적인 것으로 비춰져 결국은 힘을 잃을 수밖에 없다는 것이다. 이런 국제적 분위기는 전체이슬람세계 온건 협상파의 입지를 약화시키는 결과를 초래하여 전쟁에서 이기고 정치에서는 지는 결과를 가져 오게 된다는 것이다.

…… 2009년 1월 29일 스위스 바보스의 세계경제포럼(WEF)에서 가자지구전쟁의 평화적 해결책을 모색하기 위해 유엔 사무총장을 비롯한 세계 정치지도자들이 모였다. 이 회의에서 이스라엘 시몬 페레스 대통령이 가자지구침공의 정당성을 주장하며 하마스를 비난하자 레제프 에르도안 터키총리는 이스라엘은 무고한 가자지구 주민을 죽인 살인자들이며 부당한 전쟁이라고 비난함으로써 많은 국제적인 지지를 얻었다.

셋째, 이스라엘은 주변국가들과 영구적인 평화를 유지하고 인정받을 수 있도록 노력해야 한다.

프랑스 사상가 레몽 아롱은 전쟁의 철인, 클라우제비츠라는 저서에서 이스라엘은 막강한 군사력을 이용하여 국제사회로부터 인정을 받아야 하는데, 오히려 군사력에 의존하면 할수록 정치적으로 인정받기가 힘들어 국제안보체제에 기여할 수 없다고 지적 했다.

21세기 국제사회에서 이스라엘은 국가생존체제를 갈등 · 분쟁 · 위기 · 전쟁이란 일방적인 무력행사를 통한 해결보다는 협력적인 평화수단을 이용하여 국제사회로부터 인정받고, 또한 해결할 수 있는 정책적 · 전략적 변화로 영구적인 평화를 구축해 나가야 한다.

4 인도 뭄바이테러와 인간안보

제1절 | 배경

인도는 정치 · 외교적, 경제적, 사회 · 문화적, 과학기술적, 군사적인 내용뿐만 아니라 매우 다양한 민족 · 종교 · 문화 · 언어 등으로 매우 복잡한 구조를 갖고 있는 국가로써 대외적으로나 대내적으로 많은 갈등 · 분쟁 · 위기 · 전쟁의 역사를 가지고 있는 국가이다.

2008년 11월 26일 밤에 인도판 9 · 11테러라고 불리는 뭄바이테러(도표 6-6)가 발생했다.

인도 뭄바이에서는 테러분자들이 서양인들이 많이 이용한 고급호텔 · 영화관 · 식당 · 카페 · 기차역 등 번화가의 장소에서 동시다발적인 무차별 테러를 자행하여 인도의 경제수도라고 불리는 뭄바이를 공포에 휩싸이게 하였다.

〈도표 6-6〉 인도의 뭄바이테러

제2절 | 뭄바이테러의 원인

뭄바이테러 원인에 대해서는 ① 인도 내부의 정치문제로 발생한 정파간에 대립한 자생적 테러라는 주장이 있었고, ② 인도와 파키스탄이 분할 점유하고 있는 카시미르지역의 이슬람교와 힌두교간 갈등관계에서 발생한 테러라는 주장이 있었으며, ③ 국제테러 조직인 알 카에다와 연계된 파키스탄 무장세력이 일으킨 테러라는 주장들이 있었다.

그러나 뭄바이테러는 테러와의 전쟁을 수행하고 있는 미국·영국을 비롯한 친미적인 인도 정부, 이스라엘에 대한 테러로써, 알 카에다와 연계된 파키스탄 무장세력이란 사실이 확인됨에 따라 인도와 파키스탄은 한때에 카시미르지역에서 군사적 위기가 조성되기까지 하였다.

제3절 | 뭄바이테러의 진행과정

뭄바이테러분자들은 범행 수주 전에 말레이시아 학생 신분으로 위장해 뭄바이테러 현장에서 가까운 아파트 한 채를 빌려서 호텔을 비롯한 테러 대상을 수차례 방문하고 조사하여 치밀한 준비를 했다.

그리고 2008년 11월 26일 오후 9시에 인도 뭄바이 외곽(도표 6-7) 콜라바의 작은 어촌에 파키스탄에서 출발한 테러분자 10명이 도착한 후에 두 대의 택시를 타고 뭄바이 시내에 내려서 2~3명씩 나누어져 테러대상 지역으로 신속히 사라졌다.

테러분자들은 타지마할 호텔과 오베로이 호텔을 비롯해서 레오폴드 카페, 기차역 등에서 수류탄을 던지고 AK-47 소총으로 무차별 난사하여 많은 인명피해를 냈다.

그러나 테러분자들의 주요 테러대상은 미국인·영국인·이스라엘인에게 있었으며, 한 인질이 이탈리아에서 왔다고 하자 "됐다"면서 그냥 살려 주었다.

…… 영국 배우 조이 지툰은 죽은 척하는 극적인 명연기로 목숨을 구해서 화제가 되었다. 그는 2005년 7월 7일 런던의 지하철과 버스에서 발생한 연쇄 자살폭탄 테러를 극화한 TV 드라마에서 5명의 자폭테러분자 가운데 하나인 셰자드 탄위르로 출현한 경력이 있다. 휴가차 세계여행에 나서 첫 방문지로 뭄바이에 도착한 지툰은 운명의 날이 된 11월 26일 밤 타지마할 호텔 맞은편에

〈도표 6-7〉 인도 뭄바이테러 상황

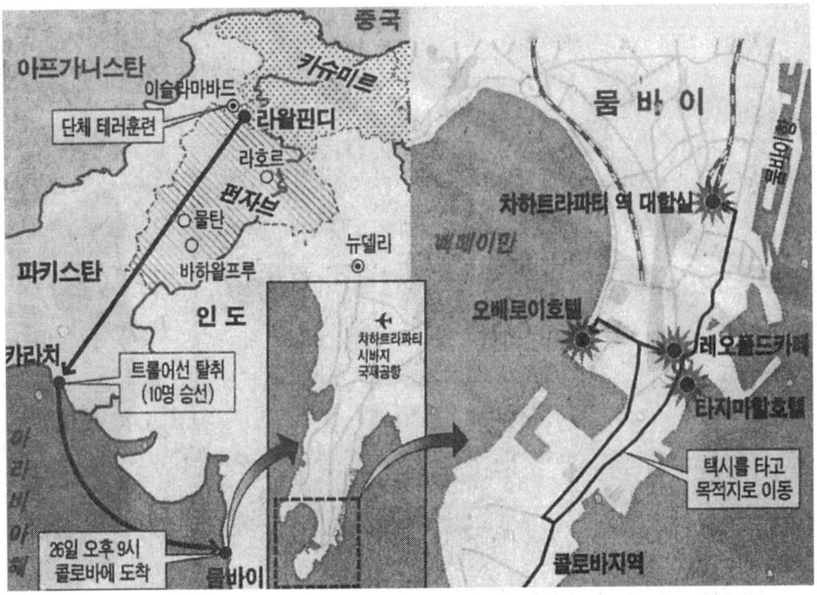

위치한 관광 명소 레오폴드 식당에서 식사를 하다가 돌연 총성을 들었다. 그와 동시에 웬 낯선 사람이 지툰을 덮쳐 바닥에 쓰러트리면서 "엎드려, 엎드려 소리내지 마!"하고 고함을 쳤다.

놀란 지툰은 자신도 모르게 몸을 최대한 웅크리는 한편 그대로 눈을 감았다. 식당 안에선 비명과 울음소리와 총소리가 난무했다. 테러분자들은 총알로 벌집이 된 다른 희생자들에게서 튄 핏덩이로 범벅이 된 지툰의 몸도 쳐다봤으나 이미 죽은 것으로 생각, 그대로 지나쳤다. 지툰도 테러범들에게 들키지 않으려고 숨을 참으면서 미동조차 하지 않았다. 대략 5분의 시간이 지나자 총성이 잦아들었다. 지툰이 가만히 눈을 다시 뜨고 주위를 보니 바로 옆에 한 구의 시신이 머리에 총을 맞은 채 누워 있었다.

지툰은 자신에게 몸을 날려 바닥에 엎드리게 한 생명의 은인이 끝내 변을 당한데 대해 안타까움을 금치 못하고 영국으로 귀국했다. ……

이와 같은 테러분자들의 대형테러에도 불구하고 인도경찰은 곳곳에 있었지만 하나 같이 숨기에 급급했으며, 경찰에게 대응사격을 하라고 지시하여도 아무도 대응하지 못했다.

인도 정부는 테러에 대한 초기대응을 하지 못하고, 그 다음날인 11월 27일 09:00시가 되어서야, 육군, 해병대, 국가안보대(NSG) 요원으로 구성된 진압군으로 대응하여 테러분자 9명을 사살하고 1명을 생포함으로써 11월 29일 밤에 테러사건이 종결되었다.

뭄바이에서 초국가적 위협세력인 테러분자들에 의한 인명피해는 사망 170명(외국인 29명은 이스라엘, 미국, 영국, 호주, 캐나다, 프랑스, 일본인과 인도인이었음)과 부상자 330명을 낸 인도 최악의 테러는 60시간 만에 일단락되었다.

제4절 | 뭄바이테러 교훈

첫째, 인도 뭄바이테러는 9 · 11테러처럼 사전에 치밀한 계획으로 실천했다.

테러분자들은 테러계획에 따라 수주 전에 뭄바이 현장을 탐사하고 예행연습을 통하여 10명이란 비교적 적은 수의 테러분자들이 많은 사상자를 발생케 하였다.

> …… 테러분자들 가운데 유일한 생존자인 파키스탄 국적의 자이스왈(21세)이 테러를 도왔던 사람들의 인적 사항을 털어 놓았는데, 자이스왈은 인도판 9 · 11을 목표로 테러를 저질렀으며 호텔 외에 유대인 거주촌 나리만 하우스를 공격한 것은 팔레스타인 주민이 겪는 고통에 대한 보복이라고 진술하였다. …… 테러분자들은 타슈미르 무자파라바드 지역의 산악 훈련장에서 1년여 동안 테러를 준비했다면서 뭄바이를 동시다발적으로 공격해 최대한 많은 시민을 사살하는 것을 목표로 했다는 것이다.

둘째, 테러와 게릴라가 결합된 새로운 테러형태가 실시되었다.

뭄바이테러의 형태도 일반적인 자살 테러와 달리 게릴라전에 가까운 변종 테러였다는 분석이 제기됐다.

프랑스 테러전문가 롤랑 자카르는 뭄바이테러는 기존과 다른 전술적 변화를 보여주고 있다고 분석했다. 이슬람 테러분자들의 공격은 주로 몸에 폭탄을 달거나 부비트랩 차를 몰고가 자폭하는 가마가제 특공대 형태였다. 그러나 뭄바이테러는 사전에 훈련된 테러분자들이 팀별로 현장에 투입되어 가능한 한 오래 살아남아 최대한 많은 피해를 내도록 하는 방식을 취했다는 것이다.

자카르는 이들 테러분자들이 막대한 규모의 사상자와 피해를 가져올 능력을 갖추고 있었다면서, 이런 측면에서 볼 때 뭄바이테러는 테러와 게릴라전이 혼합된 형태라고 분석했다.

셋째, 초국가적 위협인 테러는 개인, 기업, 국가 모두에게 치명적 손해를 입힐 수 있다는 것이다.

뭄바이테러는 고급호텔, 카페, 식당 등의 기업이나 기차 및 버스대합실 등의 공공장소는 물론 그 대상도 국내외에 보통사람들에게 커다란 피해를 입혔다는 것이다.

특히 뭄바이테러에서도 한국인으로써 외교요원, 기업인 및 산업 주재원, 여행자 등 26명이 인질로 잡혔다가 탈출하였지만 개인의 안보는 각 개인이 책임지는 인간안보의 중요성이 확인된 사건이었다.

넷째, 초국가적 위협인 테러분자나 조직의 국적 불분명성으로 인한 갈등 · 분쟁 · 위기는 전쟁으로 진전시킬 수 있는 중대한 요인으로 작용하고 있다.

뭄바이테러에서도 인도는 파키스탄의 배후 조정이라고 비난하였지만 파키스탄은 결코 관련이 없으며 오히려 인도가 과잉 반응을 보이고 있다고 상호 비방하며, 카시미르를 중심으로 상호 군사적 긴장감을 높이는 결과를 가져왔다.

그러나 파키스탄 정부가 뭄바이테러는 파키스탄 영토에서 계획되었다고 말하고 인도 정부에 적극협조 할 것을 확인함으로써 양국 간에 긴장관계가 풀리게 되었다.

요컨대 테러를 방지하기 위해서는 테러의 근본원인을 치유하는 것이 가장 중요하고, 또한 테러 방지를 위한 개인적, 조직적, 국가적 차원에서 사전적 대응활동과 사후적 대응활동에 대한 치밀한 계획과 교육훈련이 있어야 한다.

5 아프가니스탄 한국인 납치테러와 인간안보

제1절 | 배경

오늘날 세계는 지구촌화되면서 정부나 기업의 주재원, 개인여행, 단체관광, 사회봉사활동, 유학생, 종교선교활동, 개인업무 등으로 많은 사람들이 해외에서 활동하게 되는데, 이 과정에서 국제테러는 인간안보에 심각한 위협이 되고 있다.

그 동안 한국인 납치테러 사건으로 이라크테러분자들에 의한 2004년 김선일 납치피살 테러, 특히 아프가니스탄에서 2007년 성남시 분당샘물교회의 선교봉사활동 요원들에 대한 납치테러사건은 많은 충격과 교훈을 남겼다.

제2절 | 아프가니스탄 한국인 납치테러의 원인

전통적 국가안보는 국가가 적대국가의 무력공격을 방위함으로써 국가와 국민의 안보를 책임질 수 있었다. 그 예로써 적대국가와 국경지대에서 국가이익을 위해 전쟁을 억제하거나 혹은 승리하기 위해서 무력이 충돌하고, 그 방위수단의 주력은 군대가 되며 그 대부분의 희생자는 군인이었다.

그러나 현대국가는 전통적 전쟁 이외의 테러 · 대량살상무기 · 마약 및 범죄 · 심각한 인권침해 등으로 일반시민이 희생당하고 있다. 따라서 현대국가는 전통적 군사중심, 국가중심의 안보만으로는 대처할 수 없는 새로운 위협들이 국경이나 시기 및 장소에 관계없이 등장함에 따라 각 개인이나 단체는 스스로 모든 공포와 위협으로부터 자유를 보장 받을 수 있도록 안전에 대한 책임을 지고 대응해야하는 인간안보 실천을 강조하고 있다.

그러나 분당샘물교회의 선교봉사단(도표 6-8) 납치테러 원인은 ① 아프가니스탄의 안보적 · 문화적 · 종교적인 환경 이해부족, ② 국가의 수차에 걸친 위험지역이란 경고와 만류에도 불구하고 아프가니스탄 지역으로 출발하여 탈레반 테러집단에 의해 납치되었으며, ③ 개인이나 교회 그리고 국가적으로 파생된 피해를 생각하지 않았다.

〈도표 6-8〉 아프가니스탄 여행자제 경고문

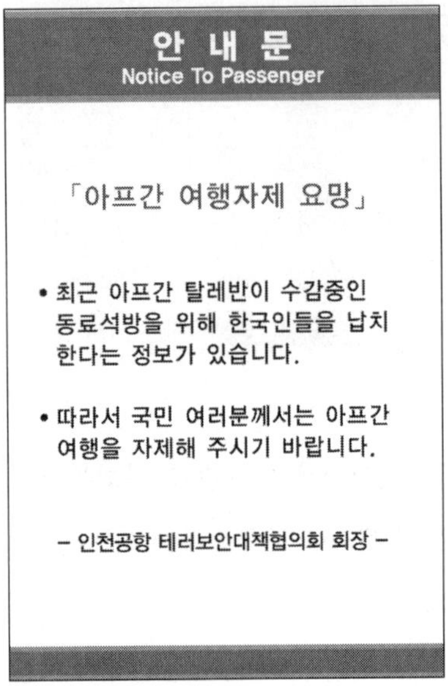
안 내 문
Notice To Passenger

「아프간 여행자제 요망」

• 최근 아프간 탈레반이 수감중인 동료석방을 위해 한국인들을 납치한다는 정보가 있습니다.

• 따라서 국민 여러분께서는 아프간 여행을 자제해 주시기 바랍니다.

– 인천공항 테러보안대책협의회 회장 –

제3절 | 아프가니스탄 한국인 납치테러의 진행과정

1. 납치테러 상황

경기도 성남시 분당 샘물교회 신도들로 이루어진 선교봉사단 23명은 한국 정부의 수차례에 위험성 경고와 만류에도 불구하고 2007년 7월 13일 출국하여 다음날 아프가니스탄의 수도 카불에 도착하였다. 이들은 현지 어린이와 청소년을 대상으로 교육 및 의료 봉사활동을 한 뒤 7월 19일 카불에서 칸다하르로 이동하던 중 카불에서 남쪽으로 175㎞ 가량 떨어진 카라바그 지역에서 탈레반에게 납치(도표 6-9)당하였다.

탈레반은 7월 20일 아프가니스탄에 주둔한 한국군의 철수를 요구하고, 이에 불응하면 인질을 살해하겠다고 협박하였다. 다음날 탈레반은 요구조건을 바꾸어 아프가니스탄 정부에 수감 중인 탈레반 포로 23명을 석방하지 않으면 인질을 살해하겠다고 시한을 정하여 다시 협박하였다.

탈레반은 아프가니스탄 정부와 협상에 실패하자 한국 정부와 직접 대화를 요청하고, 7월 24일 탈레반은 다시 아프가니스탄 정부에게 포로 8명과 한국인 인질 8명을 맞교환하자

〈도표 6-9〉 아프가니스탄 한국인 납치테러(탈레반)

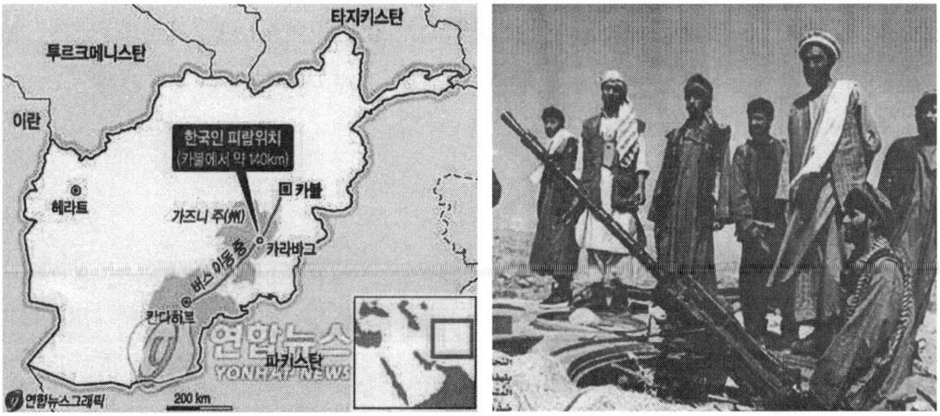

고 요구하였다.

그러나 7월 25일 탈레반은 인질석방 협상이 실패하였다고 선언하고 인질 가운데 선교봉사단 책임자인 교회 목사를 살해한 후에 다시 수차례 협상 마감시한을 연장하였다가 7월 31일 인질 1명을 또 살해하였다.

미국과 아프가니스탄 정부가 테러세력에 양보할 수 없다는 입장을 천명하는 가운데, 8월 10일 한국 정부 대표는 가즈니에서 탈레반 대표와 처음 대면하여 협상을 시작하였다. 8월 12일 몸이 아픈 여성 인질 2명이 석방되었고, 8월 17일 한국 국방부는 아프가니스탄에 파병된 다산부대를 연내 철수하겠다는 계획을 발표하였다.

이와 같은 협상과정에서 8월 22일 한국 정부 대표와 탈레반 대표가 가즈니의 적신월사 건물에서 대면 협상을 재개하여 남은 인질 19명을 전원 석방하기로 합의함에 따라 8월 29일 인질 12명이 3차례에 걸쳐 석방되었고, 다음날 나머지 7명이 풀려남으로써 인질테러사건이 종료되었는데 테러집단과 협상전략은 가장 중요한 분야가 되었다.

2. 테러집단과 협상전략

오늘날 국제사회는 범죄행위를 협상카드로 이용하는 테러집단과의 협상은 불가라는 원칙과 인간생명 보호라는 절대적 가치를 위해 협상은 필요하다는 찬반논란이 있지만, 어떠한 형식이든 안전한 인질구출을 위해 협상은 필요한 것이다.

협상이란 두 나라 혹은 집단이 갖고 싶어 하는 유형 · 무형의 가치들을 언약 · 계약 · 통첩 · 서한 등의 문서를 교환하여 약속하는 것으로써, 협상은 의제 · 대상 · 정보 · 문화 · 심리 · 기타 환경에 따른 협상전략과 협상단계는 직접 · 간접 대화를 통한 접촉단계 · 교섭단계 · 타결단계의 3단계로 진행한다.

(1) 협상전략

프랑스 소르본대학의 올리비에 포르교수는 납치테러집단과의 협상전략을 제시하고 있다.

첫째는 여론과 정보의 흐름을 이용하여 심리적 투항을 유도하는 협상주도권 장악전략이며, 둘째는 정부가 협상에 나서더라도 개입 여부나 과정 및 협상조건은 비밀스럽게 진행하고, 협상에서 드러나는 것도 극히 일부분이라는 빙산의 일각전략이 되며, 셋째로 테러분자는 인질납치가 성공하면 지지세력에게 로빈 후드 같은 존재가 되고 실패하더라도 순교자의 이미지로 각인되어 잃을 게 없다는 태도가 협상을 어렵게 하기 때문에 로빈 후드화를 경계하면서, 테러분자의 체면살려주기전략을 효과적으로 활용할 수 있어야 한다.

넷째는 보통 협상이 장기화되면 납치테러분자는 누적된 피로감과 초조감으로 먼저 지치게 되어 상대방의 요구를 쉽게 받아들이기 때문에 조금씩 얇게 잘라 먹는 살라미 소시지처럼 단계적인 찔끔협상을 하는 살리미 미끼전략을 사용하고, 다섯째로 인질들은 수동적 위치에서 납치테러분자와 갈등으로 상황을 악화시키기 보다는 오히려 인질에게 감동을 주어서 강경책포기를 유도하는 전략 등으로 구분했다.

(2) 협상단계

첫째, 접촉단계는 협상 상황과 구조 이해, 협상 상대방의 존재 인정과 요구조건 파악, 협상의 장소 · 시간 · 의제 설정, 인질의 건강 확인과 생필품 제공 방법 등을 직접적 · 간접적 접촉을 통하여 확인하고 결정하게 된다. 일단 협상을 위한 접촉이 이루어진다면 상황의 안정적 관리라는 측면에서 희망을 가질 수 있는데, 이번 한국인 피랍사건에서는 국제테러에 대한 정보 수집과 종합분석 기능 및 대응체제 작동이 신속하게 이루어지지 못했다.

둘째, 교섭단계는 본격적으로 협상을 진행하는 단계로써, 모든 협상수단 · 협상전략 · 심리전략을 활용하여 합의점을 찾게 되며, 철저하게 주고 받기원칙 등이 적용된다. 이 단계에서 한국 정부는 다양한 협상의 전략 · 수단 · 심리전을 적용해서 탈레반에게 한국의 진정성을 보여주며 명분을 제공함으로써 인질석방을 성공시킬 수 있었다.

셋째, 타결단계는 쌍방이 획득하고자한 가치의 교환에 관한 합의에 도달하여 대내외적으로 확인하고 실천하는 것이다. 타결의 결과로써 이루어진 합의가 참가자에 따라 공정한 교환이니 불공정한 교환이라는 평가적 논란이 있을 수 있다.

그러나 넓은 의미에서 타결의 결과를 볼 때 공정한 것이건 불공정한 것이건 상호이득의 가치를 공유하게 된다.

이번에 한국 정부는 탈레반과의 직접협상에서 상호이득을 공유할 수 있도록 명분을 주고 실리를 챙기는 협상전략을 완성시켰다.

이와 같이 국가는 국민의 생명과 국가 안전을 위해 테러집단과의 성공적인 협상을 진행시켜야 하는데, 그것은 협상정보력 · 협상전문지식 · 협상전략 · 협상단계별 과제 개발에 대한 깊은 연구와 국제지역별 · 협상대상별 전문가 양성, 그리고 국제적인 외교력 발휘와 협력체제를 구축하는 국가적 대응능력을 가져야 한다.

3. 테러대응전략과 심리전

테러는 인간을 육체적 · 물질적으로 파괴시키면서 심리적 공포로 전율케 하여 테러집단의 목표달성을 위한 전략적 수단이 되고 있다.

그렇다면 목표 · 장소 · 시간의 속도를 다양한 유형으로 은밀하고 유리하게 진행시킬 수 있는 테러에 어떻게 전략적인 대응을 해야 할 것인가?

테러 대응전략은 사전적 대테러전략과 사후적 대테러전략으로 구분할 수 있다.

첫째, 사전적 대테러전략은 테러를 사전에 저지 · 억제 · 예방하는 사전적인 예방활동으로써, 테러발생 원인과 환경요소 제거, 테러활동 근거지 봉쇄 및 무력화, 테러를 스스로 포기하도록 유도, 테러 목표의 접근성 차단 등이 있다.

2005년 3월 10일 코피아난 전 유엔 사무총장은 민주주의 · 테러 · 안전에 관한 국제정상회의에서 불만세력들이 테러를 목표수단으로 채택하지 못하도록 단념시키고(Dissuade), 테러세력에게 공격수단을 제공하지 말고(Deny), 테러지원을 막고(Deter), 각 국가의 테러방지능력을 높이고(Develop), 테러와의 전쟁과정에서 인권을 보호(Defend)해야 한다는 5D 사전적 대테러전략을 발표하고, 또 지켜줄 것을 국제사회에 권장했다.

둘째, 사후적 대테러전략은 테러 예방활동에도 불구하고 테러가 발생했을 때 테러를 제압하고, 대응하여 상황의 안정적 관리를 위한 사후적인 대응활동으로써, 테러에 의한 피해 최소화 초등조치, 피랍된 인질안전구출, 물리적 강경진압, 테러집단과 협상 등이 있다.

프랑스 올리비에 포르교수는 그 예로써 피랍된 인질안전 구출을 위해 ① 테러분자와 말싸움에 말려들지 말고 경청해야하며, ② 시한을 정하는 것을 피하고, ③ 타협 한 것처럼 보이되 어느 것도 쉽게 내주지 말 것이며, ④ 결정적 문제에 관해선 거짓말이 용인될 수 있으며, ⑤ 시간을 벌어야 하며, ⑥ 군사적 공격은 없다는 것을 확신시키는 것이라고 했다.

이 같은 테러대응전략 논리에서 본다면 탈레반의 한국인 피랍사건은 사후적 대테러전략 측면에서 보면 사전 예방활동은 실패했지만 사후 대응활동은 군사작전을 배제하고 직접 협상을 통하여 인질을 안전하게 구출했기 때문에 긍정적인 평가를 할 수 있다.

셋째, 테러의 극적인 충격을 동시에 전 세계에 알리고, 그 확대 왜곡된 악영향이 각 정부 및 각 개인을 심리적 공포로 압박함으로써 테러집단의 요구에 반응하도록 심리전을 실시한다.

탈레반은 한국인 인질납치를 통하여 생명을 무기로 한 인질인터뷰 · 화상공개 · 처형 등 단계별로 긴장 수위를 높여 압박하고, 다른 한편으로는 인도주의적인 선의를 강조하는 치밀한 심리전을 실시하면서, 한국 정부와 직접협상 진행은 탈레반으로 하여금 무장테러집단이 아닌 무장정치집단임을 국제사회에 선전하는 효과가 되었다.

이에 대한 심리전대응은 피랍된 인질의 생명이 걸려 있는 인간안보를 위해 테러집단의 반인륜적인 범죄적 행위에 대한 선전, 국제적 · 국가적 지지여론의 심리적 이용, 인도주의적인 정당성 홍보와 각종 언론매체의 절제된 신중한 보도, 국민의 심리적 충격과 스트레스에 대비하는 등 국가안보와 인간안보 차원에서 세부적인 대응전략을 개발해서 적용하고 관리할 수 있어야 한다.

4. 테러진압과 군사작전

군대는 전통적으로 전선을 중심으로 보이는 적군에 대한 무력을 사용하여 땅 빼앗아먹기식 전쟁을 수행해 왔다.

그러나 9 · 11테러 이후 군대는 전쟁 이외의 군사활동으로써 전선이 없는 보이지 않은 테러와의 전쟁에도 참여하고 있다.

대테러활동을 위한 대테러작전에 군대가 참여하는 방법에 따라 협상해결지원작전, 무력진압작전, 협상과 무력사용병행작전으로 구분할 수 있다.

첫째는 협상해결지원작전으로써, 테러분자들의 동료테러분자 석방, 인질 몸값 요구, 정치적 목적 선전 등 요구의 전부 혹은 일부를 수용하여 협상을 통한 평화적 해결을 위해 군사관련 분야를 지원한 것이다.

예컨대 탈레반의 한국인 피랍인질 석방협상에서 한국군 군사협조단은 카블에 급파되어 미군 · 아프가니스탄 정부군과 긴밀히 협조하여 한국인 인질상황 및 탈레반의 동향정보 파악, 억류지역에서의 불필요한 병력 이동 및 군사행동 자제 요청 등 비폭력적 해결을 지원하는 숨은 공로자 역할을 했다.

둘째는 무력진압작전으로써, 테러분자들이 협상을 거부하거나 비폭력 해결이 불가능할 경우에 대테러 특수부대 및 대테러 작전지원부대 등을 사건현장에 직접 투입하여 무력진압으로 해결한 것이다.

그 사례로 2004년 9월 1일 체첸반군은 러시아 초등학교 입학식장을 기습해 1100명의 인질을 잡고 러시아에 체첸반군 포로 30명의 석방과 러시아군 철수를 요구했다. 그러나 푸틴 대통령은 즉시 특수부대의 무력진압작전으로 331명 사망자와 많은 부상자가 발생하는 최악의 군사작전을 실시하여 인명 피해만을 키웠다는 국제적 비난이 많았다.

한국인 피랍인질 구출을 위한 협상과정에서도 아프가니스탄 정부군과 미군은 두 차례나 군사작전을 계획했고, 아프가니스탄 비밀경찰대도 탈레반 지도부 가족들을 체포해 인질사태에 맞대응하려 했지만 한국 정부의 인질 생명위험 반대로 무력진압작전은 실시되지 않았다.

셋째는 협상과 무력사용 병행작전으로써, 협상과 무력을 적절히 절충하여 인질의 안전과 원만하게 테러문제를 해결할 수 있기 때문에 대테러작전에 자주 활용한다. 즉 테러분자들에게 협상해결의 명분을 주면서, 동시에 무력진압작전 준비가 병행되고 있다는 것을 압박함으로써 협상내용을 수용하거나 투항하도록 유도하는 작전이다.

그러나 테러분자들이 협상을 통한 해결보다는 무력사용에 우선하고 있다는 오산을 했을 때는 인질이 치명적인 위험에 빠질 수가 있다.

2007년 6월 콜롬비아 반군(FARC)은 정부군이 인질구출 군사작전을 한다는 인식 때문에 그 동안 인질로 잡고 있었던 지방의회의원 11명을 모두 살해했든 것이다.

이와 같이 군사작전은 부분적 성공으로 끝나고 대부분 실패한 사례가 많았다. 따라서 인질 구출을 위한 군사작전은 평화적 해결의 모든 방법이 실패로 끝나고 인질들이 기다리다가 죽음을 당하는 것보다는 소수인원만이라도 구출해야겠다는 최후의 수단으로 신중하게 결정해야 한다.

5. 국제테러와 인간안보

2007년 7월 19일 성남시 분당 샘물교회의 선교봉사활동 23명이 아프가니스탄 가즈니주 카라바그 지역 도로에서 탈레반 테러집단에 피랍되어 2명이 살해되고, 나머지 21명은 8월 29일 아프가니스탄 주둔 한국군 철수와 기독교 선교활동 중단, 공개되지 않은 협상조건 등으로 석방되었다.

한국은 아프가니스탄에서 납치 테러된 한국인 피랍사건을 해결하기 위해서 테러집단과는 협상하지 않은 다는 국제적 원칙을 넘어 테러단체와 직접협상으로 국가위신 문제, 비건설적인 외교력 소모, 예정된 계획이었지만 아프가니스탄 주둔 한국군 철수 조건 수락, 해외에서 한국인의 납치사례 재발 가능성, 국제구호단체의 분쟁지역 또는 빈민국가에서 인도적 봉사활동 축소, 금전적 대가 등 많은 우려와 과제를 갖게 되었다.

특히 2001년 알 카에다 테러집단의 오사마 빈 라덴을 숨겨 줬다는 이유로 미국의 아프가니스탄전쟁에서 정권을 잃은 탈레반은 한국인 피랍사건으로 6년 만에 한국 정부와 공식협상을 성공시켜 무장세력이 아닌 정치집단으로써 그 존재를 국제사회에 알리는 기회가 되었다.

탈레반테러집단으로 부터 한국인 피랍사건은 해결되었지만 개인 혹은 단체가 위험지역에서 벌이는 선교봉사활동은 신앙과 선교의 차원을 넘어 국가공동체 전체의 과제로 확대되었다. 이번 사건은 개인이 책임져야 할 부분까지 국가가 모두 떠맡음으로써 국가안보와 인간안보에 대한 책임과 한계의 논란이 있었다.

예컨대 샘물교회 선교봉사단이 탈레반에 피랍된 순간부터 종교단체들이 위험지역에서 벌이는 선교나 봉사활동은 신앙과 선교의 자유를 넘어 국가공동체 전체의 문제로 확대 된 것이다. 한국인 피랍사건 교훈에서처럼 어떤 개인 혹은 단체의 이익을 위한 선교 · 봉사 ·

교육 · 사업 · 여행 활동이 전 국민에게 심리적 고통을 주고, 많은 국력을 낭비하며, 관련된 국가와의 관계에 미친 외교적 부담이 클 수 있기 때문이다. 또한 국가 이외의 주체들에 의해 사건이 발생하기 때문에 국가만으로는 대응하기가 어렵고 국제적 · 개인적 대응을 필요로 하는 개별성 · 비밀성 · 복잡성을 갖게 된다.

그렇다면 오늘날 각 개인에 대한 인간안보는 누가 지켜 줄 것인가?

첫째로 국가는 인간안보에 대한 책임과 한계를 정립하고, 각 개인은 안보의 일상화를 실천해야 한다. 국가는 위험지역에 대한 금지 · 제한 · 주의 지역에 대한 통제를 적극 시행하고, 각 개인과 단체는 스스로 안전을 책임진다는 새로운 인간안보 인식을 갖고 행동해야 하며, 그 결과에 대해서도 책임질 수 있어야 한다.

둘째로 인간안보를 위한 테러집단과의 협상에 대한 찬반논란에서 정당성을 확보해야 한다. 오늘날 국제사회는 테러에 의한 인간안보는 스스로 책임진다는 논리로 겉으로는 테러집단과 협상할 수 없다는 원칙을 옹호하고, 직접협상에 대해 비난하지만 모든 나라는 소리 소문 없이 다양한 수준에서 인질구출을 위한 협상과 타협을 모색하고 있다. 그러나 한국정부는 당장 국민의 생명이 위태로운 인질 석방협상을 회피한다는 것은 인간의 생명을 정치적 이해와 목적의 제물로 삼는 다는 점에서 또 다른 인질 범행과 다를 것이 없다는 판단으로 직접협상을 성공시켰다.

셋째로 국가는 국제화된 테러방지기본법과 테러자금조달금지법, 테러방지체제 정립과 국제적 협력을 확대하고, 테러와 같은 비이성적 · 비합법적 폭력단체의 활동을 근본적으로 도태시켜 나가야 한다. 21세기 세계가 지구촌화 되면 될 수록 각 개인이나 단체들의 활동영역은 더욱 확대되고 다양화될 것이기 때문에 인간안보의 위협증대에 적극 대비해 나가야 한다.

제4절 | 아프가니스탄 한국인 납치테러 교훈

현대국가에서 인간안보는 국가안보와 상호보완적으로 작용하는 현실적인 과제가 되고 있다.

현대국가는 국내에서 매우 다양한 방법과 수단으로 불특정 다수인이나 공공건물 및 산업시설 등에 테러를 당할 수 있고, 국외에서는 특정국가의 외교관이나 관련시설물과 산업활동 및 여행활동 등이 테러의 대상이 될 수 있다.

한국도 국제사회의 일원으로써 정치적 · 경제적 · 문화적 · 종교적인 활동과 국제봉사활동, 그리고 수많은 여행자들에 대한 피랍 및 희생과 파괴 같은 안전책임은 각 개인에게 있음을 인식하고, 국가는 테러에 대한 정보를 수집하여 신속하게 민간인 및 관련 기관에 알려서 보호하는 역할과 책임의 한계를 제도화해야 한다.

아프가니스탄 피랍테러사건처럼 어떤 개인이나 단체의 사소한 이익과 무모한 행동이 국가에 엄청난 손실을 가져 올 수 있다는 것을 알고 결과에 대한 책임을 질 수 있도록 하여, 개인의 자유에 대한 책임 및 권리와 정부의 책임 및 권한이 균형을 이뤄 안전하고 자유로운 국가적 · 국제적 활동을 할 수 있도록 해야 한다.

결론적으로 ① 국가적 차원에서는 국제적으로 관련 국가들과 초국가적 위협에 대해 긴밀한 협력체제를 구축하고, ② 테러에 대해 사전적 예방활동과 사후적 대응활동을 적극적으로 실천해야 하며, ③ 인간적 차원에서는 개인의 기본권과 스스로 보호대책 등이 조화 및 균형을 이루게 하여 국가안보에 도움이 되도록 발전시켜 나가야 한다.

왜냐하면 자유와 안보는 그것을 위해 투쟁하는 자만이 누릴 수 있는 것이며, 평화와 안보도 그것을 지킬 수 있는 자만이 향유할 수 있기 때문이다.

6 소말리아 해적 한국선박 납치테러와 인간안보

제1절 | 배경

오늘날 세계해역에서 해적테러가 인간안보의 한계를 넘어 국가안보도 위협하고 있다.

한국해군 청해부대는 국제적 해적테러에 공동대처하기 위해 2009년 3월부터 소말리아 해역에서 선박호송과 해적테러 퇴치임무를 수행하고 있다. 청해부대는 2011년 1월 21일 소말리아 해적테러와의 전쟁에서 삼호주얼리호 선원과 선박을 구출하였다.

한국은 국제무역을 통해 개인은 부를 창출하고 국가는 번영을 추구하고 있는데, 끊임없이 계속된 해적테러 위협은 개인적 차원의 인간안보는 물론 국가적 차원의 국가안보에도 영향을 미치고 있다. 그러면 인류 공동의 적으로 간주되고 있는 해적테러에 어떻게 대응해야 할 것인가?

제2절 | 소말리아 해적테러의 원인

1. 해적테러의 개념과 역사적 진화과정

해적이란 공해상에서 어떤 국가나 국제기구의 명령이나 위임에 의하지 않고, 사적인 목적을 위해 선박에 대한 약탈, 억류, 기타 폭력행위를 자행하는 자를 말하며, 그 약탈과 폭력행위를 해적테러라고 정의하고 있다. 해적은 일찍부터 해상의 교통안전을 침해하는 인류 공동의 적으로서, 어느 국가든 이를 체포 및 처벌할 수 있고, 그 재산을 압수할 수 있다.

이 같은 해적테러는 인류 해상교통의 역사와 함께 진화되어 왔다.

인류는 지상에서 바퀴가 달린 수레보다 선박을 먼저 발명하여 교통수단으로 사용해 오면서, 선박을 이용한 해적테러가 지상에서 도적질한 산적들보다 먼저 탄생하여 개인의 생명과 재산, 즉 인간안보에 직접적인 영향을 미쳤으며, 그 위협은 다시 확대 재생산되어 국가안보에도 간접적인 위협이 되고 있다.

해적은 해상에서 노획 · 출격 · 도피에 편리하고, 약탈물을 처분하기 쉬운 좁은 해협지대나 반도 혹은 항만이 많은 해상무역로 등을 기반으로 하여 상선 · 유조선 · 원양어선 등을 습격하고, 해상질서를 어지럽혀 역사의 진행과정에 많은 영향을 미쳐 왔다.

예컨대 해적은 기원전 8세기 호메로스의 오디세이아에 등장하였는데, 그 내용은 로마의 율리우스 카이사르(영어로는 시저로 부름)가 킬리키아 해적에게 붙잡혔다. 해적들은 카이사르의 몸값으로 로마에 은 20탈란톤(현재 한화로 100억 원에 해당됨)을 요구했다. 그런데 카이사르는 너무 적다면서, 50탈란톤으로 올려 주고 풀려난 카이사르는 킬리키아 해적을 다시 공격하여 모두 십자가형에 처했다.

특히 기원후 8~12세기 유럽 노르만족의 별칭인 바이킹이 영국과 스칸디나비아 반도 사이의 북해지역에서 해적행위는 유명한 역사적 사실이다.

그리고 금은보화를 최고 가치로 여겼던 중상주의시대는 영국, 스페인, 이탈리아 등의 왕조자체가 해적을 장려하거나 직접 운용하여 자본을 축적하는 수단으로 이용하였는데, 해적 중에 가장 유명한 드레이크(Drake, Sir Francis; 1545~1596)는 해적테러에서 얻어진 이익을 영국 엘리자베드 1세에게 헌상해서 귀족의 칭호를 받기도 했었다. 그 뿐만 아니라 동양에서 일본해적(왜적)도 중국과 한반도 해역일대에서 상륙약탈과 해역노략질로 인명을 살상하고 물질을 탈취하는 등 21세기에도 해적테러는 계속 진화하고 있다.

2. 소말리아 해적테러와 인간안보

오늘날 국제해역에서 해적테러가 지속되어 선원과 선박을 인질로 잡고 엄청난 몸값 요구로 인간안보를 위협하고 있으나 개인적 차원에서는 해결할 수 없는 능력초과로 국가적 차원에서 혹은 국제적 차원으로 해결할 수밖에 없는 상황이 되었다.

예컨대 소말리아해역과 말래카해협은 한국의 무역수출과 원유수입에 생명줄 같은 해로로써, 무역선 · 원유선 · 원양어선 등의 선원 생명과 선박 재산에 대한 인간안보는 물론 국가안보로도 중요한 과제가 되었다.

…… 소말리아는 1991년 내전으로 독제정부가 무너진 후에 아프리카 대륙 최장 길이 3,330km인 해안에 다른 국가들이 바다에 핵폐기물이나 유해성 쓰레기를 버리고, 또 풍부한 해산물을 외국 원양어선들이 싹쓸이(유엔통계에 따르면 매년 3억 달러)해 갔다. 이 같은 국가이익과 국민생계 해역이 피폐해지는 바다를 지켜 생존하기 위한 자구책으로 무장했던 소말리아 어민들과 해안경비대가 결국 악명 높은 해적으로 진화하였다. 2011년 소말리아에 중앙정부가 있으나 통치력이 미친 지역은 수도 모가디슈에 불과하며, 그 외의 각 지역들은 지방군벌(부족장)들이 지배하고 있으며, 군벌들은 해적조직을 운영하거나 뒤를 봐주고 있다. ……

그러면 소말리아 해적테러가 창궐한 원인 무엇인가?

세계국가들과 한국은 소말리아 해적테러에 대한 근본대책을 세우기위해서는 역시 근본원인을 알아 치유하고 제거할 수 있어야 한다.

첫째, 소말리아는 1991년 내전 이후 무정부 상태가 계속되고, 또한 극도의 가난이 젊은 사람들을 해적질로 내몰고 있는 사회적 현상이다.

소말리아 해적은 크게 4개 조직에 총 16만 명 규모가 되며, 인구 80%가 경제적 빈곤층으로 마땅한 산업 일자리도 없어 젊은 사람들이 해적을 직업화하고 있다.

둘째, 소말리아 해적테러가 기업화하고 있다.

소말리아 해적과 지방군벌(부족장)들의 관계유착 및 활동영역 확대, 그리고 납치된 선원과 선박에 대한 몸값 흥정에 선진국 변호사까지 개입은 물론 해적단에 투자시장까지 형성되어 이익공유가 이뤄짐으로써, 선박납치가 기업화되었다.

셋째, 소말리아 해적은 준군사적 조직으로 진화했다.

소말리아 해적은 초기에 소총과 기관총으로 무장한 생계형 해적이었지만 현재는 위성통신이나 위성위치확인시스템(GPS), 재래무기 및 미사일 무기가 설치된 모선과 자선인 쾌속선에 기관총 및 로켓 대전자포까지 갖춰 준군사적 조직으로 변화했다.

이 같은 소말리아의 무정부상태와 사회적 빈곤, 선박납치의 기업화, 해적의 준군사적 조직화의 3가지 원인은 어떤 개별국가의 차원에서 해결하고 대응하기에는 한계가 있기 때문에 유엔이나 국제공동체제를 구축해서 근본원인을 치유하고 제거해야만 해결될 수 있는 과제가 되었다.

소말리아 해적은 2010년 1억 5000만 달러를 벌어드려 큰 사업이 되어, 일종의 지역공동체 운동으로 인식하고 있다. 영국 왕립국제문제연구소는 전 세계 해적 활동으로 매년 70억

~120억 달러(7조 8,000억~13조 3,800억 원)의 경비가 발생한다고 발표했다.

한국도 2006년 4월 4일 원양어선 동원호가 조업 중에 소말리아 해적에게 납치된 후로 2010년 12월 31일까지 7번이나 선박납치가 발생하여 선박과 선원 몸값으로 많은 보상금을 주고 풀려날 수 있었다.

그 가운데 2010년 4월 소말리아 해적에게 납치되었다가 11월 6일 풀려난 유조선 삼호드림호(1억 7천만 달러 원유와 선원 24명)는 납치된지 217만에 풀려났고, 몸값도 950만 달러(한화로 105억 원)란 거액을 지불했다.

삼호드림호 선례는 국제적으로 국가는 초국가적 테러집단과 협상하지 않는다는 원칙을 준수하지 못했고, 해적들과 협상에서 장기간 끌려 다닌다는 인상을 주었다. 또한 역대 최고 몸값을 지불한 결과는 한국 선박납치는 곧 대박이 될 수 있다는 학습효과로 작용하여 한국 선박을 더 많이 노릴 수 있다는 우려가 있었다.

이와 같은 상황에서 2개월 후인 2011년 1월 15일 소말리아 해적에 의해 다시 같은 삼호해운회사 삼호주얼리호 납치테러가 8번째로 발생하여 선원과 선박의 위기, 즉 인간안보에 대한 위기재발 방지를 위한 개인적・국가적으로 어떤 대책도 없이 무엇을 했느냐 란 국민적 질타가 있었다.

제3절 | 소말리아 해적테러로부터 삼호주얼리호 구출작전의 진행과정

1. 청해부대의 삼호주얼리호 1차 구출작전

2011년 1월 15일 7시 40분 삼호주얼리호는 아랍에미리트(UAE)에서 화학물질을 실고 스리랑카로 향하고 있었다. 삼호주얼리호가 오만과 인도사이의 인도양 근해 아덴만 해역에서 소말리아 해적선이 나타났다.

소말리아 해적 13명은 모선에서 내려진 두 척의 자선인 소형모터보트로 삼호주얼리호에 다가와 사다리를 타고 배에 오르면서 AK소총과 RPG-7로켓포로 선원들을 위협하여 12시 40분에 납치되어 소말리아 해적 근거지로 향했고, 해적 모선은 그 자리를 떠났다.

소말리아 해역의 해적테러 방지를 위해 구성된 연합해군사령부(CFMCC) 일원으로 참가하고 있는 청해부대 구축함인 최영함(6개월 주기로 임무 교대)은 에티오피아 지부티 항구에서 군

〈도표 6-10〉 소말리아 해적 이동로 및 최영함의 추격로

수물자를 선적하고, 1월 16일 19시 30분에 삼호주얼리호를 구출하기 위해 출항했다.

최영함(4,500톤급)에는 링스(LYNX) 대잠수함 헬기 1대, 해군 특수전여단(UDT/SEAL) 30명 등 300여 명이 타고 있었다. 추격전을 벌였든 최영함은 1월 18일 14시 20분에 삼호주얼리호를 따라잡게 되었는데, 이것은 삼호주얼리호 석해균 선장이 엔진 기름에 물을 타서 항해를 수차례 멈춰 서도록 했고, 또 지그재그 운항으로 소말리아 해적 근거지로 가는 시간을 최대한 지연시키는 데 크게 기여했다.[4]

최영함은 삼호주얼리호에서 11km 떨어진 곳에서 소말리아 해적의 몽골 화물선 추가 납치 시도를 차단하고. 또 해적들의 전력을 분산시키기 위해 양면작전을 전개했다.

즉 링스헬기는 몽골 화물선의 해적들 위로 긴급 출동시켜 기관총으로 해적들을 사살하여 삼호주얼리호에 있는 해적들과 합류하는 것을 차단시키고, 해군 특수전여단 대원들 7명

4) 조선일보, 2011. 1. 22.

은 2척의 고속단정에 탑승하여 삼호주얼리호에 접근시킨 후 다시 링스헬기와 합동으로 위협사격을 하면서, 선원 및 선박을 돌려주면 고향집으로 보내주겠다며 압박과 설득으로 심리전을 실시했다. 이때 해적들은 15시 24분에 백기를 달고 투항의사를 표시하다가 접근해 간 고속정에 갑자기 돌변하여 기습사격을 실시해 고속단정에 탑승한 특전여단 대원 3명이 부상당해 최영함으로 철수함으로써, 삼호주얼리호 1차 구출작전은 실패했다.

2. 청해부대의 삼호주얼리호 2차 구출작전

청해부대의 삼호주얼리호 2차 구출작전으로 명명된 아덴만 여명작전(도표 6-11)은 1월 21일 04시 58분에 시작되었다. 삼호주얼리호는 소말리아 해적들의 근거지인 가라카드 항구로부터 1,240km밖에 떨어지지 않았으며, 592km 뒤에는 해적 모선이 마중 나와 있어 해적들이 합류하면 작전이 불가능할 수 있는 절박한 상황이었다.

〈도표 6-11〉 삼호주얼리호 구출의 아덴만 여명작전 상황도

피랍에서 구출작전 성공까지 (한국시각 기준)

15일 삼호주얼리호 아랍에미리트
아부다비항에서 스리랑카로
이동하던 중 아라비해 해상에서
소말리아 해적에게 피랍

16일 해군 청해부대 최영함
에디오피아 지부티항에서
피랍 해역으로 출동

18일 최영함 삼호주얼리호에 작전반경 안으로 접근
해적 7, 8명이 삼호주얼리호에서
소형보트를 타고 나와 몽골 선박 피랍 시도
링스헬기가 삼호주얼리호로 돌아가는 해적의 보트 공격,
전원 사살, 고속단정에 탄 특수요원과 해적간 교전
해군3명 부상

19일 삼호주얼리호에서 12km거리에서 미상 선박
1척 접근, 해군 경고방송 3회, 경고사격 6회
오만 해군함정 도착, 해군과 합동으로 정탐 감시
삼호주얼리호 소말리아 해역을 향해 이동 재개
최영함 삼호주얼리호와 3.6km 떨어진 거리에서 추적

21일 구출작전 개시, 링스헬기 1대,
고속단정 3척, 해군 특수전여단(UDT) 3개팀 투입
해적 완전 제압
선원 21명 모두 구출,
해적 5명 생포, 8명 사망

삼호주얼리호 상공을 기동하며 해적의 동태를 관측하던 미국 해군 P-3C 해상초계기는 선미에 4명, 선교에 4명, 갑판에 5명의 해적들에 위치를 확인해 주었다.

여명이 밝아온 새벽 05시 17분 최영함에서 고속정 3척과 저격수를 태운 링스헬기가 이륙하면서, 최영함은 한국어로 선원들에게 지금 우리해군은 여러분을 구출하기 위해 공격할 것이니, 안전한 장소로 대피하라고 알렸다.

05시 40분 최영함은 127mm 함포가 삼호주얼리호를 향해 불을 뿜어 해적들을 위협하고, 전자교란으로 해적 통신망을 마비시키며 항복과 회유의 방송으로 해적들의 진을 뺀 심리전을 실시했다. 링스헬기는 삼호주얼리호로 접근하여 M-60기관총으로 레이더와 통신 안테나를 무력화하고 갑판 및 선교에 위치한 해적들을 향한 계속된 사격으로 특수전여단 공격팀을 엄호했다. 해적들도 AK 소총과 기관총으로 강력하게 저항했으며, 해적 중에 1명은 RPG-7로켓포로 최영함을 조준하고 있는 위급한 상황도 발생했지만 저격수 사격으로 제압했다.

이 같은 상황에서 06시 09분 15명으로 구성된 특수전여단 2개 공격팀은 기관총, 섬광탄, 최루가스탄 등 첨단무기로 삼호주얼리호 선교(조타실)와 기관실을 점령하고, 57개 격실을 수색하는 과정에서 해적들은 사살되고 생포하였다. 그러나 삼호주얼리호 구출작전에 크게 기여했던 선장은 해적에 의한 사격을 받고 중상을 입었다.[5)]

그 결과로 청해부대의 아덴만 여명작전은 09시 56분에 종료되어 선박과 선원 21명을 전원 구출하고, 해적은 8명을 사살하고, 5명은 생포하여 한국으로 압송한 후 재판에 회부했다.

3. 청해부대 주얼리호 구출작전의 결과

공해상에서 중무장한 소말리아 해적에게 납치된 삼호주얼리호 구출을 위한 청해부대의 아덴만 여명작전은 성공적으로 완료(도표 6-12)되었다.

아덴만 여명작전이 4시간 58분 만에 성공적으로 종료된 것은 한국해군 특수전여단의 용기와 헌신, 투철한 사명감을 비롯해서, 치밀한 사전준비와 실전적 교육훈련, 기만과 압박의 심리전, 연합함대의 적극적인 정보지원, 전광석화같은 전격작전 수행, 그리고 현장상황을 실시간에 무선영상으로 전송하는 카이샷(KAISHOT)의 첨단장비 운용 등이 통합되어 완벽한

---

5) 한국일보, 2011. 1. 22.

〈도표 6-12〉 아덴만 여명작전 결과

기간	1월 15일부터 21일까지 6박7일/구출작전 시간은 4시간 58분
인원	최영함(승조원 300명)/작전팀(UDT) 15명을 2개 공격팀으로 투입
특징	해적 주의 분산시키는 기만작전, 우리말 무전으로 해적과 선원의 분리
결과	해적 8명 사살, 5명생포/작전팀(UDT) 인명피해 없고, 선원 21명 전원구출

아덴만 여명작전을 종결시킬 수 있었다고 평가할 수 있다.

그리고 삼호주얼리호는 최영함의 호위를 받으며, 1월 31일 오만의 수도 무스카트항에 도착함으로써, 청해부대는 임무를 성공적으로 완료했다.

이와 같은 삼호주얼리호 구출을 위한 아덴만 여명의 군사작전 성공은 한국군의 명예와 전투능력을 과시하고, 또한 선박피랍-장기억류-몸값지불-인질석방이란 공식화된 고리를 끊었다는데 큰 의미가 있다.

제4절 | 소말리아 해적 한국선박 납치테러의 교훈

세계 국가들과 한국 선박들은 소말리아 해적테러가 끊이지 않고 발생하는 아덴만 해역을 어떤 이유로 계속 통항하는지 이해하고 대응책을 세워야 한다.

오늘날 해운업체들이 세계에서 가장 위험한 해로임에도 불구하고 아덴만을 지나야하는 이유는 홍해와 지중해를 잇는 수에즈운하(도표 6-13)의 길목으로써, 물류 운송기간이 아프리카 희망봉으로 돌아가는 것보다 1~3주가 단축되고, 운송비용도 그만큼 적게 들게 된다는 것이다.[6)]

그러나 일부 선박들은 수에즈운하를 꼭 지나야 함에도 불구하고 소말리아 해적테러 때문에 어쩔 수 없이 아프리카 희망봉을 우회하고 있다면서 민간 해운회사 뿐만 아니라 국가적, 국제적 차원에서 대책 마련이 중요하다고 했다.

그러면 소말리아 해적테러에 어떻게 대응해야 할 것인가?

---

6) 서울경제, 2011. 1. 24.

〈도표 6-13〉 아덴만 해역 통항로 비교

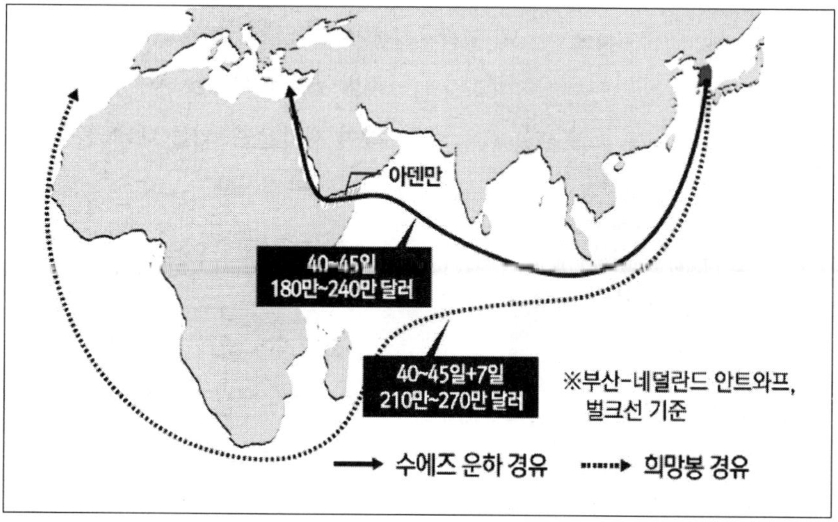

첫째는 국제적 차원에서 소말리아의 정치적 안정과 경제적 재건이 실현되어야 한다.

소말리아의 무정부 상태와 주민 가난은 정상적인 국가통치와 경제활동을 제약함으로써, 끊임없는 해적테러를 하지 않고는 살아 갈수 없는 상황이다. 따라서 소말리아의 정치를 안정시키고 정상적인 경제 활동과 자국해역의 어업권을 보장해줘서 먹고 살아 갈수 있도록 국제적 지원이 있어야 한다. 이 같은 소말리아의 정치적, 경제적인 근본 원인이 치유되지 않고는 결코 해적테러가 근절되기 어려운 환경이 되기 때문이다.

둘째, 세계국가들은 해적테러에 대한 대응체제, 정보교류, 금융거래 중단 등 국제공조 방안에 참여하고 실천해야한다.

예컨대 소말리아의 해적과 군벌(부족들), 영국 런던에 근거지를 둔 투자자들은 긴밀한 협조로 해적테러를 지원 및 조장하고, 거기에서 얻어진 석방금을 배분해 챙기는 분업화된 체계를 갖고 있다. 2010년에 전 세계에서 해적이 민간 선박을 공격한 사건은 모두 446건으로 2009년보다 9.8% 증가했고, 납치된 선박만 66척으로 그중에 62척이 소말리아 해역에서 피랍되었다.

해적들은 갈수록 국제화, 기업화되고 있는 만큼 유엔이나 국제해사기구(IMO) 등 국제기구를 통한 국가간의 공조로 대처해 나가야 한다.

셋째는 해적들의 전초기지 역할을 한 소말리아 주변 국가들의 지원 및 연관을 끊어 소말

〈도표 6-14〉 소말리아 해적 위험 해역 확대

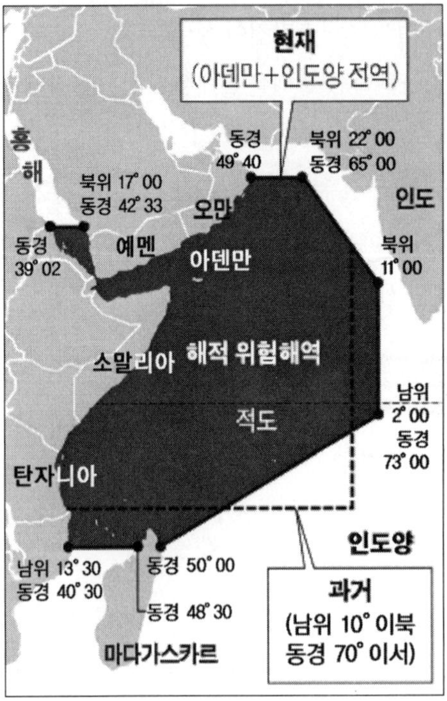

리아 해적들을 고립시켜야 하고, 또한 해적테러를 해상출현시의 법적 · 행정적 처리방식에서 해적을 육지에서도 선제공격하여 제거할 수 있는 대테러 방식을 병행 실시하는 것이다.

넷째는 민간해운회사의 자구책이 있어야 한다.

소말리아 해적 위험 해역이 확대된 상황(도표 6-14)에서 해적이 출몰했을 때는 식량, 식수, 통신수단 등을 갖춰 선원 몸을 은닉할 수 있는 피난처 설치, 위험해역 항해 시 민간보안요원 탑승, 그리고 해적승선을 거부하기위해 선박에 철조망이나 물대포 설치 등을 의무화해야 한다.

다섯째는 해적테러 해결방법에서 군사작전의 신중한 시행이다.

한국해군 청해부대가 공해상에서 매우 어려운 군사작전을 성공적으로 수행한 것은 국민의 생명과 재산을 지키고, 한국군의 명예선양에 크게 기여한 진정한 영웅들이었다. 그러나 해적들은 군사작전에 대한 인질 인간방패 등 새로운 대응책으로 해적테러를 계속할 수 있다.

… 청해부대 특수여단 대원이 아덴만 여명작전에 들어가자 소말리아 해적들은 선실에서 모포를 뒤집어쓰고 있던 삼호주얼리호 선원들 가운데 선장을 끌어내 조준사격을 실시해 치명적 중상을 입혔다.

석해균 선장은 해군 초급간부(부사관으로 군복무) 출신으로 전문지식과 사명감이 투철한 책임자로서, 엔진 기름에 물을 타서 항해를 수차례 멈춰 서도록 했고, 지그재그 운항으로 청해부대의 아덴만 여명작전 성공에 크게 기여한 또 다른 영웅이었지만, 그는 크게 다쳤다.

그리고 해적들이 마음만 먹었다면 다른 선원들한테도 무차별 총질을 해 살상될 수도 있는 상황이었다. 그래서 다른 국가들은 인질 생명안전을 최우선적으로 고려하여 군사작전을 수행하고 있다. ……

즉 아덴만 여명작전으로 소말리아 해적들이 일시적 타격을 입었다고 한국 선박에 대한 납치를 중단하지 않을 것이다. 청해부대의 삼호주얼리호 구출작전이 성공한 후에 소말리아 해적 관계자는 앞으로 한국선박을 납치해 돈을 요구하지 않고 배를 불태우고 선원을 살해하여 응징 보복할 것이고 위협했다.

유럽연합(EU) 패디 오케네디 해군대변은 한국해군이 특수작전을 통해 선원들을 무사히 구출했지만, 이는 선원들의 생명을 담보로 한 것이기 때문에 같은 유형의 작전을 따라 하지는 않을 것이라고 말했다. 따라서 군사작전 실패는 선박폭파와 인질살해 등 극단적 상황이 돌출될 수 있기 때문에 매우 신중하게 결정하고 치밀하게 시행해야 한다.

결론적으로 영국 소설가 조지 오웰의 말처럼, 오늘도 우리들이 평화롭게 생활하고 잠들 수 있는 것은 이 시간에도 보이는 곳에서, 보이지 않은 곳에서 우리들을 대신해 싸우고 있는 진정한 작은 영웅들이 있기 때문이라고 했다. 우리들은 우리를 위해 싸우고 있는 영웅들에게 깊이 감사해야 한다.

참고문헌

강영숙 외, 『테러리즘의 이해』, 서울: 진영사, 2007.
구영록, 『한국의 국가이익』, 서울: 법문사, 2009.
김국신, 『반테러전쟁과 미국의 대외정책변화』, 서울: 통일연구원, 2002.
김석용, 『국제테러리즘의 변화추의와 대응』, 서울: 국방대학교, 1995.
김연각, 김진국, 백창재(역), 『국제관계의 이해』, 서울: 인간사랑, 2002.
김영준, 『국가이익과 국가정책』, 서울: 신명문화사, 2000
김창수·백승주·문광건 외, 『미국의 대테러전쟁과 미국의 대응방향』, 서울: 한국국방연구원, 2002.
김희상, 『21세기 한국안보』, 서울: 전광, 1983.
국가정보원, 『국제테러정세』, 2002~2003.
국방과학연구소, 『걸프전 무기체계와 국방과학기술』, 1992.
국방대학교, 『무기체계발전과 군사력 건설방향』, 2009.
______, 『전쟁대비 및 수행』, 2004
______, 『안보관계용어집』, 2009.
______, 『군사기본교리』, 2002.
______, 『안전보장이론 I · II』, 2004.
______, 『이라크전쟁분석 세미나』, 2003.
______, 『정보화시대의 합동/연합작전 수행방안』, 2002.
국방부, 『미국 4년주기 국방검토 보고서(QDR)』, 국방정보본부, 2001-2006.
______, 『국방백서』, 2000-2011.
______, 『국제테러리즘』, 2001.
______, 『미국 국가안보전략서』, 정보본부, 1999.
______, 『천안함 피격사건』, 2010.
남길현, 『사이버 테러와 국가안보(국방연구 제45권 제11호)』, 서울: 국방대학교, 2002.
노병천, 『나쁜전쟁, 더 나쁜전쟁』, 서울: 양서각, 2009.
도재일, EBO/RDO 개념소개, 서울: 국방대학교, 2003.
류재갑, 『테러리즘과 국제관계 그리고 미래문명』, 서울: 국방대학교 1995.
배명오·이종학 외, 『전쟁지도에 관한 연구』, 서울: 국방대학교, 1984.
비상기획위원회, 『미테러참사 후 미국의 국민대응과 우리의 대응방향』, 2002.
______, 『외국의 비상대비 정부조직 및 기관현황』, 2003.
사도토 에이치, 『정치와 군사』, 서울: 국방대학교, 1988.
새뮤엘, 헌팅턴(이희재 역), 『문명의 충돌』, 서울: 김영사, 1997.

서영길(역), 『네트워크중심작전』, 서울: 21세기군사연구소, 2002.
심진섭, 『이라크전쟁에서 심리전』, 서울: 국방부, 2003.
앨빈 토플러(이규행 역), 『전쟁과 반전쟁』, 서울: 한국경제신문사, 1994.
온창일, 『전쟁론』, 서울: 집문당, 2007.
유종해, 『9.11테러 참사와 미국의 공격』, 서울: 다산연구소, 2002.
육군교육사령부, 『전쟁지도이론과 실제』, 1990.
육군대학, 『9.11테러공격에 대한 전쟁결정과정』, 2002.
육군사관학교, 『전쟁연구』, 2005
윤은주, 『한국의 대테러 대비태세』, 서울 비상기획위원회, 2002.
이광헌, 『현대사회와 심리전략』, 서울: 파일사, 1993.
이극찬, 『정치학』, 서울: 법문사, 2000.
이기택, 『현대국제정치이론』, 서울: 박영사, 2000.
이원양, 『전쟁지도에 관한 연구』, 서울: 국방대학교, 1993.
이은득(역), 『위기관리의 실패와 성공』, 서울: 국방대학교, 2002.
이재영, 『전쟁』, 서울: 대왕사, 2007.
정윤모, 『현대정치심리론』, 서울: 박영사, 1983.
정춘일 외, 『국방위기관리체계 연구』, 서울: 국방대학교, 1998.
조영갑, 『국가위기관리론』, 서울: 선학사, 2008.
______, 『국가안보학』, 서울: 선학사, 2011.
______, 『민군관계와 국가안보』, 서울: 선학사, 2009.
______, 『현대무기체계론』, 서울: 선학사, 2011.
______, 『국방심리전략과 리더십』, 서울: 선학사, 2009.
______, 『국방정책과 제도』, 서울: 국방대학교, 2007.
______, 『군대와 사회』, 서울: 국방대학교, 2005.
______, 『국방정책과 군사전략』, 서울: 국방대학교, 2005.
______, 『고급제대리더십과 민군관계』, 서울: 국방대학교, 2005.
주시후, 『전쟁사』, 서울: 한국학술정보, 2007.
최용호, 『베트남전쟁과 한국군』, 국방부군사편찬연구소, 2007.
최재경, 『세계의 비상대비변화추세 분석과 대응』. 서울, 비상기획위원회, 2002.
최종철(역), 『탈냉전시기의 강압외교』, 서울: 국방대학교, 2001.
최진태, 『테러·테러리스트와 테러리즘』, 서울: 대영문화사, 1997.
클라우제비츠(이종학 역), 『전쟁론』, 서울: 일조각, 1993.
폴 케네디(전남석 공역), 『강대국의 흥망』, 서울: 한국경제신문사, 1989.
______, (변도은 역), 『21세기의 준비』, 서울: 한국경제신문사, 1993.
한국국방연구원, 『21세기 군사혁신과 한국의 국방비전』, 1998.
한미연합군사령부, 『공보업무』, 2001.
합동참모본부, 『아프간전쟁 종합분석』, 2002.
______, 『한국전쟁사』, 2001.
______, 『미합동전교리』, 2002.
______, 『민사·계엄·심리 정책연구』, 2002.
______, 『이라크전쟁종합분석』, 2003.

______, 『합동작전』, 2002.

해군대학, 『이라크 전쟁 대해부』, 2003.

황군택, 『전쟁지도에 관한 연구』, 서울: 국방대학교, 2003.

황성칠, 『북한의 한국전 전략』, 서울: 북코리아, 2008.

주요일간신문 외 다수

加田哲二, 『戰力論』, 日本, 帝國出版社, 1998.

酒井鎬次, 『戰爭指導實際』, 日本, 改造社, 1997.

Alexander L. George, *Avoiding War: Problem of Crisis Management.* Westview Press; San Francisco, Oxford, 1991.

Arhur K. Cebrowski and Jone J. Garstka, *Network Centric Warfare*: It's Origin and Future, USNI, 1998.

Cordesman, *Instant Lessons of Iraq War: Main Report 2nd eds. Washington D.C.* : DSIS, April 10, 2003.

______, *Understanding the New "Effects-based" Air War in Iraq*, Washington D.C.: CSIS-May 15, 2003.

Dan Balz and Bob Woodward, Washington Post 2002. 1.27～2.3.

David S. Albert, *Network Centric Warfare*, CCRP, USA: 2000.

Jon A. Warder and Lelad A. Russell, *Winning in Fast Time* (프로메데우스의 경영전략. 권영근 역. 연경출판사. 2003).

Joshua S. Goldstein, *International Relations*, 4th edition(New York: Longman) 2002.

Saleh M. Al-Rajhy, *Causes of Terrorism and Solution* KIDA, 2002.

The Coalition Information Center, *The Global War on Terrorism: The First 100Days*, 2002.

US. Department of Defense, *Quadrennial Defense Review Report*, September 30, 2001.

US. White House, *The National Security Strategy of USA*, September 2002.

USJFCOM, *Coordinating Draft A Concept for Rapid Decisive Operation*. 2003

______, *Coordinating Draft A Concept Effects-based Operations White Paper*, 2001.

William J. Bennett, *Why We Fight*, Printed in the United State of America, 2002.

저자

조영갑

· 국방대학교 교수
· 대진대학교 교수
· 한성대학교 국방과학대학원 교수
· 미국 캘리포니아 주립대학교 교환교수
· 합동군사대학교 명예교수
· 국방부장관 국방정책자문위원
· 통일부 통일교육위원
· 경남대학교 대학원/행정학 박사(정책학전공)
· 연세대학교 대학원/행정학 석사
· 국방대학교 안보대학원/안보과정
· 육군대학 교관/행정부장
· 국방정신교육원 교수/처장/육군대령 예편
· 육군본부 작전참모부/화력담당관
· 제25사단 포병연대장/제27사단 제99포병대대장
· 학생군사학교 교육단장/교수부장
· 한국행정학회 연구위원
· 한국정책학회 연구위원
· 한국군사학회 이사
· 국가위기관리학회 이사
· 한국안보평론가협회 부회장

주요저서 및 논문

· 국가안보론
· 국가위기관리론
· 민군관계론
· 세계전쟁과 테러
· 국방심리전략과 리더십
· 현대무기체계론
· 한국민군관계론
· 한국군 리더십 진단과 강화방안
· 고급제대 리더십과 민군관계
· 국방정책과 제도
· 국방정책과 군사전략
· 심리전략과 민군작전
· 군비통제정책
· 군대와 사회
· 통일한국이 강대국이 되는 통일안보정책 방향
· 한국군부의 정치참여 과정과 역할
· 한국직업군인의 복지증진을 위한 정책적 대응 외 다수 논문